建筑火灾风险评估方法与应用

吴立志　杨玉胜　等著

中国人民公安大学出版社
·北京·

图书在版编目（CIP）数据

建筑火灾风险评估方法与应用/吴立志等著. —北京：中国人民公安大学出版社，2015. 10

ISBN 978 - 7 - 5653 - 2310 - 2

Ⅰ.①建… Ⅱ.①吴… Ⅲ.①建筑火灾—风险评价—案例方法 Ⅳ.①TU998.1

中国版本图书馆 CIP 数据核字（2015）第 240075 号

建筑火灾风险评估方法与应用

吴立志　杨玉胜　**等著**

出版发行：中国人民公安大学出版社

地　　址：北京市西城区木樨地南里

邮政编码：100038

经　　销：新华书店

印　　刷：北京普瑞德印刷厂

版　　次：2015 年 11 月第 1 版

印　　次：2015 年 11 月第 1 次

印　　张：29. 5

开　　本：787 毫米 ×1092 毫米　1/16

字　　数：520 千字

书　　号：ISBN 978 - 7 - 5653 - 2310 - 2

定　　价：88. 00 元

网　　址：www. cppsup. com. cn　www. porclub. com. cn

电子邮箱：zbs@ cppsup. com　　zbs@ cppsu. edu. cn

营销中心电话：010 - 83903254

读者服务部电话（门市）：010 - 83903257

警官读者俱乐部电话（网购、邮购）：010 - 83903253

公安综合分社电话：010 - 83901870

序

随着社会经济的发展和科学技术的进步，建筑物的类型、规模和用途等都发生了巨大的变化，建筑用电、用气、用火的规模也不断扩大，加之新材料、新技术、新产品和新能源的广泛采用，建筑物的传统和非传统火灾隐患不断增加，致使建筑火灾的形势也随之有了重大变化。建筑火灾风险的不断增加，火灾危害性的不断增大，对社会的影响也就越来越大，特别是一些重特大建筑火灾的发生，不仅给人民的生命、财产造成了巨大的损失，而且对经济建设与社会稳定产生了严重的危害。因此，必须采取科学、合理、先进的防控措施，才能有效地预防建筑火灾的发生，并减少火灾的损失。开展火灾风险评估正是人们正确认识建筑物的火灾特性、火灾发生发展过程和火灾危害程度的重要途径，促使政府、公众及企事业单位准确了解建筑物的消防安全状况，从而合理配置消防资源，预防与控制火灾，促进社会和谐稳定和国民经济健康发展。

吴立志博士是中国人民武装警察部队学院的知名教授，是火灾风险评估团队的带头人，多年来一直在消防领域从事火灾风险评估的研究工作，在该研究领域有着深厚的理论基础，并且取得了丰硕的研究成果。吴立志博士及其领导的团队熟悉国内外的火灾风险评估方法，掌握先进评估软件的使用方法，并且在北京、河北、内蒙古等省区市承担了大量火灾风险评估项目，具备丰富的实践经验。

本书是吴立志博士及其团队在火灾风险评估领域研究和应用的总结。书中包含了作者在火灾风险评估领域的最新研究成果，同时也吸纳了国内外的研究进展，从专业的角度介绍了火灾风险评估的相关理论，以及火灾风险评估中涉及的基础数据和评估方法，主要内容包括火灾风险评估方法、火灾风险评估基础数据和评估案例，既有基础理论，又有工程应用，体现了评估方法实用性、先进性和系统性，具有自己的特殊的贡献。

本书理论上具有较高的价值，而且对于工程应用具有较好的参考和指导意义，可作为高等学校安全工程、消防工程等相关专业本科生和研究生的参考教材，还可供从事消防安全工作的科研及工程技术人员学习参考。

最后，在本书即将付梓之际，谨向吴立志博士及其团队表示衷心的祝贺！愿他们在我国的火灾风险评估及消防领域做出更大的成就。

2015 年 11 月

前　言

火灾风险评估是火灾科学与消防工程的重要组成部分,具有较强的理论体系和应用价值,火灾风险评估可以帮助人们客观、准确地认识建筑物发生火灾的可能性以及造成的损失,从而为预防、控制和扑救建筑物火灾提供依据和支持,同时对完善火灾科学与消防工程学科体系也起着重要作用。随着国家和社会对消防安全越来越重视,火灾风险评估的作用越来越凸显,应用越来越广泛。

近年来,中国人民武装警察部队学院火灾风险评估中心开展了建筑火灾风险评估与性能化防火设计理论、城市区域火灾风险评估方法与应用、既有建筑火灾风险评估与分级等方面的研究,积累了较多的素材和实际案例。同时,本书的作者长期从事火灾风险评估领域的教学工作,而本书就是作者多年来从事火灾风险评估理论研究与教学实践的成果总结。

本书共分为三个部分。第一部分为"建筑火灾风险评估基础理论",包括第一章至第七章,详细阐述了火灾风险评估中定性评估方法、半定量评估方法和定量评估方法,同时对人员疏散安全性评估进行了介绍,其中第一章、第七章由李胜利副教授编写,第二章、第三章、第四章、第六章由杨玉胜教授编写,第五章由吴立志教授编写;本书第二部分为"建筑火灾风险控制技术与评估基础数据",包括第八章至第十章,介绍了火灾风险控制技术和火灾荷载调查及火灾场景试验方面取得的成果,其中第八章由李思成副教授编写,第九章由吴立志教授编写,第十章由郭子东副教授编写;本书第三部分为"建筑火灾风险评估应用案例",包括第十一章至第十五章,介绍了火灾风险评估方法在典型工程中的应用,其中第十一章、第十五章由宁波市公安局消防支队陈静高级工程师编写,第十二章、第十三章、第十四章由保彦晴讲师编写。

清华大学公共安全研究院院长范维澄院士对本书的编写十分关心,不仅提出了很多宝贵的意见,而且为本书作序;中国科学技术大学火灾科学国家重点实验室霍然教授仔细审阅了全部书稿,对本书的结构和论述提出了许多具体建议。本书引证的资料,为了体现原作者的研究贡献,在参考文献中均尽力给予客观全面的说明。在此,谨对各位的支持和帮助表示衷心感谢。

　　本书可作为高等院校安全科学与工程、消防工程等专业本科生和研究生的教材,也是火灾风险评估工程技术人员、消防安全检查与管理人员、建筑防火设计人员等很好的参考书。

　　由于编者水平有限,书中难免会有不当之处,敬请读者提出宝贵意见。

作　者

2015 年 11 月

目　　录

第一部分
建筑火灾风险评估基础理论

第一章　绪　论

建筑物，是指供人们居住、工作、学习、生产、娱乐、储藏物品以及进行其他社会活动的工程建筑。建筑物火灾是危害程度非常严重的灾害之一，火灾风险评估可以帮助人们客观、准确地认识建筑物火灾的危险性，从而为预防、控制和扑救建筑物火灾提供依据和支持。本章首先简要介绍了火灾的基本概念及危害，其次介绍了火灾风险评估的基本概念、目的和作用，最后介绍了国内外火灾风险评估的研究进展情况。

1.1　火灾及其危害

火是一种燃烧现象。燃烧，是指可燃物与氧化剂发生的氧化还原反应。与一般氧化还原反应不同的是，燃烧往往伴随有放热、发光、发烟及火焰等现象。在人类历史的发展长河中，火的利用是人类进步和文明的重要标志。人类最初主要是利用火来御寒取暖、烧制食物、驱逐野兽，后来发展到利用火来制作生活生产工具及武器。对火的使用是人类与动物的重要区别之一。

火具有两面性：当可控制时，它能给人类带来光明、温暖和智慧，促进人类物质文明不断发展；当不可控制时，它则给人类带来很大的破坏性，对人类的生命财产和生态环境构成巨大威胁。因此，火灾是指在时间和空间上失去控制的燃烧所造成的灾害。可以说，人类使用火的历史也是人类与火灾作斗争的历史。人们在使用火的同时，也在不断地总结火灾发生的规律，尽可能地采取措施减少火灾对人类的危害。

火灾危害表现为火灾损失。火灾损失包括财产损失、人员伤亡、防灭火费用及保险管理费用等。火灾是各种灾害中发生最为频繁的灾害之一。火灾间接造成的损失大大超过其直接财产损失。近年来相关统计数据表明，在全球范围内，每年发生的火灾为 600 万～700 万起，每年有 65000～75000 人死于火灾，全世界每年的火灾经济损失可达整个社会生产总值的 0.2%。因此，火灾防治是人类社会的一项长期的重要任务。

火灾的发生具有确定性和随机性。可燃物着火引起火灾，必须具备一定的条件，遵循一定的规律。当具有一定的可燃物浓度、一定的氧含量和一定的点火热量且链式反应未受抑制时，便会发生燃烧现象。当燃烧现象失去控制时便会形成火灾，这是火灾发生规律中确定性的一面。绝大多数火灾模型模拟的依据便是火灾的确定性规律。但在一个地区、一段时间内，哪个建筑、具体建筑的什么地方、什么时刻发生火灾，往往是很难预测的，这是火灾发生规律中随机性的一面。当然随机性也是有规律的，火灾风险评估的部分工作就是对火灾随机性进行描述。

火灾的发生是自然因素和社会因素共同作用的结果。火灾的发生与建筑科技、可燃物燃烧特性、消防设施，以及火源、天气、地形等物理、化学因素有关。但火灾的发生绝不仅仅是自然现象，还与人们的生活习惯、文化修养、操作技能、教育程度、法律知识以及规章制度、文化、经济等社会因素有关。这也决定了火灾风险评估具有涉及面广、因素复杂、难度大的特点。

随着社会经济的发展、科学技术的进步，人们对火灾的抗御能力不断提高。但伴随着高层建筑、地下建筑、大型商业综合体及大型化工企业的不断涌现，新材料、新工艺、新设备的广泛使用，火灾的发生概率不断增大，火灾损失不断增加。

1.2 火灾风险评估的目的和意义

风险评估是以系统安全为目的，综合运用安全工程方法，对系统存在的危险性进行定性定量分析，得出系统的风险程度，并根据其风险大小采取相应的预防和防护措施以实现安全性与经济性的统一。

1.2.1 火灾风险评估的目的

通过火灾风险评估，可以较为客观地认识火灾的危险性，准确地得出一定区域的风险程度，从而为火灾预防管理、消防力量配置及灭火救援提供依据和支持。具体说来，有以下三个方面的应用：

（1）获得安全、经济的火灾风险控制措施。工程问题是安全与经济的统一问题，要提高安全度，必然要降低经济性。因此，在消防管理部门认可的安全度的前提下，设计部门可选择适当的消防措施保证安全，达到安全性与经济性的统一，而这一工作的前提是对建筑火灾风险进行准确的评估。

（2）为建筑物的性能化防火设计提供依据。随着社会的发展、城市规模的扩大和建筑技术的不断进步，人们对建筑提出了更高的要求，功能复杂的大型建筑不断出现，如超高层建筑、大型商业综合体、地下商业街、体育场馆和车站码头等。这些建筑往往是人员密集场所，一旦出现火灾事故，极易造成巨大的财产损失和人员伤亡。

由于现行建筑防火设计规范无法完全解决这些大型建筑的消防设计问题，所以只能借助于性能化防火设计来降低火灾危险，而合理的建筑性能化防火设计又离不开科学的火灾风险评估方法。合理的火灾风险评估能够帮助人们认识火灾的危险程度以及可能造成的损失状况，从而为防灭火对策提供科学的指导。

（3）为保险行业制定合理的保险费率提供科学依据。保险是一种信用行为，当保户向保险公司交付了保险费，就意味着同时也把可能发生的风险转嫁给了保险公司。保险公司收取了保险费，签订了保险合同，也就承担了风险发生后补偿损失的义务。精算、核保是保险的第一步，保险费率的确定必须建立在科学、合理的风险评估基础之上。火灾本身具有确定性和随机性的双重规律，火灾事故的发生也受可燃物、环境、防灭火设备等诸多因素影响。作为风险的一种情况，火灾风险评估就显得更加有意义。

1.2.2 火灾风险评估的意义

首先，通过火灾风险评估可以全面掌握评估对象的火灾风险状况，给出其发生火灾的可能性及造成后果的严重程度，以便寻求较低的消防安全投资，并达到政府管理部门、建筑开发商及民众都能接受的消防安全水平。

其次，火灾风险评估对促进性能化防火设计的发展，指导实际消防工程以及消防、保险等相关行业的发展也将产生重大影响。因为建筑防火性能化设计的目标是人员在火灾威胁到人身安全前疏散至安全区域，因此性能化防火设计从某种程度上可以认为是追求绝对的消防安全设计。实际上，无论采取多么严格的措施、无论付出多么高的代价，均不可能达到绝对安全。性能化设计的目标应该定位在现行规范安全水平的基础上，即其安全水平不低于现行建筑设计防火规范的安全水平。然而，令人遗憾的是现行建筑设计防火规范是处方式的设计规范，这种规范虽然设计简单、便于操作，但无法给出建筑的消防安全水平。而火灾风险评估的目的即是得出建筑的火灾风险水平，使之成为处方式防火设计与性能化防火设计的桥梁。

最后，风险评估是火灾科学与消防工程的重要组成部分，对完善火灾科学与消防工程学科体系有着重要的作用。火灾具有确定性和随机性的双重规律，因此对火灾科学的研究理应包括确定性和随机性两个方面的内容。确定性规律开展研究的时间比较长，结出了丰硕的成果，但对于火灾的随机性，由于火灾过程的复杂性，研究得还不够深入。风险评估本身既涉及确定性又涉及不确定性，火灾风险评估就是与火灾的随机性相关的一个研究方向，它对于完善火灾的双重性规律具有十分重要的意义。

1.3 建筑火灾风险评估方法的研究现状

1.3.1 国外火灾风险评估方法的研究现状

（1）研究背景。国外关于建筑火灾风险评估方法的研究从 20 世纪 70 年代开始，主要来源于两个方面。

第一个方面来源于世界各国为了预防和控制火灾事故的发生，减少火灾伤亡事故而进行的用科学的思想和方法研究火灾的发生与控制规律。火灾风险评估最初起源于美国的保险行业。保险公司为用户承担各种火灾风险，但要收取一定的费用，费用的多少是由所承担的风险大小来决定的，由此也带来了如何衡量火灾风险程度的问题。目前，世界各国对火灾风险评估的方法和理论都进行了广泛的研究和探索。

第二个方面来源于一些发达国家系统研究的性能化防火设计。20 世纪 80 年代，一些发达国家出现了许多超高、超大、设计新颖的建筑，这些建筑的防火设计用现行的建筑防火设计规范无法解决，所以建立在火灾安全工程学基础上的性能化防火设计开始兴起。性能化防火设计通过运用火灾安全工程学的原理与方法，根据建筑物的结构、概念和内部可燃物等方面的具体情况，对建筑物的火灾风险进行预测和评估，从而得出合理的防火设计方案，为建筑物提供可靠的消防保护。

目前，英国、日本、澳大利亚、美国、加拿大、新西兰、法国、荷兰和中国已经开展了性能化防火分析与设计的研究，火灾风险评估在实际工程中得到了应用。

（2）主要评估方法。20 世纪 80 年代，美国火灾研究基金会组织实施了由美国国家标准与技术研究院（National Institute of Standard and Technology, NIST）、美国消防协会（National Fire Protection Association，NFPA）等参加的国家级火灾风险评价项目的研发，提出了可用于建筑物内部的基于防火目的、综合的火灾风险评估方法。同时随着消防安全意识的提高和建筑防火设计性能化的发展，美国消防协会制定了 NFPA101《生命安全规范》和 NFPA101A《确保生命安全的选择性方法指南》，前者是一部关注火灾中安全的消防法规，后者分别针对医护场所、监禁场所和办公场所等，给出了一系列风险评估方法。

1986 年，澳大利亚的防火规范改革中心推出了《防火工程指南》（Fire Engineering Guidelines）。该指南包括三个等级的防火工程系统评估方法，其中第三级是系统风险评估（System Risk Evaluation，SRE）。

2006 年 10 月 1 日，英国的 The Regulatory Reform（Fire Safety）Order 2005 开始生效，要求业主对本单位的火灾风险进行评估。在评估过程中需要考虑疏散通道、标志通告、火灾报警和探测系统、应急照明、火灾隐患、安全管理（员工、顾客、访问者）和周边人员。企业要采取一定的消防控制措施和管理措施，把火灾风险控制在可接受的范围内。同时，政府要对企业的火灾风险评估进行监督。

目前，国外发达国家和国际标准组织（ISO）都开发了多种建筑火灾风险评估方法和模型，如美国的建筑防火评估方法（The Building Fire Safety Evaluation Method，BFSEM）和评估特定场所内使用产品火灾风险的 FRAMEworks 方法，澳大利亚的风险评估模型（Risk Assessment Model，RAM），日本的建筑物综合防火安全设计方法，加拿大国家研究委员会（National Research Council of Canada，NRC）的研究火灾风险与成本评估模型 FiRECAM（Fire Risk Evaluation and Cost Assessment Model）方法。

同时，国外已经开发出数十种类型的火灾模拟模型，常见的有区域模型、场模型、可燃物燃烧子模型以及考虑排烟效果的网络模型和综合模型等。

国外研究的火灾风险评估方法可以归纳为对照规范评估法、逻辑分析法、计算机模拟法、指数法以及综合评价法等。

对照规范评估法就是以现行"处方式"消防规范为依据，逐项检查消防设计方案是否符合规范要求。其优点是简便易行，对符合现行消防规范的一般建筑尤为适用。但随着社会经济的发展，建筑科技的进步，具有新的设计概念和结构形式的公用建筑不断涌现，这些新型建筑按照现有规范很难设计，对照规范评估缺乏依据。

逻辑分析法的代表方法有故障树分析法、事件树分析法和因果分析法。这类方法对火灾的原因和结果进行逻辑分析，能够揭示导致火灾的各基本事件之间的逻辑关系，并进行定性描述，把系统的火灾事故与各子系统有机地联系在一起，并指出预防火灾发生的方法及应采取的控制措施。

计算机模拟法是在计算机技术迅猛发展以及对火灾基础研究不断深入的情况下发展起来的。所谓计算机模拟法就是运用计算机建立模型来模拟火灾的发生、发展过程。它可以对火灾过程中的很多方面，如火灾的发生和发展、烟气的产生与扩散、消防设施的设置与工作情况以及人员的反应和行为等进行动态模拟，计算火场的温度、压力、火灾气体浓度和烟密度等参数，考察各种有关因素的影响，从而对建筑物的消防安全状况作出评价。

指数法是用火灾风险指数作为衡量建筑物火灾风险的标准。

综合评价法的核心思想就是通过系统工程的方法，考察各系统组成要素的相互作用以及对火灾发生、发展的影响,对整个系统的消防安全作出性能评价。具体操作需要建立研究对象发生火灾的影响因素集,并确定它们的影响程度等级和权重,再进行计算。此方法综合考虑了各种因素对火灾的影响以及影响的程度。

(3) 评估导则。为了便于开展建筑火灾风险评估,一些学术团体和组织机构开发了火灾风险评估导则文件,以便建筑设计及审批人员和火灾风险评估人员使用。这些导则本身并不是风险评估方法或者风险分析技术,而是帮助从业人员对给定的建筑物选择适合的评估方法,以保证风险评估的程序和审批过程通过正确的工程方式进行。比较著名的导则有:

①美国消防工程师学会(SFPE)的《消防工程师学会工程导则:火灾风险评估》。其定位于从事建筑和工程火灾风险评估的有资质的从业人员,提供了关于火灾风险评估技术选择和使用的导则,并推荐一个应遵守的程序。按照 SFPE 工程导则,可以了解火灾风险评估的每一个步骤需要掌握的资料和信息,进行火灾危险源辨识、后果建模和计算火灾风险。

②美国消防协会的 NFPA 551《火灾风险评估导则》。在火灾风险评估方法越来越多地应用于解决建筑和设施的火灾和生命安全问题的过程中,美国消防协会开发了 NFPA 551《火灾风险评估导则》。该导则服务于火灾风险评估和生命安全方案的评估和审批人员。它提供了描述火灾风险评估特性的框架,尤其是它可以用作性能化设计监管框架。NFPA 551 没有提供特定的火灾风险评估方法,也没有建立可以接受的准则,但制定了技术审查过程和在评估和审查过程中使用的文档。

③英国的 BS 7974 - 7《概率风险评估》。英国标准协会提出了一系列和火灾相关的设计标准。BS 7974 提出了一个将消防安全工程应用于建筑设计的框架体系。该文件被所公布的 PD 7974 文件系列 0 ~ 7 部分支持。最终的文件(第 7 部分)提供了一个进行建筑概率风险评估的导则。该文件提供了一系列与方法相匹配的进行风险评估的框架,也提供了关于生命安全和经济评价的导则。和美国导则不同的是,该导则的附录提供了建筑发生火灾的概率依赖于建筑物的类型、使用情况、平均的受损面积和损失分布情况。同时基于英国的火灾统计资料,导则也提供了关于火灾造成人员死亡的数量、轰燃的概率,以及主动和被动火灾安全系统的概率。

④ISO 16732 - 1《火灾安全工程:火灾风险评估》。ISO 16732 - 1 通过阐述量化和理解火灾风险的原理提出了火灾风险评估的概念性基础。在该标准中所阐述的原理和概念可以被应用于任何消防安全目标,包括生命安全、财产安全、经营的连续性以及遗产和环境保护。在 ISO 16732 - 1 中也给出了火

灾风险评估的步骤、场景、概率表征以及后果，这是火灾风险量化的重要步骤。另一个重要内容是提供了关于不确定性分析的导则。

（4）相关图书。目前国外出版了一些关于火灾风险评估的图书，关于火灾风险评估的内容成为 SFPE 新版的消防工程手册的重要内容，如 SFPE Handbook of Fire Protection Engineering 的第 5 部分就是火灾风险评估的内容。比较著名的图书有：

①《火灾安全评估》（Evaluation of Fire Safety）。该书由火灾安全工程领域的 D. Rasbash、G. Ramachandran、B. Kandola 等 5 位学术权威合作编写，于 2004 年出版。主要内容包括火灾损失统计数据来源，火灾风险测度，评分体系、逻辑树、随机的火灾风险模型和火灾安全概念树等各种火灾评估方法等内容。本书可以为建筑火灾风险评估的从业者提供一整套信息。

②《建筑中极端事件的缓解：分析和设计》（Extreme Event Mitigation in Buildings：Analysis and Design）。该书为火灾风险评估提供了一种资源，可以理解和评估极端事件下的建筑性能。该书不仅仅局限于火灾，而且提供了一系列在极端事件下的事件发生概率、潜在影响评估，以及减缓措施等信息。其目的是获得可以接受的风险水平、建筑性能和费用之间的平衡。该书描述了如何利用基于风险信息的性能化分析方法来进行重要的风险减缓决策。

③《建筑消防安全工程的风险分析》（Risk Analysis in Building Fire Safety Engineering）。该书于 2007 年出版，由 3 位澳大利亚的火灾专家 A. Hasofer、V. R. Beck、I. D. Bennetts 撰写。该书主要讲述一些评估工具和技术。该书首先介绍了风险评估所需要的概率论，然后过渡到各种风险评估工具，包括测试的可靠性指标、蒙特卡洛分析、事件树和故障树以及费效分析等。书中还介绍了火灾安全系统的概率和随机建模。

④《建筑火灾风险评估原理》（Principles of Fire Risk Assessment in Buildings）。该书由 David Yung 编写，于 2008 年出版。该书分为两个部分：第一部分回顾了火灾风险评估的简单办法，第二部分讲述了火灾风险评估的基本方法，考虑火灾蔓延、烟气扩散、人员响应以及火灾风险评估的其他因素。

⑤《火灾风险的定量评估》（Quantitative Risk Assessment in Fire Safety）。该书由两位著名的英国火灾风险评估专家 G. Ramachandran、David Charters 合作编著，于 2009 年出版。该书对定性、半定量以及定量的火灾风险评估技术均进行了广泛的讨论，讨论了数据的来源、评估技术的构造、评估和评价等方面的内容。该书还提供了火灾发展、扩散以及安全系统响应的概率和随机分析。此外，还包括安全系统的可靠性、人们的反应以及消防机构的有效性。

这些教科书，以及其他用于特定企业、危险源和风险的书籍资料为消防工程师们提供了资源，使他们能够迎接建筑火灾风险分析的挑战。

1.3.2 国内火灾风险评估方法的研究现状

（1）研究成果。我国于 20 世纪 80 年代后期开始组织有关单位和人员系统地开展火灾风险评估与性能化防火设计的相关研究，目前公安部天津、上海、四川、沈阳四个消防科学研究所，中国建筑科学研究院，中国科学技术大学火灾科学国家重点实验室，同济大学，东北大学，中南大学以及中国人民武装警察部队学院等科研单位和高校都在开展火灾风险评估的研究工作。

与国外发达国家相比，我国对火灾风险评估的研究相对来说虽起步较晚，但也取得了一系列的成绩。

1989 年，中国科学技术大学火灾科学国家重点实验室的成立标志着我国火灾基础科学研究迈出了新的一步。火灾科学国家重点实验室在建筑火灾的计算机模拟方面率先提出了场区网复合模型，并被英国、日本等国的火灾科研工作者采用。

1995 年，范维澄院士领导的科研小组对火灾动力学演化与防治基础进行了大量研究，提出了火灾的双重性模型，建立了建筑火灾综合评估的理论框架，并以影院、会堂类大空间建筑为例，运用一些可调试的模拟方法、统计分析及模型，给出了在火灾评估具体环节和应用程式上的量化描述。

1996 年，公安部天津消防研究所开始研究火灾模拟的相关方法。特别是在"九五"期间，公安部天津消防研究所在国外相关程序的基础上，开发了主要针对大型地下商场人员疏散的模型 Egress。

1998 年，中国建筑科学研究院防火研究室的李引擎等人完成了建筑火灾的风险评价研究。

"十五"期间，中国人民武装警察部队学院在科技支撑项目的支持下，对城市区域火灾进行了研究，提出了城市区域火灾风险评估技术。

也有一些学者对建筑火灾风险评估进行了研究。例如，2001 年韩新等人以我国现行建筑设计防火规范为基础，初步建立了建筑火灾危险性评估性能化方法的基本框架，系统地阐述了相应评估方法的基本内容。2002 年杜红兵等人参考高层民用建筑设计防火规范并征求有关专家意见，建立了高层建筑火灾风险的多级多层次评价因素集，运用层次分析法确定了各评价因素的权重，提出了高层建筑火灾风险的模糊综合评价模型，并应用此模型对某高层建筑的火灾风险进行了评价，得到建筑的火灾安全等级。2003 年王鹏飞等应用模糊数学方法对商场火灾进行了研究，建立了评价商场火灾的模糊评价模型，并讨论了指标体系的建立及量化和权重的处理方法。

近年来，国内多次召开或承办火灾科学与消防工程方面的学术会议，有力地推动了火灾风险评估理论和方法的发展。

（2）相关图书。

①《火灾风险评估方法学》。该书出版于 2004 年，由范维澄院士领导的科研小组编著，是我国第一部关于火灾风险评估的学术著作。该书是作者多年来在火灾科学、火灾安全工程学基础理论和火灾防治高新技术方面的研究成果和心得。内容涵盖了火灾风险评估的各个方面，包括火灾动力学基础理论、火灾统计方法、火灾风险分析和危险源辨识方法、火灾财产损失和人员安全疏散评估方法、消防措施的有效性和经济性评价等内容。

②《火灾风险评估方法与应用案例》。该书由我国著名的消防专家公安部消防局副局长杜兰萍撰写，2011 年出版。该书介绍了火灾风险评估的相关理论，以及火灾风险评估中涉及的性能化评估和实验评估方法，而且重点讨论了火灾风险评估应用中的一些关键性技术问题。

③《火灾风险评估》。该书是一本消防工程及相关专业的本科教材，由河南理工大学余明高教授主编，2013 年出版。该书主要内容包括火灾危险源的危害特性、辨识及其管理，火灾风险评估的基本方法及其选择，定性的火灾风险评估方法，定量的火灾风险评估方法，人员疏散安全性评估，火灾防治对策措施，火灾风险评估案例等。

④《建筑物火灾风险评估指南》。该书由中国人民武装警察部队学院田玉敏教授编著，2014 年出版。本书借鉴国外的成功经验并结合我国的实际情况，推荐了建筑物火灾风险评估的基本方法，实现了建筑物的火灾风险分级，用以指导财产保险的核保和费率浮动，使投保建筑物的保险费率水平与其风险状况相统一。

⑤《既有建筑火灾风险评估与消防改造》。该书由中国建筑科学研究院高级工程师张靖岩撰写，2014 年出版。该书从专业的角度分析了目前我国既有建筑的防火安全现状，讨论了如何认清其火灾危险性，并列出若干典型改造技术进行论述，包括技术特点、关键参数、适用场合、优缺点以及设置要求等，最后进行实际案例分析，并归纳总结了既有建筑防火改造应用技术指南，较好地体现了消防改造有效性与经济性协调统一的思想。

1.3.3 火灾风险评估的发展趋势

火灾风险评估包括消防安全管理、火灾隐患辨识、疏散措施、人员辨识、火灾报警措施、消防设施、人工照明和消防检查等。火灾风险评估的目的是对建筑物进行详细的检查，以确认所有潜在的火灾危险，确认控制火灾风险应该采取的措施，进而提高建筑物的安全性。我国火灾风险评估的发展趋势包括以下几点：

一是火灾风险评估的应用将进一步推广。随着我国消防体系的进一步健全，消防行业的职业化、规范化进一步发展，火灾风险评估工作必将进入一个新的历史时期。2012 年 9 月，国家人力资源和社会保障部、公安部联合下发了《注册消防工程师制度暂行规定》、《注册消防工程师资格考试实施办法》及《注册消防工程师资格考核认定办法》等关于注册消防工程师的政策通知，标志着我国社会消防专业技术职业资格的注册消防工程师制度正式建立。从 2015 年开始，我国将正式开始注册消防工程师考试。注册消防工程师的实施，为我国建筑物火灾风险评估和性能化防火设计的开展奠定了坚实的基础，必将推动我国火灾风险评估技术的发展和应用。

二是火灾风险评估的基础数据和基础理论的发展。火灾风险评估结果的可信性，要依赖于大量真实有效的火灾事故数据。因此，需要积累翔实的统计数据，测量大量火灾荷载数据和消防设备、设施的性能数据；同时，应根据国内的火灾统计数据，参考国外的相关标准，在消防行业建立我国的火灾风险标准。

三是火灾风险评估的方法研究。传统的风险评估方法只是从统计学的角度构建理论体系。如何结合动力学理论与统计理论，在对火灾演化机理和规律认识的基础上，建立基于火灾确定性规律的火灾动态风险评估方法和基于不完备样本的火灾风险评估方法是火灾风险方法学的重要研究课题。因此，基于火灾动力学与小样本统计理论耦合的火灾风险评估方法是未来的发展方向。

第二章　火灾风险评估的基本理论

本章介绍火灾风险评估的基本理论，主要内容包括：火灾风险评估的基本原理、基本方法和基本程序，最后给出了风险容忍度的概念，并介绍了风险容忍度的确定方法。

2.1　火灾风险评估的基本原理

2.1.1　火灾风险的特征

（1）火灾风险的客观性。火灾风险是客观存在的。人们只能在一定的时间和空间内改变火灾风险的存在和发生条件，降低火灾发生的可能性和火灾的损失程度。因此，火灾风险是不可能彻底消除的。

（2）火灾风险的普遍性。建筑内部充满着各种火灾危险源，火灾风险无处不在，无时不有。

（3）火灾风险的社会性。火灾风险与人类社会活动密切相关。若没有人，没有人类社会，火灾风险也就不存在了。

（4）火灾风险的不确定性。火灾发生的可能性及其造成的损失是偶然的，具有不确定性。火灾风险的不确定性主要表现在空间的不确定性、时间的不确定性以及结果的不确定性等方面。

（5）火灾风险的可测性。根据大量的历史火灾资料，利用概率论和数量统计的方法可以估算出火灾发生的可能性及其损失的严重程度，并且可以构造火灾损失分布的数学模型，为风险评估奠定理论基础。

（6）火灾风险的发展性。火灾风险将随着时间、空间因素的发展变化而发展变化。

2.1.2　火灾风险评估的原则

（1）政策性。关于火灾风险评估，国家和有关部门均颁布了一些标准、规程和规范，国家公布的各个行业事故率、职工伤亡率、财产损失率、车间空气中有害气体和建筑物的疏散条件等，都可以作为风险评估准则。

（2）科学性。火灾风险评估的科学性主要表现在以下几个方面：

第一，评估方法运用的科学性。火灾评估方法种类很多，每种方法都有其局限性。为此，评估人员必须对现有的评估方法有一个全面的了解，科学地分析各种方法的原理、特点、适用范围和适用条件，选择合适的评估方法。

第二，评估结果使用的科学性。根据火灾风险评估过程和结果，可以识别系统中存在的危险和潜在危险，即找出火灾危险的存在条件、触发因素、发展趋势，然后预测其后果，并据此制定合理、可靠的防范措施。

第三，消防管理制度的科学性。消防安全管理制度是火灾风险评估的重要方面，根据火灾风险评估，可以发现其不足，从而进一步修订、完善消防安全管理制度。

（3）公正性。火灾风险评估会涉及有关部门、集团甚至个人的某种利益。因此要客观地、实事求是地作出评估结论，不能受不利因素的影响，要保持公正性。

（4）针对性。火灾风险评估要结合当前的社会经济条件和科学技术水平。在评估过程中，不要提出无针对性的、空泛的结论与建议，不要提出脱离现实条件的许可，也不要提出不切合实际的过高、过激的消防安全措施的要求。

2.1.3 火灾风险评估的原理

虽然火灾风险评估的领域、方法、手段多种多样，被评估对象的属性、特征以及火灾的特点也各不相同，但是火灾风险评估的基本原理基本上是一致的，可归纳为以下四个基本原理，即相关性原理、类推原理、惯性原理和量变质变原理。

（1）相关性原理。一个系统的火灾特征和系统的火灾危险源之间存在着因果关系，即有一定的相关性，这种相关性是火灾风险评估方法的理论基础。

在火灾风险评估中，通常把所要评估的对象视为系统。所谓系统，就是为实现一定的目标，由多种彼此有机联系的要素组成的整体。

系统的目标是由组成系统的各子系统、要素综合发挥作用的结果。因此，不仅系统与子系统之间，子系统与要素之间同样有着密切的关系，而且各子系统之间、各要素之间也都存在着密切的相关关系。所以，在评估过程中只有找出这种相关关系，并建立相应的模型，才能正确地对系统的火灾风险进行评估。

有因才有果，这是事物发展变化的规律。事物的原因和结果之间存在密切关系。若研究、分析各个系统要素之间的依存关系和影响程度就可以探求其变化的特征和规律，并可以预测系统未来状态的发展变化趋势。

火灾和导致火灾发生的各种危险源之间存在着相关关系。危险源是原因，火灾是结果，火灾的发生是许多因素综合作用的结果。只有分析了各因素的特征、变化规律、影响火灾发生和火灾后果的程度以及从原因到结果的途径，揭示其内在联系和相关程度，才能在评估中得出正确的结论。

例如，可燃气体泄漏引起的火灾事故是由可燃气体泄漏与空气混合达到爆炸极限和存在引燃能源这三个因素综合作用的结果。而这三个因素又是由系统设计失误、设备故障、安全装置失效、操作失误、环境不良、管理不当等一系列因素造成的。火灾事故后果的严重程度又和可燃气体的物理、化学性质（如闪点、燃点、燃烧速度、燃烧热值等）、可燃性气体的泄漏量及空间密闭程度等因素有着密切的关系。所以在评估中需要分析这些因素的因果关系和相互影响程度，并定量地加以描述，才能得到正确的结果。

（2）类推原理。"类推原理"亦称"类比原理"，是人们经常使用的一种逻辑思维方法，常用来作为推出一种新知识的方法。它是根据两个或两类对象之间存在着某些相同或相似的属性，从一个已知对象具有某个属性来推出另一个对象具有此种属性的一种推理。它在人们认识世界和改造世界的活动中，具有非常重要的作用。

类推原理的基本模式为：

若：A、B 表示两个不同对象

A 有属性 P_1、P_2、$\cdots$、P_m、P_n

B 有属性 P_1、P_2、$\cdots$、P_m

则：对象 B 也有属性 P_n（$n>m$）

类推原理在火灾风险评估中经常使用。它不仅可以由一种现象推算另一种现象，还可以依据已有的统计资料，采用科学的估计推算方法来推算得到基本符合实际的所需资料，以弥补调查统计资料的不足，供分析研究使用。

（3）惯性原理。任何事物在其发展过程中，从过去到现在以及延伸至将来，都具有一定的延续性，这种延续性称为惯性。

利用惯性可以研究事物或评估一个系统的未来发展趋势。例如，从一个单位过去的消防安全状况、火灾统计资料找出火灾发展变化的趋势，以推测其未来的消防安全状态。

利用惯性原理进行评估时应注意以下两点：

第一，惯性的大小。惯性越大，影响越大；反之，惯性越小，则影响越小。例如，一个生产经营单位如果疏于管理，违章作业、违章指挥、违反劳动纪律严重，事故就多，若任其发展则会愈演愈烈，而且有加速的态势，惯性就会越来越大。对此，必须立即采取相应对策措施，中止或改变这种不良惯性，才能防止事故的发生。

第二，惯性是变化的。一个系统的惯性是系统内部各个因素互相联系、互相影响，进而按照一定的规律发展变化的一种状态趋势。因此，只有系统是稳定的且受外部环境和内部因素影响产生的变化较小时，其内在联系和基本特征才可能延续下去，该系统所表现的惯性发展结果才基本符合实际。但是，绝对稳定的系统是没有的，因为系统发展的惯性在受外力作用时，可使其加速或减速甚至改变方向。这样就需要对一个系统的评估进行修正，即在系统主要方面不变而其他方面有所偏离时，就应根据其偏离程度对所出现的偏离现象进行修正。

（4）量变到质变原理。任何一个事物在发展变化过程中都存在着从量变到质变的规律。同样，在一个系统中，许多有关火灾的因素也存在着量变到质变的规律。在进行火灾风险评估时，离不开从量变到质变的原理。例如，许多定量评估方法中，有关危险等级的划分都应用了量变到质变的原理，如"道化学公司火灾爆炸危险指数评估法"（第七版）中，关于按 F&EI（火灾、爆炸指数）划分的危险等级，从 1～159，经过了 < 60、61～96、97～127、128～158、> 159 的量变到质变的不同变化层次，即分别为"最轻"级、"较轻"级、"中等"级、"很大"级、"非常大"级；而在评估结论中，"中等"级及以下的级别是"可以接受的"，而"很大"级、"非常大"级则是"不能接受的"。

因此，在进行火灾风险评估时，考虑各种火灾危险因素的危害以及采用的评估方法进行等级划分等，均需要应用量变到质变的原理。

以上四个原理是人们在长期的研究和实践中总结出来的。在实际的火灾风险评估工作中，人们综合应用基本原理指导评估工作，并创造出各种评估方法，进一步在各个领域中加以运用。

掌握风险评估的基本原理可以建立正确的思维程序，对风险评估人员开拓思路、合理选择和灵活运用评估方法十分必要。由于世界上没有一成不变的事物，评估对象的发展不是过去状态的简单延续，评估的事件也不会是自己的类似事件的机械再现，相似不等于相同。因此，在火灾风险评估过程中，还应当对客观情况进行具体分析，以提高评估结果的准确程度。

2.2　火灾风险评估的基本方法

2.2.1　火灾风险评估方法的分类

根据所使用方法的复杂程度，火灾风险评估方法一般可分为定性评估方法、半定量评估方法和定量评估方法三类，如图 2.1 所示。

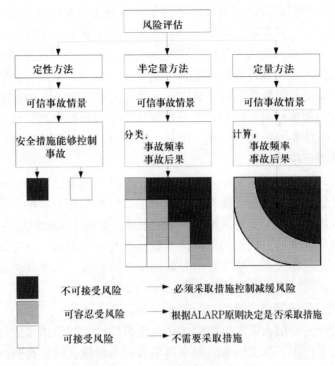

图 2.1 火灾风险评估方法分类

（1）定性风险评估方法（Qualitative Risk Assessment）。定性风险评估方法使用叙述性的语言和定性的方法来描述火灾发生的可能性和火灾后果的严重程度，根据评估人员的经验和判断能力对系统的工艺、设备、环境、人员和管理等方面的状况进行定性评估。定性风险评估方法主要有安全检查表、初步危险分析、故障模式和效果分析以及危险与可操作性研究等。

定性评估方法的特点是简单、便于操作，且评估过程和评估结果具有直观性。

定性风险评估方法可以用于评估建筑物、场所的消防安全措施是否符合法律、法规的要求，评估的结果只有两种，即消防安全措施满足或不满足可接受风险水平的要求。

定性风险评估方法的缺点是事故的发生频率和事故后果没有量化，不能得到实际的风险值。

定性风险评估方法可以用于识别危险。在资金或火灾危险数据、信息不足的情况下，定性风险评估方法是最佳的风险评估方法。

（2）半定量风险评估方法（Semi‒quantitative Risk Assessment）。半定量

风险评估方法采用定性、定量相结合的方法来描述火灾发生的可能性和火灾后果的严重程度，是以风险的数量指数为基础的一种评估方法。采用这种评估方法时，对识别到的火灾危险，首先为火灾后果的严重程度和火灾发生的可能性各分配一个指数，然后将这两个指数进行组合，从而得到一个相对的风险指数。半定量风险评估的主要方法有指数法和综合评估方法等。

半定量法能够给出一些相关的火灾事故情景和风险矩阵，可以得到风险的高、中、低等相对的风险等级。因此，半定量风险评估方法常用来进行危险辨识和选择可信事故情景。

半定量风险评估方法使用一种统一的、有条理的方法对事故进行火灾风险评估，并能够进行风险等级划分，综合了定性法和定量法的一些优点，避免了火灾发生的概率及其后果难以确定的困难，提高了风险评估的实用性。

半定量风险评估方法得到的风险指数虽然是一个数值，但是该数值并不能反映真正的风险大小，这个数值只能用于风险分级。若要知道事故风险的真实大小，必须运用定量风险评估方法。

（3）定量风险评估方法（Quantitative Risk Assessment，QRA）。定量风险评估方法是一种使用火灾发生的频率和火灾后果的实际数值来进行风险评估的方法。由于使用了真实的事故频率和事故后果数值，因而得到的是实际的风险值。

火灾风险定量评估是一个复杂的分析和计算过程，常常需要使用一些软件，即要运用计算机建立火灾模型来模拟火灾的发生、发展规律及过程。火灾模型是在计算机技术高度发展以及对火灾现象和规律深刻认识的基础之上建立和发展起来的。它可以研究特定空间内火灾场景中的烟气流动、环境温度、火焰增长、人员疏散等问题，广泛应用于建筑性能化设计及消防安全评估领域。目前，世界范围内已开发的火灾模型有数十种之多，常见的有区域模型、场模型和可燃物燃烧子模型以及考虑排烟效果的网络模型和综合模型等。

定量评估方法的前提是必须建立精确度火灾模型，而建立模型的过程复杂、涉及面广、工作量大，且每种火灾模型只能对应特定的建筑单体或空间，不能从整体上给出建筑的火灾危险性评估。因此，该方法主要适用于对特定重点建筑或空间的火灾风险评估，如不能依靠现行规范的指导解决消防问题的大空间、复杂空间建筑等。

目前，随着消防安全意识的日益提高以及工程投资的不断增加，人们对火灾风险评估的准确性提出了更高的要求，推动了定量风险评估技术的发展。同时，随着对火灾发生、发展和演化过程认识水平的不断提高，人们开始使用数学方法来模拟火灾，并研制成功高性能计算机等，这一系列举措大大促进了定量风险评估技术的成熟。定量风险评估方法首先应用在核工业，现在在化学工业中也得到了广泛应用，在火灾风险评估中得到了推广。

三种方法的比较如表2.1所示。

表2.1　火灾风险评估方法比较

方法	举例	特点
定性评估方法	安全检查表；预先危险性分析；故障类型与影响分析；危险可操作性研究	经济、简单、便于操作，评估过程及结果具有直观性；不能提供数值估计，经验成分高，有一定的局限性；对系统火灾危险性的描述缺乏深度
半定量评估方法	火灾指数法；古斯塔夫法；综合评估方法	操作简单，避免了火灾发生的可能性及其后果难以确定的困难；评估模型使用指标值，能够对系统进行分级
定量评估方法	民用核电站的安全概率评估；石油化工联合企业的危险评估	能够得到真实的风险数值；评估过程复杂，要求数据准确、充分，分析过程完整，判断和假设合理；所需费用较高

2.2.2　火灾风险评估方法的选择

在火灾风险评估过程中，具体采取哪种方法，主要依据是可以得到的评估信息的数量以及风险评估的目的。

任何一种火灾风险评估方法都有其适用条件和范围，在火灾风险评估中如果使用了不恰当的方法，不仅浪费工作时间，影响评估工作的正常开展，还有可能导致评估结果严重失真，使火灾风险评估失败。因此，在火灾风险评估中，合理选择评估方法是十分重要的。

（1）火灾风险评估方法的选择原则。在进行火灾风险评估时，应该在认真分析并熟悉被评估系统的前提下，选择合理的火灾风险评估方法。选择火灾风险评估方法应遵循充分性、适应性、系统性、针对性和合理性的原则。

①充分性原则。充分性，是指在选择火灾风险评估方法之前，应该充分分析被评估的系统，掌握足够多的火灾风险评估方法，并充分了解各种火灾风险评估方法的优缺点、适应条件和范围，同时为火灾风险评估工作准备充分的资料。也就是说，在选择火灾风险评估方法之前，应准备好充分的资料，供选择时参考和使用。

②适应性原则。适应性，是指选择的火灾风险评估方法应该适应被评估的系统。被评估的系统可能是由多个子系统构成的复杂系统，评估的重点对于各子系统可能有所不同，各种火灾风险评估方法都有其适应的条件和范围，

所以应该根据系统和子系统、危险物质的性质和状态，选择适当的火灾风险评估方法。

③系统性原则。系统性，是指火灾风险评估方法与被评估的系统所能提供的火灾风险评估初值和边值条件应形成一个和谐的整体。也就是说，火灾风险评估方法获得的可信的风险评估结果，必须建立在真实、合理和系统的基础数据之上，被评估的系统应该能够提供所需的系统化数据和资料。

④针对性原则。针对性，是指所选择的安全评估方法应该能够提供所需的结果。由于火灾风险评估的目的不同，需要火灾风险评估提供的结果可能是火灾危险因素识别、火灾发生的原因、火灾发生的可能性、火灾的后果和系统的火灾危险性等。只有能够给出所要求结果的火灾风险评估方法才能被选用。

⑤合理性原则。在满足火灾风险评估目的、能够提供所需的风险评估结果的前提下，应该选择计算过程最简单、所需基础数据最少和最容易获取的火灾风险评估方法，使火灾风险评估工作量和获得的评估结果都是合理的，不要使火灾风险评估过程中出现无用的工作和不必要的麻烦。

（2）火灾风险评估方法的选择过程。对于不同的被评估系统，需要选择不同的火灾风险评估方法，火灾风险评估方法的选择过程有所不同。

在选择火灾风险评估方法时，应首先详细分析被评估的系统，明确通过火灾风险评估所要达到的目标，即通过火灾风险评估需要给出什么样的评估结果，然后应收集尽量多的火灾风险评估方法，将火灾风险评估方法进行分类整理，明确被评估的系统能够提供的基础数据、危险特性和其他资料，根据风险评估要达到的目标以及所需要的基础数据等资料，选择适用的风险评估方法。

（3）选择火灾风险评估方法应注意的问题。选择火灾风险评估方法时，应针对被评估系统的实际情况、特点和评估目标，认真地分析、比较。必要时，要根据评估目标的要求，选择几种评估方法进行评估，互相补充、综合分析和相互验证，以提高评估结果的可靠性。在选择评估方法时应特别注意以下几个方面的问题：

①充分考虑被评估系统的特点。根据被评估系统的规模、组成、复杂程度、工艺类型、工艺过程、工艺参数以及原料、中间产品、作业环境等，选择火灾风险评估方法。

②评估的具体目标和要求的最终结果。在火灾风险评估中，由于评估目标不同，要求的最终评估结果也是不同的，如查找引起火灾的危险因素、由危险因素分析可能发生的火灾事故、评估火灾发生的可能性、评估火灾后果的严重程度、评估系统的火灾危险性等，因此，需要根据被评估目标选择适用的火灾风险评估方法。

③评估资料的占有情况。如果被评估系统技术资料、数据齐全，则可进行定性、定量评估并选择合适的定性、定量评估方法。反之，如果是一个正在设计的系统、缺乏足够的数据资料或工艺参数不全，则只能选择较简单的、需要数据较少的安全风险评估方法。

④其他因素。其他因素包括火灾风险评估人员的知识和经验、完成评估工作的时间限制、经费支持状况、被评估单位的情况以及评估人员和管理人员的习惯、爱好等。风险评估人员的知识、经验和习惯对火灾风险评估方法的选择是十分重要的。

企业进行火灾风险评估的目的是为了提高全体员工的安全意识，提高企业的消防安全管理水平。火灾风险评估需要全体员工的参与，使他们能够识别出与自己作业相关的危险因素，找出火灾隐患。这时应采用较简单的火灾风险评估方法，并且便于员工掌握和使用，同时还能够提供危险性的分级，因此作业条件危险性分析方法或类似评估方法是适用的。

如果企业为了某项工作的需要，请专业的风险评估机构进行火灾风险评估，参加评估的人员都是专业的评估人员，他们有丰富的风险评估工作经验，掌握很多风险评估方法，甚至有专用的风险评估软件，因此可以使用定性、定量风险评估方法对评估的系统进行深入的分析和评估。

2.3 火灾风险评估的基本程序

虽然火灾风险评估的方法很多，但火灾风险评估的程序基本上都是相同的，一般包括准备阶段、危险因素识别与分析、定性定量评估、提出安全对策措施、形成风险评估结论和建议以及编制风险评估报告等，如图2.2所示。

（1）准备阶段。明确火灾风险评估的对象和范围，收集评估所需的各种资料（包括法律法规、技术标准和系统的技术资料），重点收集与现实运行状况有关的各种资料与数据。依据搜集的基础资料，按照确定的评估范围进行评估。

所需的主要资料从以下几个方面收集：①系统的功能；②系统所涉及的可燃物及其分布；③系统周边环境情况；④消防设计图纸；⑤消防设备相关资料；⑥火灾事故应急救援预案；⑦消防安全规章制度；⑧相关的电气检测和消防器材检测报告。

（2）危险因素识别与分析。根据被评估系统的实际情况，采用科学、合理的方法，识别和分析系统中存在的火灾危险因素，并确定这些因素存在的部位和方式、火灾发生的途径及发展变化的规律。

（3）定性定量评估。在对火灾危险辨识和分析的基础上，划分评估单元，选择合理的风险评估方法，对系统发生火灾事故的可能性和严重程度进

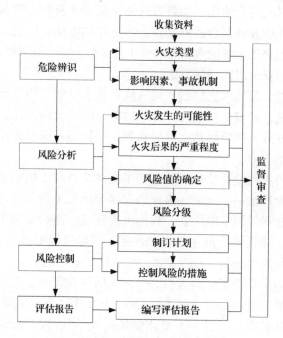

图2.2 火灾风险评估的基本程序

行定性或定量评估。应尽可能多地采用定量化的安全评估方法、定性与定量相结合的综合性评估模式，对系统进行科学、全面、系统地分析和评估。

（4）提出安全对策措施。根据火灾风险评估结果，从技术（Engineering）、管理（Enforcement）和培训（Education）三个方面（即所谓的"3E"）提出降低火灾发生频率和控制火灾后果的措施和建议。

（5）形成风险评估结论和建议。列出主要的火灾危险因素的风险评估结果，指出系统中应该重点防范的火灾危险源，并按照火灾风险程度的高低进行解决方案的排序，列出存在的消防隐患及整改紧迫程度，针对消防隐患提出改进措施及改善火灾风险状态水平的建议。

根据评估结果明确指出生产经营单位当前的火灾风险状态水平，提出火灾风险可接受程度的意见。

（6）编制风险评估报告。依据火灾风险评估的结果，编制相应的火灾风险评估报告。每次火灾风险评估后都要编制火灾风险评估报告。只有火灾风险评估报告编制完成以后，该火灾风险评估才算完成。

（7）火灾风险评估审查。在对系统进行整改以后，评估单位再次对系统进行火灾风险评估。

2.4　火灾风险容忍度

2.4.1　火灾风险容忍度的概念

在火灾风险评估中，有一个重要的问题就是确定火灾风险容忍度（Fire Risk Tolerance）。所谓火灾风险容忍度，就是在规定的时间或某一阶段内，社会公众所允许的、可以接受的风险等级。火灾风险容忍度为风险评估以及制定减少风险的措施提供了参考依据，因此在进行火灾风险评估之前要预先给出。此外，火灾风险容忍度应尽可能地反映消防安全目标以及行为特征。

火灾风险是火灾发生概率和火灾造成的环境或健康后果的乘积。由于死亡风险比较直接和容易定义，也易于与生活中的其他风险进行比较，因此在大多数火灾风险评估中通常都采用死亡的可能性作为风险的量度。

各类风险造成的事故及其损失的后果的确定是确定风险容忍度的依据。通过统计某行业或某种事故中人员伤亡或财产损失的大小，确定危险程度，对"可以忽略"的危险可以确认为达到安全要求。

2.4.2　火灾风险容忍度的特点

火灾风险容忍度具有相对性、阶段性、行业性和偏重性等特点。

火灾风险容忍度的相对性，是指世界上没有绝对的安全，人们不能以火灾事故为零作为风险容忍度。

火灾风险容忍度的阶段性，是指社会发展的不同阶段，对"允许的风险限度"具有不同的理解。不同的时代，不同的政治、经济和技术状况会得到不同的结论。

火灾风险容忍度的行业性，是指火灾危险因素与行业相联系。不同的行业，火灾发生的频率和严重度不同，对社会的影响不同，人们对其风险容忍度也有不同的要求。

火灾风险容忍度的偏重性，是指在火灾风险的两个因素中，后果严重性大于事故发生频率。

由于上述特点，使火灾风险容忍度既难以量化，也难以被广泛接受。火灾风险容忍度历来是风险学科的研究重点，也是风险学科的研究难点。

2.4.3　火灾风险容忍度的确定

（1）确定原则。衡量风险的方法有定性和定量两种方式，火灾风险容忍度的表达方式与之相适应，也有定性和定量两种。但无论是定性表达还是定量表达，在制定火灾风险评估标准时，通常遵循的原则是：①重大危险对员工个人或公众成员造成的风险不应显著高于人们在日常生活中接触到的其他风险；②只要合理可行，任何重大危险的风险都应该努力降低；③在有重大危险的地方具有危险性的开发项目不应对现有的风险造成显著的增加；④如果一个事件可能造成比较严重的后果，那么应努力降低此事件发生的频率，也就是降低社会风险。

（2）条件。决定火灾风险是否可以容忍需要考虑以下因素：①火灾风险的性质：是自愿风险还是非自愿风险？若是自愿的，则可以高一些。②火灾风险面对的主体：火灾风险只影响一个人还是影响很多人？周围环境如何？风险所在地是否面临学校、住宅区或人口密集区？若受影响的人员较多或是脆弱性人体，则风险应该高一点。③火灾风险能够被控制或降低的程度：风险可被容许的前提是支持风险降低的方法在技术上是可行的。

（3）确定方法。

①定量火灾风险容忍度。确定火灾风险容忍度，最简单和最直接的方法是对火灾风险定义有一个标准值。如果火灾风险水平大于这个标准值，则认为这种风险是不可接受的；如果小于这个标准值，则认为可以接受，如图2.3所示。对于较大的风险，需要通过采取相应的消防安全措施予以控制危险源，使系统的风险达到允许的风险容忍度。

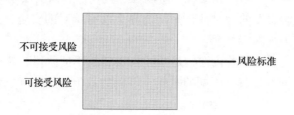

图2.3 火灾风险标准

在制定火灾风险容忍度时，需要了解人们在日常生活中接触到的风险的水平，如交通事故的风险、致命疾病的风险等。英国（HSE，1988年）的交通事故的死亡风险是每年百万分之100，也就是每年 10^{-4}；雷击死亡的风险是每年百万分之0.1，也就是每年 10^{-7}。美国自然灾害造成的死亡风险水平大约是每年 5×10^{-6}。挪威自然灾害死亡风险大约是每年 2×10^{-6}。

美国原子能委员会认为：每年死亡率为 10^{-3} 的作业危险特别高，是不允许的；10^{-4} 的作业危险是中等程度的危险；10^{-5} 的危险率，如游泳溺水死亡，危险率较低；而 10^{-6} 的危险率，如地震等天灾，概率极低。

荷兰和英国政府要求对重大危险设施必须进行风险评估，如表2.2所示。

表2.2　荷兰、英国重大危险设施个人风险容忍度

	荷兰	英国
现有设施最大允许风险值	10^{-5}/年	10^{-4}/年
新建设施最大允许风险值	10^{-6}/年	10^{-5}/年
可忽略的最大风险值	-	10^{-6}/年

从表中可以看出英国的风险的上限是英国交通事故死亡风险的1/10，下限（可以忽略不计）的风险大约是被雷击而导致死亡风险的10倍。

人员的风险容忍度如表2.3所示。

表2.3　人员风险分类及容忍度

人员风险	一般定义	容忍极限（次/年）
1. 低	烟气侵害，需急救（1人）	1×10^{-1}
2. 中等	中等程度的烧伤，需入院治疗（1人）	1×10^{-2}
3. 重大	严重烧伤，需入院治疗（1~2人）	1×10^{-3}
4. 严重	现场多人受伤，并有1人死亡	1×10^{-4}
5. 很严重	现场1~3人死亡	5×10^{-5}
6. 极其严重	场外多人受伤或1人死亡	1×10^{-5}
7. 灾难性	场外多人死亡	5×10^{-6}

在确定人员风险容忍度时，需要参照以下数据：第一，人为或自然事故风险的统计数据；第二，世界范围特定行业的事故率；第三，其他国家使用的风险判据。

这种方法制定的风险评估标准容易适用，但在实际应用的过程中，评估标准应当有一定的灵活性。目前普遍接受的风险评估标准是 ALARP 原则，如图 2.4 所示。一般都分为上限、下限和上下限之间的灰色区域三个部分。灰色区域的风险需要根据开发项目和当地的具体情况，采用包括成本效益分析等手段进行详细的分析，以确定合埋可行的措施来尽可能地降低风险。

还有一个就是所谓的理论最低原则（As Low As Reasonably Achievable,

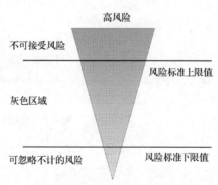

图 2.4　ALARP 原则

ALARA），即应满足使风险水平"尽可能低"这样一个要求，而且是介于可接受风险和不可接受风险之间的、可实现的风险范围内，来尽可能地降低风险水平。这种方法是以成本效益水平为基础，来确定某一减小风险措施的合理性。

②定性风险容忍度——风险矩阵。将火灾发生的可能性和相应的后果置于一个矩阵中，该矩阵即为风险矩阵，如图2.5所示。风险矩阵分为以下三个区域：不可接受风险；可接受风险；不可接受风险和可接受风险之间的临界区域。临界区域需要进行风险评估以决定究竟是否应该采取措施减少风险，或者是否需要预先做进一步的研究。

连续变量形式的风险矩阵如图2.6所示。

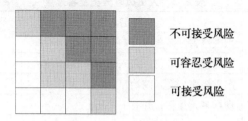

图 2.5　风险矩阵图

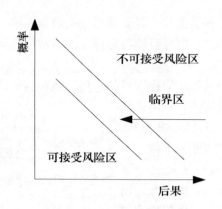

图 2.6　连续形式的风险矩阵

第三章　建筑火灾危险源辨识

建筑物中有各种火灾危险源。这些火灾危险源是造成火灾的根源，它们的存在是火灾发生的前提。火灾危险源是可能导致火灾发生从而造成人员伤亡和财产损失的不安全因素。为了防止火灾的发生，需要控制火灾危险源，而控制火灾危险源就需要专门的技术来识别建筑物中潜在的危险源。同时，火灾危险源辨识是火灾风险评估的重要环节。辨识导致建筑火灾发生和蔓延的火灾危险源对于防止火灾发生、控制火灾蔓延和火灾风险评估具有重要意义。本章首先介绍一般危险源的概念及其分类，然后在此基础上，引入火灾危险源的概念，并介绍了火灾危险源辨识的概念、意义和方法等内容。

3.1　危险源及辨识方法

3.1.1　危险源的定义

危险源是危险的根源，是指在人类生产、生活中存在的各种危险。安全工程中所谓的危险源，是指发生事故造成生产中断、人员伤亡、财产损失或环境污染的危险。因此，危险源是各种事故发生的根源，即导致事故发生的不安全因素或者事故致因因素。危险源的存在具有一定的隐蔽性，一般只有在发生事故时才会明确地显现出来。

危险源是事故的根源，危险源的存在是事故发生的前提；离开事故就谈不上危险源。因而危险源和事故是互为因果、相互依存的。为了认识和控制危险源，必须了解系统中存在的危险源。

3.1.2　危险源的分类

根据危险源和事故的定义，可能导致事故发生、造成人员伤亡或财产损失的潜在的不安全因素即是危险源。按照这种定义，在生产、生活中出现的许多不安全因素都是危险源，如工厂里的高压锅炉、加油站的储油罐、建筑中的可燃物等。实际上，生产、生活中的危险源种类繁多、数量浩大，因此开展危险源辨识、评估和控制工作需要对危险源作进一步的分析考察。

作为事故致因的各种不安全因素，在导致事故发生、造成人员伤亡和财产损失等方面所起的作用是不同的。可以根据危险源在事故发生、发展过程中的作用来研究危险源。在这里可以将危险源分为两类，即第一类危险源和第二类危险源，它们是性质完全不同的两类危险源，其辨识、评估和控制的方法也不相同。

（1）第一类危险源。根据事故致因理论中的能量意外释放理论，事故是能量的意外释放造成的。作用于人体或结构的过量的能量或干扰人体与外界能量交换的危险物质是造成人员伤亡或财产损失的直接原因。能量或危险物质在事故致因中占有非常重要的位置，一般称它们为第一类危险源。

在生产、生活中，能量一般被解释为物质做功的能力。这种能力只有在做功时才显示出来。因此，人们往往把产生能量的能量源或拥有能量的载体看作第一类危险源，如带电的导体、运动的汽车和建筑物内的可燃物等。

有些作为第一类危险源的危险物质是无形的，如某些窒息性的气体等。对这些危险物质，在实际工作中往往把生产、存储危险物质的设备、容器或场所等看作危险源。例如，充满有毒气体的容器、储罐等。

第一类危险源具有的能量越高，发生事故的后果就越严重；反之，具有的能量越低，危害就越低，对人或物的危害就越小。第一类危险源处于低能量状态时比较安全，同样，第一类危险源具有的危险物质的量越大，其危险性也越大。

常见的第一类危险源有：

①生产、供给能量的装置或设备。供给人们生产、生活的能量装置、设备是典型的能量源，它们运转时往往产生或供给很高的能量，如变电所、供热锅炉等。

②使人体或物体具有较高能量的装置、设备或场所。这类危险源相当于能量源，本身具有很高的能量，如位于高处的物体等。

③能量载体。拥有能量的人或物，如运动的汽车等。

④一旦失去控制可能产生巨大能量的装置、设备或场所。这些危险源在正常情况下是按照人们的意图进行能量转换和做功的，但在意外情况下可能释放出巨大的能量造成事故。例如，化工生产过程中进行强烈放热反应的工艺装置，充满爆炸性气体的空间等。

⑤一旦失去控制可能产生能量储存的装置、设备或场所。正常情况下这类危险源中多余的能量可以被释放到环境中从而使系统处于安全状态，但是一旦失控会造成能量大量蓄积，结果可能会导致大量能量意外释放。例如，各种压力容器、受压设备等。

⑥危险物质。除了干扰人体与外界能量交换的有害物质外，危险物质还

包括具有化学能的物质。具有化学能的危险物质分为易燃易爆危险物质和有毒、有害危险物质两大类。前者指能够引起火灾或爆炸的物质，按其物理化学性质可分为可燃气体、可燃液体、易燃固体、可燃粉尘等。后者指直接加害于人体，造成人员中毒、致病、致畸等的化学物质。

⑦生产、加工、存储危险物质的装置、设备或场所。这些装置、设备或场所在意外情况下可能引起其中的危险物质起火、爆炸或泄漏，如石油化工生产装置等。

⑧人体一旦与之接触将导致能量释放的物体。例如，锐利的毛刺、棱角等，一旦运动的人体与之接触，就会受到伤害。

（2）第二类危险源。在生产、生活中，人们为了利用能量，让能量按照人们的意图在系统中流转、转换和做功，必须采取一定的措施约束、控制能量，即必须控制第一类危险源。约束、控制能量的措施的根本目的是控制能量，防止能量意外释放。在实际生产、生活中，绝对可靠的控制措施是不存在的，在某些条件下，约束、控制能量的措施可能失效，导致能量意外释放从而造成事故。因此，我们将这类导致能量或危险物质的约束或控制措施破坏或失效的各种不安全因素称为第二类危险源。

从系统安全的观点来考察导致能量或危险物质的约束或限制措施破坏的原因时，可以认为第二类危险源包括人、物、环境三个方面的问题。

系统安全工程中涉及人的因素的问题时，可以概括为人失误。人失误是指人的行为的结果偏离了预定的目标。人的不安全行为是人失误的特例。人失误可能直接破坏第一类危险源控制措施，造成能量或危险物质的意外释放。人失误有可能造成物的故障，进而导致事故的发生。

物的因素问题可以概括为物的故障，物的不安全状态也是一种故障状态，包含在物的故障中。物的故障可能直接破坏能量或危险物质的约束或限制措施。例如，管道破裂致使其中的有毒、有害物质泄漏。有时一种物的故障会导致另一种物的故障，最终造成能量或危险物质的意外释放。例如，压力容器泄压装置故障，导致压力容器内部压力上升，最后导致压力容器破裂。

人失误和物的故障之间关系复杂。人失误会造成物的故障，物的故障可能引起人失误。

环境因素主要是指系统所处的环境，包括温度、湿度、照明、粉尘、通风换气、噪声和振动等物理因素。不良的物理环境会引起物的故障或人失误。例如，高温、干燥的环境容易引起火灾。

人失误、物的故障等第二类危险源是第一类危险源失控的原因，与第一类危险源不同，它们是一些随机出现的现象或状态，人们往往很难预测什么样的第二类危险源在何时、何地出现。第二类危险源出现得越频繁，发生事故的可能性越高。第二类危险源出现的情况决定了事故发生的可能性。

（3）两类危险源之间的关系。在上述两大类危险源中，第一类危险源的存在是事故发生的前提，是事故的根本原因，如果没有第一类危险源就没有能量或危险物质的意外释放，也就无所谓事故。在第一类危险源存在的前提下，才会出现第二类危险源。一方面，第一类危险源的存在是事故发生的根本原因；另一方面，如果没有第二类危险源破坏，能量或危险物质也不会发生意外释放。因此，第二类危险源是第一类危险源导致事故发生的必要条件。在事故发生、发展过程中，两类危险源相互依存、相辅相成。

两类危险源在事故发生、发展过程中所起的作用是不同的，第一类危险源在发生事故时释放的能量或危险物质是导致人员伤亡或财产损失的能量载体，决定事故后果的严重程度；第二类危险源出现的难易程度决定事故发生的可能性的大小。在评估危险源的风险时，通过评估第一类危险源来确定事故后果的严重程度，通过评估第二类危险源来评估事故发生的可能性，二者综合到一起决定危险源的风险。

3.1.3 危险源辨识方法

根据危险源分类依据，第一类危险源是一些物理实体，第二类危险源是围绕第一类危险源而出现的一些异常现象或状态。因此，危险源辨识的首要任务是辨识第一类危险源，然后再围绕第一类危险源辨识第二类危险源。

危险源辨识的目的是为了将生产、生活过程中存在的危险源识别出来，并对这些危险源采取相应的措施，以达到消除和减少事故的目的。

危险源辨识的意义在于能够为安全生产提供危险源的检查手段，能够充分认识到生产、生活过程中所存在的危险有害因素，为减少事故、降低事故损害的后果奠定基础。

危险源辨识方法有预先危害分析、危险和可操作性研究、故障类型和影响分析、事件树分析和事故树分析等。

（1）第一类危险源辨识方法。在两类危险源中，第一类危险源是导致事故发生的能量载体，是第二类危险源出现的前提，因此，第一类危险源的辨识、评估和控制是整个危险源辨识、评估和控制的核心。

对于第一类危险源，在进行危险源辨识时，应该认真考察系统中能量的利用、产生和转换情况，弄清楚系统中出现能量或危险物质的类型，研究它们对人或物的危害。

在进行第一类危险源辨识时，还需要考虑一定的标准，只有当能量或危险物质的量超过一定标准时，才算作危险源。因而危险源辨识工作是与危险源的危险性评估工作结合在一起的。

第一类危险源的危险性主要表现在事故后果的严重程度方面。根据能量意外释放理论，在能量的作用下人体或结构能否受到伤害以及伤害的严重程度，取决于作用于人体或结构的能量的大小、能量的集中程度、接触的部位、能量作用的时间和频率等。显然，作用于人体的能量越大、越集中，造成的伤害越严重；作用的时间越长，造成的伤害越严重；人的头部或心脏受到能量作用会有生命危险。因此，在评估第一类危险源的危险性时，主要应考察以下几个方面：

①能量或危险物质的量。第一类危险源导致事故后果的严重程度主要取决于事故发生时意外释放的能量或危险物质的多少。一般来说，第一类危险源拥有的能量或危险物质越多，则事故发生时可能意外释放的量也越多。因此，第一类危险源拥有的能量或危险物质的量是危险性评估中的重要指标。

②能量或危险物质意外释放的强度。能量或危险物质意外释放的强度是指在单位时间内释放的量。在能量或危险物质的意外释放总量相同的情况下，释放强度越大，能量或危险物质对人体或结构作用越强烈，造成的后果越严重。

③能量的种类和危险物质的危险性质。不同种类的能量造成人员伤亡、财产损失的机理是不同的，其后果也不相同。

危险物质的危险性质主要取决于自身的物理、化学性质。易燃、易爆物质的物理、化学性质决定其导致火灾事故发生的难易程度及事故后果的严重程度。有毒、有害物质的危险性主要取决于自身的毒性大小。

④意外释放的能量或危险物质的影响范围。事故发生时意外释放的能量或危险物质的影响范围越大，可能遭受其作用的人或物质越多，事故造成的损失就越大。例如，有毒、有害气体泄漏时可能影响到下风处的很大范围；压力罐体爆炸后碎片可能撞击很远的物体等。

（2）第二类危险源辨识方法。用系统安全的观点来考察能量或危险源物质的约束或限制措施破坏的原因，可以看出第二类危险源涉及人的不安全行为、物的不安全状态（包括环境）和管理缺陷三个方面。第二类危险源一般从以下三个方面查找和辨识：人的不安全行为、物的不安全状态（包括环境）和管理缺陷。

由于第一类危险源的存在是事故发生的根本原因，在第一类危险源存在的前提下，才会出现第二类危险源，因而对第二类危险源的辨识应与第一类危险源辨识系统地结合在一起，二者是密不可分的。

对于第二类危险源的辨识可以使用系统安全分析的方法围绕着第一类危

险源来进行。

系统安全分析是从安全角度对系统进行的分析。它通过揭示可能导致系统故障或事故的各种因素及其相互关系来查明系统中的危险源，以便在系统运行期间控制或根除危险源。它实际上是综合第一类危险源和第二类危险源进行辨识、评估的一种分析方法。一般而言，系统安全分析包括以下内容：

①调查可能出现的初始的、诱发的及直接引起事故发生的各种危险源及其相互关系；

②调查与系统有关的环境条件、设备、人员及其他有关因素；

③调查利用适当的设备、规程、工艺或材料控制或根除某种特殊危险源的措施；

④调查对可能出现的危险源的控制措施；

⑤评估对不能根除的危险源的控制措施失去或减少控制可能出现的后果；

⑥评估一旦对危险源失去控制，为防止伤害或损害的安全防护措施。

3.2 建筑火灾中的危险源

3.2.1 火灾危险源的定义

危险源应用于火灾领域，就产生了火灾危险源的概念。火灾危险源是指可能导致火灾发生或火灾危害增大的各种潜在的不安全因素，是产生火灾的根源。

根据火灾危险源的定义，可以得到四个方面的含义：

（1）决定性。火灾的发生是以火灾危险源的存在为前提的，火灾危险源的存在是火灾发生的基础，离开了火灾危险源就不会产生火灾。

（2）可能性。火灾危险源并不必然导致火灾，只有失去控制或控制不足的火灾危险源才可能导致火灾。

（3）危害性。火灾危险源一旦转化为火灾，就可能产生人员伤亡或财产损失。如果不产生这些危害，就不能称之为火灾危险源。

（4）隐蔽性。火灾危险源是潜在的，一般只有在火灾发生时才会明确的显现出来。人们对火灾危险源及其危险性的认识往往是一个不断总结教训并逐步完善的过程，对于尚未认识的现有的和新的火灾危险源，其预防、控制以及消防管理措施必然会存在缺陷。

3.2.2 火灾中的危险源

（1）可燃物。可燃物是产生火灾的根本原因。根据存在的状态，可燃物可以分为气态可燃物、液态可燃物和固态可燃物三种。可燃物的危险程度可以用建筑物内可燃物的火灾荷载密度、建筑物内发生火灾后的热释放速率、可燃物起火后对环境的辐射热流量等指标来描述。

①火灾荷载密度。火灾荷载定义为建筑物内所有可燃物燃烧释放的总热量，单位面积所承受的热量称为火灾荷载密度。

火灾荷载将影响火灾的严重程度和持续时间，是预测可能出现的火灾的规模大小和后果严重程度的基础。火灾荷载密度越高，可能出现火灾的危害就越高，因为可燃物的燃烧时间是和火灾荷载成正比的。火灾荷载是火灾危险源识别的重要参数。

火灾荷载可以分为两类：第一类是固定火灾荷载，主要包括固定在墙或地板上的可燃物；第二类是移动火灾荷载，主要包括比较容易移动的可燃物，如家具和其他一些装饰品等。

②火灾热释放速率。所谓热释放速率，就是单位时间内火灾释放的热量。火灾热释放速率是决定火灾发展及危害的另一个主要参数。火灾热释放速率与建筑物内的可燃物的种类、火灾荷载密度以及建筑物内的通风情况等因素有关。

建筑物内发生火灾后的热释放速率是决定火灾发展及危害的主要参数，是可燃物在单位时间内燃烧所释放的热量。热释放速率也是采取消防对策的基本依据。该量是可燃物包含的能量的释放强度的表征。

目前主要是通过实验方法来估算特定火灾中的热释放速率。常用的测量方法有质量损失法和氧消耗法等。

质量损失法是依据可燃物燃烧消耗一定质量的物质，将释放出相应的热量的基本原理。在实际测量中，可以将可燃物放置在电子秤上，在实验中测量可燃物随时间流逝的变化，就可以得到可燃物的质量损失速率，进而可以得到可燃物的热释放速率。

氧消耗法的基本原理是大多数固体物质完全燃烧时，每消耗一定质量的氧气所释放的热量是基本相同的。在实验中，通过测量不同位置烟气的组分，可以得到可燃物的热释放速率。使用氧气消耗法测量热释放速率的主要仪器是锥形量热计和家具量热仪。

锥形量热计是专门用于测量材料热释放速率的仪器。该仪器主要由量热计和燃烧控制器两部分组成。量热计用于测量热释放速率以及 CO 和 CO_2 的生成速率和烟气浓度，燃烧控制器一般以锥形辐射加热器为主，用于固定燃烧试样和调节引燃条件。

家具量热仪是在锥形量热计的基础上发展而来的，可以测量较大物品的热释放速率，测量数据接近火灾真实场景，可得到热辐射速率的变化曲线、平均和最大热释放速率。

③火灾对环境的辐射热流量。热辐射是物体因其自身温度而向外界发射的一种电磁波。物体的温度越高，它向外界辐射的热辐射就越高。火灾发生时可燃物起火后，着火区温度较高，同时产生高温烟气，这些高温区域将通过热辐射的形式将热量传递给周围的人或物体。当人或物体表面受到的辐射热流量达到一定程度，就会被灼烧或起火燃烧。若受到的辐射热流量小于受辐射材料的引燃临界热流量或人员能够承受的临界热流量时，则可以认为该处的人或物是安全的。

（2）火灾烟气及有毒、有害气体。

①烟气及有毒、有害气体的产生。火灾中一般都会产生大量的火灾烟气。火灾烟气是可燃物在燃烧或分解时散发出的固态或液态的悬浮微粒以及混合进去的空气。所以火灾烟气是一种混合物，可以分为三部分：第一，可燃物热解或燃烧产生的气态物质，如未燃气、水蒸气、CO_2、CO 以及多种有毒、有害气体；第二，可燃物热解或燃烧产生的多种微小的固态颗粒和液滴；第三，由于卷吸而进入的空气。

随着经济的快速发展和人们生活水平的提高，大量的合成高分子材料作为建筑材料和装修材料被广泛应用于建筑物中，它们大都是易燃材料，一旦发生火灾，就会产生大量的烟气和有毒、有害气体。

②火灾烟气的危害。火灾烟气具有遮光性、毒性和高温等特性，对人影响较大，烟气的存在使得建筑物内的能见度降低，延长了人员的疏散时间，使人不得不在高温并含有多种有毒物质的燃烧产物影响下停留较长时间；若烟气蔓延开来，即使人离着火点较远，也会受到影响。燃烧造成的氧气浓度降低也是一种威胁。所以火灾烟气是引起人员伤亡和财产损失的重要原因之一。统计表明，在火灾中85%以上的人员死亡是由烟气导致的，其中大部分是吸入了烟尘和有毒气体昏迷后死亡的。

一是烟气的减光性。烟气的浓度是由烟气中所含的固体颗粒或液滴的多少及性质决定的。光通过烟气时，这些颗粒或液滴会降低光的强度。这就是烟气的减光性。

由于烟气的减光作用，人在有烟气场合下的能见度必然有所下降，而这会对火灾中人员的安全疏散造成严重影响。另外，烟气中对人眼有刺激作用的成分也对人在烟气中的能见度有很大影响。

二是烟气的毒性。火灾中会产生大量的有毒气体。有毒气体通常是火灾中受害者首先遭受的有害物质，其危害在于导致人体器官先期失能。这种材料的燃烧产物对生物体造成的病理或生理效应的毒性效力称为燃烧毒性，其危害程度与剂量有关。

燃烧毒性是造成人员伤亡的主要因素之一。一般认为，火灾中产生的有毒、有害气体主要是一氧化碳（CO）、氢氰酸（HCN）、二氧化碳（CO_2）、丙烯醛、氯化氢（HCl）、氧化氮（NOx）以及混合的燃烧产生气体等。烟气中的有毒、有害气体及其危害程度以及来源如表3.1所示。

表3.1　火灾中的有毒、有害气体及其危害程度以及来源

名称	长时间允许浓度/ppm	短时间允许浓度/ppm	来源
二氧化碳	5000	100000	含碳材料
一氧化碳	100	4000	含碳材料
氧化氮	5	120	赛璐珞
氢氰酸	10	300	羊毛、丝、皮革、含氮材料、纤维质塑料
丙烯醛	0.5	20	木材、纸张
二氧化硫	5	500	聚硫橡胶
氯化氢	5	1500	聚氯乙烯
氟化氢	3	100	含氟材料
氨	100	4000	三聚氰胺、尼龙、尿素
苯	25	12000	聚苯乙烯
溴	0.1	50	阻燃剂
三氯化磷	0.5	70	阻燃剂
氯	1	50	阻燃剂
硫化氢	20	600	阻燃剂
光气	1	25	阻燃剂

三是烟气的温度。火灾烟气的高温对人和物都会产生不良影响。刚离开起火点的烟气可以高达800℃以上，随着离开起火点距离的增加，烟气的温度会逐渐降低。但是通常在许多区域仍能维持较高的温度，能够对人和物构成灼烧的危险。而且随着燃烧的持续，各处的温度还会逐渐升高。

人对烟气高温的忍受能力与人本身的身体状况、衣服的透气性和隔热程度、空气的湿度等有关。

烟气对人的危害，一般设定以下三种判据：

第一，烟气层高度高于人眼特征高度，烟气层温度在180℃以下，就可

以保证人体接受的烟气辐射热通量小于 0. 25W/cm² （对人体造成灼伤的临界辐射热通量）；

第二，烟气层高度低于人眼特征高度，热烟气直接对人员造成烧伤，这种情况下的烟气层温度约为110℃~120℃；

第三，烟气层高度低于人眼特征高度，烟气内有毒、有害气体对人造成伤害，可以根据某种有害燃烧产物的浓度是否达到了危险临界浓度来判定。

在这三种危险状况中，哪一项先到达就取哪一项作为危险判据。

（3）消防对策和消防管理。为了防止火灾的发生、减少火灾损失，人们在建筑物设计中采取各种消防对策和消防管理手段控制或改变火灾过程。这些消防对策从本质上来说是采取措施约束、限制火灾中的可燃物、烟气等危险源。若采用这些消防对策或消防管理来约束、限制火灾危险源，就不会发生火灾。但是，根据系统安全理论，绝对安全的系统是不存在的，这些消防对策或消防管理手段中总会存在一些隐患，这些隐患将导致建筑物发生火灾的可能性。消防隐患是建筑物发生火灾的危险源之一，它和可燃物、火灾烟气等第一类危险源不同，属于第二类危险源。

在建筑火灾中，各种防治火灾、减少火灾中人员伤亡和财产损失的消防对策的应用应当参照火灾发生、发展的过程进行考虑，图 3.1 给出了火灾发展时间线及所采用的相应的消防对策。

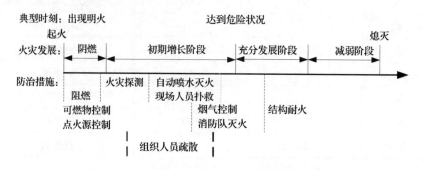

图 3.1　火灾发展的时间线以及相应的消防对策

①控制起火措施。控制起火是防止或减少火灾损失的第一个关键环节，为此应当了解各类可燃物的着火性质，将其控制在危险范围之外。具体措施包括：严格控制建筑物内的火灾荷载密度；对建筑物装修材料的燃烧等级进行严格限定，对容易着火的场所或部位采用难燃材料或不燃材料；控制可燃物与火源的接触；通过阻燃技术改变某些材料的燃烧特性等。

在实施这些措施时，若对可燃物的性质了解不够，对可燃物的控制不严格等，均能导致建筑物发生火灾的可能性增大。

②火灾自动探测报警系统。火灾自动探测报警系统是防止火灾发生的另一个关键环节。自动探测报警系统可在火灾发生早期探测到火情并迅速报警，为人员安全疏散提供宝贵的时间，并且可以通过联动系统启动有关消防设施来扑救或控制火灾。但是自动探测报警系统存在一定的故障率，存在误报或漏报等情况；另外，如果自动探测报警系统安装不合理，会出现报警死角，影响自动探测报警系统的工作效果。

③自动灭火系统。自动灭火系统可以及时将火灾扑灭在早期或将火灾的影响控制在限定范围内，并能有效地保护建筑物内的某些设施免受损坏。同样，自动灭火系统也存在一定的故障率，这对于控制火灾的发展和蔓延影响很大。

④疏散通道。建筑内人员疏散通道的设计和发生火灾时人员疏散的组织对保证在火灾到达危险状态前安全地将人员疏散出建筑物至关重要。目前国内很多建筑存在疏散通道设计不合理，疏散通道上堆放杂物导致疏散通道不顺畅甚至堵塞的现象，另外很多建筑的使用人员对建筑内的疏散通道不熟悉，一旦发生火灾，将会导致人员安全疏散无法顺利进行，造成群死群伤的恶性后果。

⑤防排烟设计。火灾发生时产生的烟气是对人员生命安全构成威胁的重要危险源。在建筑火灾中，防止烟气的蔓延是一个极为重要的问题。挡烟垂壁、机械加压送风系统、机械排烟系统、自然排烟系统和自然通风系统等都是人们为了防止烟气蔓延而采取的措施。在建筑设计中，不合理的建筑结构可能导致烟气聚积、排烟不通畅等问题；由于对烟气运动规律认识不足，在排烟系统设计中也可能存在一些不合理的地方；另外，为了防止火灾蔓延，建筑物内常常喷涂防火材料，这些防火材料在火灾中往往具有较高的发烟性和毒性，可能对人员生命构成威胁。

⑥消防站布局。对于较大型的火灾，一般需要消防队来扑救。消防队到达火灾现场的时间越快，越有利于控制火灾。影响消防队到达火灾现场展开扑救的因素很多，其中包括：建筑与最近消防站的距离；建筑与消防站之间的路况；建筑内消防通道的顺畅情况；消防队的训练程度；建筑物及周围消火栓的情况等。

⑦建筑结构。火灾常常对建筑结构产生影响。火灾较大时，可能会造成建筑物整体坍塌。在建筑物设计中应考虑建筑构件的耐火性能，计算相关构件的耐火极限，以保障火灾中建筑物的结构安全。

3.2.3 火灾危险源的分类

按照危险源的分类方法，火灾危险源也可以分为第一类火灾危险源和第二类火灾危险源。第一类火灾危险源包括可燃物、火灾烟气及燃烧产生的有毒、有害气体；第二类火灾危险源是人们为了防止火灾发生、减少火灾损失所采取的消防措施和消防管理中存在的缺陷。

（1）第一类火灾危险源。可燃物的存在是火灾发生的根本原因，没有可燃物就不会发生火灾。由于可燃物的理化性质不同，其燃烧性能存在较大差别。在一定时间和空间内确定的可燃物，其火灾荷载密度、热释放速率、对环境的辐射热流量等参数相对确定。同时，可燃物燃烧产生的烟气除温度会随时间进度、空间状态及供氧情况的不同而发生较大变化外，其减光性和毒性也都相对确定。因此，第一类火灾危险源的危险性随着一定时间和空间内可燃物的确定而相对固定。换个角度讲，即只要在一定时间和空间内存在一定数量的可燃物，那么第一类火灾危险源就永远存在。

（2）第二类火灾危险源。从理论上讲，第二类火灾危险源的危险性可以为零，即约束和限制第一类火灾危险源的各项措施已做到极致，没有任何缺陷。但在实际的生产、生活中，上述理想化的情况几乎是不存在的。约束和限制的各项措施会在危险性认知程度、工程技术水平、管理水平以及人员素质等诸多方面存在不足，而且第二类火灾危险源的危险性可能因各项措施的不同而表现出巨大差异。从火灾的发生、发展过程看，控制起火措施、火灾报警措施、自动灭火措施、防排烟措施、组织人员疏散措施、灭火救援措施以及建筑物结构防灾措施等共同构成了火灾防治体系，每一个环节在火灾过程的不同时段分别起着不同的约束和限制作用。其作用大小和效果影响着第二类火灾危险源危险性程度的高低。

3.3 火灾危险源辨识方法

3.3.1 火灾危险源辨识的概念

火灾危险源在没有触发之前是潜在的，因此需要使用一定的方法对建筑物中的火灾危险源进行辨识。

火灾危险源辨识就是在收集相关资料的基础上，根据评估对象的具体情况进行系统地分析，识别系统中可能产生的各种危险因素，并确定其存在的部位、方式及变化规律。火灾危险源辨识就是识别系统中火灾危险源的存在并确定其特性的过程。

3.3.2　火灾危险源辨识的意义

（1）火灾危险源辨识是火灾风险评估的重要步骤。火灾危险源辨识的目的是通过对系统的分析，界定出系统中存在哪些火灾危险源，以及其危险的性质、危害程度、存在状况、转化为火灾的条件和触发因素等。火灾危险源是火灾风险评估的基础，火灾风险评估的后续步骤都是建立在火灾危险源辨识的基础上的。若火灾危险源辨识不准确，得到的风险评估结果就不准确。

（2）火灾危险源辨识是建筑物性能化防火设计中的重要环节。性能化防火设计包括建筑物内火灾危险源辨识、火灾发生时烟气运动规律的研究、人员安全疏散时间确定、火灾探测和灭火系统设计等诸多方面的内容。火灾危险源辨识是性能化防火设计的重要内容。准确、客观地分析建筑物中存在的可燃物，设定合适的火灾热释放速率随时间的变化曲线，是保证防火设计达到预期的目标，实现建筑消防安全性与经济性统一的基础。

（3）火灾危险源辨识是消防管理的重要基础。由于火灾危险源是火灾发生的基础，因此准确地辨识火灾危险源是有效控制和减少火灾危害的前提。建筑物的所有者、使用者或管理者通过辨识火灾危险源，进而针对辨识结果采取相应措施加以控制，防止火灾的发生或扩大；消防机构通过对所辖区域内火灾危险源进行辨识和评价，可以确定重点监督检查对象，更合理地分配人力、物力，做好火灾预防工作。

3.3.3　火灾危险源辨识的程序

火灾危险源辨识应从系统中的火灾危险源调查入手，危险源辨识的程序如图3.2所示。

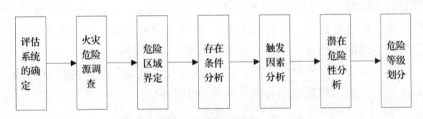

图3.2　火灾危险源辨识程序

（1）火灾危险源调查。对所评估的建筑物进行调查，调查的主要内容有：①建筑物结构、功能；②可燃物类型与分布情况；③火灾中产生的烟气和有毒、有害气体情况；④消防控制措施；⑤消防安全管理制度。

（2）危险区域的界定，即划定火灾危险源点的范围。可以按照使用功能，把建筑物划分为不同的子系统。然后分析每个子系统中所存在的火灾危险源点，一般将可燃物作为危险源点。然后以危险源点为核心加上消防措施即为危险区域，这个危险区域就是火灾危险源的区域。

（3）存在条件及触发因素的分析。不同的可燃物，由于其性质和存在条件不同，所显现的危险性也不同，被触发转换为火灾的可能性大小也不同。因此，对存在条件及触发因素的分析是火灾危险源辨识的重要环节。存在条件分析包括储存条件（如堆放方式、其他物品情况和通风等），物理状态参数（如温度、压力等），设备状况（如设备完好程度、设备缺陷和维修保养情况等），防护条件（如防护措施、故障处理措施和安全标志等），操作条件（如操作技术水平、操作失误率等），管理条件等。

触发因素可分为人为因素和自然因素。人为因素包括个人因素（如操作失误、不正确操作、粗心大意、漫不经心和心理因素等）和管理因素（如不正确的管理、不正确的训练、指挥失误、判断决策失误、设计差错和错误安排等）。自然因素是指引起危险源转化的各种自然条件及其变化，如气候条件参数（气温、气压、湿度、大气风速）变化、雷电、雨雪、振动、地震等。

（4）潜在危险性分析。火灾危险源转化为火灾事故，其表现是能量和危险物质的释放，因此危险源的潜在危险性可用可燃物的量来衡量。可燃物越多，其潜在的危险性越高。可燃物包括可燃气体、可燃液体、易燃固体、可燃粉尘、易爆化合物、自燃性物质和混合危险性物质等。可根据建筑物内可燃物的量来描述危险源的危险性。

（5）危险源等级划分。危险源分级一般按火灾危险源在触发因素的作用下转化为火灾的可能性大小与发生火灾的后果严重程度划分。危险源分级实质上是对危险源进行评估。按事故出现可能性的大小可分为非常容易发生、容易发生、较容易发生、不容易发生、难以发生和极难发生。根据危害程度可分为可忽略的、临界的、危险的和破坏性的等级别。

最后，要把辨识的结果进行汇总，形成火灾危险源危险程度统计表，如表3.2所示就是一种典型的火灾危险源辨识结果。

表3.2　火灾危险源危险程度统计表

序号	位置	可燃物类型	火灾荷载密度	存在条件	触发条件	潜在危险性	危险等级
1							
2							

3.3.4　火灾危险源辨识常用方法

火灾危险源辨识需要利用一定的方法发现、识别系统中的火灾危险源。火灾危险源辨识的方法多种多样，但从总体上可以分为两大类，即直观经验法和系统安全分析法。

（1）直观经验法。直观经验法适用于有可供参考先例、有以往经验可以借鉴的火灾危险源辨识过程。该方法不能应用在没有可供参考先例的新系统中。直观经验法又可以分为对照法和类比法。

所谓对照法，就是将建筑物与现行国家消防规范、标准或其他相关的消防安全条例相比较，找出该建筑物设计不合理、消防设施不完善及安全管理疏漏处，从而查明火灾隐患，避免或减少火灾的发生。例如，对照标准查找设备（设施）的安全缺陷，对照设备维护规程和工艺操作规程查找不安全行为，对照以往发生的事故原因查找设备安全和行为规范的缺陷，对照标准、法规和管理制度查找管理漏洞，对照安全检查表查找安全隐患等。常用的对照法有调查表、现场观察、专家头脑风暴，对照有关标准、法规和安全检查表等。

类比法是利用相同或相似系统的火灾统计资料来类推、分析评估对象的危险和危害因素。

直接经验法是火灾危险源辨识中常用的方法，其优点是简便易行、容易掌握，缺点是受辨识人员知识、经验和占有资料的限制，可能出现遗漏；同时由于它是以现有规范、标准和制度为编制基础的，因而它不可能应用于未有先例、规范等未明确规定的建筑物的火灾危险源辨识。

（2）系统安全分析法。系统安全分析法是从安全角度对评估对象进行的系统分析，通过揭示评估对象中可能导致火灾发生的各种因素及其相互关系来辨识系统中存在的各种火灾危险源。

系统安全分析法较好地解决了对照法的缺陷。它将建筑物看作一个完整的系统，通过逻辑分析揭示各种可能导致火灾发生的因素及其相互关系，从而查明火灾危险源。即使对于没有相同或相似火灾事故经验的建筑物，同样可以查明危险源。系统安全分析法常用于复杂系统、没有事故经验的新开发系统。常用的系统安全分析法有事件树分析法、事故树分析法、危险与可操作性分析法、预先危险性分析法和故障类型影响分析法等。

另外，在火灾危险源辨识时，应该综合使用这两种方法，以提高辨识的有效性和准确性。

3.3.5　火灾危险源辨识前的准备工作

由于火灾危险源特别是第二类火灾危险源具有相当的隐蔽性，尤其是对一个大型建筑来说，可燃物和装修材料种类繁多，新工艺、新设备和新材料的大量采用，更增加了火灾危险源辨识的难度。为了便于开展火灾危险源辨识工作，需要做好以下准备工作：

(1) 掌握评估建筑物的详细资料，如结构、性能、可燃物等情况；

(2) 了解与建筑物设计、运行、维护等有关的知识、经验和各种标准、规范、规程等；

(3) 现场考察评估建筑物中的可燃物，并确定其危险性；

(4) 掌握火灾危险源辨识相关标准和方法等知识；

(5) 了解相关的国家法律、法规和其他要求；

(6) 收集以往火灾事故资料；

(7) 选择火灾危险源辨识方法等。

第四章　建筑火灾风险定性评估方法

建筑火灾风险定性评估方法是使用叙述性的语言和定性的方法来描述火灾发生的可能性和火灾后果的严重程度的，是一种比较简单的火灾风险评估方法。常用的建筑物火灾风险定性评估方法主要有安全检查表法、初步危险分析法、故障模式和效果分析法以及危险与可操作性研究法和专家调查法等。本章主要介绍安全检查表法和专家调查法。

4.1　概述

4.1.1　基本概念

火灾风险包括火灾发生的可能性和火灾后果两方面的属性。火灾风险评估就是使用特定的方法预测火灾发生的可能性以及火灾的后果。如果不是对火灾发生的可能性和火灾的后果进行精确预测，而只是对其进行简单描述，即用叙述性的语言或定性的方法来描述火灾事故发生的可能性和火灾后果的严重程度，这种方法就是火灾风险定性评估方法。火灾风险定性评估方法是一种比较简单的评估方法，也是一种比较实用的火灾风险评估方法。

4.1.2　常用方法

常用的火灾风险定性评估方法有安全检查表（Safety Check List，SCL）法、预先危险分析（Preliminary Hazard Analysis，PHA）法、故障模式和效果分析（Failure Model and Effect Analysis，FMEA）法以及危险与可操作性研究（HAZard and OPerability studies，HAZOP）法和专家调查法等。

安全检查表法是在对评估系统的火灾危险辨识的基础上，将系统分成若干单元和层次，依次列出所有可能的火灾危险因素，并编制成安全检查表，然后按此表对评估系统进行检查。安全检查表中的内容判定一般都是"是/否"。安全检查表法的突出优点是简单明了，现场操作人员和管理人员都易于理解和使用。另外，安全检查表在使用过程中若发现有多余或遗漏之处较容易增加或删减，而且在修改后不会影响对其他因素的分析。

预先危险性分析法主要用于对危险物质和装置的主要工艺区域进行分析，

常常用于在系统开发初期阶段分析物料、装置、工艺过程以及能量失控时可能出现的危险性类别、条件及可能造成的后果。预先危险性分析一般是宏观的概略分析。

故障类型和影响分析法是美国在20世纪50年代为分析飞机发动机故障而开发的一种方法，后被应用于核电站、化工、机械、电子、仪表等领域。它的基本内容是从系统中的元件故障状态开始进行分析，逐次归纳到子系统和系统的状态，主要考察系统内会出现哪些故障，它们对系统会产生什么影响以及如何消除这些故障。

危险与可操作性研究法是英国帝国化学工业公司（ICI）于1974年针对化工装置而开发的一种危险性评估方法，基本过程是以关键词为引导，找出系统中工艺过程或状态的变化（即偏差），然后再继续分析造成偏差的原因、后果及可采取的对策。

专家调查法是依靠专家的知识和经验，对评估对象发生火灾的可能性和火灾后果给出大致的判断，进而确定系统火灾风险的一种方法。

4.1.3 优缺点

火灾风险定性评估方法的优点是操作简单、容易掌握、评估过程及结果直观。

由于定性评估方法建立在经验的基础上，对评估对象的火灾危险性的描述缺乏深度，因此，该方法的缺点是不能将火灾风险的大小以量化的形式表示出来。同时，不同类型评估对象的评估结果之间没有可比性，因而不能给出系统的火灾风险等级。

4.2 安全检查表法

4.2.1 什么是安全检查表

随着社会经济的迅速发展，事故迅速增多。要想预防和控制事故，需要对系统风险进行分析评估。安全检查表法就是由此而产生的一种评估方法。安全检查表法是风险评估最基础、最简单的一种方法。它不仅是风险检查和诊断的一种工具，也是发现潜在危险因素的一种有效手段。国际上比较典型的安全检查表主要有美国道化学公司的工程安全指南、美国杜邦公司的工程危险检查表、日本劳动省的安全检查表等。我国比较典型的安全检查表主要有机械工厂安全性评价表、危险化学品经营单位安全评价现场检查表、加油站安全检查表、液化石油充装站安全评价现场检查表和消防监督检查表等。

安全检查表法是依据有关标准、规范、法律条款和专家的经验、知识，在对系统进行充分分析的基础上，将系统分为若干单元和层次，列出系统所有的危险因素，并编制成表。然后对照检查项目判别、查找系统中存在的危险、有害因素。在火灾风险评估中，安全检查表法能够对建筑物及生产过程中的火灾隐患进行识别，是一种简单、易行的火灾风险评估方法。

4.2.2　安全检查表法的基本步骤

安全检查表法在实际应用中可以分为三个步骤，即编制安全检查表、依据安全检查表进行现场检查、分析检查结果。

（1）编制安全检查表。在进行火灾风险评估前，首先需要对建筑物的危险特性和消防安全设施进行系统分析，汇总成详细的检查项目并编制成表格，同时设计安全检查表的检查项目及内容。然后，根据相关的法律、法规、技术标准规范以及企事业单位的安全制度对每一个检查项目制定检查标准。

（2）现场检查。在安全检查表编制完成之后，检查人员进入现场进行实地检查。检查人员根据安全检查表的检查项目，对照检查标准，对评估系统进行评估。通过对现场巡视检查、对设备的测试、对安全管理人员和实际操作人员的访谈及查阅相关技术文件等方式完成检查工作，并把检查的结果填写在安全检查表中。

（3）分析检查结果。实地检查结束以后，对系统的检查结果进行分析，指出被评估对象存在的火灾隐患及理由，并针对检查结果提出改进建议和措施。

4.2.3　安全检查表的编制依据

安全检查表法的核心是安全检查表的设计和实施。为了使安全检查表在内容上能够结合实际、突出重点、简明易行、符合安全要求，一般应依据以下三个方面进行编制：

（1）与消防安全管理相关的法律、法规、标准、规范及本单位的消防安全制度。安全检查表应以国家、部门、行业等所颁发的有关消防安全管理的法律、法规、规范、标准和规程等为依据。我国与消防安全管理相关的法规和规范主要有《中华人民共和国消防法》《中华人民共和国安全生产法》《建筑设计防火规范》《火灾自动报警系统设计规范》《自动喷水灭火系统设计规范》《建筑灭火器配置系统设计规范》《泡沫灭火系统施工及验收规范》和《气体灭火系统设计规范》等。

（2）国内外火灾事故案例。编制安全检查表应认真收集国内外各类火灾事故案例资料，结合评估对象，仔细分析系统的有关火灾隐患和不安全状态，并详细列举出来。但需要注意的是，历史资料仅表明以往的特定部位的事故，不能墨守成规，需要通过对某一场所或系统进行预先的火灾危险性分析，确定其中的潜在火灾危险。通过分析类似场所或系统以往发生的火灾事故案例，可以获得该类场所的常见火灾隐患。

（3）近期的火灾科学研究成果和新技术、新方法。随着社会文明的进步，人们对于安全的期望值越来越高，火灾科学在这一背景下得以迅速发展。研究人员对火灾科学基础理论的认识越来越深入，火灾的预防控制技术也在日新月异地发展。在编制安全检查表的过程中，要充分考虑火灾科学最新的研究成果，积极采用最新的火灾预防控制技术和方法。

（4）本单位的经验。要在总结本单位生产操作和消防管理资料的实践经验、分析各种潜在火灾隐患和外界环境条件的基础上，编制出符合本单位实际的安全检查表。另外，编制安全检查表也可以参考外单位的安全检查表，但不能生搬硬套。

4.2.4　安全检查表的编制程序

安全检查表编制的质量决定了安全检查表法的实施效果。在对被检查对象熟悉了解的基础上，结合与消防安全有关的法律、法规、技术标准、规范及企事业单位的消防安全制度，国内外以往相关火灾事故案例和近期的火灾科学研究成果，通过对系统的分解形成检查项目及内容。其主要编制步骤如下：

（1）熟悉了解被检查对象。熟悉系统的组成、结构、功能，了解预防火灾事故发生的主要措施及设施。

（2）收集资料。收集与被检查对象有关的法律、法规、技术标准规范及所在单位的消防安全制度，国内外以往相关火灾事故资料和近期的火灾科学研究成果等。

（3）对被检查对象进行系统分析。一般情况下，被检查的系统、建筑或设施都比较复杂，需要根据其组成、结构和功能进行系统化分解，将其划分为若干检查分项目。例如，对一栋民用建筑进行消防安全检查，通常将整座建筑分为消防安全措施和消防安全管理两大部分，而消防安全设施又分解为建筑防火设计、建筑灭火设施、防排烟设施、建筑电气防火及火灾报警等几个分项目，然后再对每一个分项目进行细化分解，分为具体的检查内容。

（4）绘制表格。将系统分解之后的子系统填入检查项目及内容栏目中，根据相关法律、法规和技术标准制定检查标准，填入检查要求栏目。安全检查表的格式没有统一的要求，可以根据具体情况设计不同形式的安全检查表，但原则上要求安全检查表内容全面、条目清晰、检查要求准确详细。表 4.1 为安全检查表的基本形式。

表 4.1　安全检查表的基本形式

序号	检查项目	检查内容	检查结果（是否符合要求）		检查依据
			是	否	
检查人：	被检查人：	被检查 单位负责人：			检查日期：

4.2.5　安全检查表法的优缺点

（1）优点。

①简便易懂，便于使用。安全检查表采用表格形式将检查项目及要求进行列举，便于检查人员具体操作。目前，国外将安全检查表法广泛用于家庭消防安全检查和分析。

②检查全面，防止遗漏。安全检查表采用预先编制的方式，在进行检查前经过详细的资料调查、科学的系统分析等过程，能够全面地考虑被检查对象和消防安全相关的各个方面，防止在检查中遗漏个别潜在的危险和有害因素。

③过程规范，结果标准。安全检查表法中针对检查项目及内容制定了相应的检查标准，是根据国家、地方或行业相关的法律、法规和技术标准规范制定的，保证了检查过程的规范化和分析结果的标准化。

④落实制度，履行职责。安全检查表法的分析结果直观性、指向性强，可作为相关消防安全管理人员落实安全生产制度、履行消防安全管理职责的凭据，有利于落实安全生产责任制。

（2）缺点。

①应用范围受到限制。安全检查表是以现有的规范、标准和制度为基础而编制的，因而它不可能应用于规范未明确规定的系统的火灾风险评估。

②安全检查表的制作依靠经验。安全检查表的制订在一定程度上依靠编制人员的经验，使得检查结果的可靠性和准确性受到编制人员自身专业知识和经验水平的影响。

③评估结果不能量化。安全检查表法虽然能查找出各种影响消防安全的潜在火灾隐患，但是很难确定其危险程度的大小。因此，安全检查表法只能

进行定性风险评估，不能对检查结果进行定量分析。

4.2.6 安全检查表的应用

安全检查表必须包括评估系统的主要检查项目，尤其不能忽略那些主要的潜在的危险因素，而且还应当从检查中发现与之有关的其他灾害隐患。表4.2为建筑火灾风险评估的一种安全检查表。

表4.2　建筑火灾风险评估检查表

项目	检查内容	检查记录	结论
消防许可及验收备案	建筑物是否通过消防验收		
	建筑物是否进行消防竣工验收备案		
	消防竣工验收备案后抽查是否合格		
	消防安全检查是否合格		
消防安全管理	有无消防安全制度		
	有无灭火和应急疏散预案		
	防火检查、巡查是否有记录		
	消防设施、器材、消防安全标志是否定期检验、维修		
	建筑消防设施年检有无记录		
	消防演练有无记录		
	员工消防安全培训有无记录		
	是否确定消防安全重点单位消防安全管理人		
	有无消防档案建设		
	是否确定消防安全重点单位或消防重点部位		
建筑防火	消防车通道是否畅通		
	防火间距是否被占用		
	防火分区是否改变		
	人员密集场所装修、装饰材料是否符合标准		
	生产、储存、经营易燃易爆危险品的场所与居住场所是否设置在同一建筑物内		
建筑防火	生产、储存、经营其他物品的场所与居住场所设置在同一建筑物内是否符合标准		
电气防火	电器产品的线路定期维护、检测有无记录		
	燃气用具的管路定期维护、检测有无记录		

（续表）

项目	检查内容	检查记录	结论
安全疏散	疏散通道是否畅通		
	安全出口是否畅通		
	应急照明是否完好有效		
	疏散指示标志是否完好有效		
	应急广播是否完好有效		
消防控制室	有无消防控制室		
	值班操作人员是否持证上岗		
	自动消防设备运行情况是否正常		
	消防联动控制设施运行情况是否正常		
	消防电话通话是否正常		
火灾自动报警系统	有无火灾自动报警系统		
	探测器是否完好有效		
	手动报警器是否完好有效		
	控制设备信号反馈是否正常		
自动灭火系统	自动喷水灭火系统是否工作正常		
	泡沫灭火系统是否工作正常		
	气体灭火系统是否工作正常		
	有无其他自动灭火系统		
消防给水设施	消防水池储水是否正常		
	消防水箱设置是否符合规定		
	消防水泵运行是否正常		
	室内消火栓是否完好有效		
	室外消火栓是否完好有效		
	水泵接合器标识类型是否清晰		
	水泵接合器供水范围是否正常		
其他设备	有无防排烟设施		
	有无防火卷帘		
	有无防火门		
	灭火器配置是否符合标准		

表 4.3 为英国的火灾风险评估安全检查表的部分内容。

表 4.3 火灾风险评估安全检查表

项目	检查内容	检查记录	结论
疏散措施	建筑物内是否有合理的疏散措施		
	疏散路径设计是否充分		
	有无充分的安全出口		
	安全出口在需要的时候是否能够立刻打开		
	太平门在需要的时候是否能够往疏散的方向打开		
	在需要的时候，太平门是否滑动门或旋转门		
	有无满意的保障安全出口的措施		
	有无合适的疏散距离		
	是否有备用的疏散路径		
	疏散路径事故是否有适当的保护		
	建筑物内部所有的房间是否都有适当的防火措施		
	是否有通畅的疏散路径		
	建筑物内部是否为残疾人提供了合理的疏散路径		
消防安全管理	有无消防安全管理机构		
	防火或消防设施是否有责任人		
	各场所是否有防火程序		
	是否有火灾发生时的程序并有适当的文档		
	有无联系消防与抢险救援部门的方式		
	是否有迎接消防或抢险救援部门的安排		
	是否有确保安全疏散的安排		
消防安全管理	是否有火灾发生时人员的集合场所		
	是否有帮助残疾人疏散的程序		
	是否有人负责和训练使用灭火装置		
	是否有人负责和训练帮助人员（包括残疾人）疏散		
	是否有与风险及抢险救援人员联络的方式		
	防火措施是否定期检查		

（续表）

项目	检查内容	检查记录	结论
培训与演练	有无对所有员工按照指南进行充分的消防指导和培训		
	是否对所有员工在一定的时间间隔内进行周期性再培训		
	是否有建筑物内火灾风险的培训		
	是否有建筑物的消防安全措施的培训		
	是否有火灾情况下行动的培训		
	是否有听到火灾报警信号后行动的培训		
	是否有报警电话操作方法的培训		
	是否有灭火器位置和使用方法的培训		
	是否有联系消防队的手段的培训		
	是否有识别协助疏散的责任人的培训		
	是否有识别使用灭火设施的责任人的培训		
	消防演练是否周期性地进行		
测试和维护	对建筑物是否进行了充分维护		
	对火灾探测报警系统是否进行每周测试和周期性维护		
	是否对疏散照明设备每月和每年都进行测试		
	是否对灭火装置每年都进行维护		
	是否对外部疏散楼梯和通道进行定期检查		
	是否对电梯每六个月进行检查和每年进行测试		
	是否对消防电梯每周和每月进行测试、每六个月进行检查和每年进行测试		
	是否对水喷淋设备每周进行周期性的测试检查		
	是否对安全出口和安全紧固装置进行例行检查		
	是否对避雷系统每年进行检查和测试		
记录	消防演练是否有记录		
	消防培训是否有记录		
	火灾报警测试是否有记录		
	疏散照明设备测试是否有记录		

4.3　专家调查法

4.3.1　什么是专家调查法

专家调查法，有时也被称为专家会议法，是以专家作为索取信息的对象，依靠专家的知识、经验和智慧，由专家通过调查研究对评估对象的火灾风险情况作出评估和预测的一种方法。

专家调查法应用广泛，多年来信息研究机构采用专家个人调查和会议调查方法完成了许多信息研究报告，为政府部门和企业经营单位决策提供了重要依据。20 世纪 60 年代中期，国外许多政府机构和公司企业热衷于建立计算机数据处理系统，但实践表明，利用专家的直观判断仍具有强大的生命力。专家的作用和经验是计算机无法完全取代的，在许多情况下，只有依靠专家才能作出可靠的判断和评估。

4.3.2　专家调查法的实施步骤

专家调查法的实施步骤包括：

（1）确定主持人，组织专门小组。

（2）拟订调查提纲。所提问题要明确具体，选择得当，数量不宜过多，并提供必要的背景材料。

（3）选择调查对象。所选的专家要有广泛的代表性，他们要熟悉业务，有特长、一定的声望、较强的判断和洞察能力。选定的专家人数不宜太少也不宜太多，一般以 10 ~ 50 人为宜。

（4）轮番征询意见。通常要经过三轮：第一轮是提出问题，要求专家们在规定的时间内把调查表格填完寄回；第二轮是修改问题，请专家根据整理的不同意见修改自己所提的问题，即让调查对象了解其他见解后，再一次征求他本人的意见；第三轮是最后判定。把专家们最后重新考虑的意见收集上来并加以整理。有时根据实际需要，还可进行更多轮的征询活动。

（5）整理调查结果，提出调查报告。对征询所得的意见进行统计处理，一般采用中位数法，把处于中位数的专家意见作为调查结论，并进行文字归纳，写成报告。从上述工作程序中可以看出，专家调查法能否取得理想的结果，关键在于调查对象的人选及其对所调查问题掌握的资料和熟悉的程度，调查主持人的水平和经验也是一个很重要的因素。

4.3.3　专家调查法的实施要求

专家调查法的实施要求包括：

（1）就所研究的问题提出具体要求，限制论题范围，严格规定提出设想时所用的术语；

（2）在研究过程中，不能质疑他人意见，要尽可能发挥专家的作用，允许专家提出任何合理的设想；

（3）在讨论中，要创造畅所欲言的宽松氛围，激发专家的想象力和创造性思维；

（4）鼓励专家对已提出的设想进行综合和改进；

（5）专家的发言要精练，不要宣读事先准备的发言稿。

4.3.4 专家调查法的组织原则

为了保证每一位专家都能发表自己的意见，在组织专家时，需要注意以下的组织原则：

（1）从同一职级人员中选取专家，领导一般不宜参加；

（2）若专家互不相识，不宜公开每个人的身份，平等对待；

（3）应包含多领域专家，相互配合，集思广益。

4.3.5 专家调查法的优缺点

专家调查法的优点是简便直观，无须建立烦琐的数学模型，而且在缺乏足够的统计数据和没有类似历史事件可借鉴的情况下，也能对评估对象的火灾风险作出有效的预测。

专家调查法的缺点是：第一，受交通、时间等条件的限制，到会的专家人数不可能太多，这样专家的代表性可能不全面，具有一定的局限性；第二，在讨论过程中，专家面对面地进行讨论研究，难免会存在一些心理因素的影响，部分专家可能不会真实地表达自己的观点。

4.3.6 专家调查法的应用场合

在下列三种典型情况下，利用专家的知识和经验来进行火灾风险评估是有效的，有时也是唯一可选用的调查方法。

（1）数据缺乏。数据是进行火灾风险评估的基础。然而，有时因为数据不足或数据不能反映评估对象的实际情况或采集数据的时间过长或付出的代价过高，因而无法采用定量评估方法。

（2）新技术评估。对于一些超规范的新型建筑，或使用新技术的建筑，在没有或缺乏数据的条件下，专家的判断往往是唯一的评估根据。

（3）非技术因素起主要作用。当评估的问题超出了技术和经济范围而涉及生态环境、公众舆论以及政治因素时，这些非技术因素的重要性往往超过技术本身的发展因素，因而过去的数据和技术因素就处于次要地位，在这种情况下，只有依靠专家才能作出判断。

第五章 建筑火灾风险半定量评估方法

建筑火灾风险半定量评估方法是采用定性与定量相结合的方法来描述火灾发生的可能性和火灾后果的严重程度的，是在实践中最常用的一种火灾风险评估方法。常用的半定量评估方法有打分的安全检查表法、火灾风险指数法、古斯塔夫法、火灾风险评估工程法（FRAME）、综合评估方法、模糊评估法等。本章将详细地介绍这几种常用的评估方法。

5.1 概述

5.1.1 基本概念

火灾风险半定量评估方法是采用定性与定量相结合的方法来描述火灾发生的可能性和火灾后果的严重程度的，是以风险的数量指数为基础的一种风险评估方法。采用这种评估方法时，对识别到的火灾危险，首先为事故后果的严重程度和事故的发生频率各分配一个指数，然后通过数学方法将这两个指数进行组合，得到一个相对的风险指数，从而快估算出相对火灾风险等级。所以这种方法也被称为火灾风险分级法（Fire Risk Ranking Method）。

5.1.2 常用方法

火灾风险半定量评估的主要方法有 NFPA 101M 火灾安全评估系统、Gretener 法、火灾风险指数法（Fire Risk Index）、古斯塔夫法、综合评估法和模糊评估法等。

NFPA 101M 火灾安全评估系统（Fire Safety Evaluation System，FSES）是20 世纪 70 年代美国国家标准局火灾研究中心和公共健康事务局开发的、用于评估卫生保健设施的一种统一方法。该方法把风险和安全分开，通过运用卫生保健状况来处理风险。它包含 5 个风险因素，分别是患者灵活性、患者密度、火灾区的位置、患者和服务员的比例、患者平均年龄，并给出了 13 个安全因素。通过 Delphi 调查法，让火灾专家给每一个风险因素和安全因素赋予相对的权重。总的安全水平以 13 个参数的数值计算得到，并与预先描述的风险水平作比较。

Gretener 法（SIA81 法）以损失为基础，凭经验作出选择为补充，用统计法来确定火灾风险，考虑了保险率和执行规范，常用于评估大型建筑物的可选方案的火灾风险。

火灾风险指数法最初是为评估北欧木屋火灾安全性而建立的，也可以应用于可燃的和不可燃的多层公寓建筑。与 Gretener 法相比，火灾风险指数法增加了对火灾蔓延路线的评估，而且不要求评估人员具备太多的火灾安全理论。火灾风险指数最大值为 5，最小值为 0。火灾风险指数越大，代表火灾安全水平越高。

古斯塔夫法是一种平面分析法，用纵坐标表示建筑物本身的危险度 GR，用横坐标表示建筑物内人员和物质的危险度 IR，认为这两个方面的危险程度共同决定了建筑物的危险度。并将平面分成 4 个区，A 区为不需要保护区，B 区为自动灭火区，C 区为自动报警区，D 区为双重保护区。

火灾风险定性评估的数学基础主要有层次分析法、多属性决策法和 Delphi 专家系统法等。

5.1.3　优缺点

火灾风险半定量评估方法使用一种统一的、有条理的方法对火灾进行风险评估，并能够对火灾风险进行等级划分，综合了定性方法和定量方法的一些优点，提高了火灾风险评估的实用性。

以火灾风险分级系统为基础，通过对火灾危险源以及其他风险参数进行分析，并按照一定的原则对其赋予适当的指数（或点数），然后通过数学方法综合起来，得到一个子系统或系统的指数（或点数），从而快速地估算出相对火灾风险等级。因此，火灾风险半定量评估方法常用来进行危险辨识和选择可信的火灾事故情景。

火灾风险半定量评估方法具有快捷简便的特点，不像定量风险评估方法那样需要投入大量的时间和资金。

火灾风险半定量评估方法的不足之处是风险分级是按照特定类型建筑物对象进行的，因而评估方法不具有普适性，而且评估结果与参与评估的人的知识水平、以往经验和历史数据积累以及应用具体情况有关。火灾风险半定量评估方法得到的风险指数虽然是一个数值，但该数值并不能反映真正的风险大小，这个数值只能用于风险分级。若要知道事故风险的真实大小，必须运用定量风险评估方法。

5.2 打分的安全检查表法

5.2.1 引入

安全检查表法简单好用，在火灾风险评估领域得到了广泛应用。然而该方法不能够给出量化的评估结果，具有一定的缺陷。为了深化、扩展安全检查表法的应用范围，弥补其不足之处，相关研究人员发明了打分的安全检查表法，并提出了评估结果的量化方法。

5.2.2 什么是打分的安全检查表

打分的安全检查表和安全检查表的内容基本相同，只不过对每一个检查项都给出了打分的标准，要求评估者依据实际情况对该项给出一个具体的分值。

打分的安全检查表法的操作顺序和前面介绍的安全检查表法基本相同，但在评估过程中，不是用"是/否"来回答的，而是根据评估对象的实际情况，依据检查项目的打分标准给出具体分值。有了具体分值，就可以对相同的火灾风险进行评估了。

5.2.3 打分的安全检查表法的量化方法

打分的安全检查表法的量化方法主要有逐项赋值法、加权平均法、单项定性加权计分法和单项否定计分法等。

（1）逐项赋值法。逐项赋值法是针对安全检查表中的每一项检查内容，依据其对火灾风险影响程度的大小，由专家讨论后赋予一定的分值。评价过程中，单项检查结果完全符合检查项目要求的，记为满分，部分符合的按规定标准记分，完全不符合的，记为零分。检查结束后，将每一项得分进行累积后得到系统总的分数，通过得分的高低体现系统的火灾安全等级。

$$S = \sum_{i=1}^{n} S_i \tag{5.1}$$

式中 S 是系统的评价总分；S_i 是单项评价分数；n 是检查项目数量。

（2）加权平均法。加权平均法是把系统按照结构、组成和功能分解后编制成若干个分安全检查表，所有的分安全检查表不论检查项目多少，均按照统一记分体系分别记分，如采用 10 分制或 100 分制等，并按照每一个分安全检查表对系统总体火灾安全水平影响的重要程度分别赋予权重系数（各分安全检查表权重系数之和为 1）。检查过程中，对每一个分安全检查表分别进行分析，将其所得分数乘以各自的权重系数，并最终加和得到系统总的评价分数。

$$S = \sum_{i=1}^{n} S_i K_i \qquad (5.2)$$

式中 S 是系统的评价总分；S_i 是第 i 个分安全检查表的评价分值；K_i 是第 i 个分安全检查表的权重系数；n 是分安全检查表数量。

（3）单项定性加权计分法。单项定性加权计分法是把安全检查表中所有的检查项目都视为同等重要，在检查过程中，根据检查结果与检查标准的相符程度分别给予"优"、"良"、"可"、"差"或"可靠"、"基本可靠"、"基本不可靠"、"不可靠"等定性的评价，同时赋予不同的定性结论等级以相应的权重值，将检查结果换算成分数累计加和，最终得到系统总的评价分数。

$$S = \sum_{i=1}^{n} S_i M_i \qquad (5.3)$$

式中 S 是系统的评价总分；S_i 是第 i 个定性结论对应的权重值；M_i 是获得第 i 个定性结论检查项目的数目；n 是定性结论的等级数。

（4）单项否定计分法。单项否定计分法常用于具有特殊危险且触发危险概率高的系统。此类系统往往含有若干潜在危险因素，一旦其中一项处于不安全状态，就有可能导致严重事故的发生。由此，把系统中的某些检查项目列为对该系统火灾安全状况具有否定权的项目，这些项目只要有一项不符合检查要求，就可以判定整个系统处于不安全状态。

5.3　火灾风险指数法

为进一步确定火灾风险的大小，对火灾风险进行量化是非常重要的。但由于当前数据的不充分和不确定，且不同要素之间关系复杂，再加上定量评估的成本较高，详细的定量风险评估是很难实现的。火灾风险指数法是一种快速便捷的半定量评估方法，根据专家的判断与经验对表示正面和负面的消防因素的变量进行赋值，并根据相关函数得到计算结果，将该值与类似的评估结果或标准风险值进行比较，确定风险等级，最后根据不同等级确定在建筑结构、消防设备、电气防爆、检测仪表和控制方法等方面的安全要求。目前，代表性的火灾风险指数法有火灾安全评估系统（Fire Safety Evaluation System，简称 FSES）、Gretener 法（SIA81 法）、道化学公司火灾爆炸指数法（Dow's Fire and Explosion Index）、英国帝国蒙德工厂蒙德评价法和火灾保险分级法。

5.3.1　火灾安全评估系统

火灾安全评价系统是 20 世纪 70 年代美国国家标准局火灾研究中心和公共建筑事务局合作开发的一种指数化评估方法，这种方法被用于美国生命安全规范（NFPA 101 Life Safety Code，2000 edition）中，主要用于评估医疗卫生等场所的火灾风险。

（1）火灾安全评价系统的特点。

①等效性概念。美国相关规范中提出了等效性概念，即在对建筑物进行防火设计的时候，可以采取其他的替代方案，只要该替代方案所达到的安全水平能够满足相关规范的要求，即认为该方案与按照规范设计的方案是等效的。但是，等效性的确定由地方司法部门决定，由于各地的解释不同，无法形成统一标准。

鉴于以上弊端，FSES 针对医疗设施提供了一种统一的评估方法，以便确定所采取的安全措施是否达到与规范等效的火灾安全程度。

②防火分区概念。在 FSES 评估体系中，把一个建筑物分成若干个防火分区进行评估，对建筑的每个防火分区分别进行评价。如果一个楼层没有被防火设施分隔开，则将整个楼层看作一个防火分区。

③风险的确定。FSES 评估方法首先要根据医疗卫生场所的特征判断其相对危险性的大小。主要使用以下五个风险参数：患者的行动能力（M）；患者的密度（D）；着火区位置（L）；患者和护理人员的比例（T）；患者的平均年龄（A）。各个参量的风险系数如表 5.1～表 5.3 所示，一个区域的风险系数是以上五个参数值综合的结果，且这些系数是相互影响的。

④火灾安全参数。要使建筑物的风险降低到可接受的水平，所采取的安全措施必须能够补偿计算得出的风险。衡量建筑物安全特征的参数主要有：建筑结构、走廊和出口的装修材料、房间内装修材料、走廊的墙、通向走道的门、防火分区尺寸、竖向开口、危险区域、烟气控制、紧急疏散通道、手动报警设备、感烟探测报警及水喷淋系统等。上述火灾安全参数并不能涵盖全部，在具体分析时还要依据实际情况进行火灾安全参数选择。

⑤火灾安全裕度。除等效性之外，火灾安全裕度是 FSES 提出的又一重要概念。使用火灾安全裕度的目的是确保单个设备或体系失效时不会导致严重的火灾损失。

（2）FSES 评估的具体步骤。

第1步：通过表 5.1 确定医院内病患人员风险因子指数。

根据医院的实际，从表 5.1 中正确选择和确定每个病患人员风险因子的风险值，并且确认每个风险值是唯一的。患者的密度是按照每楼层所含有的患者的数量与表格中的所列参数对照取值。着火区位置所对应的风险值应按所在楼层的最大值选取。

表 5.1　病患人员风险因子指数

a　患者的行动能力（M）

人员行动能力	能行动	有限的行动能力	不能行动	不能移动
风险值	1.0	1.6	3.2	4.5

b　患者的密度（D）

患者数量	1~5	6~10	11~30	>30
风险值	1.0	1.2	1.5	2.0

c　着火区位置（L）

层	1层	2~3层	4~6层	7层及其以上	地下室
风险值	1.1	1.2	1.4	1.6	1.6

d　患者和护理人员的比例（T）

患者	1~2	3~5	6~10	>10	≥1
护理人员	1	1	1	1	0
风险值	1.0	1.1	1.2	1.5	4.0*

注：* 表示风险因素值 4.0 是指在所有区域中患者的房间没有任何护理职员。

e　患者的平均年龄（A）

年龄	1~65	>65 和 <1 岁
风险值	1.0	1.2

第 2 步：通过表 5.2 计算出风险值 F。

①将表 5.1 中确定的值填入表 5.2 相应的空格中。

②由表 5.2 中的计算公式计算病患人员风险值 F。

表 5.2　病患人员风险值的计算

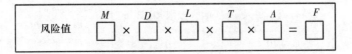

第 3 步：通过表 5.3（a）或表 5.3（b）计算出 F 的修正值 R。

①如果该建筑是新建建筑则使用表 5.3（a），如果该建筑是原有（旧）建筑则使用表 5.3（b）。

②把表 5.2 得到的 F 值填入表 5.3 对应的方框中，计算出 F 的修正值 R。

③将风险修正值 R 填入表 5.3 中。

表 5.3　病患人员风险值的修正

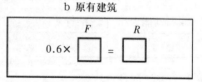

第 4 步：按表 5.4 确定建筑火灾安全因子指数。

在 FSES 中共有 13 个火灾安全因子，每个因子的指数应在表 5.4 所列范围中选择，每个因子只有一个确定指数，如果有两个或两个以上时应选择最小值。

因子 8（危险区）先按表 5.5 确定是双危险区还是单危险区，然后按表 5.4 选择其指数。

表 5.4　FSES 建筑火灾安全指数

参数	指数值						
1. 建筑物	可燃烧性				不可燃烧性		
楼层	木质结构		一般建筑		无保护措施	有保护措施	有耐火性
	无保护措施	有保护措施	无保护措施	有保护措施			
第 1 层	−2	0	−2	0	0	2	2
第 2 层	−7	−2	−4	−2	−2	2	4
第 3 层	−9	−7	−9	−7	−7	2	4
第 4 层及以上	−13	−7	−13	−7	−9	−7	4
2. 室内装修（走廊和出口）	B_2 级		B_1 级		A 级		
	−5（0）[a]		0（3）[a]		3		
3. 内部装修（房间）	B_2 级		B_1 级		A 级		
	−3（1）[a]		1（3）[a]		3		
4. 通道墙壁	没有或不耐火		耐火极限 <1/3 hr		1/3hr≤耐火极限 <1 hr		耐火极限≥1 hr
	−10		0		1		2
5. 走廊门	无	耐火极限 <20 min		耐火极限 ≥20 min	耐火极限 ≥20min 且自动关闭		
	−10	0		1	2		
6. 水平疏散距离	袋形走道			袋形走道 <9m 且防火分区的走廊长度			
	>30m	15m～30m	9m～15 m	>45m	30m～45m	<30m	
	−6（0）[b]	−4（0）[b]	−2（0）[b]	−2	0	1	

（续表）

参数	指数值				
7. 垂直通道	4 层及以上	2 层或 3 层	耐火时间		
			< 1 hr	1 hr ~ 2 hr	≥ 2 hr
	− 14	− 10	0	2	3
8. 危险区	双重缺陷		单一缺陷		无
	在防火分区中	不在	在分区中	邻近于分区	
	− 11	− 5	− 6	− 2	0
9. 烟气控制	无控制		挡烟板控制烟气	机械辅助排烟系统	
	− 5		0	3	
10. 应急疏散路线	< 2 条路线	多条路线			
	8	有缺陷	无水平安全出口	有水平安全出口	直通出口
		− 2	0	1	5
11. 手动火灾报警	无		有		
	− 4		1		
12. 感烟探测器报警系统	无	仅走廊设置	仅房间设置	走廊和常用空间设置	区域中所有空间
	0 (3)[b]	2 (3)[b]	3 (3)[b]	4	5
13. 自动水喷淋系统	无	走廊和常用空间设置	所有防火分区		
	0	8	10		

注：a——当等级为 B_1 或 B_2 级的室内走廊、房间、出口装修材料有自动喷淋系统保护时，取值为 0。b——如果所有防火分区都采用快速反应自动喷淋系统时，其取值为 3。

表 5.5　危险区的判断

保护方式	危险	
	严重	不严重
无	双重	单一
具有耐火性的构件	单一	无
自动喷淋系统	单一	无
都有	无	无

第 5 步：由表 5.6 估算建筑控火、灭火和人员疏散风险指数及其总和。

①将表 5.6 选出的 13 个建筑火灾风险因子的指数值填入表 5.6 所对应项

目的非阴影空格中。对于第 13 个因子的人员疏散值应为表 5.4 中取值的一半。

②将所得的总值 S_1，S_2，S_3，S_4 填入表 5.6 中。

表 5.6　FSES 评估防火安全策略表

安全参数	控火（S_1）	灭火（S_2）	人员疏散（S_3）	总和（S_4）
1. 建筑物结构				
2. 室内装修（走廊和出口）				
3. 内部装修（房间）				
4. 通道墙壁				
5. 走廊门				
6. 水平疏散距离				
7. 垂直通道				
8. 危险区				
9. 烟气控制				
10. 应急疏散路线				
11. 手动火灾报警				
12. 感烟探测器和烟气报警				
13. 自动喷淋			÷2	
总值	$S_1 =$	$S_2 =$	$S_3 =$	$S_4 =$

第 6 步：按表 5.7 确定必须达到的安全值。

①由表 5.7 中选出该建筑（新建或原有）和楼层对应的三项必须达到的风险指数值。

②将所选取的三项值填入表 5.8 中 S_a、S_b、S_c 对应的空格。

③地下室的安全指数值应按地下室的最近出口的水平距离确定。

第 7 步：按表 5.8 确定建筑的火灾安全水平。

①按表 5.8 列式计算，并将结果填入对应空格。

②如果每项所得值大于或等于 0 时，在"是"列中打钩；如果所得的值小于 0 时，在"否"中打钩。

由此表判定建筑控火、灭火和人员疏散能力是否能够达到要求。如果计算出的风险指数值大于或等于规定的最低安全水平，则可认定为符合要求，否则认定为不符合要求。

表5.7 建筑消防安全必须达到的安全指数

防火分区位置	遏制火势（S_a）		灭火（S_b）		人员疏散（S_c）	
	新建	原有	新建	原有	新建	原有
1层	11	5	15（12）[a]	4	8（5）[a]	1
2层或3层	15	9	17（14）[a]	6	10（7）[a]	3
4层及其以上	18	9	19（16）[a]	6	11（8）[a]	3

注：a——括号内为不包含患者的防火分区的取值。

表5.8 火灾安全评估认定表

以上是 FSES 的主要评估步骤，通过对评估要素的指数化，对医疗卫生场所的火灾安全水平实现半定量评估。步骤简明方便，具有很好的可操作性。美国在运用该方法时，在完成前面 7 个主要步骤后，还根据其 NFPA 101（生命安全规范）的要求，对评估场所的消防设计及设施进行定性对照检查，以对半定量评估结果进行补充说明，并为采取措施降低火灾风险提供具体指导。

5.3.2 Gretener 法（SIA81 法）

（1）发展。Gretener 法是 20 世纪 60 年代首先在瑞士发展起来的，1965 年首次公开出版，并对外正式推行，迄今已经修改多次。Gretener 法以瑞士消防部门负责人 Max Gretener 的名字命名。Max Grentcr 在 20 世纪 60 年代开始研究对建筑物火灾风险进行计算评估的可能性，并提出了建筑火灾风险评估的计算方法。Gretener 方法在瑞士和其他欧洲国家得到很好的认可和欢迎，成为广泛使用的火灾风险指数法。

（2）方法。Gretener 法使用相关的经验数值、火灾发生和蔓延因子以及防火措施因子来评估建筑物风险。危险因素的共同影响产生的是一个潜在的危险值，防火保护因素生成的是一个安全防护参数值，这两个值的比值被认定为火灾严重程度的度量，即火灾的严重度。Gretener 法使用这种方法计算出火灾严重度，作为火灾风险的指数。

Gretener 法对风险评估最大的贡献是，第一次提出了使用危险概率与危险后果的乘积所表示的预期损失来衡量风险的大小，即：

$$P = AB \tag{5.4}$$

式中 P 为潜在的火灾风险；A 为火灾发生概率；B 为火灾危险或称火灾的可能严重程度。

Gretener 法应用概率理论综合考虑用这两个因素来表示火灾风险，并且使用比值的方式定义并计算火灾危险，而不是加和的形式，火灾危险 = 潜在危险/保护措施，即：

$$R = P/NSF \tag{5.5}$$

式中 R 为火灾危险；N 为标准火灾安全措施；S 为特殊安全措施；F 为建筑物的耐火性能。

潜在危险 P 是各危险因素综合作用的结果，危险性大小一方面受建筑内物品特性的影响，另一方面受建筑物本身性质的影响。

（3）缺点。Gretener 法是根据以往损失统计数据来确定火灾风险，因此具有以下不足：

①火灾损失换算方法的缺乏；

②确定损失规模的影响因素分析不足而导致的统计数据失真；

③科学技术的迅速发展使原有经验的可信度降低；

④不同国家和部门对数据统计和分析的标准不同。

5.3.3　火灾风险指数评估法

（1）概述。火灾风险指数评估法是针对建筑物（尤其是居民区建筑），运用模糊打分的方式给建筑物的火灾特性参数进行赋值，并通过 Delphi 调查，广泛征集有关专家的主观意见，给出合理的权重因子，然后运用数学方法求出最终的火灾风险指数，并依据规范给出建筑物的火灾安全等级。

（2）火灾风险指数法的建立步骤。Watts 将层次分析法、多属性决策方法运用到火灾风险评估中，由于此方法进行火灾风险评估一般有五步，因此被称为 Watts 五步法。

其步骤为：

①确定火灾安全的决策水平。

②描述构成水平的属性。这些属性也被称为参数、元素、因素、变量等，它们构成了火灾风险的属性元素。

③给各个属性赋权重值。

④建立数值等级，从而对属性进行赋值或测量。

⑤选择评估模型。

（3）确定决策水平。在火灾风险指数评估法中，主要有五个决策水平，分别是方针、目标、策略、参数和考核项目，其含义如表5.9所示。对目标、策略、参数和考核项目还需要进一步细化。

表5.9　火灾风险决策水平

水平	名称	描述
1	方针	为达到火灾安全所采纳的总方针或行动计划
2	目标	要达到的特定的火灾安全目标
3	策略	独立的火灾安全方案，能够全部或部分地符合火灾安全目标
4	参数	通过直接或间接测量或评估可以确定火灾风险等级
5	考核项目	火灾安全参数不可少的可测的特征

火灾安全目标包括生命安全、财产安全、运行的连续性、环境保护和遗产保护等。

对于确定的火灾安全目标，常用 Delphi 方法定义火灾安全方针。

火灾安全策略的措施有很多，如预防着火、限制可燃物、防火分区、火灾探测报警、灭火和保护曝光的人或物等。

另外，还要注意参数的确定方法和考核项目的确定。

（4）属性的描述。以木质框架建筑火灾风险为例。该建筑火灾风险决策可按表5.9列出的项目来分析，其中包括1个火灾风险方针、3个安全目标、10个策略和13个参数。

①火灾安全方针。火灾安全方针可表述为："木质框架建筑的火灾安全性能至少应该相当于不可燃框架建筑物的火灾安全性能。"

②火灾安全目标。建议采用下列火灾安全目标：第一，预防火灾威胁生命安全；第二，预防火灾通过起火房间边界蔓延和预防火灾通过建筑结构蔓延；第三，预防火灾蔓延到临近建筑。

③火灾安全策略。需要针对每一个火灾安全目标提出火灾安全策略，如表5.10所示。

表5.10　火灾安全目标—策略对应关系

火灾安全目标		火灾安全策略
1）生命安全		控制火势增长（S3） 控制火势蔓延 建立安全出口（S1） 建立安全/有效的营救操作（S2）
2）预防火灾蔓延	A）预防火灾通过起火房间边界蔓延	控制火势增长（S3） 防止火通过房间边界蔓延（S4） 防止火通过交叉处蔓延（S5）
	B）预防火灾通过建筑结构蔓延	防止隐蔽空间的火势增长（S6） 防止结构起火（S9） 防止火通过开口蔓延（S7） 防止火向阁楼蔓延（S8）
3）预防火灾蔓延到临近建筑		限制曝光的大小（S10） 安全分隔距离（S11）

④火灾安全重要参数。每一个因素对火灾安全策略、目标和方针的完成均有贡献，有13个参数，如表5.11所示。

表5.11　重要的火灾安全参数

建筑	• 结构装配的承载能力（P_1） • 结构装配的完整能力（P_2） • 结构装配的隔热能力（P_3） • 墙和天花板结合点/交叉点的挡火物（P_4） • 在隐蔽空间的挡火物（P_5） • 建筑物正面（P_6） • 屋檐处的挡火物（P_7） • 自动关闭公寓门（P_8）
消防系统	• 报警系统（P_9） • 探测系统（P_{10}） • 灭火系统（P_{11}） • 消防队的能力和效力（P_{12}）
组织	• 监测、控制和其他组织因素（P_{13}）

⑤考核项目。在研究中，火灾安全参数常常需要通过分析相关的考核项目加以量化。对于每一个属性，都可能用1～5之间的整数值来描述（称作Likert标度尺）。数值越高，安全性能越好。

（5）权重的赋值。并不是所有的安全属性都是同样重要的，权重的作用就是表示出各个属性相对于其他属性的重要性，因此权重的赋值是多属性评估的关键组成部分。权重可以采取层次分析法或 Delphi 方法确定。权重是归一化的，即：

$$\sum_{i=1}^{n} w_i = 1 \tag{5.6}$$

（6）风险指数的估计。必须用同一个标度尺给 13 个参数 X_i 赋值，每个参数都可能用 1~5 之间的整数值来描述。数值越高，参数越好。

使用特定的方法，如 Delphi 方法等，确定不同策略 S_j 的 13 个参数的权重。

$$S_1 = \sum_{i=1}^{13} w_{1,i} P_i , \quad \sum_{i=1}^{13} w_{1,i} = 1 \tag{5.7}$$

策略和参数的关系：

$S = W \times P$

$$\begin{pmatrix} w_{1,1} & \cdots & w_{1,13} \\ \vdots & \vdots & \vdots \\ w_{10,1} & \cdots & w_{10,13} \end{pmatrix} \begin{pmatrix} P_1 \\ \vdots \\ P_{13} \end{pmatrix} = \begin{pmatrix} S_1 \\ \vdots \\ S_{13} \end{pmatrix} \tag{5.8}$$

进一步可得到目标和策略之间的关系：

$$O = B \times S \tag{5.9}$$

$$\begin{pmatrix} O_1 \\ O_2 \\ O_3 \end{pmatrix} = \begin{pmatrix} B_{1,1} & \cdots & B_{1,10} \\ B_{2,1} & \cdots & B_{2,10} \\ B_{3,1} & \cdots & B_{3,10} \end{pmatrix} \times \begin{pmatrix} S_1 & \cdots & S_{10} \end{pmatrix} \tag{5.10}$$

最后，可以计算出火灾风险指数值：

$$G = A \times O \tag{5.11}$$

5.4　古斯塔夫法

5.4.1　基本概念

古斯塔夫法是目前常用的基于危险度的火灾风险评估方法。20 世纪 70 年代，为了进行建筑消防设施的选取，古斯塔夫（Gustav Purt）提出了一种评估建筑火灾风险的方法。古斯塔夫认为，建筑的火灾危险性包括对建筑物本身的危害和对建筑物内部人员的伤害及财产损失两个方面，并把火灾对建筑物本身的破坏程度称为建筑物火灾危险度，用 GR 表示，把火灾对建筑物内人员的伤害和财产的损坏程度称为建筑物内火灾危险度，用 IR 表示。这两个方面的危险程度共同决定了建筑物的火灾危险度。

建筑物的火灾危险度涉及建筑物发生火灾之后的火灾强度、火灾的持续时间、建筑物的耐火等级、建筑物的结构材料、可燃物质的数量和特性、人员的结构与素质、火灾报警及灭火条件等多方面因素。火灾对建筑物本身的破坏与火灾对建筑物内部人员和财产的危害是联系在一起的，但一般是把二者分开来研究的。这种既有区别又有联系的方法就是古斯塔夫提出的平面分析法。

火灾危险度概念的提出，从一定程度上指出了如何对火灾危险源进行综合分析。古斯塔夫采用模糊数学的方法对火灾危险源进行处理，将火灾风险定义为若干因子，每个因子对应火灾危险源的不同特性。计算出不同的因子后，就可以得到建筑物火灾危险度和建筑物内火灾危险度。

5.4.2 建筑物火灾危险度分析

根据古斯塔夫提出的有关公式，建筑物火灾危险度 GR 可用下式进行计算：

$$GR = \frac{(Q_m C + Q_i) BL}{W R_i} \tag{5.12}$$

式中 Q_m 为可移动的火灾荷载因子；C 为燃烧性能因子，表示可燃材料可燃易燃性；Q_i 为固定的火灾荷载因子；B 为火灾区域及位置因子；L 为灭火延迟因子；W 为建筑物耐火因子；R_i 为危险度减小因子。

Q_m 表示建筑物室内可移动的燃烧物对 GR 的影响，如家具、衣物等。古斯塔夫在最初提出该方法时，采用建筑物内单位面积热量释放量来表示 Q_m，单位使用 $Mcal \cdot m^{-2}$，如表 5.12 所示。

表 5.12 用单位面积热量表示的可移动的火灾荷载因子 Q_m 的取值

可移动可燃物单位面积热量/（Mcal·m^{-2}）	Q_m	可移动可燃物单位面积热量/（Mcal·m^{-2}）	Q_m
0 ~60	1.0	961 ~1920	2.4
61 ~120	1.2	1921 ~3840	2.8
121 ~240	1.4	3841 ~7680	3.4
241 ~480	1.6	7681 ~15360	3.9
481 ~960	2.0	>15361	4.0

古斯塔夫法引进国内后，现在通常采用折合标准木材质量的方法来表示。表 5.13 给出了标准木材单位面积质量的 Q_m 取值。

表 5.13　用火灾荷载表示的可移动的火灾荷载因子 Q_m 的取值

可移动可燃物火灾荷载/ （kg·m⁻²）	0～15	16～30	31～60	61～120	121～240
Q_m	1.0	1.2	1.4	1.6	2.0
可移动可燃物火灾荷载/ （kg·m⁻²）	241～480	481～960	961～1920	1921～3840	>3840
Q_m	2.4	2.8	3.4	3.9	4.0

C 表示可燃物的燃烧性能。古斯塔夫法以欧洲保险协会的分级方法为基础,将材料依据燃烧性能分成四个等级,每一等级对应一个 C 的取值。表 5.14 给出了常见可燃物对应的 C 的取值。

表 5.14　常见可燃物的燃烧性能因子 C 的取值

等级	可燃物名称	C 值
1	实木家具、货架柜台、黄油、花生油、润滑油、切削油、醋酸纤维、漂白粉、氧化铝	1.0
2	纤维板、无棉制品、举止床垫、柴油、沥青、活性炭、甲酸、樟脑	1.2
3	水平放置的棉、麻、化纤及其纺织品、橡胶、聚乙烯、乙醇、粉末铝、地板蜡、丁醇	1.4
4	汽油、烷烃类、碱金属、无水氨、纯乙醇、清漆	1.6

如果可燃物是两种或两种以上物质组成的混合物,C 的取值原则如表 5.15 所示。

表 5.15　混合可燃物 C 的取值原则

危险性最大的材料所占比例（%）	C 值
<10	由质量占90%以上的物质决定
10～25	由质量占75%以上的物质的 C 值 +1 决定
25～50	由质量占25%以上的危险性最大的物质决定

Q_i 表示建筑物构件中的可燃材料,一般也用折合木材的质量表示。表 5.16 给出了相应木材量与 Q_i 的取值关系及其相应的建筑物特点。

表 5.16 Q_i 的取值

可移动可燃物火灾荷载/（$k_g \cdot m^{-2}$）	典型材料			Q_i
	结构材料	天花板材料	墙壁材料	
0 ~ 20	混凝土、砖、钢	混凝土、钢	混凝土、砖、钢	0
21 ~ 45	钢	木材	混凝土、钢	0.2
46 ~ 70	木材、钢	木材	混凝土、砖	0.4
71 ~ 100	木材	木材	木材、瓦、铁皮	0.6

B 表示建筑物火灾区域对灭火活动及安全疏散难易程度的影响，一般分为 4 级。表 5.17 给出了特征因素对 B 取值的影响。

表 5.17 B 的取值

级别	建筑物特征	B
1	防火分区面积小于 1500 m^2，或层数小于 3，或高度小于 10m	1.0
2	1500 m^2 < 防火分区面积 < 3000 m^2 或 4 < 层数 < 8 或 10m < 高度 < 25m 或地下一层	1.2
3	3000 m^2 < 防火分区面积 < 10000 m^2 或层数 > 8 或高度 > 25m 或地下 2 层及以下	1.8
4	防火分区面积 > 10000 m^2	2.0

L 表示灭火设施以及其他和人力有关的因素，如表 5.18 所示。

表 5.18 L 的取值

等级	灭火力量性质	与消防站直线距离/km			
		1	1 ~ 6	6 ~ 11	>11
1	职业消防队、企业消防队	1.0	1.1	1.3	1.5
2	企业预备消防队	1.1	1.2	1.4	1.6
3	预备消防队	1.2	1.3	1.6	1.8
4	有后备的乡镇义务消防队	1.3	1.4	1.7	1.9
5	无后备的乡镇义务消防队	1.4	1.7	1.8	2.0

随着消防力量和技术手段的不断发展，古斯塔夫所提出的灭火延迟因子 L 的确定方法已难以满足实际建筑的火灾风险分析的需要。我国学者针对灭火延迟因子 L 提出了更加详细的取值方法，计算公式为：

$$L = \sum_{i=1}^{n} A_i D_i h_i E_i + I \qquad (5.13)$$

式中 A_i 为消防队的灭火能力因子；D_i 为消防队与火灾地点的距离因子，由于城市化进程的快速发展，除了单纯的直线距离，还要考虑城市交通状况的影响；h_i 为影响消防队进行现场火灾救援活动的建筑物高度因子；E_i 为建筑物外部消防设施对消防队火灾扑救活动的影响因子；I 为建筑物内部消防安全设计及设施影响因子；n 为根据火灾的严重程度所确定的一次性出动消防中队的数量，在消防队的调度指挥系统中已建立了清晰的确定原则及程序。

其他各影响因子也可以通过指标评价体系进行赋值。

通常情况下，建筑中火灾的发展符合"时间的平方"发展趋势，消防站与火灾地点的距离因子可以近似为与距离的平方成反比例关系，可表达为：

$$D = \frac{9d^2}{4v^2} + I \qquad (5.14)$$

式中 d 为消防站距离火灾发生地的车辆行驶距离(km)；v 为该区域消防车辆行驶时速(km/h)，除车辆自身性能外，该区域的交通状况起主要作用，对于地级以上城市取 $20\ km/h$，县级市取 $30\ km/h$，乡镇取 $45\ km/h$。

鉴于低多层民用建筑和高层民用建筑的界限为 $24m$，影响消防队进行现场火灾救援活动的建筑物高度因子 h 可通过下式进行选择：

$$h = \begin{cases} \exp\left[-0.023\left(h_b - h_f\right)\right] & (h_b > h_f,\ h_b \geqslant 24) \\ 1 & (h_b < h_f) \end{cases} \qquad (5.15)$$

式中 h_b 为着火建筑物高度（m）；h_f 为消防中队举高消防车的工作高度（m），没有举高车或举高车不足 24 m 时，h 取 24 m。

W 指建筑的耐火能力。根据耐火时间长短分为 7 级。表 5.19 给出了耐火等级与 W 的取值表。

表 5.19 W 的取值

等级	耐火极限/min	火灾荷载		常见材料		W
		等效木材/($kg \cdot m^{-2}$)	燃烧热值/($Mcal \cdot m^{-2}$)	墙壁材料	天花板材料	
1	<30	–	–	无保护木材、钢结构墙	无保护的木结构、钢结构天花板	1.0
2	30	37	148	有石灰水泥防护层木材及砖墙	有石棉保护层的天花板或钢板	1.3
3	60	60	240	无保护的钢筋混凝土墙及侧抹灰墙	1.5cm 厚混凝土天花板	1.5

（续表）

等级	耐火极限/min	火灾荷载		常见材料		W
		等效木材/（kg·m⁻²）	燃烧热值/（Mcal·m⁻²）	墙壁材料	天花板材料	
4	90	80	320	3cm厚石棉保护或水泥石灰层的钢墙	2.5cm厚石棉层混凝土天花板	1.6
5	120	115	460	12cm厚的烧砖土质墙	–	1.8
6	180	155	620	–	–	1.9
7	240	180	720	25cm厚的烧砖土质墙	–	2.0

上述6个因子计算出来的是最大危险度，在实际应用中还需要考虑使火灾危险度下降的因素 R_i，其取值可参考表5.20取值。

表5.20　R_i 的取值

等级	主要特征	R_i
1. 大于一般	可燃物多、易于着火、堆放松散、面积大，对蔓延有利	1.0
2. 一般	可燃物较多，着火性一般，堆放松散	1.3
3. 小于一般	25%~50%物品难以着火，散热条件好，面积小于3000m²	1.6
4. 微小	货物存放在容器中，包装紧凑、不易着火	2.0

5.4.3　建筑物内火灾危险度分析

根据古斯塔夫建议的有关公式，IR 采用下式来计算：

$$IR = HDF \tag{5.16}$$

式中 H 为人员危险因子；D 为财产危险因子；F 为烟气因子。

人员危险因子 H 的取值受人员多少、对建筑物安全疏散通道的熟悉程度、出口位置、数量及宽度等因素影响。概括起来由表5.21给出。

表5.21　人员危险因子 H 的取值依据

等级	危险程度	H 的取值
1	对人员的生命没有危险	1
2	对人员生命有危险，但不限制人员的活动（能自救）	2
3	对人员生命有危险，限制了人员的活动（不能自救）	3

D 的取值受财产本身的价值、数量、易损情况等条件影响，如表5.22

所示。

表5.22　财产危险因子 D 的取值依据

等级	危险程度	D 的取值
1	建筑物内的财产不易损失或价值不大	1
2	建筑物内的财产密度较大	2
3	建筑物内的财产价值很高，损坏后无法赔偿	3

F 的取值主要考虑烟气的毒性、烟气浓度、材料产烟能力、烟的各种间接腐蚀性等。取值依据如表5.23所示。

表5.23　烟气因子 F 的取值依据

等级	给定状态	F 的取值
1	烟气的危害性不大	1
2	可燃物总量的20%在燃烧时放出浓烟及有毒气体，建筑物内通风条件不好	1.5
3	可燃物总量的50%在燃烧时放出浓烟或有毒气体，或可燃物总量的20%在燃烧时放出严重污染性浓烟	2.0

近些年，一些学者在古斯塔夫提出的建筑物内火灾危险度 IR 确定方法的基础上，提出了对该方法的改进和补充。在式(5.14)的右侧再乘以一个人员特征因子 k。在火灾中人员清醒状态、对疏散路径的熟悉程度以及特定人群的行动能力决定了是否能够迅速逃离火场、保证安全。因此，我们根据不同建筑物及人员特性进行分类，并相应地对其赋值，如医院、幼儿园和养老院中病患、儿童、老人的行动能力较低，就要对其赋予较高的值。

人员特征因子 k 的取值如表5.24所示。

表5.24　建筑用途与人员特征因子的关系

建筑物用途	建筑物及人员特性	分值
办公楼、车站、码头、机场和学校、体育场馆	建筑内的人员处于清醒状态，熟悉建筑物及报警系统和疏散措施	1
商场、图书馆、影剧院、展览馆、饭店博物馆、休闲中心	等建筑内的人员处于清醒状态，不熟悉建筑物、报警系统和疏散措施	1.5
住宅或公寓	建筑内的人员可能处于睡眠状态，熟悉建筑物、报警系统和疏散通道	2.0

（续表）

建筑物用途	建筑物及人员特性	分值
旅馆或歌舞厅、迪厅、酒吧	建筑内的人员可能处于睡眠状态，或者由于过量饮酒处于半清醒状态。不熟悉建筑物、报警系统和疏散通道	2.5
医院、疗养院、幼儿园及其他社会公共福利设施	有相当数量的人员需要帮助	3.0

此外，对于式(5.16)中因子 H 和 F 的确定，也出现了具体的确定方法。有学者提出了根据建筑物疏散标志、疏散通道、自动报警系统、防排烟系统确定人员危险因子 H 的方法，并指出人员数量对 H 的影响程度等。

5.4.4 建筑物火灾危险度综合分析

由于建筑物的火灾危险度是由建筑物本身的破坏作用 GR 和对建筑物内人员的伤害和财产的损坏程度 IR 共同作用决定的，为了描述建筑物的火灾危险度，古斯塔夫提出了用平面分析法来描述建筑危险度分布图，即用纵坐标表示建筑物本身的危险度 GR，用横坐标表示建筑物内人员的伤害和财产的损坏程度 IR。对 GR 和 IR 计算完成后，根据 GR 和 IR 的计算结果，绘制建筑物火灾危险度分布图，如图5.1所示。

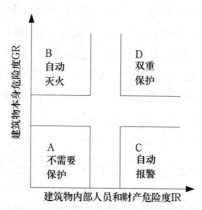

图5.1　古斯塔夫的火灾危险度

当建筑物本身的危险度很大时，一旦发生火灾，必须保证火灾危险不超过某个限度值，才能使建筑物结构不会遭到破坏。而人的活动很难保证这点，所以必须要安装喷淋灭火系统。这样在火灾发生后，人员和贵重物品就能够迅速疏散，人为的灭火活动能将火灾扑灭。所以，只要安装早期火灾报警，则系统就能达到目的。依据这种分析方法将古斯塔夫平面分成4个区，A区是不需要保护区，B区为自动灭火区，C为自动报警区，D区为双重保护区（自动报警与自动灭火均需具备）。中间是过渡区，可以依据具体条件选用保护方案。

如果考虑的建筑物较大，可以分为几个区，分别计算各区的 *GR* 和 *IR* 值，依据计算结果选择合适的保护方案、配备相应的设备。

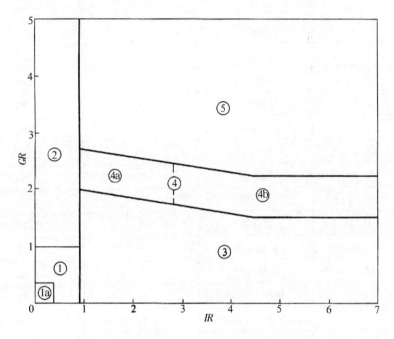

图5.2　古斯塔夫火灾风险—消防设施核算图

如在图5.2中，区域①代表建筑自动消防系统属于推荐安装，而不需要强制必须安装，区域1a由于火灾危险性很小，不需要安装建筑自动消防系统；区域②建筑本身火灾危险性较大，而建筑内人员与财产火灾危险性相对较小，所以自动灭火系统的选择要优先于火灾自动报警系统；区域③建筑内人员与财产火灾危险性大于建筑本身火灾危险性，所以必须要安装火灾自动报警系统，如果不恰当地设计与安装自动灭火系统，可能还会影响人员的安全疏散，区域④需要对自动灭火系统和火灾自动报警系统进行选择，区域4a用自动灭火系统，区域4b用火灾自动报警系统；区域⑤由于建筑物本身的危险度 *GR* 和建筑物内人员的伤害和财产的损坏程度都比较大，所以需要自动灭火系统和火灾自动报警系统的双重保护。

5.4.5 案例分析

根据上述原则，对某机场航站楼进行了分析，分别计算了其 *GR* 和 *IR*，结果如表 5.25 所示，并绘制了火灾危险度分布图，如图 5.3 所示。

表 5.25　火灾危险度

序号	场景	*IR*	*GR*
1	办公室	6	2.50
2	档案室	9	2.13
3	咖啡厅	3	1.64
4	餐厅	3	1.64
5	厨房	3	2.13
6	车房	4.5	2.86
7	电气室	6	2.5
8	服务间	3	1.64
9	垃圾间	1.5	1.64
10	商业区	8	3.25
11	候机夹层	6	1.24
12	候机大厅	4	1.24
13	候机贵宾室	6	1.73
14	行李分拣（国内）	6	1.49
15	行李分拣（国际）	6	1.49
16	行李仓库	4	3.33
17	安检	4	1.24
18	边检、海关	4	1.24
19	迎宾厅	4	1.24
20	办票大厅	4	1.24

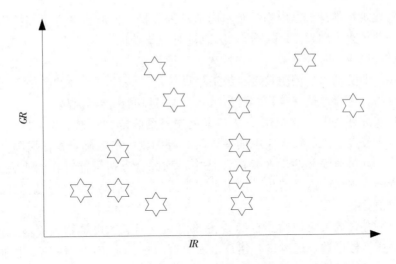

图 5.3　航站楼火灾危险度分布图

5.5　火灾风险评估工程方法

火灾风险评估工程方法的英文为 Fire Risk Analysis Method For Engineering，简称 FRAME 方法。FRAME 方法最初是由瑞士工程师 M. Gretener 于 20 世纪 60 年代初期在法国的 ERIC 评价方法、德国的 DIN18230 以及奥地利的 TRBV100 保险评价系统等基础上提出的，增加了对人员火灾风险的评估，考虑了建筑的使用功能、火灾荷载、火灾性能、平面布局、建筑消防设计和消防系统设计等与火灾性能和消防设计相关的各种因素，是一种综合考虑火灾性能和处方设计的风险分析的火灾风险评估方法。FRAME 方法属于半定量评估方法。经过 30 多年几百个项目实例的应用，证明了该方法对于建筑火灾风险评估是非常有效的，其结果也是可信的。

5.5.1　基本原理

利用 FRAME 方法进行火灾风险评估，可以将安全经济学和消防安全的理念融合到新建建筑、既有建筑的设计与火灾风险分析中，不仅考虑了人员疏散安全，还考虑了对建筑财产、人员活动的保护设计。因此，该方法是在满足规范的基础上，基于建筑实际和火灾风险进行的补充，可以辅助建筑设计师辨识和评价存在的火灾风险，并采取相应的替代解决方案。

FRAME 方法是目前国际风险评估领域最全面深入且能较好地结合建筑实际的成熟的建筑火灾风险评估方法，它不仅以保护生命安全为目标，而且考虑了对建筑物本身、室内物品及室内活动的保护，同时也考虑了间接损失或业务中断等火灾因素。FRAME 方法通过对建筑功能、人员活动、火灾荷载、火灾燃烧反应、防火分隔、结构抗火、疏散设施、通风排烟、火灾探测、灭火系统、消防供水、消防救援、员工培训等消防设计与管理的各个方面进行系统分析，综合评估建筑物的财物风险、人员风险和活动风险。

在实际评估中，FRAME 方法基于火灾场景假定，考虑了火灾发生概率、火灾危害程度、人员在火灾中的暴露时间等因素，最后确定整体风险。在财物风险、人员风险和活动风险的评估中，均综合分析可能存在的火灾风险、可接受的火灾风险以及消防保护水平三个指标，最后计算得到建筑物的火灾风险数值。

可能存在的火灾风险指标综合建筑内火灾荷载、可燃物火灾蔓延特征、建筑面积、楼层数、通风口、建筑出入口等因素，确定财产保护、生命安全和商业运营连续性的潜在火灾风险值。

可接受的火灾风险指标综合建筑商业功能、人员疏散时间、建筑内财物种类及其价值、不同商业运营活动的相关性等因素，确定财产保护、生命安全和商业运营连续性的可接受火灾风险值，即建筑可抵御的火灾风险。

消防保护水平指标综合建筑主动灭火系统设计、被动灭火系统设计、构件抗火及材料装修阻燃及难燃设计、人员疏散系统设计、救助设施等因素，确定财产保护、生命安全和商业运营连续性的建筑消防设施的综合保护等级。

通过上述三个指标分析，确定最终的风险值，并根据该风险值及不同指标对于风险指数的影响，有针对性地采取必要的和优化的强化消防措施建议。

在 FRAME 方法中，需要评估的建筑物火灾风险包括财物风险、人员风险和活动风险，每种风险最终都由可能存在的危险、可接受的风险和消防保护水平三个指标确定。

5.5.2 建筑物财物风险评估

建筑物财物风险定义为建筑物内财物可能存在的风险 P 与可接受的风险 A 和消防保护水平 D 乘积的商，即：

$$R = P/ (A \times D) \tag{5.17}$$

可能存在的风险 P 与接受标准 A 和保护水平 D 的评估方法如下：

（1）可能存在的风险。可能存在的风险 P 由火灾荷载因子 q、火灾蔓延因子 i、面积因子 g、楼层因子 e、通风因子 v、出入口因子 z 等六个因素确定，计算公式为：

$$P = q \times i \times g \times e \times v \times z \tag{5.18}$$

六个因素的计算方法分别为：

①火灾荷载因子 q 。火灾荷载因子是描述可燃物对火灾的影响，由固定火灾荷载和移动火灾荷载两个因素确定，计算公式为：

$$q = \frac{2}{3}\log(Q_i + Q_m) - 0.55 \tag{5.19}$$

其中，Q_i 为固定火灾荷载密度，Q_m 为移动火灾荷载密度，单位均为 MJ/m^2。

②火灾蔓延因子 i 。火灾蔓延因子描述火灾蔓延的难易程度，由引燃温度、可燃物平均尺寸和可燃物燃烧反应级别三个因素确定，计算公式为：

$$i = 1 - T/1000 - 0.1\log m + M/10 \tag{5.20}$$

其中，m 为室内可燃物品的平均尺寸，单位为 m；M 为可燃物燃烧反应等级，由材料的易燃程度来确定，数值为 0~5，其中 0 表示不燃，5 表示易燃；T 为引燃温度，单位是℃。

③面积因子 g。面积因子反映火灾的水平效应，由房间理论长度、房间总面积和当量宽度三个因素确定，计算公式为：

$$g = \frac{b + 5\sqrt[3]{l \cdot b^2}}{200} \tag{5.21}$$

其中，l 为房间理论长度，单位为 m；b 为等效宽度，单位为 m，由房间总面积 A_{tot} 计算得到，计算公式为 $b = A_{tot}/l$。

④楼层因子 e 。楼层因子反映火灾的垂直效应，由楼层来确定，计算公式为：

$$e = \Phi(|E|) = \left[\frac{|E| + 3}{|E| + 2}\right]^{0.7 * |E|} \tag{5.22}$$

其中，E 为楼序号。若是夹层或平台，则根据建筑高度用插值的方法来计算。

⑤通风因子 v 。通风因子反映火灾时烟气和热量的影响，由净高、通风面积比率和移动火灾荷载密度三个因素确定，计算公式为：

$$v = 0.84 + 0.1 * \log Q_m - \sqrt{k\sqrt{h}} \tag{5.23}$$

其中，h 是净高，为房间楼板至吊顶高度；Q_m 为移动火灾荷载密度，k 为通风面积比率。

⑥出入口因子 z 。出入口因子反映外部救援力量进入室内的难易程度，由当量宽度、出口方向数和建筑高度等因素确定，计算公式为：

$$z = \Phi(b, z, H^+, H^-) = 1 + 0.05 \times int\left[\frac{b}{20 \times Z} + \frac{H^+/25}{H^-/3}\right] \tag{5.24}$$

其中，b 为当量宽度，z 为出入口方向数，H 为建筑高度。H^+ 为地上建筑高度,H^- 为地下建筑高度。

（2）可接受的风险。可接受的风险 A 由活动因子 a、疏散时间因子 t、财物价值因子 c 等因素确定,计算公式为:

$$A = 1.6 - a - t - c \tag{5.25}$$

①活动因子 a。活动因子的计算公式为:

$$a = \sum a_i \tag{5.26}$$

其中,a_i 为第 i 个可能火源的活动因子。主要的火灾来源包括活动／功能 a_1、次要活动 a_2、室内供暖系统 a_3、能量源 a_4、电器安装 a_5、爆炸危险 a_6、液体及粉尘危害 a_7、刷漆喷雾 a_8、胶粘作业 a_9 以及其他作业 a_{10}。

②疏散时间因子 t。疏散时间因子由人员数量 X、出口单元数量 x、疏散路径数量 K 以及流动性因子 p 计算:

$$t = \frac{p \times [(b + l) + (X/x) + 1.25 \times H^+ + 2 \times H^-] \times [x \times (b + l)]}{800K[1.4 \times x \times (b + l) - 0.44 \times X]} \tag{5.27}$$

其中,b 为当量宽度,l 为建筑长度,H^+ 表示向下疏散的垂直距离,H^- 表示向上疏散的垂直距离,X 为人员数量,x 为疏散出口数量,p 表示流动性因子,由人员的运动能力和心理等因素确定。

③价值因子 c。由建筑物及室内物品来估算,包括相对价值因子 c_1、财物价值因子 c_2。

$$c = c_1 + c_2 \tag{5.28}$$

其中,c_1 由建筑物价值来估算,c_2 由室内物品的价值来估算。

（3）消防保护水平。消防保护水平 D 由供水因子 W、常规保护因子 N、特殊保护因子 S 和耐火因子 F 等四个因素确定,计算公式为:

$$D = W \times N \times S \times F \tag{5.29}$$

①供水因子 W。供水因子考虑储水池和配水管网的类型和能力,计算公式为:

$$W = 0.95^w \tag{5.30}$$

给水因子 W 主要由以下几个方面确定:

第一,水池类型 w_1,供日常使用,火灾时自动充满;

第二,水池容量 w_2,主要从灭火扑救所需水量、灭火系统所需水量、可用水量占要求水量的百分比进行评判;

第三,主管公称直径／mm;

第四,是否为环装管网 w_3;

第五,消火栓水喉连接 w_4;

第六,静压 w_5。

② 常规保护因子 N。常规保护因子由火警监测、人工灭火、消防队到达时间和人员训练等因素确定,计算公式为:

$$N = 0.95^n \tag{5.31}$$

常规保护因子 N 主要有以下几个要素:

第一,火警监测发现 n_1,主要从人员是否连续巡视方面确定;

第二,警报,主要由是否具有手动警报装置确定;

第三,电话报警,主要由是否将火情传达给消防队确定;

第四,对人员的警报,主要的评判标准为是否有主要对人员的警报;

第五,灭火器 n_2,主要的评判标准为是否具有所要求配备的数量以及在不同火灾场景中要求配备的灭火器类型;

第六,消防水带平台 n_3,同样要求具有足够的数量且布置合理;

第七,消防队到达 n_4,是否能够在 10min 内到达;

第八,员工培训 n_5,把有多少人参加培训来作为评判标准进行打分。

③ 特殊保护因子 S。特殊保护因子由自动火灾探测、供水的可靠性、自动防护及专职消防队的能力等因素确定,计算公式为:

$$S = 1.05^s \tag{5.32}$$

特殊保护因子 S 主要有以下几个要素:

第一,自动火灾探测系统 s_1,主要考虑:首先,是否能够保证将探测信号直接或经消控室传达至消防队。其次,根据烟感或火焰探测器进行取值。再次,电气监控系统 — 失效控制。最后,根据小面积防火单元的供水能力进行评分。

第二,给水能力 s_2,仅供火灾扑救使用。

第三,给水控制 s_3,由建筑物业独立控制。

第四,压力和流量源 s_4,使用单一的压力和流量源。

第五,喷淋保护 s_5,使用有一路独立供水的喷淋系统。

第六,相关消防控制平台 s_6,要求全天 24 小时,每周 7 天全程监控。

④ 耐火因子 F。耐火因子由建筑构件、外墙、顶板及内墙确定,计算公式为:

$$F = \left[1 + \frac{f}{100} - \frac{f^{2.5}}{10^6} \right] \times \left[1 - \frac{S-1}{40} \right] \tag{5.33}$$

$$f = f_s/2 + f_f/4 + f_d/8 + f_w/8 \tag{5.34}$$

其中,f_s 为结构/房间的平均耐火性能,f_f 为外墙的平均耐火性能,f_d 为吊顶/顶棚的平均耐火性能,f_w 为内墙的平均耐火性能,单位均为 min。

5.5.3 建筑物人员风险评估

建筑物人员风险定义为建筑物内人员可能存在的风险 P_1 与接受标准 A_1 和消防保护水平 D_1 乘积的商,即:

$$R_1 = P_1/(A_1 \times D_1) \tag{5.35}$$

(1)可能存在的风险。可能存在的风险 P_1 由火灾荷载因子 q、火灾蔓延因子 i、楼层因子 e、通风因子 v、出入口因子 z 等五个因素确定,计算公式为:

$$P = q \times i \times e \times v \times z \tag{5.36}$$

(2)可接受的风险。可接受的风险计算公式为:

$$A_1 = 1.6 - a - t - r \tag{5.37}$$

其中,a 为活动因子,t 为疏散因子,r 为环境因子。环境因子反映火灾的移动速度,可以用下列公式来计算:

$$r = 0.1\log(Q_i + 1) + M/10 \tag{5.38}$$

(3)消防保护水平。消防保护水平计算公式为:

$$D_1 = N \times U \tag{5.39}$$

其中,N 为正常保护因子,U 为火灾逃生保护因子。火灾逃生保护因子考虑能够加快疏散或减缓火灾早期发展的因素,计算公式为:

$$U = 1.05^u \tag{5.40}$$

火灾逃生保护因子主要有以下几个要素:

①自动火灾探测 u_0,包括利用烟感或火焰探测器探测和利用电气监控系统进行探测,同时要保证语音广播能接收到火灾报警;

②子房间 u_1,最大隔间面积不超过 $1000 \ m^2$;

③疏散路径保护 u_2,要求多于一个封闭楼梯或防烟楼梯间;

④水平出口 u_3,有通往相邻区域的水平出口,疏散能力占所需宽度的 50%;

⑤标志和照明 u_4,疏散路径完全设置疏散指示标志和应急照明;

⑥喷淋 u_5,喷淋全覆盖;

⑦排烟口开启 u_6,根据火灾探测自动开启;

⑧相关消防控制平台 u_7,要求全天 24 小时监控,每周 7 天监控。

5.5.4 建筑物活动风险评估

建筑物活动风险定义为建筑物内商业运营活动可能存在的风险 P_2 与可接受的风险 A_2 和消防保护水平 D_2 乘积的商,计算公式为:

$$R_2 = P_2/(A_2 \times D_2) \tag{5.41}$$

（1）可能存在的风险。可能存在的风险计算公式为：

$$P = i \times g \times e \times v \times z \tag{5.42}$$

其中，i 为蔓延因子，g 为面积因子，e 为楼层因子，v 为通风因子，z 为出入口因子。

（2）可接受的风险。可接受的危险 A 由活动因子 a、财物价值因子 c 和依赖性因子 d 等因素确定，计算公式为：

$$A_2 = 1.6 - a - c - d \tag{5.43}$$

其中，依赖性因子用于度量火灾对业务的影响程度，由活动的商业运营平均值来确定。

（3）消防保护水平。消防保护水平 D 由供水因子 W、常规保护因子 N、特殊保护因子 S 和救援因子 Y 等四个因素确定，计算公式为：

$$D = W \times N \times S \times Y \tag{5.44}$$

救援因子考虑关键物品的保护和应急计划，计算公式为：

$$Y = 1.05^y \tag{5.45}$$

救援因子 Y 主要由以下几个要素确定：

① 房间分隔 y_1，要求最大间隔面积不超过 $1000\mathrm{m}^2$；

② 探测 y_2，分探测系统，仅供商业运营连续性要求的重点场所；

③ 喷淋 y_3，要求对重要设备的局部进行喷淋保护；

④ 其他系统 y_4，其他局部自动灭火系统（如二氧化碳、泡沫、惰性气体）；

⑤ 金融 y_5，受保护的金融和经济运行数据；

⑥ 设备 y_6，易进入其他未受损区域或更换设备区。

5.5.5　初始火灾风险

建筑物初始火灾风险 R_0 可以按照下列公式进行计算：

$$R_0 = \frac{P}{A \times F_0} \tag{5.46}$$

其中，F_0 为结构因子，与建筑物的初始结构设计参数有关，计算公式为：

$$F_0 = 1 + \frac{f_s}{100} - \frac{f_s^{2.5}}{10^6} \tag{5.47}$$

根据计算得到的初始综合风险值 R_0，可以有针对性地采取降低风险的措施：

（1）在 $R_0 < 1.0$ 的情况下，要增加人工灭火设施，如灭火器、消火栓、消防队扑救等。必要时还需要对人员和活动采取特定的保护措施。

（2）在 $1.0 \leqslant R_0 < 1.6$ 时，可以加强火灾探测系统设置，早期报警并向

当地消防队报警。此时，仍需要充足的消防水量和其他保护措施，以保证人员和活动的安全。

（3）在 $1.6 \leqslant R_0 < 4.5$ 时，应加强喷淋灭火系统，尤其是在 $R_0 > 2.7$ 时，应保证消防供水的可靠性，并采取对活动的保护措施。

（4）在 $R_0 \geqslant 4.5$ 的情况下，应从源头上采取预防措施，降低风险。

5.5.6 应用

根据 FRAME 方法，得到建筑物可能存在的火灾风险值、可接受的风险值以及消防保护水平值，通过公式可计算出最终财物风险值 R、人员风险值 R_1 和活动风险值 R_2。当 R、R_1 和 R_2 都小于 1 时，说明该建筑存在较小的火灾风险。当其值大于 1 时，说明该建筑存在较大的火灾风险。

当建筑物火灾风险较大时，应该结合建筑实际情况和具体需要，有针对性地提高参数因素，从而降低火灾风险。常用的方法是降低可能存在的火灾危险 P 或者提高可接受的风险 A 和消防保护水平 D 的参数等。具体如下：

（1）降低可能存在的火灾危险的方法。通风因子 v 大于 1.1 时，表明烟气导致的毒性和能见度降低到一定数值，会阻止消防队员进入施救；若建筑设计为自然排烟方式，则增加排烟窗面积是可行的方案，排烟面积每增加 $1\% \sim 2\%$，则 v 值将减小 $10\% \sim 20\%$，可降低火灾风险。当出入口因子 z 大于 1 时，特别是对于大型单层建筑，建议围绕建筑设置消防进入通道；该通道体现在出入口方向值 Z 中。

（2）提高可接受的风险方法。通过提高可接受的风险等级来降低火灾风险的方法有：将火灾危险源与可燃物进行分隔，提高人员的疏散能力。通过进行分隔，缓解和阻止火灾蔓延，缩短疏散路径，可提高疏散安全性。同时对下列疏散设计提出了更高的要求：可能需要增加楼梯、加强应急照明系统设计和疏散导引以减少人员恐慌、制定明确的疏散应急预案。这些措施将减少疏散时间。

对于高火灾危险作业，如加热、喷涂、焊接、木工操作，应在有甲级防火门的具有耐火等级墙体的独立房间内操作，通过将这些作业封闭处理，可以降低活动因子 a 的大小。

在其他火灾荷载较低的建筑中，可以通过减少使用可燃构件或可燃装修物来降低火灾风险，旨在减少火焰蔓延的风险。这种策略既可以通过减小火灾蔓延因子来减少可能的火灾风险，又可以通过降低环境因子来提高可接受的风险等级。

对于可接受的危险 A、A_1、A_2，当其任何一个值小于或等于 0.2 时，则视为不可接受的危险，需从源头上检讨并重新设计。

（3）提高消防保护水平的方法。对于财物保护，由公式 $D = W \times N \times S \times F$ 可知，可以通过提高给水因子 W、常规保护因子 N、特殊保护因子 S、耐火因子 F 来加强对财物的消防保护。对于人员保护，由公式 $D_1 = N \times U$ 可知，可以通过提高常规保护因子 N、火灾逃生保护因子 U 来加强对人员的消防保护。对于活动保护，由公式 $D_2 = W \times N \times S \times Y$ 可知，可以通过提高给水因子 W、常规保护因子 N、特殊保护因子 S、救援因子 Y 来加强对活动的消防保护。

使用 FRAME 方法对建筑物的火灾风险进行评估，可以清楚地了解火灾危险源、火灾风险水平和消防设计的薄弱环节。根据火灾风险级别，可以在建筑设计早期有针对性地采取有效的强化消防措施，以保证建筑的整体消防安全水平。

5.6　火灾风险综合评估方法

5.6.1　概述

（1）火灾风险综合评估的概念。影响建筑火灾风险的因素很多，在评估火灾风险时，需要考虑火灾荷载、防火设施、消防安全管理制度等方面的内容，不能简单地仅仅根据某一因素的大小来确定建筑的火灾风险。此时正确的做法是综合考察影响建筑火灾的各个因素，在此基础上再得到建筑的火灾风险。只有这样才能得出准确的评估结果。因此，依据影响火灾风险的各个因素，对每个因素都进行评估，在此基础上再对建筑的火灾风险作出综合判断，这种方法就称为火灾风险综合评估方法。

（2）火灾风险综合评估的特性。火灾风险综合评估具有三个主要特性，即评估结果的近似性、评估结果的模糊性和评估结果的相对性。

①评估结果的近似性。由于建筑的火灾风险是客观存在的，而综合评估方法得到的结果仅仅是评估者的评估结果，是对建筑火灾风险的一种反应。另外，参加评估工作的人数有一定的限制，由于其经验和认识的局限性，他们的评估结果与建筑的火灾风险之间不可避免地存在差异。因而评估者的评估结果只是建筑火灾风险的一种近似。

为了提高评估结果的精确性，降低其近似性，在评估的工作中可采用增加评估者的数量和提高评估者的素质的方法。首先，有足够数量的专家参加评估工作，以反映社会代表性，一般应超过30人；其次，要求参加系统评估的专家客观、公正，且具有渊博的知识，对被评估系统有较深的了解。

②评估结果的模糊性。第一，由于被评估的建筑一般都是比较复杂的，

存在多种属性，而评估时为了实用、可行，往往只能用有限的属性来表示火灾风险。用有限的属性来表示整个系统，虽然抓住了事物本质的主要方面，但毕竟还是不能代表整个建筑的全部。第二，由于系统的复杂性，许多属性难以用一个或几个变量来描述，在评估时，不得不借助专家的定性描述和预测，因而得到的评估结果具有一定的模糊性。

为了减少评估结果的模糊性，在实用可行的基础上，所选取的评估指标应尽可能包含建筑的各种属性以反映建筑的本质特征，为此在进行建筑评估工作时，要做深入的调查研究，熟悉被研究对象，细化评估指标，使评估指标除了反映被评估对象的各种属性外还应该能够进行定量分析。同时，对某一指标不得不采用打分方法评估时，一定要邀请内行专家，且指标要分得细一点，具有一定的针对性，这样才能够提高评估结果的精确性。

③评估结果的相对性。由于建筑火灾风险的评估值是将各个属性加以综合得到的，而综合过程是将各个属性按一定的权重及合并原则得到的，采用的合并原则和权重的计算方法是由评估者决定的。同时，社会观念不断变迁，今天科学的权重明天也许就会变得不合理。所以，评估所得到的结果只是建筑火灾风险的相对值。

因此，要求参与的评估人员（尤其是评估模型的建立者）对指标体系要有一个透彻的理解，选用的合并原则要尽可能符合建筑属性的物理概念。再有，随着时间的变化，应重新对建筑的火灾风险进行评估，因为建筑本身的发展和人们价值观念的变化都将对评估结果有一定的影响。

（3）火灾风险综合评估的基本要素。火灾风险综合评估的基本要素主要包含五个方面：

①评估目标，即评估的目的、意向和预期的目标。这是火灾风险综合评估最主要的要素。

②评估对象，即被评估的建筑，它是评估的基础要素。

③评估指标体系，即衡量建筑火灾风险的标准，它由评估指标条目、标准和权重组成，评估指标体系的建立是评估工作的关键。

④评估的数学模型，即通过一定的数学模型，将测定的被评估对象的指标综合成系统的火灾风险。合理地选择和创造不同的数学模型是必要的，它是火灾风险综合评估的必要要素。

⑤评估的组织者与专家群体。评估效果的好坏与评估的组织者、专家群体密切相关，他们对评估理论和评估方法掌握的程度，与评估工作所花费的时间、精力的多少决定了评估效果。

（4）火灾风险综合评估的步骤。火灾风险综合评估的步骤是进行评估的保证，一般应该包括下列各项内容，如图5.4所示。

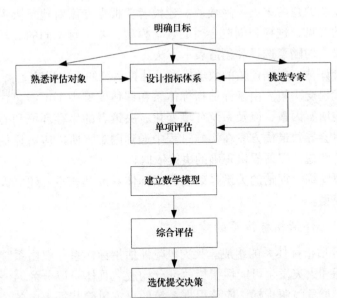

图5.4　火灾风险综合评估的步骤

①明确目标。明确目标就是要明确评估的目的。因此，评估人员要与决策者沟通，了解评估的意图和目的。

②熟悉评估对象。首先深入了解被评估对象，搜集被评估对象的有关信息资料，搞清系统构成要素及其相互关系，熟悉评估对象的行为、功能、特点以及有关属性，并分析这些属性的重要程度。其次还要了解人们对系统的期望，了解人们的价值观念，即了解系统的环境。

③挑选专家。挑选专家时，在保证一定数量的基础上，注意专家的合理构成，又要注意专家的素质，挑选那些真正熟悉被评估对象的内行专家，切忌只图专家的名望。通常的做法是根据被评估对象所涉及领域的重要程度，先分配各领域专家的名额，后挑选该领域专家。

④设计评估指标体系和权重。在熟悉评估对象及评估目标的基础上，建立评估指标体系，并设计各个指标的权重。这一过程是一个不断深入、螺旋式推进的过程，即随着目标的明确程度和对对象熟悉程度的深入，不断地扩展、提炼草拟的评估指标体系，并通过咨询最终确定指标体系。这是评估工作最重要的一环。

⑤测定对象属性。评估对象有许多指标，不同的指标，其测定方法不一样。一般来讲有三种测定方法，即直接测定、间接测定和分级定量测定。

⑥建立评估数学模型。评估数学模型的功能是将系统各指标的取值综合成被评估系统的总的火灾风险数值。建模者要根据专家对建筑火灾风险评估指标体系的意见，选择和创造合适的数学模型，要了解不同的数学表示方法的物理含义，勿随意选择和创造表示方法。

⑦综合评估。根据评估的数学模型，计算系统的火灾风险。

⑧选优提交决策。由于评估指标体系和评估模型中不可能包含影响系统火灾风险的所有因素，以及系统环境变化、决策者的生存环境和心态的变化等，那么将会导致最优方案在实施过程中遇到困难，所以应对评估对象的结果进行综合考虑，以便提供正确的决策依据。

火灾风险综合评估的关键是确定其指标体系及其权重，建立火灾风险评估的数学模型。

5.6.2 评估指标体系的建立

（1）评估指标体系的组成。火灾风险评估指标体系一般由系统的火灾严重程度指标和火灾发生可能性指标两部分构成。具体可以分为第一类危险源指标和第二类危险源指标，应该根据系统的火灾风险特征，由各个领域的专家来制定。

（2）指标体系建立需要解决的几个问题。

①指标的多少问题。指标越多，研究、分析决策所需要的时间、费用也就越多，但火灾风险的评估结果越好。这个矛盾如何处理取决于决策者对火灾风险评估的目的、费用和时间的综合考虑。在实际工作中，强调在达到一定评估精度要求的前提下，指标体系要尽可能少，做到简单易行。

②评估指标之间的相互独立问题。原则上要求指标之间应相互独立，互不重复。对于某些有因果关系的指标，理论上取某一方面指标；或者在设计模型时考虑指标存在相关的问题，然后再采用某些算法剔除相关的指标。

③评估指标体系的确定问题。评估指标体系的建立要求尽可能地做到科学、合理、实用。

为了解决这种矛盾，通常使用专家咨询法、特尔斐方法（Delphi）等。这些方法由于其独特的优点得到广泛使用，即经过广泛征求专家意见，反复交换信息，统计处理和归纳综合，使所建立的评估指标体系更能充分反映上述要求。

（3）建立评估指标体系的原则。

①客观性原则。首先，客观性原则是指在设计评估指标体系时应能全面、真实地反映评估对象的本质和评估的目标。其次，客观性原则是指评估指标体系必须以客观事实为基础，评估结果必须能反映评估对象的火灾风险真实

状况，即不能带个人偏见。

②科学性原则。首先，科学性原则要对被评估对象进行科学的界定。其次，科学性原则还要求评估指标之间的耦合关系要尽可能的少，模型的结构要尽可能的清晰，指标的权重分配要尽量科学，符合实际状况。

③系统性原则。系统性原则是指评估指标体系的设计要从系统观点出发，要包括火灾风险所涉及的一切方面。系统性原则还要求人们把评估对象作为开放的子系统来认识和分析。

④可操作性原则。首先，可操作性原则要求在构造指标体系时，要考虑在现实条件下所建立的评估指标体系能付诸实施，保证评估工作的顺利进行，并且有足够的精度。其次，可操作性原则要求设计评估指标体系要考虑指标所需的资料应易于调查和收集，尽可能从统计资料中获取。

⑤可比性原则。评估指标体系的设计应该能够使不同的项目之间具有可比性。

（4）建立评估指标体系的程序。建立评估指标体系的步骤为：

①草拟评估指标体系。火灾风险综合评估工作者根据评估目标、要求，对评估对象进行调查研究，可采用实地勘查、登门拜访、查阅资料、专家座谈等方法，在充分了解评估目标、要求和熟悉被评估对象的基础上，运用头脑风暴方法，提出评估指标体系初稿。

②设计咨询书。这是评估指标体系建立的重要环节，邀请信和咨询表的设计是关键。

咨询书由邀请信和咨询表组成。邀请信要表达出评估工作的重要性，和对专家的尊重、敬仰以及一定会给报酬的许诺；咨询表的设计要简洁、明了，对咨询内容，如指标的内涵、指标的增删方法、回信的时间以及重要等级表示方法等给出明确的信息，使专家能容易地明确咨询的要求；由于指标体系比较复杂，通常应分为大类指标、各分类指标来设计咨询表格，在撰写咨询书时要选用恰当的词语，使专家感到参加咨询工作是一件非常重要且应该做的事。

③第一轮 Delphi 咨询。根据已挑选的专家，将咨询书邮寄（或 E－mail）给专家，并做好接收回信的准备工作，在收到专家的反馈意见后，要进行咨询结果的统计处理，如平均值、方差。

④第二轮 Delphi 咨询。由于专家对问题存在不同的看法，通常一轮 Delphi 咨询达到收敛要求的可能性较小，因此要进行两轮、三轮 Delphi 咨询，在进行下一轮咨询前，要将前一轮咨询的统计结果告诉专家，请专家根据上一轮统计结果再次进行评判。

⑤结束。当统计结果达到给定的标准时，结束咨询过程。

（5）指标的筛选。在风险评估中，根据评估指标构建原则，并非是指标越多越好，但也不是越少越好，关键在于评估指标在评估中所起的作用的大小。一般的原则是以尽量少的"主要"评估指标用于对风险的评估。但是，在初步建立的评估指标集合中也可能存在着一些"次要"的评估指标，这就需要对初步建立的指标进行筛选，分清主次，合理组成评估指标集，通常可以用特尔斐法来进行评估指标的筛选。

5.6.3 评估指标权重的确定方法

（1）权重的概念。指标的权重是指该指标在火灾风险综合评估中的相对重要程度，即表示在评估过程中，对被评估对象不同侧面的重要程度的定量分配，对各评估因子在总体评估中的作用进行区别对待。

权重必须满足下列两个条件：

①非负性：$0 < W_i \leqslant 1$；$i = 1, 2, \cdots, n$。

②归一性：$\sum W_i = 1$。

其中，n 是指标的个数。

（2）权重的确定方法。指标权重的确定方法可以分为两大类：主观赋权方法与客观赋权方法。所谓主观赋权法就是凭经验确定权重，如 Delphi 法、AHP 法等；客观赋权法则依据评估对象各指标数据，按照某个数学上的计算准则得出各评估指标权重，如熵值法、最小二乘法以及最大方差法等。

常用的确定指标权重的方法主要有以下几种：

①专家会议法。专家会议法又称为集体经验判断法，是由一定数量长期从事火灾风险评估实际工作的、有经验的人员和相关领域的专家学者共同讨论确定指标权重的方法。他们在一起讨论，各抒己见，根据个人对各评估指标重要程度的理解，确定不同的权重，然后求出各位专家对相应指标权数的平均值，作为指标权重的最后结果。

专家会议法的优点是信息量大，全面具体，有助于专家之间相互启发，集思广益，使结论更趋于合理。不足之处是专家之间的意见易相互干扰，易受从众心理、权威人物一锤定音、口头表达能力等因素影响。因此，这种方法确定的指标权重有一定的主观性和片面性，易降低客观性及有效性。

②特尔斐法。特尔斐法又称专家咨询法。特尔斐法因出自古希腊特尔斐地区的预言家而得名，它最早是古希腊特尔斐地区的预言家预测未来时经常使用的方法。我们经常所说的特尔斐法是由美国著名的兰德公司（The Rand Corporation）提出并使用的。20 世纪 50 年代，美国空军委托兰德公司研究一项风险辨识课题：若苏联对美国发动核袭击，哪个城市被袭击的可能性最大？后果如何？这类课题很难用定量的角度通过数学模型进行分析，因而兰德公

司设计了一种专家经验意见综合分析法，称为特尔斐法。1964 年，兰德公司的赫尔默（Helmer）和戈登（Gordon）发表了"长远预测研究报告"，首次将特尔斐法用于技术预测。

特尔斐法采用匿名的形式，通过问卷方式向专家征求意见，然后由评估方案的设计人员进行汇总、整理，再将这一轮结果作为参考资料发给各位专家，让他们再发表意见，再次回收，并进行数理统计，多次重复这一过程，直至意见趋于一致确定评估指标权重的方法。

特尔斐法特点：一是过程具有匿名性，反馈性。专家背靠背发表意见，可以真正充分、自由地谈看法，避免心理因素影响。二是结果具有综合性、统计性。采用一套行之有效的科学调查形式和综合整理方法，预测结果可靠度大大提高。三是对结果作定量处理。

特尔斐法的实施过程为：预测小组将要预测的问题及必要的背景材料，用发函的形式向专家提出，得到答复后，把各种专家意见综合、归纳和整理，再匿名反馈给专家，进一步征求意见，再次进行综合、整理和反馈，如此反复四轮左右，直到预测问题得到满意结果为止。

特尔斐法的优点是每位专家都能独立地发表自己的意见，既能保证逐渐形成深思熟虑的观点，又能保证提出独到的见解和评定。但是特尔斐法也有其缺点，即费时、费事、受应答者的随意性影响较大。

③层次分析法。层次分析法简称 AHP 法，是多目标、多准则的决策方法。20 世纪 70 年代初由美国著名数学家 T. L. Saaty 首先引入，用以解决多属性决策问题。层次分析法是通过分析复杂系统所包含的因素及相关关系，将系统分解为不同的要素，并将这些要素划归为不同的层次，从而客观上形成多层次的分析结构模型。层次分析法的核心是将每一层次的各要素进行两两比较，按照一定的标度理论，得到其相对重要程度的比较矩阵，通过计算比较矩阵的最大特征值及其相应的特征向量，得到各层次要素对上一层次某要素的重要性次序，从而得到指标的权重。这种方法以人们的经验判断为基础，具有定性、定量方法相结合的特点，非常适合用来确定多层次、多指标的权重系数。

5.6.4　评估指标数量化方法

常用的评估指标数量化方法主要有排队打分法、体操记分法、专家评分法、两两比较法和连环比率法等，其中最常用的是体操记分法和专家评分法。

（1）体操计分法。体操计分法是请 6 位裁判员各自独立地对评估指标按 10 分制评分，得到 6 个评分值，然后舍去最高分和最低分，将中间的 4 个分数取平均值，就得到了评估指标最后的得分数。

（2）专家评分法。这是一种利用专家的知识和经验评分的方法。例如，要对某指标进行评估，可以邀请若干名专家对该指标打分，请专家们根据自己的知识和经验，按照某个打分规则，如优、良、中、差，对该指标进行等级评分，然后评估小组将不同等级转化成相应的数字，如4、3、2、1，再将指标的得分相加，最后将指标的得分总和除以专家的人数，就获得了该指标的得分数。

5.6.5 评估指标综合的主要方法

将各个评估指标数量化后，可以采用加权平均的方法对指标进行综合，就可以得到系统的综合火灾风险。一般来说，有加法模型和乘法模型两种形式。

（1）加法模型。设火灾风险指标 F_i 的得分为 f_i，该指标的权重为 w_i，如果采用加法模型进行综合，则系统的火灾风险的计算公式为：

$$R = \sum_{i=1}^{n} f_i w_i \tag{5.48}$$

其中，n 为指标的数目。

加法规则的特点是：第一，加法模型适用于评估指标之间相互独立的场合，此时各评估指标对综合风险的贡献是没有什么影响的。第二，可使各个评估指标之间得到补偿，即某个指标的下降，可以由另一个指标的上升来补偿；一项指标的得分比较低，其他指标的得分都比较高，总的评估值仍然比较高，任何一项指标的改善，都可以使得总的评估值提高。指标值大的，对风险的影响作用大，具有"一俊遮百丑"的突出特征。第三，对无量纲的指标数据无特别要求，且计算容易，便于应用、推广和普及。

（2）乘法模型。乘法规则采用下列公式计算系统的火灾风险：

$$R = \prod_{i=1}^{n} f_i^{w_i} \tag{5.49}$$

对上式的两边求对数，得：

$$\lg R = \sum_{i=1}^{n} w_i \lg f_i \tag{5.50}$$

因此，乘法模型实质上是对数形式的加法模型。

乘法模型应用的场合要求各项指标尽可能取得较好的水平，才能使总的评估值较高。它不容许哪一项指标处于最低水平上。只要有一项指标的得分为零，不论其余的指标得分是多高，总的评估值都将是零。

5.6.6 商场火灾风险评估案例

（1）引言。商场火灾是我国目前最突出的火灾之一。商场火灾不仅会造成重大的人员伤亡和财产损失，而且还会产生严重的社会影响。因此，对商场进行火灾风险评估具有重要的意义。

依据相关的防火设计规范，结合近年来发生的典型商场火灾案例，在对引起商场火灾危险因素充分分析的基础上，建立了商场火灾风险评估指标体系，并确定了其火灾风险等级。

（2）火灾危险源辨识。引起商场火灾的危险源主要有：

①商场的自身状况。商场建筑的墙体、构件、内部装修的燃烧性质和耐火极限，对其控火能力具有重要影响。室内火灾荷载、防火间距以及商场周围的环境对火势蔓延也有一定的影响。

②商场的防火结构与布局。合理的防火结构与布局、防火分区、防烟分区，可靠的防火、防烟设备以及通风、空调系统采用良好的防火设计，能够在火灾发生的初期阶段截断其蔓延的途径，将火灾控制在一定的范围内。

③火源控制。商场中对电气设备进行防火管理极其重要，变、配电室是容易发生火灾的最危险部位之一。另外，电线、电缆的铺设与耐火性能及严格的吸烟制度与动火规定也是必须考虑的因素。

④消防设备。火灾自动探测报警系统、自动灭火系统应处于优先考虑的地位。火场缺水或没有完善的给水设施，是对灭火工作不利的重要因素。小型的手提式灭火器也是扑灭早期火灾的利器。

⑤人员疏散。设计合理的疏散通道和疏散指示标志以及广播疏导系统、足够数量的安全出口以及足够宽敞的疏散通道，提高人群的安全意识与自救逃生技能，能够使人员伤亡降到最低。

⑥消防管理。完善的规章制度和火灾疏散预案、设置专人值班、定期对各种设备进行检修，是提前发现并解决问题的最好手段。

（3）商场火灾风险评估指标体系的建立及权重的确定。按照上述因素建立商场火灾风险的评估指标体系，并确定各评估指标的权重，如表5.26所示。

表5.26　商场火灾风险评估指标和权重

一级指标及权重	二级指标及权重
商场的自身状况 U_1 （0.081）	建筑结构 U_{11} （0.188） 室内火灾荷载 U_{12} （0.731） 周围环境因素 U_{13} （0.081）
商场的防火结构与布局 U_2 （0.217）	防火分区、防烟分区 U_{21} （0.230） 防火门、防火卷帘 U_{22} （0.055） 空调系统安装防火阀 U_{23} （0.108） 防排烟系统 U_{24} （0.607）

（续表）

一级指标及权重	二级指标及权重
火源控制 U_3（0.127）	电气设备的防火状况 U_{31}（0.230） 变、配电设备 U_{32}（0.055） 电线、电缆耐火性能 U_{33}（0.109） 水、电焊动火管理 U_{34}（0.435） 吸烟 U_{35}（0.171）
消防设备 U_4（0.374）	消火栓 U_{41}（0.080） 灭火器 U_{42}（0.160） 自动火灾探测报警系统 U_{43}（0.285） 自动喷水灭火系统 U_{44}（0.355） 消防水源 U_{45}（0.120）
人员疏散 U_5（0.173）	安全出口 U_{51}（0.181） 安全疏散距离 U_{52}（0.281） 疏散指示装置 U_{53}（0.079） 广播疏散系统 U_{54}（0.096） 人群密度 U_{55}（0.323） 人群的安全意识水平 U_{56}（0.041）
消防管理 U_6（0.028）	规章制度 U_{61}（0.073） 定期检修情况 U_{62}（0.336） 专职值班情况 U_{63}（0.152） 工作人员的消防知识与技能 U_{64}（0.398） 义务消防队伍 U_{65}（0.041）

（4）火灾风险等级的确定。制定明确统一的评分标准和评分原则是确保评估结果准确有效的基本前提。在此以百分制为基本评分方式：95～100 分为消防安全状况非常好，火灾风险非常小；85～94 分为消防安全状况良好，存在较小的火灾风险；70～84 分为消防安全状况一般，存在一定的火灾风险；50～69 分为消防安全状况较差，存在较大的火灾风险；0～49 分为消防安全状况非常差，火灾风险极大。消防安全状况与火灾风险等级关系如表 5.27 所示。

表 5.27　消防安全状况与火灾风险等级之间的关系表

赋值（分）	0～49	50～69	70～84	85～94	95～100
等级	极大	较大	中等	较小	非常小

（5）评估结果。根据评估指标体系，按照评分原则的规定，采用专家逐

项赋值法确定各个二级指标的实际评分，并对实际得分取平均值，底层每项的打分结果与该项的权重相乘后的总和即为上层得分，按此方法逐层向上计算，即可得到商场的消防安全状况指数。计算结果如表5.28所示。

表5.28　某商场消防安全状况指数

一级指标及权重	权重	专家组打分的平均值
商场的自身状况	0.081	63.70
商场的防火结构与布局	0.217	71.56
火源控制	0.127	76.32
消防设备	0.374	77.42
人员疏散	0.173	62.64
消防管理	0.028	73.20
消防安全指数		72.23

根据计算的消防安全指数，可以得到商场的火灾风险等级为中等，存在一定的火灾风险。因此要加强消防安全管理，防止火灾事故的发生。

5.7　火灾风险模糊评估方法

5.7.1　模糊数学简介

（1）引入。火灾风险模糊评估方法是模糊数学在火灾风险评估中的一种具体应用。它是以模糊数学为基础，通过构造等级模糊子集，应用模糊合成的原理，把反映评估对象的指标进行量化（即确定隶属度），然后利用模糊变换原理对评估指标进行综合。火灾风险模糊评估方法对于处理多因素、多层次的复杂系统火灾风险评估问题，具有较强的优势。

（2）模糊数学。模糊性是指客观事物在过渡时所呈现的"亦此亦彼"的特性。根据事物是否具有模糊性，自然界的事物可以分为两类：一类是清晰的事物，其概念的内涵（内在含义或本质属性）和外延（符合本概念的全体）都必须是清楚的、不变的，每个概念非真即假，有一条截然分明的界线，如男与女等；另一类就是模糊性事物，这是由于人未认识或有所认识但信息不够丰富，使其模糊性不可忽略。模糊性事物是一种没有绝对明确的外延的事物，如美与丑等。人们对颜色、气味、滋味、声音、容貌、冷暖、深浅等的认识就是模糊的。

模糊性问题的研究，促使了模糊数学的产生。模糊数学（Fuzzy Maths）

就是专门用来处理和研究模糊性事物的一种新的数学方法，是由美国加州大学查德（L. A. Zadeh）教授在1965年提出来的。经过多年的发展，模糊数学理论在各行各业都得到了广泛的应用，也成为火灾风险评估的有效工具。

（3）隶属度。在模糊数学中，有一个非常关键的概念，就是隶属度。

在经典集合论中，一个元素 x 和一个集合 A 的关系只能有 $x \in A$ 和 $x \notin A$ 两种情况。然而，在现实生活中大量存在着外延不分明的概念，如医学中的"发高烧"，体温 38.5℃ 算不算发高烧？界限是模糊的。也就是说，一个元素 $x = 38.5$ 和一个集合 $A =$ "发高烧"，不能简单地用 $x \in A$ 来表示。我们称外延不分明的概念为模糊概念。查德建议用模糊集来刻画模糊概念，其基本思想是把经典集合中的绝对隶属关系灵活化。

在经典集合论中，可以通过特征函数来刻画元素与集合之间的关系。每个集合 A 都有一个特征函数 $\chi_A(x)$。如果 $x \in A$，我们说 $\chi_A(x) = 1$；如果 $x \notin A$，我们说 $\chi_A(x) = 0$，即：

$$\chi_A(x) = \begin{cases} 1, & \text{当 } x \in A; \\ 0, & \text{当 } x \notin A. \end{cases} \tag{5.51}$$

将绝对隶属关系灵活化，用特征函数的语言来讲就是：元素对"集合"的隶属度不再局限于取 0 或 1，而是可以取 $[0, 1]$ 区间中的任一数值。具体表述为：设给定论域 U 和一个隶属，把 U 中的每个元素 x 和区间 $[0, 1]$ 中的一个数 $\mu_A(x)$ 结合起来。$\mu_A(x)$ 表示 x 在 A 中的隶属等级。此处的 A 就说是 U 的一个模糊子集。此处的 $\mu_A(x)$ 相当于上面的 $\chi_A(x)$，不过其取值不再是 0 和 1，而是扩展到 $[0, 1]$ 中的任一数值。一般我们也称模糊子集为模糊集。而一般集是模糊集的特例。

如果 U 是模糊集 A 的论域，则称 A 是 U 上的一个模糊集，或简称 A 是 U 的模糊集。数值 $\mu_A(x)$ 称为 x 属于 A 的隶属度。函数 $\mu_A(x)$ 称为 A 的隶属函数。

如某单位要对五个待安排职员的工作能力打分，亦即 x_1，x_2，x_3，x_4，x_5，设论域：

$$U = \{x_1, x_2, x_3, x_4, x_5\} \tag{5.52}$$

现分别对每个职员的工作能力按百分制给出，再都除以100，这实际上就是给定一个从 U 到 $[0, 1]$ 闭区间的映射，如：

x_1 85 分即 $\mu_A(x_1) = 0.85$

x_2 75 分即 $\mu_A(x_2) = 0.75$

x_3 98 分即 $\mu_A(x_3) = 0.98$

x_4 80 分即 $\mu_A(x_4) = 0.80$

x_5 60 分即 $\mu_A(x_5) = 0.60$

这样就确定了一个模糊子集 A，它表示这些职员对"工作能力强"这个概念的符合程度。如果论域 U 是有限集，可以用向量表示模糊子集，对于上例可写成：

$A = (0.85, 0.75, 0.98, 0.80, 0.60)$

也可以采用扎德记号：

$A = 0.85/x_1 + 0.75/x_2 + 0.98/x_3 + 0.80/x_4 + 0.60/x_5$

或

$$A = \frac{0.85}{x_1} + \frac{0.75}{x_2} + \frac{0.98}{x_3} + \frac{0.80}{x_4} + \frac{0.60}{x_5}$$

注意：扎德记号不是分式求和，只是一种记法而已。其"分母"是论域 U 的元素，"分子"是相应元素的隶属度。当隶属度为 0 时，那一项可以不写入。

如果 U 是无限集，可以采用"积分"记法：

$$A = \int_U \mu_A(x)/x \tag{5.53}$$

$\int_U$ 仅表示 x 取尽 U 上的点，没有真正的积分意义。当 U 是有限集时，为了方便，有时也采用这种记法。

5.7.2　火灾风险模糊评估的数学模型

假设评估对象的火灾风险评估指标因素的集合为：

$$U = \{u_1, u_2, \cdots, u_n\} \tag{5.54}$$

评语的集合为：

$$V = \{v_1, v_2, \cdots, v_m\} \tag{5.55}$$

则相对某一单项评估因素 u_1 而言，评估结果可以用评语集合 V 这一论域上的模糊子集 B_1 来描述：

$$B_1 = \mu_1/v_1 + \mu_2/v_2 + \cdots + \mu_m/v_m \tag{5.56}$$

并简记为向量形式：

$$B_1 = [\mu_1, \mu_2, \cdots, \mu_m] \tag{5.57}$$

例如，对教材进行评估，假如评估科学性（u_1）、实践性（u_2）、适应性（u_3）、先进性（u_4）、专业性（u_5）等方面，则评估指标因素集为：

$$U = \{u_1, u_2, u_3, u_4, u_5\}$$

若评估结果划分为"很好"（v_1）、"好"（v_2）、"一般"（v_3）、"差"（v_4）四个等级，评语集则为：

$$V = \{v_1, v_2, v_3, v_4\}$$

则评价结果 B_1 是评语集合 V 这一论域上的模糊子集。B_1 就是对被评对象所做的单因素评价。

然而，一般往往需要从几个方面来综合评估，从而得到一个综合的评估结果。对多指标因素的综合评估，最终结果仍是评语集合 V 这一论域上的模糊子集，记作 B。

$$B = b_1/v_1 + b_2/v_2 + \cdots + b_m/v_m$$

简记为 m 维向量形式：

$$B = [b_1, b_2, \cdots, b_m]$$

其中，b_j 为 V 中相应元素的隶属度，且

$$b_j \in [0,1] \quad j = 1, 2, \cdots, m$$

实际评估工作中，考虑到不同评估因素重要性的区别，评估因素集合是因素集 U 这一论域上的模糊子集，记作 A。

$$A = a_1/u_1 + a_2/u_2 + \cdots + a_n/u_n$$

简记为 n 维向量形式：

$$A = [a_1, a_2, \cdots, a_n]$$

其中，a_i 为 U 中相应元素的隶属度，且

$$a_i \in [0,1] \quad \sum_{i=1}^{n} a_i = 1$$

火灾风险模糊评估问题就是将评估因素集合 U 这一论域上的一个模糊集合 A 经过模糊关系变换为评语集合 V 这一论域上的一个模糊集合 B，即：

$$B = A \cdot R \tag{5.58}$$

上式即模糊综合评估的数学模型。其中，B 为模糊综合评估的结果，是 m 维模糊行向量；A 为模糊评估因素权重集合，是 n 维模糊行向量；R 为从 U 到 V 的一个模糊关系，是 $n \times m$ 矩阵，其元素 r_{ij} 表示从第 i 个因素着眼，做出第 j 种评语的可能程度。模糊综合评估模型中的矩阵乘积"o"表示模糊运算关系。

常见模糊运算模型如表5.29所示。

表5.29　模糊算子的运算模型

模型	算子	计算公式
$M(\wedge, \vee)$	$\wedge, \vee$	$b_j = \bigcup_{i=1}^{n} (w_i \wedge r_{ij})$
$M(\cdot, \vee)$	$\cdot, \vee$	$b_j = \bigcup_{i=1}^{n} (w_i r_{ij})$

（续表）

模型	算子	计算公式
$M(\wedge,\oplus)$	$\wedge,\oplus$	$b_j = \sum\limits_{i=1}^{n}(w_i \wedge r_{ij})\alpha \oplus \beta = \min(1;\alpha+\beta)$
$M(\cdot,\oplus)$	$\cdot,\oplus$	$b_j = \sum\limits_{i=1}^{n}(w_i r_{ij})$

（1）模型 $M(\wedge,\vee)$，又称为主因素决定型。主要通过"最大最小"运算获得评估结果。它只考虑起主要影响作用的因素，忽略其他因素，适用于单因素评估的情况。由于此运算模型保留主要元素，丢失另外一些元素，所以，该模型计算结果不是很精确，有时甚至得到毫无意义的结果。

（2）模型 $M(\cdot,\vee)$，又称为主因素突出型。此运算模型中的相乘运算不会丢失任何信息，但取大运算仍将丢失大量有用的信息。它既最大限度地突出了主要因素，又最大限度地突出了单因素评估的隶属度。虽然也丢失大量的信息，但能较好地反映单因素评判的结果，比模型（1）有所改进。

（3）模型 $M(\wedge,\oplus)$，又称为不均衡平均型。采用小运算和环和运算，环和运算也称界和运算，它表示上限为1的求和运算。

注意：当 w_i 和 r_{ij} 值较大时，相应的 b_j 值可能等于上限1；当 w_i 值较小时，相应的 b_j 值均可能等于各 w 之和，不会得出有意义的评价结果。

（4）模型 $M(\cdot,\oplus)$，又称为"加权平均型"。运算时依权重的大小对所有元素进行兼顾，不仅考虑了所有因素的影响，而且保留了单因素评估的全部信息，评价结果体现了被评价对象的整体特征，因此比较适用于整体指标的优化

5.7.3　火灾风险模糊评估的步骤

（1）设定评估指标因素集 U。根据系统的火灾危险源辨识，构造火灾风险评估指标体系，假设有 n 个指标，$U=\{u_1,u_2,\cdots,u_n\}$。

注意：在选取指标因素集时，要注意各个指标因素确实能从不同侧面描述评价对象的属性，同时还要抓住主要因素。

（2）设定评语集 V。在评估某个指标时，可以将评估结果分成一定的等级。在一般情况下，评估等级 m 取 $3\sim7$ 之间的整数。如果过大，则难以描述且不易判断等级的归属；如果过小，则又不符合模糊综合评估的质量要求。m 取奇数的情况较多，因为此时可以有一个中间等级，便于判断评估对象的等级归属。假设评语集 $V=\{v_1,v_2,\cdots,v_m\}$，则每一个等级可对应一个模糊子集。

（3）确定评估指标权重集 A 。一般情况下，n 个评估指标对评估对象火灾风险的贡献并非同等重要，即各个指标因素的表现对系统的火灾风险的影响是不同的。因此需要确定评估因素的权重 A ，同时要对权重 A 进行归一化处理。

权重表示对各因素的重视程度。确定权重的方法有专家评判法、层次分析法、统计理论等。某因素的权重越大，表示该因素越重要。通常应满足归一性和非负性的要求。

设评价因素的权重集合为 $A = \{a_1, a_2, \cdots, a_n\}$ 。权向量 A 中的元素 a_i 本质上是因素 u_i 对模糊子集的隶属度。

（4）实施评估。在确定评估等级集合 V 和评估对象的因素集合 U 后，就要逐个对评估对象从每个因素 u_i（$i = 1, 2, \cdots, n$）上进行量化，也就是确定从单因素 u_i 来看评估对象对各等级模糊子集的隶属度（可能性程度）r_{ij}，从而得到第 i 个因素 u_i 的单因素评判集，$r_i = \{r_{i1}, r_{i2}, \cdots, r_{in}\}$。

对于数量型指标，可以根据评估指标和评估标准的要求建立隶属度函数，然后对评估指标分别给出评估方案的隶属度，再把每个单因素的隶属度组合起来得到隶属度矩阵。对于定性指标，可以采取专家打分法，即对每一个评估指标因素，请专家给出评估结果。统计专家的评估结果，得到每一个等级的隶属度 r_{ij}。r_{ij} 是矩阵 R 中第 i 行第 j 列元素，表示被评灾害对象的因素 u_i 的 v_j 等级模糊子集的隶属度。例如，假设有 K 个专家参与评估，对指标 u_i，有 K_{ij} 个人认为是 v_j 等级，则：

$$r_{ij} = \frac{K_{ij}}{K} \tag{5.59}$$

（5）建立评估矩阵 R 。分别计算每一指标因素的每一个评估等级的隶属度，就得到了模糊关系矩阵：

$$R = \begin{bmatrix} r_{11} & r_{12} & \cdots & r_{1m} \\ r_{21} & r_{22} & \cdots & r_{2m} \\ \vdots & \vdots & \vdots & \vdots \\ r_{n1} & r_{n2} & \cdots & r_{nm} \end{bmatrix} \tag{5.60}$$

（6）按数学模型进行综合评估。利用合适的模糊算子将 A 与各被评事物的 R 进行合成，得到各被评估事物的模糊综合评估结果向量 B，即：

$$B = A \circ R = \begin{bmatrix} a_1 & a_2 & \cdots & a_n \end{bmatrix} \circ \begin{bmatrix} r_{11} & r_{12} & \cdots & r_{1m} \\ r_{21} & r_{22} & \cdots & r_{2m} \\ \vdots & \vdots & \vdots & \vdots \\ r_{n1} & r_{n2} & \cdots & r_{nm} \end{bmatrix} = \begin{bmatrix} b_1 & b_2 & \cdots & b_m \end{bmatrix} \tag{5.61}$$

其中，b_i 是由 A 与 R 的第 i 列运算得到的，它表示被评估事物从整体上看对 v_i 等级模糊子集的隶属程度。

（7）确定评估等级。由于在评估过程中使用的都是模糊向量和模糊矩阵，所以评估结果也是一个模糊向量，而不是一个具体的数值。因此需要进一步综合处理，从而确定评估对象的最终风险等级。

确定评估等级的方法有两种：一种是按照最大隶属度原则，选择结果向量 B 中最大的 B_j 所对应的等级 v_j 作为评估对象的最终风险等级。这种方法虽然简单，但损失的信息很多，甚至得出不合理的评估结果。另一种方法是线性加权平均求隶属等级的方法，把各个等级的评价参数和评价向量 B 进行综合，进而确定评估对象的最终等级。这种方法不仅充分利用了等级模糊子集 B 所带来的信息，而且使系统的安全状况更加直观，评估结果更加符合实际。

5.7.4　多层次模糊综合评估方法

若系统的评估指标是多层次的，则需要采用多层次模糊综合评估方法。其计算方法是从最底层开始的，按照单层次模糊评估方法，向上逐层计算，直到得到最后的评估结果，其中第 k 层评估结果就是第 $k-1$ 层因素的隶属度。

多层次模糊综合评估的数学模型可以用下面的公式表示。

$$B = A \circ R = A \circ \left[A_1 \circ \left[A_{11} \circ \left[\left[\begin{array}{c} A_{111} \circ R_{111} \\ \cdots \\ A_{112} \circ R_{112} \end{array} \right] \right] \right] \\ \cdots \\ \cdots \right] \tag{5.62}$$

5.7.5　火灾风险模糊评估方法的优点

在模糊数学方法的基础上建立起来的火灾风险模糊综合评估方法，能够比较全面地考虑影响评估系统火灾风险的各个因素，体现了评估过程中各个评估指标的模糊性，比一般的单专家评估方法更符合客观实际。

另外，利用模糊综合评估方法对系统火灾风险进行综合评估，不仅可以确定火灾风险的等级，而且只要经过一定的分析，还能得到具体的安全等级分数。

基于模糊数学的火灾风险综合评估方法计算过程非常有规律，可以开发一套火灾风险模糊综合评估软件，使得该评估方法更具有实用性。因而该方法具有重要的应用前景。

5.8 层次分析法

5.8.1 引言

层次分析法（Analytical Hierarchy Process，简称 AHP），是美国匹兹堡大学运筹学家 A. L. Saaty 教授于 20 世纪 70 年代初提出的一种系统分析方法。该方法是一种综合定性和定量分析，模拟人的决策思维过程，以解决多因素复杂系统，特别是难以定量描述的社会系统的分析方法。1980 年，Saaty 教授出版了有关 AHP 的专著，之后又发表了许多论著。近年来，世界上有许多学者在 AHP 的理论研究和实际应用上做了大量的工作。目前，AHP 在能源政策分析、产业结构研究、科技成果评估、发展战略规划、人才考核评估以及发展目标分析等方面得到了广泛应用，取得了令人满意的成果。

AHP 是一种能将定性分析与定量分析结合起来的系统分析方法。在进行系统分析时，有些问题难以甚至根本不可能建立数学模型进行定量分析；也可能由于时间紧迫，对有些问题还来不及进行过细的定量分析，只需作出初步的选择和大致的判断就行了。这时若应用 AHP 进行分析，就可以简便而迅速地解决问题。

AHP 是一种分析多目标、多准则的复杂大系统的有力工具，它具有思路清晰、方法简便、使用面广、系统性强的特点，便于普及推广，已经成为人们工作和生活中思考问题、解决问题的一种方法，且最适宜解决那些难以完全用定量方法进行分析的决策问题。AHP 是复杂的社会经济系统实现科学决策的有力工具。

应用 AHP 解决问题的思路：

（1）把要解决的问题分层系列化，即根据问题的性质和要达到的目标，将问题分解为不同的组成因素，按照因素之间的相互影响和隶属关系将其分层聚类组合，形成一个递阶的、有序的层次模型。

（2）权重的赋值。对模型中每一层次因素的相对重要性，依据人们对客观现实的判断给予定量表示，再利用数学方法确定每一层次的全部因素相对重要性次序的权值。

（3）通过综合计算各层次因素相对重要性的权值，得到最底层（方案层）相对于最高层（总目标）的相对重要性的组合权值，以此作为评估和选择方案的依据。

AHP 将人的思维过程和主观判断数学化，不仅简化了系统分析和计算工作，而且有助于决策者保持其思维过程和决策过程的一致性，所以，对于那些难以全部量化处理的复杂的社会经济问题，它能够得到比较满意的决策结果。本节主要介绍用层次分析法来计算指标权重的方法。

5.8.2 基本原理

为了说明 AHP 的基本原理，首先我们来分析下面这个简单的事实。

假定我们知道 n 个西瓜的质量总和为 1，每个西瓜的质量为 W_1，W_2，…，W_n。把这些西瓜两两比较（相除），可以得到表示 n 个西瓜相对质量关系的比较矩阵（以后我们称之为判断矩阵）。

$$A = \begin{bmatrix} \dfrac{W_1}{W_1} & \dfrac{W_1}{W_2} & \cdots & \dfrac{W_1}{W_n} \\ \dfrac{W_2}{W_1} & \dfrac{W_2}{W_2} & \cdots & \dfrac{W_2}{W_n} \\ \vdots & \vdots & \vdots & \vdots \\ \dfrac{W_n}{W_1} & \dfrac{W_n}{W_2} & \cdots & \dfrac{W_n}{W_n} \end{bmatrix} = (a_{ij})_{n \times n} \tag{5.63}$$

矩阵 A 具有以下特征：

（1）元素的特征。判断矩阵的元素具有以下四个特征：

① $a_{ij} > 0$；

② $a_{ii} = 1$；

③ $a_{ij} = 1/a_{ji}$；

④ $a_{ij} = a_{ik}/a_{jk}$。

其中 i，j，$k = 1$，2，…，n。具有以上特征的矩阵称为反对称矩阵。

若一个矩阵满足以上四个特点，则称该矩阵满足"一致性"要求。

（2）矩阵的特征。定义矩阵 A 的特征方程 $AW = \lambda W$，其中 λ 对应 A 矩阵的特征值，W 对应 A 矩阵的特征向量。

对于反对称矩阵，则有：

$$AW = \begin{bmatrix} \dfrac{W_1}{W_1} & \dfrac{W_1}{W_2} & \cdots & \dfrac{W_1}{W_n} \\ \dfrac{W_2}{W_1} & \dfrac{W_2}{W_2} & \cdots & \dfrac{W_2}{W_n} \\ \vdots & \vdots & \vdots & \vdots \\ \dfrac{W_n}{W_1} & \dfrac{W_n}{W_2} & \cdots & \dfrac{W_n}{W_n} \end{bmatrix} \begin{bmatrix} W_1 \\ W_2 \\ \vdots \\ W_n \end{bmatrix} = \begin{bmatrix} nW_1 \\ nW_2 \\ \vdots \\ nW_n \end{bmatrix} = nW$$

即，$AW = nW$，所以 n 是 A 矩阵的一个特征值，每个西瓜的质量是 A 对应于特征值 n 时的特征向量的各个分量。

很自然，我们会提出一个相反的问题：如果事先不知道每个西瓜的质量 W，也不能去称西瓜的质量，但是我们如果能设法得到判断矩阵（比较每两个西瓜的质量是很容易的），能否导出西瓜的相对质量呢？显然是可以的。在判断矩阵具备完全一致性的条件下，我们可以通过解特征值问题

$$AW = \lambda_{max} W \qquad (5.64)$$

求出归一化的特征向量（即假设西瓜的质量总和为1），从而得到每个西瓜的相对质量。同理，对于复杂的社会、经济、技术等问题，通过建立层次分析机构模型，构造出判断矩阵，利用特征值方法即可以确定各种方案和措施的重要性排序权值，以供决策者参考。

使用 AHP，判断矩阵的一致性是十分重要的。所谓判断矩阵的一致性，即判断矩阵是否满足以下关系：

$$a_{ij} = \frac{a_{ik}}{a_{jk}} \quad i,j,k = 1,2,\cdots,n \qquad (5.65)$$

上式完全成立时，称判断矩阵具有完全一致性。此时矩阵的最大特征值为 $\lambda_{max} = n$，其余特征值均为零。在一般情况下，判断矩阵的最大特征值为单根，且 $\lambda_{max} \geq n$。

当判断矩阵具有满意的一致性时，λ_{max} 稍大于矩阵阶数 n，其余特征值接近于零。这时，基于 AHP 得出的结论才基本合理。由于客观事物的复杂性和人们认识上的多样性，要求所有判断都有完全的一致性是不可能的，但我们要求一定程度上的判断一致，因此对构造的判断矩阵需要进行一致性检验。

5.8.3 层次分析法的基本步骤

层次分析法的基本步骤如图 5.5 所示。大体上可按下面几个步骤进行：

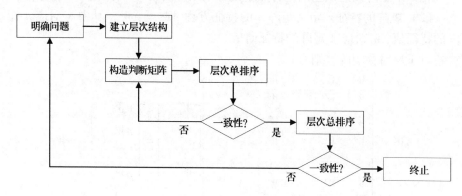

图5.5　层次分析法的步骤

（1）明确问题；

（2）建立层次结构模型；

（3）构造出各层次中的所有判断矩阵；

（4）层次单排序及一致性检验；

（5）层次总排序及一致性检验。

下面分别说明这几个步骤的实现过程。

（1）明确问题，即要了解决策者对决策问题的意图，了解 AHP 要得到的目标。

（2）建立层次结构。应用 AHP 分析问题时，首先要运用专家访谈、头脑风暴、专家咨询等方法找到影响因素，把问题条理化、层次化，构造出一个有层次的结构模型，并画出层次结构模型图。在这个模型下，复杂问题被分解为元素的组成部分。这些元素又按其属性及关系形成若干层次。上一层次的元素作为准则对下一层次有关元素起支配作用。这些层次可以分为三层，如图 5.6 所示。

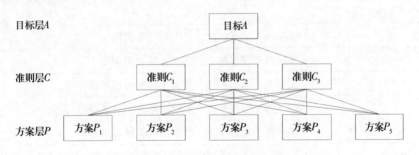

图 5.6　递阶的层次结构模型

最高层：表示解决问题的目的，即应用 AHP 所要达到的目标，因此也称为目标层。

中间层：它表示采用某种措施和政策来实现目标所涉及的中间环节，也可以由若干个层次组成，包括所需考虑的准则、子准则，因此也称为准则层。

最底层：表示解决问题的措施或政策（方案），因此也称为方案层。

层次结构中的层次数与问题的复杂程度及需要分析的详尽程度有关，一般的层次数不受限制。每一层次中各元素所支配的元素一般不要超过 9 个。这是因为支配的元素过多会给两两比较判断带来困难。

（3）构造判断矩阵。任何系统分析都以一定的信息为基础。AHP 的信息基础主要是人们对每一层次各因素的相对重要性给出的判断，这些判断用数值表示出来，写成矩阵形式就是判断矩阵。判断矩阵是 AHP 工作的出发点。

构造判断矩阵是 AHP 的关键一步。

判断矩阵表示针对上一层某因素而言，本层次与之有关的各因素之间的相对重要性。假定 A 层中的因素 A_k 与下一层次中的因素 B_1，B_2，…，B_n 有联系，则我们可以构造的判断矩阵如表 5.30 所示。

表 5.30 判断矩阵

A_k	$B_1 B_2 \cdots B_n$
B_1	$b_{11} b_{12} \cdots b_{1n}$
B_2	$b_{21} b_{22} \cdots b_{2n}$
$\vdots$	$\vdots \vdots \vdots \vdots$
B_n	$b_{n1} b_{n2} \cdots b_{nn}$

其中，b_{ij} 是对于 A_k 而言的，B_i 对 B_j 的相对重要性的数值表示，一般采用 1~9 及其倒数的标度方法，如表 5.31 所示。

表 5.31 判断矩阵标度及其含义

标度值	含义
1	表示两个因素相比，具有相同重要性
3	表示两个因素相比，前者比后者稍重要
5	表示两个因素相比，前者比后者明显重要
7	表示两个因素相比，前者比后者强烈重要
9	表示两个因素相比，前者比后者极端重要
2，4，6，8	2，4，6，8 分别表示相邻判断 1~3，3~5，5~7，7~9 的中值
倒数	表示因素 i 与 j 比较得判断 a_{ij}，则 j 与 i 比较得判断 $a_{ji} = 1/a_{ij}$

采用 1~9 的比例标度的依据：一是心理学的实验表明，大多数人对不同事物在相同属性上差别的分辨能力在 5~9 级之间，采用 1~9 的标度反映了大多数人的判断能力；二是大量的社会调查表明，1~9 的比例标度早已为人们所熟悉和采用；三是科学考察和实践表明，1~9 的比例标度已完全能区分引起人们感觉差别的事物的各种属性。Saaty 等人还用实验方法比较了各种不同标度下人们判断结果的正确性，实验结果也表明，采用 1~9 标度最为合适。

最后，应该指出，一般地作 $n(n-1)/2$ 次两两判断是必要的。有人认为把所有元素都和某个元素比较，即只作 $n-1$ 个比较就可以了。这种做法的弊病在于，任何一个判断的失误均可能导致不合理的排序，而个别判断的失误对于难以定量的系统往往是难以避免的。进行 $n(n-1)/2$ 次比较可以提供更多的信息，通过各种不同角度的反复比较，从而导出一个合理的排序。

（4）层次单排序及一致性检验。所谓层次单排序，就是根据判断矩阵计算对于上一层某因素而言，本层次与之有联系的各因素的重要性次序的权值，它是本层次所有因素相对于上一层次而言的重要性进行排序的基础。

层次单排序可以归结为计算判断矩阵 A 的特征值问题，即对于判断矩阵 A ，计算满足 $AW = \lambda_{\max}W$ 的特征值和特征向量。式中 $\lambda_{\max}$ 为 A 的最人特征值，W 为对应于 $\lambda_{\max}$ 的特征向量，经归一化后的分量 W_i ，即是相应因素单排序的权值。最大特征值的计算方法，将在下一节介绍。

判断矩阵的一致性检验的步骤如下：

①计算一致性指标 CI 。

$$CI = \frac{\lambda_{\max} - n}{n - 1} \tag{5.66}$$

当判断矩阵具有完全一致性时，$CI = 0$。$\lambda_{\max} - n$ 越大，CI 越大，矩阵的一致性越差。

②查找相应的随机一致性指标。为了检验判断矩阵是否具有满意的一致性，需要将 CI 与平均随机一致性指标 RI 进行比较。对于 $n = 1 \sim 9$ 阶矩阵，Saaty 给出的 RI 值，如表 5.32 所示。

表 5.32　平均随机一致性指标 RI

n	1	2	3	4	5	6	7	8	9
RI	0	0	0.58	0.90	1.12	1.24	1.32	1.41	1.45

③计算一致性比例 CR 。用随机性一致性指标 RI 与 CI 比较，计算 CR 的值：

$$CR = \frac{CI}{RI} \tag{5.67}$$

当 $CR < 0.1$ 时，认为判断矩阵具有满意的一致性；否则，就需调整判断矩阵 A 元素，重新进行计算，直至满足一致性要求。

（5）层次总排序及一致性检验。上面我们得到的是一组元素对其上一层中某元素的权重向量。我们最终要得到各元素，特别是最底层中各方案对于目标的排序权重，即层次总排序，从而进行方案选择。总排序权重要自上而下地将单准则下的权重进行合成。

设上一层次 A 含有 m 个因素 A_1 , A_2 , $\cdots$, A_m 。其层次总排序权重分别为 a_1 , a_2 , $\cdots$, a_m 。下一层次 B 包含 n 个因素 B_1 , B_2 , $\cdots$, B_n ，它们关于 A_j 的

层次单排序权重分别为 b_{1j}，b_{2j}，$\cdots$，b_{nj}（当 B_i 与 A_j 无关联时，$b_{ij}=0$）。现求 B 层中各因素关于总目标的权重，即求 B 层各因素的层次总排序权重 b_1，b_2，$\cdots$，b_n，计算按表 5.33 所示的方式进行，即：

$$b_i = \sum_{j=1}^{m} b_{ij}a_j, \ i = 1,2,\cdots,n 。$$

表 5.33　层次总排序

	a_1	a_2	$\cdots$	a_m	B 层总排序权重
	a_1	a_2	$\cdots$	a_m	
b_1	b_{11}	b_{12}	$\cdots$	b_{1m}	$\sum b_{1j}a_j(j=1,2,\cdots,m)$
b_2	b_{21}	b_{22}	$\cdots$	b_{2m}	$\sum b_{1j}a_j(j=1,2,\cdots,m)$
$\cdots$	$\cdots$	$\cdots$	$\cdots$	$\cdots$	$\cdots$
b_n	b_{n1}	b_{n2}	$\cdots$	b_{nm}	$\sum b_{nj}a_j(j=1,2,\cdots,m)$

对层次总排序也需作一致性检验，检验仍像层次总排序那样由高到低逐层进行。这是因为虽然各层次均已经过层次单排序的一致性检验，各成对比较判断矩阵都已具有较为满意的一致性。但当综合考察时，各层次的非一致性仍有可能积累起来，引起最终分析结果较严重的非一致性。

设 B 层中与 A_j 相关的因素的成对比较判断矩阵在单排序中经一致性检验，求得单排序一致性指标为 $CI(j)$，$j=1$，2，$\cdots$，m，相应的平均随机一致性指标为 $RI(j)$ $[$ $CI(j)$、$RI(j)$ 已在层次单排序时求得$]$，则 B 层总排序随机一致性比例为：

$$CR = \frac{\sum_{j=1}^{m} CI(j)a_j}{\sum_{j=1}^{m} RI(j)a_j}$$

当 $CR<0.10$ 时，认为层次总排序结果具有较满意的一致性并接受该分析结果。

5.8.4　最大特征值特征向量的计算方法

AHP 计算的根本问题是如何计算判断矩阵 A 的最大特征值 λ_{max} 及其对应的特征向量 W。常用的方法有三种："和法"、"根法"、"幂法"。具体步骤如下：

（1）和法。和法实际上是将 A 的列向量归一化后取平均值作为 A 的特征向量。其计算步骤为：

①将判断矩阵每一列归一化。

$$\bar{a}_{ij} = \frac{a_{ij}}{\sum\limits_{k=1}^{n} a_{kj}}, i = 1,2,\cdots,n \qquad (5.68)$$

②每一列经归一化后的判断矩阵按行相加。

$$\overline{W}_i = \sum\limits_{j=1}^{n} \bar{a}_{ij}, j = 1,2,\cdots,n \qquad (5.69)$$

③将加总后得到的向量再进行列归一化，得到的结果即为所求特征向量。对 $\overline{W} = [\overline{W}_1, \overline{W}_2, \cdots, \overline{W}_n]^T$ 向量正规化所得到的 $W = [W_1, W_2, \cdots, W_n]^T$ 即为所求特征向量。

$$W = \frac{\overline{W}_t}{\sum\limits_{k=1}^{n} \overline{W}_t}, i = 1,2,\cdots,n \qquad (5.70)$$

④计算判断矩阵最大特征值 λ_{max}。

$$\lambda_{max} = \sum\limits_{i=1}^{n} \frac{(AW)_i}{nW_i} \qquad (5.71)$$

式中 $(AW)_i$ 表示向量 AW 的第 i 个元素。所得到的特征向量就是各评估因素的重要性顺序，即权重的分配。

（2）根法。步骤与"和法"相同，只是在对归一化后的列向量按行"求和"改为按行"求积"再取 n 次方根。根法计算步骤为：

①将 A 的元素按行相乘。

$$U_i = \prod\limits_{j=1}^{n} a_{ij} \qquad (5.72)$$

②所得的乘积开 n 次方根。

$$u_i = (U_i)^{\frac{1}{n}} \qquad (5.73)$$

③将所得方根向量归一化，即得特征向量 W，其中

$$W_i = \frac{u_i}{\sum\limits_{i=1}^{n} u_i} \qquad (5.74)$$

④计算判断矩阵最大特征值，作为最大特征值的近似值。

$$\lambda_{max} = \frac{1}{n} \sum \frac{(AW)_i}{W_i}$$

注："根法"是将"和法"中求列向量的算术平均值改为求几何平均值。

（3）幂法。

①任取 n 维归一化初始向量 $\widetilde{W}^{(0)}$

②计算 $\widetilde{W}^{(k+1)} = AW^{(k)}$, $k = 0$, 1, $2,\cdots$

③ $\widetilde{W}^{(k+1)}$ 归一化,即令: $W^{(k+1)} = \dfrac{\widetilde{W}^{(k+1)}}{\sum\limits_{i=1}^{n} \widetilde{W}_i^{(k+1)}}$

④对预先给定的 ε, 当 $|W_i^{(k+1)} - W_i^{(k)}| < \varepsilon (i=1,2,\cdots,n)$ 时,$W^{(k+1)}$ 即为所求的特征向量;否则返回②。

⑤计算最大特征值, $\lambda_{max} = \dfrac{1}{n} \sum\limits_{i=1}^{n} \dfrac{\widetilde{W}_i^{(k+1)}}{W_i^{(k)}}$

注:在以上求特征值和特向量的方法中,"和法"最简单。

5.8.5 层次分析法的应用

层次分析法常用来计算指标的权重。

例:计算下述判断矩阵的最大特征值及其对应的特征向量。

B	C_1	C_2	C_3
C_1	1	1/5	1/3
C_2	5	1	3
C_3	3	1/3	1

解:按照和法的计算步骤计算。

(1) 每一列归一化,得

$$\begin{bmatrix} 0.111 & 0.130 & 0.077 \\ 0.556 & 0.652 & 0.692 \\ 0.333 & 0.217 & 0.231 \end{bmatrix}$$

(2) 按行相加,得

$$W_1 = 0.111 + 0.130 + 0.077 = 0.318$$
$$W_2 = 0.556 + 0.652 + 0.692 = 1.900$$
$$W_3 = 0.333 + 0.217 + 0.231 = 0.781$$

(3) 归一化

$$W_S = 0.318 + 1.900 + 0.781 = 2.999$$
$$w_1 = W_1/W_S = 0.318/2.999 = 0.106$$
$$w_2 = W_2/W_S = 1.900/2.999 = 0.634$$
$$w_3 = W_3/W_S = 0.781/2.999 = 0.260$$

则所求的特征向量 W = $[0.106, 0.634, 0.260]^T$。

（4）计算判断矩阵的最大特征值。

$$AW = \begin{bmatrix} 1 & 1/5 & 1/3 \\ 5 & 1 & 3 \\ 3 & 1/3 & 1 \end{bmatrix} \begin{bmatrix} 0.106 \\ 0.634 \\ 0.260 \end{bmatrix} = \begin{bmatrix} 0.320 \\ 1.941 \\ 0.785 \end{bmatrix}$$

$$\lambda_{max} = \sum \frac{(AW)_i}{nW_i} = \frac{0.320}{3 \times 0.106} + \frac{1.9410}{3 \times 0.634} + \frac{0.785}{3 \times 0.260} = 3.036$$

（5）一致性检验。

$$CI = \frac{\lambda_{max} - n}{n - 1} = \frac{3.036 - 3}{3 - 1} = 0.018$$

而对于 n = 3，查表得 RI = 0.58，所以

$$CR = CI/RI = 0.018/0.58 = 0.03 < 0.1$$

判断矩阵满意的一致性。因此 C_1、C_2 和 C_3 的权重为 0.106、0.634 和 0.260，并且认为这个权重是合理的。

第六章 建筑火灾风险定量评估方法

为了对建筑物的火灾风险有更进一步的认识，定量评估方法越来越受到人们的重视。火灾风险定量评估方法以系统发生火灾的概率为基础，通过分析火灾发生和蔓延的过程，计算出火灾的风险大小，以此衡量系统的火灾安全程度。

6.1 概述

建筑火灾风险定量评估方法主要有确定性模型、概率模型和随机模型三种类型。

确定性模型是在假定一些因素确定的情况下，如火源功率、火源位置、火灾产烟量等来确定火灾的蔓延和增长以及对人员疏散等造成的影响。确定性模型常用于计算火灾的发生、发展，蔓延，火灾后果，烟气运动以及火灾中人员的疏散等方面。

概率模型综合考虑各种因素对风险的贡献，考虑其发挥作用的可能性，最后将多项因素整合成一个复合概率，评估在多项因素综合作用下火灾系统实现安全目标的可能性。概率模型只是考虑到了各种因素作用的可能性，并没有考虑影响因素随时间发展的概率变化。

随机模型是确定性模型和概率模型之间的一种模型，特别适用于刻画影响因素随时间和空间的变化的情况。随机模型不仅可以刻画危险因素（如可燃气体、火灾、烟气）在时间和空间中的发展变化，也可以计算出火灾中人员的逃生参数。

确定性模型、概率模型和随机模型三者之间既相互联系又相互交叉，实际上一个完整的火灾风险定量评估通常是这三种模型的相互补充。

火灾风险定量评估要综合考虑建筑物发生火灾的概率以及火灾产生的后果，计算出具体的火灾风险值。以此为基础，可以直接将风险值与风险容忍度进行比较；也可以对不同建筑物或同一建筑物的不同区域或不同消防方案进行比较研究。

6.2　火灾风险定量评估的基本内容

　　火灾风险定量评估的推荐流程是国际标准化组织给出的"消防安全工程—火灾风险评估导则"（Fire safety engineering – Guidance on fire risk assessment），该导则将火灾风险评估分为风险估计（fire risk estimation）和风险评价（fire risk evaluation）两个方面，将火灾风险评估纳入火灾风险管理。火灾风险管理流程如图 6.1 所示。风险估计的步骤如图 6.2 所示。风险评价是将基于火灾风险分析所估计的风险与基于规定验收标准的可接受风险进行比较的过程。

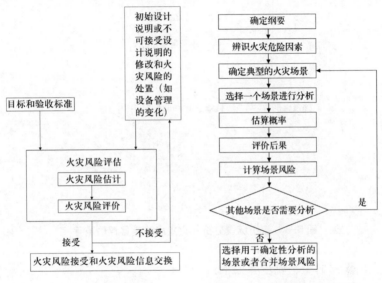

图 6.1　火灾风险管理流程　　　　图 6.2　火灾风险估计流程

　　火灾风险评估是火灾风险管理的一部分，在火灾风险评估之后还有风险处置、风险接受和风险沟通等环节，风险评估也可用来评定某一备选方案，以选定某一特殊设计。

　　火灾风险评估应首先对有关设计的风险进行估计，然后进行评价。风险评价，是指针对设计估计的风险与可接受的验收标准进行比较。若估计的风险不能被接受，则应进行修改原始设计或者进行风险处置，修改完成后重新进行风险评价。如估计的风险能够被接受，也需要对其风险进行处置。火灾风险定量分析是基于一定火灾场景的风险分析，基于场景分析的火灾风险定量评估流程如图 6.3 所示。

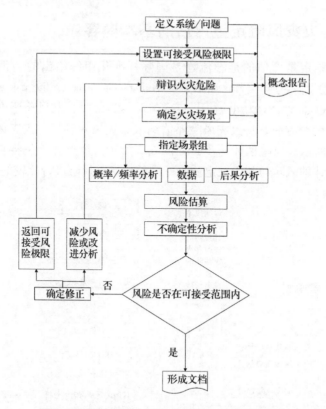

图6.3 基于场景分析的火灾风险定量评估流程

火灾风险评估的主要步骤如下：

（1）定义系统/问题，并选择评估方法。火灾风险评估的对象是一个系统，系统界限和系统水平会对风险评估步骤和方法的选择产生重要影响，首先需要确定分析的范围。此外，还应确定系统与其他有关联的系统之间的关系，也就是要确定物理的和功能的边界条件。

具体的风险评估的范围和特点受到多种因素的影响，其中主要有以下几个因素：

①风险评估的目的，如选择设计方案、检验对象是否满足安全准则的要求等；

②对象的新颖程度和复杂程度；

③对象所处的工程阶段，如设计、建造、运营、维修等；

④风险类型，对工程师们感兴趣的风险或是公众敏感的问题要做详细的分析；

⑤对评估结果置信度的要求；

⑥时间和预算的限制等。

对于大型的复杂系统，为便于进行风险评估，可以将大系统分成若干个子系统进行分析。这种子系统可以是一个区域（如主机房），也可以是一种操作或是一个具有特定功能的子系统（如消防系统），还可以是一种典型的风险等。每一子系统可以进行单独分析，并最终加以综合，形成对全部风险的整体描述。

（2）火灾危险辨识。辨识火灾危险因素是确定火灾场景的基础，其目的主要有两个：一是找出所有可能的危险，这些潜在的危险往往是导致系统发生事故的诱因（触发事件），其中某些危险本身可能就是严重的事件；二是在火灾危险辨识的基础上确定火灾场景。

（3）火灾场景确定。火灾场景，是指在辨识火灾危险因素的基础上，定性地描述火灾可能发生的过程。一个系统中存在着多种不同的火灾场景，在火灾风险评估中，常常将相似的火灾场景作为一个火灾场景组，从中选取具有代表性的典型场景进行分析。

（4）火灾场景发生的概率及后果分析。火灾场景概率可以直接从以往的统计资料得到，也可以通过事故树分析来建立火灾产生的逻辑模型，进而找出详细的原因，并计算火灾发生的概率。对于一些特殊问题，诸如动态过程或人的行为，需要用到一些特殊的方法。

后果分析是要找出由于某种触发事件导致严重火灾的发展历程，形成对每一种事故的描述，并估计每一事故情况可能造成的严重后果。

（5）风险的估算。系统总体的风险评估要通过综合原因分析和后果分析两方面的结果来进行，一般来说，应当建立起对系统风险损失的概率描述。对重要的不确定性因素应该进行敏感度分析。

火灾产生的后果可以分为经济损失、人员伤亡、环境破坏和对公众的影响等。有的后果可以用量化指标来衡量，有的后果只能用定性的方式来衡量。

（6）评估结果输出。火灾风险评估的结果以图表、报告等形式给出。火灾风险评估的过程和结果应该提供以下信息：

①设计方案能否满足一定的风险准则；

②评价不同设计方案的风险水平，通过比较作出选择；

③影响系统风险的主要因素，并且提出改进意见；

④对系统设计的某种变化作出关于风险的评价等。

6.3 火灾场景设定与火灾设定

在火灾风险评估过程中，火灾场景的设定和选择是至关重要的。火灾场景是对某种火灾发展全过程的定性描述，该描述确定了反映该火灾特征并区别于其他可能火灾的关键事件。火灾场景的描述包括说明起火、火势增大、发展到最大（如轰燃）及逐渐熄灭等阶段的特点。同时，火灾场景还应涉及对建筑物的结构特性及预计火灾导致危害的说明。例如，一个设置的火灾场景可表述为：在一个房间内由于电气设备故障而导致电缆的绝缘材料起火，腐蚀性燃烧产物通过未加防护的开口到达了放置精密仪器的区域，如敏感的计算机设备，导致其丧失基本工作能力长达两个星期。

设置火灾场景应当考虑确定性与随机性两方面的内容。例如，根据历史的或概率的风险评估资料，可以预测类似的火灾场景是怎样发展的，也就是说，如果火灾确实发生了它又将是怎样扩大与蔓延的。

在大多数建筑环境中，可能存在无穷多个火灾场景。即便借助最尖端的计算手段，也不可能分析所有的火灾场景。需要将这无限多的火灾场景减少至易于操作的且对分析有重要作用的有限个设定的火灾场景。所有这些设定的火灾场景共同代表了可能威胁到分析对象的火灾范围。火灾场景的设定和参数选择如图6.4所示。

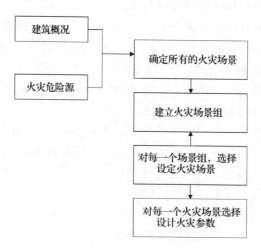

图6.4 火灾场景设定与参数选择

所选的每一个设定的火灾场景都代表了一个高风险的火灾场景组。火灾场景组的风险用场景组的发生概率及其导致的后果来表征，典型的情况就是用概率和后果的乘积来表征。对于本部分，假定在进行确定性评估的地方，对可能性和后果进行定性估计就足够了。对于一个完整的风险评估，需要进行定量评估。

6.3.1　设定火灾场景

前面已经分析讨，火灾风险评估人员能够辨识出可能的火灾场景是非常多的，不可能将它们全部量化。必须将这些可能的火灾场景减少至易于分析且对分析起重要作用的一组场景。对于一次完整的风险评估，必须将大量的火灾场景合并为一系列场景组。

风险分级程序为火灾场景的选择提供了基础。此程序同时考虑了场景发生的后果和可能性。这就意味着，对于确定性分析，火灾风险评估技术可用于设定火灾场景的选择。风险分级程序的主要步骤如下：

第一，确定一组全面的可能的火灾场景；

第二，估计场景发生的概率；

第三，估计场景的后果；

第四，估计场景的风险（反映场景发生的后果和概率）；

第五，按照风险对火灾场景进行分级。

下面介绍设定火灾场景的"十步法"。

（1）火灾场景辨识。

第一步——火灾位置。主要包括对发生火灾的空间的描述以及对空间内特定位置的描述。

利用火灾统计可以辨识最可能的起火位置。若无统计资料可用，则可以热源、可燃物和使用者情况为基础进行估计。

可以利用工程判断辨识最不利的或最有威胁的起火位置。最有威胁的位置，是指那些能严重影响消防安全设施性能的位置。例如，人员密集场所，在起火位置附近有高密度易受伤害人群或有易受损失财产的场所，具有裸露结构构件的场所、火灾发生在疏散系统的入口内或阻塞其入口，火灾发生在消防安全系统作用范围之外的房间或空间，包括隐蔽空间和外部表面等。

第二步——火灾类型。火灾类型涉及火灾初始强度和增长速率，其与初始火源、首先被引燃的物体、首先被引燃的大尺寸物体以及其他先于第一个被引燃的大尺寸物体而被引燃的任何物体有关。

火灾统计为确定设定火灾场景的初始引燃条件及发生概率提供了合适的基础。此方法的目的就是通过相关风险分析筛选可能的设定火灾场景。一种实用的做法就是通过火灾统计和工程判断来确认一组具有高概率和最轻后果的火灾场景以及一组具有严重后果和最低概率的火灾场景。从适用于所考虑的建筑和使用人员的火灾统计资料来看，依据发生频率和相关后果的评判标准，对初始热源和初始燃烧物进行合并分级，可得到以下火灾类型：

①人员伤亡占最大份额的火灾类型。

②用货币衡量的财产损失占最大份额的火灾类型。

③在确定的最小尺度的火灾范围内，最有可能的火灾是：蔓延出起火房间的火灾；大小超过一定面积的火灾；死亡5人或5人以上的火灾；或火灾损失超过了以金钱衡量的损失阈值的火灾，损失超过此阈值就表明是重大损失，如最小损失超过1%的火灾。

从国家或省（市）的基础数据中可得到合适的统计数据。若国内没有合适的统计数据，则可利用具有相似火灾情况的其他国家的统计数据。使用火灾事故统计数据必须谨慎，应保证数据适用于所考虑的建筑环境。

第三步——潜在的火灾危害。考虑可能的潜在火灾危害中产生的火灾场景。确定其他具有严重后果的场景，除在第二步所述的高危险场所外，还有：

①公共事件的损害，如地震或恐怖事件，其具有导致多处严重火灾或者使多个消防设施同时失效的可能性。

②非火灾事件的损害，这些事件会削弱建筑结构并降低能引起结构坍塌的火灾条件。

③使用易自燃、火灾蔓延快、易爆炸的高危害材料；使用能产生剧烈火灾和剧毒性烟气的高危害材料；使用燃烧产物对环境有严重危害的高危害材料或使用被污染的灭火介质；能从环境、空气中补充火灾所需氧气的情况；使用某些通常手段（如采用含氯消毒剂的游泳池水）扑救火灾具有很大危险或难度，或其他能够加重火灾的情况。

④存在高危险操作，包括在易燃材料附近使用明火。

⑤在建设或维护阶段存在特殊危险的情况。

如果这些场景中包含比以前所确定的场景更高概率和更严重后果的场景，那么，需要将它们纳入分析之中。它们可以取代性质与其类似但具有较小危害的场景。

第四步——系统及其特征对火灾的影响。确定可能对火灾过程产生重要影响的消防系统，在场景特征中要包括每个系统的初始状态。系统状态是场景特征的一部分，需要考虑主动系统和被动系统的相关状况。

主动系统包括：主动灭火系统（状态：是否全部运行、是否定位适当），烟控系统（状态：是否全部运行、是否定位适当），火灾探测系统（状态：是否全部运行、是否定位适当），报警和通信系统（状态：是否全部运行、是否定位适当），疏散系统（状态：是否全部运行、是否定位适当），消防安全管理和消防队员的行动。

被动系统包括：内部物品和室内陈设品（状态：由于老化或人为原因导致的新旧状态），起火房间和与其相关房间的门或其他开口（状态：开启或关闭），窗户（状态：新的或旧的），材料控制（状态：由于老化或人为原因导致的新旧状态），墙体和顶棚/地板的联合体以及其他的防火分隔物体（状态：良好的或受损的），结构构件（状态：良好的或受损的）和防火分隔的尺寸。

第五步——人员响应。人员采取的行动会对火灾过程和烟气运动产生有利或不利的影响。依靠建筑环境的特征，受过培训的员工或内部的专职消防队可以对早期火灾的发展产生重要影响。市政消防队员的积极行为也应考虑，尤其是以保护财产或商业建筑的使用连续性为目的时。另外，缺乏训练的员工或参观者会将重要的门打开，从而导致火灾快速发展和烟气蔓延。任何这些效应都会产生新的潜在火灾场景。

（2）火灾场景的选择。在第一步到第五步中，会确定大量的潜在火灾场景。从这些场景组中，可以选择一组设定火灾场景。风险分级程序是选择设定火灾场景最合适的基础，此程序同时考虑场景发生的概率和后果。

一种采用风险分级程序的方法就是做出事件树。然而，风险分级程序可以采用一种简化的方法进行。例如，利用工程判断、易得到的数据和对场景组的概率和后果的数量级估计。当属于这种情况时，风险分级不再需要事件树。但是，当不能使用简化方法时，为了通过构成场景的个体事件概率构建场景的概率，应遵循事件树方法（详见第六步到第十步）。

第六步——事件树分析。创建的事件树应能够代表与火灾场景相关的从火灾引燃到火灾结束的可供选择的事件序列。事件树的创建由一个初始事件开始，然后，创建一个分叉，并且在分叉上增加分支来反映每个可能的连续事件。重复这个过程直到所有可能的状态都被表征出来，每个分叉的创建都以前面事件的发生为基础。贯穿整个事件树的一条路径代表应考虑的一个火灾场景。

事件树定义了火灾特征的变化、系统的状态、人员的响应以及火灾的最终结果和后果。与建筑系统及特征相关的事件包括：火灾引燃第二个可燃物，火灾受限于门或其他障碍物，系统按照设计发挥作用或不能满足性能要求，窗户玻璃的破碎。

作为事件树的替代，也可以制作事故树。事故树和事件树一样，也是逻辑树，但它的每个分支中的事件都依赖于条件或状态，而不是一个实时事件。因为可能有大量的因素，每个因素的初始状态有多种可能性。因此，在这一步中先建立一个初始事故树，以建立可供选择的初始状态，然后相应于初始条件，在事故树的每一个结束点附加普通格式的事件树，这样可以较简单地完成第六步。一个场景就是这个混合树的一条路径。

第七步——概率分析。使用现有数据或工程判断，估计每个事件发生的概率。对于某些分支，初始火灾特征是主要考虑的问题，且火灾事故数据是概率估计的合适数据源。而对于另外一些分支，系统及特征的状态将是主要考虑的问题，且可靠性数据将是概率估计的合适数据源。其他一些分支，建筑内的人员或物体的特征或状态将是主要考虑的问题，而人员数量和可利用的数据是概率估计的合适数据源。所有这些都可以在事件树上标出。将场景路径上的所有概率相乘以评估每个场景的相对概率。

第八步——后果计算。使用现有损失数据或工程判断估计每个场景的后果。后果应采用合适的度量来表达，如可能的死亡人数、可能的受伤人数或预期的火灾损失。

第九步——风险分级。依据相关风险对场景进行分级。风险可以由场景的后果度量（第八步）乘以发生概率（第七步）得到。

第十步——最终选择和文件说明。对于每个消防安全目标，选择风险最大的火灾场景进行定量分析。选择的场景应能代表累积风险（所有场景的风险之和）的主要部分。建议在选择场景的过程中考虑业主的意见。制定所选择的火灾场景的文件说明，同时也要说明未选择的火灾场景并说明不选择的原因。

作最终选择时，需要提防以下易犯的错误或偏见：

①若多个具有严重后果、低概率的场景被排除，应注意被排除的场景不具有中等或高等的累积概率。如果可能，最好合并类似的场景，与排除这些场景相比，更多的场景可以得到直接体现和分析。

②不能因为某个场景使一个特殊的消防安全系统或特殊的设计表现得可取或不可取，即使它对风险有较大的贡献，也要排除此场景。

③在此阶段，对于某个场景，不能因为产生可接受结果的最佳设计需要付出很大代价，就排除此场景，即使它对风险有较大的贡献。应该在更多的细节分析和业主全部介入之后，再作出是否接受这些特殊场景的风险的决定，因为消除或降低这些风险具有很高的代价。可以因为没有确定的设计去降低或消除风险而排除一个场景，即使它对风险有较大的贡献。接近起火点或不能自保（由于过量使用酒精或毒品）的人员的风险是应该排除的，这是此阶段应排除场景的基本例子。

6.3.2 设定火灾

在火灾场景辨识过程中考虑了火灾后果，需要注意的是在上述第八步中所说的"后果分析"是使用现有损失数据或工程判断估计的一个粗糙值。这个粗糙值不能用作火灾后果的定量评估。定量的火灾后果的评估需要依据场景火灾的大小和燃烧产物进一步计算。不同的场景火灾的大小可能相同也可能不相同，而定量的描述火灾大小可以用热释放速率来表示。所谓的热释放速率，是指火灾在单位时间释放的能量。

热释放速率主要是由可燃物的化学能和几何状态、空气的供应状况及受限建筑物壁面性质等因素决定的。例如，可燃液体池火和固体阴燃火的主要燃烧阶段基本上是稳态的。池火的热释放速率是燃烧表面积的函数，因为油池火可以在油池的表面上很快地燃烧起来，并一直延续到燃料消耗完毕。因此，可认为其热释放速率基本上是不变的；而对于固体来说，在转变为明火之前，阴燃火的热释放速率增长很慢，故可认为是稳态燃烧。

进行火灾分析时所涉及的火灾并没有真正发生，它的热释放速率大小完全是一种人为的假设。这种假设越合理，依据它进行的模拟计算所得到的结果就越真实。目前在文献中一般把这种研究称为设定火灾，其核心工作是确定火灾的热释放速率随时间的变化规律。

多数设定火灾通常用一段增长、一段稳态和一段减弱的连续曲线表示。在设定过程中，一个重要的问题是处理好各个阶段所占的时间长短。对于火灾增长阶段，选择合理、可信的增长曲线具有重要的实用意义，在分析火灾探测器和自动喷水喷头的启动、人员开始疏散的时间、人员处于危险状况的时间等问题时，都要考虑火灾的增长特点。

出于设计目的，经常采用指数或幂函数形式的热释放速率。它体现了场景中可能出现的真实火灾增长范围的上限。通常所说的平方时间火是最常用的形式。在这种火灾中，热释放率用下式表示：

$$\dot{Q} = \dot{Q}_0 \left(\frac{t}{t_g} \right)^2 \tag{6.1}$$

式中 t_g 表示到达参考热释放速率 $\dot{Q}_0$ 所用的时间。

$\dot{Q}_0$ 值可以任意选取，但通常取 1MW。表 6.1 中列出了在消防安全工程中四种常用的火灾增长速率。

表 6.1　平方时间火的类型

增长速率的描述	火灾增长系数（KW/m^2）
慢速火	0.0029
中速火	0.012
快速火	0.047
超快速火	0.187

生成一条设定火灾曲线需要了解某件物体或多件物体组合体的热释放速率，它可以从文献、基础燃烧实验或全尺寸构件的自由燃烧实验中获得，也可以从火灾计算机模型手册中获得相关数据。

对于包括由一个物体向其他物体蔓延的火灾场景，可以通过合成的方式得到总的热释放速率曲线。在存在多件物体同时燃烧的场合，可由每件物体当时的热释放速率相加得到，也可使用 FPETOOL 中的 MAKEFIRE 程序得到。在这方面确实存在某些设定的火灾中热释放速率是否准确的疑问，不过对于火灾危险分析来说，选择较高的且可能的热释放速率对于加强防火安全保护是非常必要的。

在缺少更多精确数据时，可参考表 6.2。

表6.2　各种设定火灾场景的典型火灾增长类型

设定火灾场景	类型
靠近易燃内衬材料的装有软垫的家具或堆积的家具	超快速
轻质家具	超快速
废物堆里的包装材料	超快速
非阻燃塑料泡沫	超快速
垂直堆放的纸板或塑料箱	超快速
被褥	快速
展台或装有衬垫的工作台隔断	快速
办公设备	中速
商店柜台	中速
铺地材料	慢速

设定火灾曲线可用于对照所建立的性能判据来估计初步防火设计方案。一旦发展了一系列的设定火灾曲线，便可运用火灾模型计算出火灾中的一些参数随时间的变化。例如，室内烟气的平均温度、烟气层的高度、烟气浓度（一般用光学密度表示），代表燃烧产物（如 CO、HCl）的含量等。于是在每条曲线上的某一特定点上，火灾的增长就可以与承险人损失目标中表示损坏的阈值水平对应起来，或者是与室内烟气的温度变化对应，或者是与燃烧产物的生成速率对应。设定火灾曲线上的这一点可以视为 $\dot{Q}_{d0}$，它就是与设计损失目标相对应的热释放速率，以下简称为目标热释放速率。

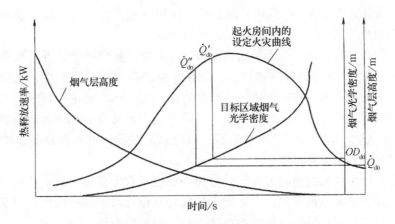

图6.5　设定火灾曲线

图6.5说明了如何结合设定火灾曲线进行火灾危险分析的方式。图中除了热释放速率曲线之外，还给出了表示在目标区域中烟气光学密度及烟气层高度的变化曲线，它们可以表示目标区域中烟气光学密度和烟气层高度的变化曲线与承险人损失目标相应的危险源。根据烟气光学密度曲线，目标区域中的危险阈值相当于光学浓度 OD_{do}，能够被水平地横移转换到与烟气浓度危险阈值相当的光学浓度增长曲线，然后再垂直地上移转换到设定火灾曲线上以确定 $\dot{Q}'_{do}$。一方面，当烟气层降到设定的特征危险高度 H_{do}（一般取人的眼睛的基本高度，如1.4~1.6m）时，就可以对人员构成直接威胁。另一方面，这一特征高度也可以转换到设定火灾曲线上，进而确定 $\dot{Q}''_{do}$。使用这两种方法求得的 $\dot{Q}_{do}$ 可能不会完全重合，但这并不矛盾，当所选可燃物的燃烧性质和发烟性质不同时，势必会出现这种情况。而通过选择几种判据来综合判断危险状况似乎更为合适，通常哪个参数先到达危险阈值就以该参数为主要判据。

6.4　事件树方法

6.4.1　概述

事件树分析（Event Tree Analysis，简称 ETA）是安全系统工程中重要的分析方法之一。事件树分析是一种从原因到结果的过程分析，基本原理是：任何事物从初始原因到最终结果所经历的每一个中间环节都有成功（或正常）或失败（或失效）两种可能或分支。如果将成功记为1，并作为上分支，将失败记为0，作为下分支，然后再分别从这两个状态开始，仍按成功（记为1）或失败（记为0）两种可能分析。这样一直分析下去，直到最后分析出结果为止，就会形成一个水平放置的树状图。

事件树分析，既可用于单场景分析，又可用于复杂场景分析（反映多重火灾防护对初始火灾事件的响应）。为保证事件树分析的完整性，风险分析者必须对初始火灾事件进行辨识、对现有消防系统的性能进行评价，并评估事故的后果。构建事件树逻辑模型，风险评估人员必须熟悉可能的初始事件（如设备失效、人为失误、外部原因、系统紊乱导致火灾）和路径事件（如消防系统功能和应急过程）。

基于事件树的完整的火灾风险分析一般包括八个步骤：一是项目目标分析；二是风险容忍度确定；三是火灾损失场景设计与事件树构建；四是初始事件可能性；五是危害分析模型的建立；六是消防系统成功概率；七是风险评估以及与风险容忍度比较；八是对减少风险措施的成本效益分析。下面主要介绍几个关键步骤的分析方法。

6.4.2 火灾损失场景设计与事件树构成

（1）火灾损失场景设计。火灾损失场景代表可导致火灾的一个事件序列。建立的场景应该达到以下要求：一是按时间顺序进行结构化排列；二是与真实事件结果相吻合；三是应包含足够信息，保证能够进行相关场景的定量风险分析。

一个场景代表一组与时间有关的事件（中间状态），这组事件会导致各种不同的火灾结果的出现。构建火灾场景的系统方法是目标—危险源—路径（T-S-P）法。

①目标（T：target）。目标是风险研究关注的焦点，必须首先确定。目标应该对火灾危险源的影响比较敏感，另外，必须详细说明目标的价值。

②危险源（S：source）。确定了目标的敏感点及价值后，要对使目标遭受损失的火灾危险源进行辨识和筛选。

③路径（P：path）。路径事件既包括使火灾蔓延的因素，又包括限制火灾的因素。火灾蔓延因素包括火灾发展、二次燃料的点燃、自由火焰传播等。火灾限制因素（即减少目标遭受危害的因素）包括消防系统（如火灾探测、应急控制系统和自动灭火系统）、防火分隔以及人工灭火等。

火灾损失场景建立过程一般包括：

评估概况：主要确定场景边界、确定评估的具体场景和重要风险。

目标描述：主要目标、目标遭受火灾危害的具体形式（如温度影响、热辐射影响、烟气影响或是有毒、腐蚀性气体影响）、目标价值（如财产损失、停工/营运中断损失、操作人员的培训费用）。

确定起火源：确定火灾初始事件发生的可能性，进一步评估应选取的事件。

分析路径：确定火灾蔓延因素（火灾增大能力、结构失效、多米诺效应）和火灾限制因素（现有的限制火灾蔓延的措施和建议等）。

构建事件树结构：确定场景评估的假定和限制条件，以及事件树结构。

总的来说，风险分析在这一阶段的可信度、合理性以及重要性主要依赖于风险分析人员的经验和定性判断。建立一个普遍认同的场景辨识和筛选方法，对于进行一个完整、可靠的风险评估是至关重要的。

（2）事件树的构建。

①确定火灾初始事件。初始事件是事件树场景辨识的第一事件。这个事件可能是系统或设备失效（电路或电气短路）、人员失误、物质自燃或外部事件（如地震、交通事故、人为纵火等），这些都可能形成火灾初始事件。辨识初始事件可以综合运用以下方法：场景辨识工作表；事故树分析；历史事故记录分析；企业数据和历史情况；危险评述、经验和工程判断。

火灾初始事件的辨识和选取，不同人之间有很大差别。合理的初始事件必须同时满足以下两个条件：一是引发的事故后果能造成重大危害（即超过风险容忍极限）；二是事件出现的可能性不可过低。

②确定路径因素。路径因素是初始事件后续发生的事件。建立事件树时，分析人员需要对影响火灾蔓延或限制初始事件的相关因素进行辨识。中间路径因素代表了条件状态和时效作用，在分析时需要用条件概率予以处理。

主要的火灾发展/蔓延因素有：燃料性质（热释放速率）；火焰传播与二次引燃；通风作用；结构失效；应急操作响应。

主要的消防系统因素有：探测系统；应急控制系统（ECS）；自动灭火系统；限制蔓延作用（如防火间隔）；人工灭火系统；空间限制（将火灾限制在着火区内）。

③构建事件树分支逻辑。事件树从初始事件开始，经历消防系统的响应，显示了事故的时序发展过程，其输出即为火灾事故结果。尽管很多情况下事件几乎是同时发生的，但在分析时，消防系统的功能应按照顺序描述。

构建事件树的第一步是输入初始事件和各级消防系统，包括初始事件发生的可能性、消防事件后果的危害水平等。

初始事件发生的可能性以频率表示（次/年），路径因素以条件概率（0~1）来表示。另外还应注意，事件树结构有以下特点：事件树是由左至右；一般情况下，上分支表示系统成功，下分支表示系统失败（成功概率＝1－失败概率）；分支概率等于初始事件可能性与支线上各中间事件的条件概率相乘；事件树的不同分支得到不同的火灾事故结果；时间线为估计一定时间内消防系统的成功概率和后果提供了参照系。

④事故结果评估。火灾风险事件树分支场景的后果有最好情形、最坏情形和其他可能情形，参照保险领域最初的定义可以作以下规定：

第一，最好的情形对应正常的损失期望（NLE），指在所有的火灾探测和防护系统均正常工作并发挥其设计控制功能时的损失期。

第二，其他可能情形对应可能最大损失值（PML），指基本的火灾自动防护系统不在工作状态时的损失期望值水平。在这种情况下，应考虑被动防火手段（如防火墙）以及人工灭火能力有效性。

第三，最坏情形对应最大预计损失值（MFL），指自动和人工防火设施均处于不可用状态时的损失期望值水平。在这种情况下，只考虑被动防火手段的防火能力。

⑤确定并量化作用于目标的危害和后果，要认识到火灾事故会有多种危害，包括：财产损失（PD），如建筑物、设备等破坏；营运中断（BI），如因维修或更换设备所引起的营业、生产的延误；威胁人员安全，包括在火灾现场和周围的人员；环境影响，包括对空气和土壤的破坏；其他危害，如强制罚款、公司形象等。各种危害的后果综合起来会构成很高的经济损失。

⑥分支概率的量化。在第三部分和第四部分中将分别介绍初始火灾的发生概率和消防系统成功概率的分析方法，由此可以给出分支概率。

⑦计算风险。多个事件场景的风险应是所有场景的风险的和：

$$R = \sum PC \tag{6.2}$$

6.4.3 初始火灾可能性分析

表征和估计初始火灾发生可能性的方法包括：统计火灾损失事故的历史数据；诸如事故树等逻辑分析方法，在火灾历史数据有限或不足时，可用这些模拟方法估计初始火灾事件发生的可能性，以提高估计精度；工程判断，根据专家对潜在火灾可能性的认识和理解进行量化，这种认识可能基于历史数据、以往的危险或风险分析、经验、工厂具体信息以及对这些因素的综合。

（1）历史数据，指过去实际经历记录的数据，通常包括事件（事故）数据、故障率数据（主要指设备故障）和人为错误概率数据。尽管同类火灾事件的历史信息很有限，但它是估计火灾事故频率的基础。人们比较关注历史事故频率数据的适应范围，是因为历史数据往往不足或火灾风险因素定义不明确，很难确定直接应用这些数据的可靠性，小样本统计方法能够很好地处理这些问题。表6.13是美国有关核电站内区域起火源和起火频率。

表6.3　美国有关核电站内区域起火源和起火频率

车间区	引火/燃料源	起火频率	点火源权重因子法
辅助建筑	配电柜	1.9×10^{-2}	B
	泵	1.9×10^{-2}	B
反应堆	配电柜	5.0×10^{-2}	B
	泵	2.5×10^{-2}	B
柴油发动机室	柴油发动机	2.6×10^{-2}	A
	配电柜	2.4×10^{-2}	A
开关室	配电柜	1.5×10^{-2}	A
电池室	电池	3.2×10^{-2}	A
控制室	配电柜	9.5×10^{-3}	A
布线室	配电柜	3.2×10^{-3}	A
取水构筑物	配电柜	5.4×10^{-3}	A
	灭火泵	4.0×10^{-3}	A
	其他	3.2×10^{-3}	A
涡轮机房	T/G 辐射器	4.0×10^{-3}	B
	T/G 油	1.3×10^{-2}	B
	T/G 氢	5.5×10^{-3}	B
	配电柜	1.3×10^{-2}	B
	其他泵	6.3×10^{-3}	B
	主要给水泵	4.0×10^{-3}	A
	锅炉	1.6×10^{-3}	B
放射性废物区	各种混合在一起的组成	8.7×10^{-3}	A
变压器区	变压器区（供给涡轮房）	4.0×10^{-3}	A
	变压器区	1.6×10^{-3}	A
	变压器区（其他）	1.5×10^{-2}	F

注：A——无点火源时的权重因子；B——通过划分防火分区内选定处的点火源编码获得其权重因子；F——通过本表中划分防火分区内已选地点的点火源编码获得其权重因子。

（2）事故树分析。事故树分析（FTA）提供了一种量化初始火灾发生事件的结构方法，如图6.6所示。事故树分析的优点是可以将初始火灾（顶事件）分解为各种失效和点火危险因素。初始火灾事件可能性的事故树逻辑与"火三角"相似，也就是说应当考虑：存在的可燃材料；燃料燃烧所需要的最低氧气量；点火源能量足够维持燃烧。顶事件是初始火灾事件（即能发生火灾并蔓延），初始火灾事件的主要贡献因子用"与"门相连。

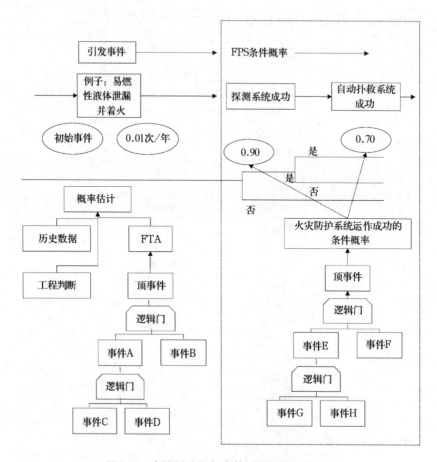

图6.6　事件树分析与事故树分析结构化框图

6.4.4　消防系统成功概率分析

消防系统成功概率依赖于系统响应效率、可用性和操作可靠性三个因素。成功树是确定消防系统成功概率的主要逻辑模型，结合事件树风险模型，利用成功树以量化具体初始事件场景下消防系统成功运作的条件概率。

（1）性能评价。火灾风险评估中相关的消防系统包括探测系统、应急控制系统、自动灭火系统、限制火灾蔓延的手段和人工控制系统。

性能评价是对消防系统在火灾情况下成功实现其性能要求能力的概率评价。性能度量参数包括某场景的响应效率、在线可用性和操作可靠性。消防系统成功概率是一种"条件概率"，与前序事件密切相关，是场景输入参数。

（2）性能度量。从事件树所需输入的角度看，评价消防系统时采取成功树分析是较为可取的。当然，有些情况下，采取事故树分析得到失败概率的数据，然后转化为成功树分析的方法更为有效。此方法以成功树分析为中心，在给定具体场景信息和风险容忍度判据的条件下，可用于消防系统整个生命周期内的性能评估和量化。它不仅适用于对现有系统的评价，也适用于评价新系统的设计。

（3）成功树分析。成功树分析（STA）与事故树分析类似。在事故树分析中，顶事件为"系统失败"；在STA中，顶事件为"系统成功"，并存在以下关系：

$$成功概率（P_s）=1-失败概率（P_f）\qquad(6.3)$$

建立性能成功树分析包括以下两点：一是辨识基本的消防系统性能参数；二是设计成功树的结构。对于具体场景下的消防系统，用先前的系统失败经验得来的性能参数指标可以评估其性能成功路径。图6.7为一般的消防系统成功参数的例子。消防系统成功概率取决于消防系统性能要求（包括具体场景输入信息和风险容忍度判据）。性能要求确定以后，就可以进行性能参数量化。于是，消防系统成功概率可用以下公式计算：

$$P_s = P_{RE} \times P_{OLA} \times P_{OPR}\qquad(6.4)$$

其中，式中P_s是消防系统成功概率；P_{RE}、P_{OLA}、P_{OPR}分别为响应效率、在线可用性和操作可靠性的概率。

利用成功树进行性能分析时，首先需要评估系统对特定场景的响应效率。如果消防系统设计的应用基础与场景不合适，或者系统不能在临界条件来临前作出反应，那么此时该场景下消防系统的成功概率为零。

性能成功可靠性包括两个部分：在线可用性和操作可靠性。可靠性可以指整个系统，也可以指子系统或者系统的一部分，它用概率形式表示为：可靠性＝1－性能失效概率。例如，失效概率为0.001，那么系统的可靠性为0.999。

一般地说，消防系统功能失效是指当紧急情况发生，需要消防系统启动时，系统却不在可用状态或者无法起到实现初始设计的作用。因此，消防系统功能失效又可分为以下几种：有紧急需求时系统由于离线而处于不可用状态；由于未知错误导致无法满足要求；在限定的时间内无法完成任务。由此，与性能成功相关的可靠性参数包括：

①系统可用性——紧急情况发生，在线系统运作及时。

②功能可靠性——有紧急需求时系统具有满足功能要求的能力。

③时间可靠性——系统在规定时间内实现其功能。

系统可用性在评估中是一个独立的性能参数，即在线可用性；时间可靠

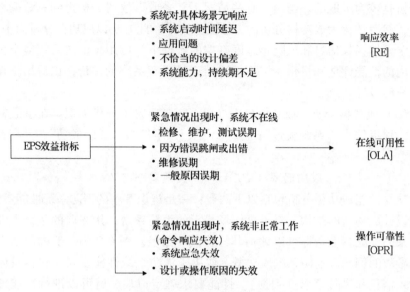

图 6.7　消防系统成功参数

性在评估过程中归入了响应效率；操作可靠性则为第三个独立的性能参数，其重点为需求能否满足功能要求可靠性（功能可靠性）。

（4）性能评估框架。消防系统性能评估的一般框架包括以下几点：

①确定成功树逻辑，包括辨识基本的消防系统度量参数、辨识并建立性能指标相互关系。

②量化消防系统响应效率，包括评价设计应用原理和系统响应时间。

③量化消防系统在线可用性，包括：评价系统因检查、保养、测试而处于离线的状态；评价有害物的出现导致的系统离线；评估其他原因导致的系统离线。

④量化消防系统操作可靠性，包括：辨识系统或子系统的边界；定义功能要求；描述设计和运转的集成要素；估计功能失效的概率。

⑤量化消防系统成功概率，包括：综合上述②、③、④步的结果得到消防系统成功概率，并以此作为事件树输入；制作数据源文档并说明其不确定性问题。

6.4.5　风险计算与比较

风险计算过程包括以下步骤：第一，支线概率计算［F］；第二，总计等价货币值的估算［K］；第三，年度风险水平的计算［L］；第四，全年风险计算［TL］。

图 6.8 是一个受消防系统作用的易燃液体泄漏着火的事件树。下面按图 6.8 所示火灾风险事件树结构，说明风险计算步骤。

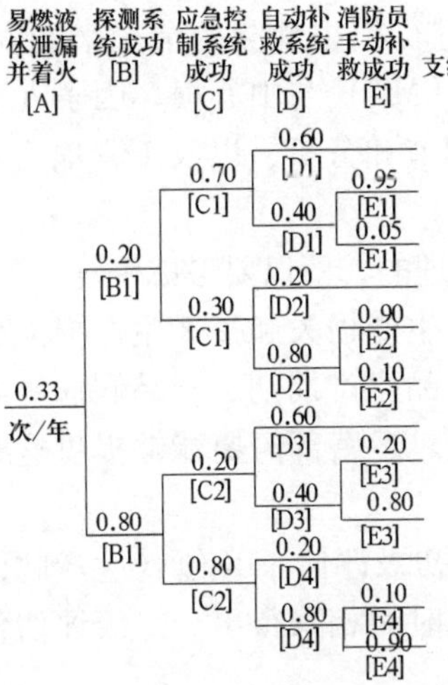

支线ID	支线概率[F]	事故结果[G]	财产损失 建筑物损失	设备损坏	仓库损坏	停产误期	生命安全风险	总计等价货币[K]	每年火灾爆炸&风险[L]=[F]×[K]
1	0.028	G1	1	1	1	1	0	5K	140
2	0.018	G2	1	2	2	1	0	10K	180
3	0.0009	G3	3	3	3	3	0	1M	190
4	0.004	G1	1	1	1	1	0	7K	28
5	0.014	G2	2	2	2	1	0	25K	350
6	0.0016	G3	3	4	3	3	1	2M	3200
7	0.03	G1	1	1	1	1	0	7K	210
8	0.004	G1	1	2	1	1	0	25K	100
9	0.017	G3	3	3	3	3	3	2.5M	42500
10	0.04	G1	1	2	1	1	0	10K	400
11	0.017	G2	2	2	2	1	0	25K	425
12	0.15	G4	4	4	4	4	4	6M	900000
								全年总风险	948433

事件树左侧结构：易燃液体泄漏并着火[A] 0.33 次/年；探测系统成功[B]（0.20 [B1]、0.80 [B1]）；应急控制系统成功[C]（0.70 [C1]、0.30 [C1]、0.20 [C2]、0.80 [C2]）；自动补救系统成功[D]（0.60 [D1]、0.40 [D1]、0.20 [D2]、0.80 [D2]、0.60 [D3]、0.40 [D3]、0.20 [D4]、0.80 [D4]）；消防员手动补救成功[E]（0.95 [E1]、0.05 [E1]、0.90 [E2]、0.10 [E2]、0.20 [E3]、0.80 [E3]、0.10 [E4]、0.90 [E4]）。

图 6.8　事件树分析举例

（1）支线概率。图 6.8 中给出的支线概率是初始事件概率［A］与［B］～［E］消防系统的条件概率的乘积。例如，对支线 1：

$$P_{ID-1} = [A] \times [B1] \times [C1] \times [D1] = 0.33 \times 0.20 \times 0.70 \times 0.60 = 0.028$$

(6.5)

$P_{ID-1} = 0.028$ 是特定的支线事件概率，指支线 1 所表示的火灾场景（可被探测、可被控制并且在起火后 10min 内能够被成功抑制的火灾）的出现频率为 0.028 次/年或 1 次/35 年。

用同样方法计算图 6.8 中事件树每条支线的概率，各支线概率（支线 1→12）加和应等于初始事件概率 0.33。

（2）总计等价货币值（经济损失）。图 6.8 中［K］栏是对总计等价货币值的估算。所有结果水平都应该与以下因素等价货币值相关联：建筑物损失；设备损失；原料/物品损失；生产工期延误；人员风险；其他损失。利用等价货币值可以反映每种结果对总风险的贡献，由此也可以进行风险减少的成本/利益分析。

①财产损失。财产损失值通常包括建筑物、设备以及库存原料破坏的损失。财产损失评估与具体的厂房、设备以及营运相关。

根据建筑物和设备价值（当前价值）估计其折合价值和到最终使用寿命

时的本身价值（未来价值），因此可以估算出平均价值。可能需要考虑有关财产价值的其他项目，包括建筑物维护设备（如通风、加热、电器等）的使用价值，还应该包括储存物品价值。

财产损失的水平要按步骤五中对火灾后果进行模拟预测的情况来选取。作为初级评估，财产损失水平可用等价货币值（EMV）与中心损坏因子（百分比）的乘积表示；二级评估中还应包括其他细节和分析，以及工程项目要求注意的范围等。

在很多情况下，建筑物框架和设备是可以修理的，所以要考虑修复费用。

②营运中断。BI 估算通常由延误天数、折合生产损失和每天生产损失金额构成。BI 估算中的变量包括正生产的产品、产品生产周期、产品利润等各项效益以及该产品应用在生产过程中的耦合效益。运营部门要能够提供这些部分的准确数据。

表 6.4 中 100% BI 值对应于 BI 水平 6。作为初级评估，BI 值（生产耽误期内每天损失金额数）可以通过与平均生产耽误时间相乘得出。二级评估包括依据工程项目要求注意的附加细节和分析。

表6.4 营运中断等级和等效货币值举例（美国）

营运中断等级	停工期范围/天	平均停工/天	一般定义	营运中断等效货币值
1. 轻微	0~1	0.5	设备局部微小损坏，不需要维修，但是要清洗和最短时间停工	0.5×BIV
2. 较轻	1~10	5	一些设备部件局部明显损坏，需要较短时间的生产停工期	5×BIV
3. 中等	10~30	20	众多设备部件明显的局部损坏，需要中等长度的停工期	20.0×BIV
4. 严重	30~90	60	主要设备严重损坏，需要维修和更新，且停工	60.0×BIV
5. 重要	90~270	180	大面积损坏导致大面积维修和主要设备停工更新	180.0×BIV
6. 最大值	270~365	318	主要设备大范围停工	100%BIV

注：BIV＝业务中断值，即停工一天损失的美元。

③人员风险。人员风险包括火灾对操作者、雇员或现场人员的损伤水平、潜在的严重损伤或伤亡以及某些情况下现场以外公共场合的人员风险。表6.5 提供了一定人员风险水平和相应的平均 EMV 值。

表 6.5　人员风险等级和等效货币值举例（美国）

人员风险等级		生命安全等效货币值/$
伤害	1. 现场急救：1 人（基本上置于烟气中）	1000
	2. 中等烧伤：1 人（需要住院治疗）	10000
	3. 严重烧伤：1~3（人需要住院治疗）	100000
	4. 职员/现场承包人 1 人（死亡）	1000000
死亡	5. 现场：1~3 人（死亡）	5000000
	6. 场外死亡	20000000

需要说明的是，对人员生命赋值是一件困难且有很多争议的工作。目前，给生命安全赋 EMV 值还没有正式形成评估标准，所以，建立与风险容忍水平相容的方法是很有必要的。通过使用与人员风险相容的 EMV，可以得出人员风险的分级，同时，对优化消防工作也有重要的指导作用。

④环境损害。按照 EMV 原则，可以评估火灾对环境的影响。对周围环境清理的耗费，可按照相关规章由专家实地考察后，处以经济损失赔偿。其他结果，诸如有关火灾事故对环境的破坏而引起的社会影响，评估起来更加困难。表 6.6 给出了一个例子，建立了一些环境风险分类和相应的平均等价货币值。

表 6.6　环境损失等级和等效货币值举例

污染类型	污染损失等级影响	等效货币值/$
土壤污染	土壤污染 1. 可忽略	1000
	土壤污染 2. 局部范围	20000
	土壤污染 3. 重要	250000
水污染	水污染 1. 可忽略	1000
	水污染 2. 局部范围	250000
	水污染 3. 重要	2000000
空气污染	空气污染 1. 可忽略	1000
	空气污染 2. 局部范围——较广	500000
	空气污染 3. 重要——扩散到场外	5000000

⑤其他结果处理。其他结果考虑包括违规罚金、媒体反应、公众感受和公司形象等。表 6.7 给出了对规章和媒体反应结果建立的等级以及相应货币值。

表6.7　调节和媒体反应等效货币值（美国）

	其他风险后果	等效货币值/ $
调节罚款	调节罚款 1. 较小罚款	1000
	调节罚款 2. 中度罚款	20000
	调节罚款 3. 重大罚款	250000
媒体反应	媒体反应 1. 当地新闻——简短	1000
	媒体反应 2. 州部新闻——中长度	200000
	媒体反应 3. 国家新闻——强烈	1000000

　　管理机构发现违章会对火灾事故单位及负责人给予经济罚款，必要时可能进行刑事法律处分，此外，对社会公众影响也是重要方面。特别是企业单位，由于火灾对公众、社会团体、客户等产生的影响将使公司形象、信誉度等大大降低，企业利润额也会随之减少。

　　（3）总风险。总风险是对事件树中所有支线事件风险水平估算的总概括，图6.5中的事件树给出了总风险的例子。表6.8中的可能性和后果（根据等价的货币值）是从图6.5中的［F］和［K］栏数据累计而来的，最后一栏是汇总年度风险分布的相对百分数。该表表明，G4（不可控制的火灾）对全年度风险贡献量占93.55%，是人们最不希望的情形，所以必须降低风险。原因是由于初发事件出现的频率（0.33次火灾/年或1次火灾/3年）和消防系统失效概率偏高。

表6.8　损失预期划分

多场景	损失期望定义	可能性次/年	后果/EMV	占全年度总风险的比例
G1——自动喷淋成功	属于 NLE 死亡情况——正常的损失预期分析	0.102	29000	0.20%
G2——喷淋系统不成功/消防队成功	属于 PML 的情况——最大可能损失分析	0.053	850000	0.25%
G3——喷淋/消防队不成功，假定消防队抑制火灾延误60分钟	属于 PML 的情况——最大可能损失分析	0.0159	5500000	6.00%
G4——不可控制火灾，假定火灾持续2小时	属于 MFL 的情况——最大可预测损失分析	0.15	6000000	93.55%

6.5　火灾风险评估中的统计理论与方法

6.5.1　概述

在火灾风险评估中，火灾概率估计是非常重要的一个步骤。概率值可通过下列三种方法之一获得：一是通过数据直接估计；二是通过模型推导得知，该模型将此概率与其他概率联系起来，如将火灾引燃概率同设备构件失效概率、相关人员过失概率以及靠近易燃材料的概率等相联系；三是通过工程判断。

（1）通过数据估计概率。一般用频率来表示采用数据估计概率，该频率用相关事件数目估计值作分子，用曝火范围（ the extent of exposure to fire）或事件发生的机会作分母。分母测量单位可包括时间单位（如每年的事件发生数）、人（如一建筑物内每千人发生的火灾数）、经估价的物品（如火灾数除以所有建筑及内部物品的总价值）、空间实体（如同类型的千座建筑物所发生的火灾数）或其他实体（如同类型千家公司的厂房所发生的火灾数）。

分子或分母的数据库可以以统计为基础，也可以以协商一致为基础。

（2）通过模型估计概率。用模型估计概率的主要优点是模型不仅能提供用于设计分析的估计值，也便于理解设计的改变和概率以及后果变化之间的关系。如果视设计的火灾风险评估得到的估计值为不可接受时，了解改变之间的关系非常重要。

使用模型并不排除对经验或主观数据的需要，而是用其他变量取代对数据的需要，模型就是通过这些其他变量来估计有关概率。但有时很难获取这些变量的相关数据，这会抵消模型的优越性。

蒙特卡洛抽样法不是一种概率估计的替代方法，而是一种在确定的概率分布中进行火灾风险计算的数字方法。后者被用作选择特定火灾场景样本的基础，通过绝对等效的概率加权，使该样本的平均后果严重性成为对整个场景组概率加权后果严重性的最佳估计。

（3）通过工程判断估计概率。通过使用德尔菲法或其他减少偏离、提高估计质量的程序，可以作出系统而协调一致的工程判断。工程判断可以是点值，也可以是一个范围。后者可减少估计者之间存在的偏差，并且可用于风险矩阵或其他量化火灾风险的评估程序。当相关数据几乎或完全不存在时，可借助工程判断进行概率估计，此时可能会用到风险矩阵。在矩阵中，所有的概率估计都归为一小部分分布良好的数值。例如，一个用数量级分开的五个值的方案使用 0.5%、5%、50%、95%、99.5%作为数值；一个用半数量级分开的五个值的方案使用 5%、15%、50%、84%、95%作为数值。

6.5.2 火灾的发生和增长

（1）概率方法。概率方法可用来量化建筑物火灾风险。在这种方法中，在一段时间（如一年）内可能的火灾风险表示为：

①在一段时间内发生火灾的概率（P）；

②在发生火灾时可能的生命和财产的损害。

防火措施（宣传、消防安全教育、防火审查）等可以减少发生火灾的概率（P），而减少火灾后果则需要防火保护措施，如自动喷淋、火灾自动报警和探测器、结构防火、烟气控制系统、逃生设施的手段。需要注意的是，即使采取了上面的一些措施，也不能将火灾风险降低为零。

在本节讨论的财产损失可以表示为火灾破坏面积（D）或者空间蔓延的程度、资金损失（L）等。

（2）着火的可能性。着火概率与建筑环境及点火源有关，而且随着建筑物类型的不同而不同。甚至在一个建筑物内，不同位置的环境条件和点火源也不相同。例如，在工业建筑中，生产区、仓储区以及其他的区域，由于点火源以及点火源的数量不同，着火概率也不相同；在居民住宅中，餐厅、卧室、客厅、厨房、卫生间种类和功能不同，着火概率也不相同；在超市的购物区和库存区，由于人员不同，着火概率也不相同。

据火灾统计表明，在一个建筑物着火后，火灾蔓延超出建筑的频率很小（大约为1%）。这个频率随着建筑物的不同而不同。外部火灾的蔓延而导致的生命损失是少见的。由于上述理由，本书中讨论的火灾风险通常指的是初始着火建筑内的火灾风险。

在建筑中，不同区域的着火原因或许不同。拉马钱德兰在1979～1980年调查了英国（Ramachandran）纺织业不同区域点火源情况，调查结果如表6.9所示。从表中可以看出，机械热源或电火花是生产和维修区的主要火源，其次是工业电器。在存储区域中，吸烟、儿童玩火、纵火是主要的点火源；在其他区域，人为因素也是火灾的重要原因。

表6.9 纺织工业不同区域点火源的分布

点火源		生产和维护		生产线	存储区域			其他区域	合计
		集尘器（非旋风式）	其他区域		库房	装卸和停车区	其他区域		
A 工业电器	集尘电器	14	3	—	—	—	—	—	17
	其他燃料	12	—	—	—	—	—	—	12
	其他电器	6	111	—	—	—	—	—	117
	其他燃料	—	22	—	1	—	—	2	25

（续表）

点火源	生产和维护		生产线	存储区域			其他区域	合计
	集尘器（非旋风式）	其他区域		库房	装卸和停车区	其他区域		
B 焊接与切割设备	–	10	–	6	–	–	7	23
C 发动机	–	7	–	–	–	–	–	7
D 电线盒电缆	1	12	–	–	–	–	2	15
E 机械热源或电火花	27	194	–	–	–	–	–	221
其他	52	387	–	2	–	–	–	441
F 纵火	–	9	–	3	–	–	3	15
疑似纵火	–	13	–	7	–	–	–	20
G 吸烟	2	29	1	15	1	–	7	55
H 儿童玩火	3	4	–	12	2	4	5	30
J 其他	4	29	2	3	2	–	12	52
K 不明原因	11	78	–	14	–	–	9	112
合计	132	908	3	63	5	4	47	1162

为了估计由于特定原因导致的火灾的概率，需要统计存在该类危险原因的建筑物由于该原因导致的火灾次数以及建筑火灾总次数。这项工作需要消耗大量的资源。下面介绍一种近似的估算方法。

拉马钱德兰分析了大量的火灾统计数据，认为建筑物中着火的概率可以表示为：

$$P(A) = KA^\alpha \tag{6.6}$$

式中 A 为建筑总地板面积；K 和 α 为特定建筑物的常数，$K = n/N$，其中 N 表示某类建筑总数量，n 表示该类建筑着火次数；$P(A)$ 为年度着火概率。

鲁特施泰因（Rutstein）在 1979 年根据英国的火灾统计数据估计的 K 值和 α 值，如表 6.10 所示。通过公式可以估算行业的火灾风险情况。

表 6.10 不同行业的火灾风险参数表

建筑性质	年着火概率		火灾平均损失/m²	
	K	α	C	β
工业建筑	–	–	–	–
食品及烟酒业	0.0011	0.60	2.7	0.45

（续表）

建筑性质	年着火概率		火灾平均损失/m²	
	K	α	C	β
化学	0.0069	0.46	11.8	0.12
机械和金属加工	0.00086	0.56	1.5	0.43
电子工程	0.0061	0.59	18.5	0.17
交通	0.00012	0.86	0.80	0.58
纺织	0.0075	0.35	2.6	0.39
家具	0.00037	0.77	24.2	0.21
印刷出版	0.000069	0.91	6.7	0.36
其他工业	0.0084	0.41	8.7	0.38
所有制造业	0.0017	0.53	2.25	0.45
其他建筑	–	–	–	–
仓储	0.00067	0.5	3.5	0.52
商店	0.000066	1.0	0.95	0.50
办公室	0.000059	0.9	15.0	0.00
酒店	0.00008	1.0	5.4	0.22
医院	0.0007	0.75	5.0	0.00
学校	0.0002	0.75	2.8	0.37

例如，假设一个纺织车间建筑面积为 $2500m^2$，根据表 6.10 可知 $K = 0.0075$，$\alpha = 0.35$，则该车间一年内失火的概率为 0.116。

（3）可能损失。可能的损失面积可以表示为：

$$D(A) = CA^{\beta} \tag{6.7}$$

式中，A 表示建筑总面积，C 和 β 表示与建筑类型有关的风险参数。

鲁特施泰因在 1979 年根据英国的火灾统计数据估计的 C 值和 β 值如表 6.10 所示。面积较小的建筑比面积较大的建筑更容易发展成全面的火灾。也就是说，如果将 $D(A)/A$ 记为火灾损失比例，那么火灾损失的比例随着建筑的面积增大而减小，β 值小于 1。保险精算的研究和统计调查都得出了上述结论。

式（6.6）和式（6.7）都可以用来估算火灾风险。需要注意的是，该公式是在最小消防保护水平（没有自动喷淋）的情况下得出的经验公式。

建筑物中的消防设施将会降低损失比例和 β 值。例如，一个没有自动喷淋的工业建筑，总面积为 $1500m^2$，$C = 2.25$，$\beta = 0.45$，则平均损失面积为

$60m^2$，而鲁特施泰因调查发现，如果安装了自动喷淋，则平均损失面积为 $16m^2$，此时 $\beta = 0.27$。

拉马钱德兰在 1990 年开展了一个与此相似的研究，他使用纺织业的数据，得到 $C = 4.43$，在没有喷淋保护的建筑中 $\beta = 0.42$，有喷淋保护的建筑中 $\beta = 0.22$。

（4）火灾的蔓延。火灾破坏的可能面积也可以根据不同类型的火灾蔓延和该类型的火灾可能性进行估算。根据火灾统计，可考虑的火灾蔓延情况如下：

①火灾限制在初始燃烧物；

②火灾在初始着火房间的蔓延；

③火灾蔓延至着火层的其他房间；

④火灾超出着火层在建筑物内的蔓延；

⑤火灾蔓延超出建筑物。

火灾也可能在蔓延至同层的其他房间之前先竖向蔓延至其他的房间，但由于统计困难，一般很少考虑。表 6.11 是鲁特施泰因统计的英国纺织业火灾蔓延的情况。

表 6.11　英国纺织业火灾平均破坏面积

火灾蔓延范围		有喷淋保护			无喷淋保护		
		平均破坏面积/m^2	可能性（%）	时间/min	平均破坏面积/m^2	可能性（%）	时间/min
限制在初始燃烧物		4.53	72	0	4.53	49	0
仅在着火房间的蔓延	蔓延至其他可燃物	11.82	19	8.4	15.04	23	6.2
	蔓延至结构	75.07	7	24.2	197.41	21	19.4
火灾超出房间		1000.00	2	–	2000.00	7	–
平均		30.6	100		18.07	100	

1982 年，冈伯格（Gomberg）等人利用火灾统计数据使用概率树评估火灾蔓延的后果，其目的是评估自动喷淋系统的作用以及火灾风险。火灾蔓延考虑三种情况：限制在初始着火位置（0），在着火房间蔓延（< R），蔓延超出着火房间（> R）。"自动灭火"表示火灾触发系统概率。由于火灾统计只是说明火灾在熄灭后自动系统是否被触发，所以在这里采用的是以专家判断的方式来估计系统触发的概率，概率树如图 6.9 所示。

场景	探测器	自动灭火	破坏程度	死亡人数	受伤人数	财产损失

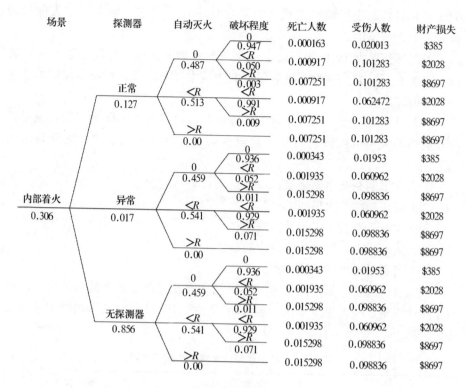

图 6.9　概率树

研究火灾的蔓延特点对控制火灾具有十分重要的意义。当可燃物分布连续时，火灾蔓延过程的研究已经相对比较成熟，通过燃烧、传热模型代入明确的边界和初值条件后，便可以得到确定的结果。然而大多数情况是可燃物的分布是不连续的，由于各种条件的影响，使得火灾的蔓延过程具有很大的不确定性。因此，可以引入随机性方法对该过程的不确定性进行描述。

6.5.3　火灾风险的随机模型

除环境条件外，还应考虑建筑内可燃物的摆放方式影响火灾蔓延的情况。这些过程在不同时间的相互作用，造成火灾的发展以及主动防火和被动防火措施性能的不确定性。不确定性还包括建筑内的人员在火灾中的行为和火灾产物对逃生的影响和对人员的伤害。火灾的确定性评价模型可以模拟不同情况下的火灾情况以及人员行为，但对这些不确定性因素很难评价。这些不确定性因素可以通过不确定性模型进行评价。

不确定性模型包括概率模型和随机模型。概率评价方法可以以概率的方式来表达火灾的风险，其可信度是有限的。对一个特定建筑进行火灾风险评价时，较复杂的方法就是随机模型。这些模型考虑在时间和空间内发生的重要事件链和连接这些事件的概率。在这里主要讨论马尔科夫模型。

（1）马尔科夫链。如果事物的发展过程及状态只与事物当时的状态有关，而与以前状态无关时，则此事物的发展变化称为马尔科夫链。如果系统的火灾状况具有马尔科夫链的性质，且一种状态转变为另一种状态的规律又是可知的，那么可以利用马尔科夫链的概念进行计算和分析，来预测未来特定时刻的系统火灾状态。

马尔科夫链是表征一个系统在变化过程中的特性状态，可用一组随时间进程而变化的变量来描述。火灾由一个状态向另一个状态的转移，由其转移概率来确定。用数学语言表达为：如果在第 n 个时间步时，火灾在状态 i，则根据转移概率 $\lambda_{ij(n)}$，在第 $n+1$ 个时间步时，它可以在状态 j。这种转移概率可以十分方便地用矩阵的形式来进行操作，对于 m 个状态的情况而言，其状态转移概率矩阵为：

$$P = \begin{bmatrix} \lambda_{11} & \lambda_{12} & \cdots & \lambda_{1m} \\ \lambda_{21} & \lambda_{22} & \cdots & \lambda_{2m} \\ \vdots & \vdots & \vdots & \vdots \\ \lambda_{m1} & \lambda_{m2} & \cdots & \lambda_{mm} \end{bmatrix}$$

状态转移矩阵是一个 m 阶方阵，满足概率矩阵的一般性质，即满足 $0 \leqslant \lambda_{ij}$，且 $\sum_{i=1}^{m} \lambda_{ij} = 1$。也就是说，状态转移矩阵的所有行变量都是概率向量。

假定系统的初始状态可用状态向量表示为：

$$s^{(0)} = [s_1^{(0)}, s_2^{(0)}, s_3^{(0)}, \cdots, s_n^{(0)}] \tag{6.8}$$

一次转移向量 $s^{(1)}$ 为：$s^{(1)} = s^{(0)}P$

二次转移向量 $s^{(2)}$ 为：$s^{(2)} = s^{(1)}P = s^{(0)}P^2$

类似地：$s^{(n+1)} = s^{(0)}P^{(n+1)}$

系统在时间 n 时的概率分布可以表示为向量：

$$P = s^{(n)} = s^{(0)}P^{(n)} = (q_1, q_2, q_3, \cdots, q_m) \tag{6.9}$$

式中，q_m 表示在时间 n 时消防燃烧处于第 m 个状态的概率。在给定的时间内，火灾只能处于 m 种状态中的一种状态，如果在第 m 个状态，这可能意味着火灾处于熄灭的状态。

在马尔科夫链中，转移概率必须满足以下性质：第一，所有的研究状态应该是有限的；第二，对于每组状态（i, j），在状态 i 发生后 j 立即发生的概率 λ_{ij} 仅有一个。

例如，一个房间有 4 个不连续的可燃物 R_1、R_2、R_3 和 R_4，假设火灾在

R_1 发生，并且火灾在这4个可燃物中蔓延，火灾不会自动熄灭，当发生轰燃时4个可燃物都被点燃，这时蔓延过程终止。在本例中可以出现以下四种状态：

第一，有1个可燃物燃烧（仅 R_1 燃烧）；

第二，有2个可燃物燃烧（ R_1 和 R_2 燃烧或者 R_1 和 R_3 燃烧或者 R_1 和 R_4 燃烧）；

第三，有3个可燃物燃烧（ R_1 、R_2 和 R_3 燃烧或者 R_1 、R_2 和 R_4 燃烧或者 R_1 、R_3 和 R_4 燃烧）；

第四，全部4个物体一起燃烧。

在本例中，没有从较高的状态向较低的状态转移，如果不考虑火灾在室外的蔓延，当达到第四种状态之后，蔓延就终止了，这时不会再向其他的状态转移，这种状态称为吸收态。

假设状态转移矩阵在某个时间n，火灾处于不同状态的概率为：

$$P_n = (0.1\ 0.2\ 0.3\ 0.4)$$

则在时间（n+1）时火灾状态的概率向量为：

$$P_{n+1} = P_n P$$

$$= (0.1\quad 0.2\quad 0.3\quad 0.4)\begin{bmatrix} 0.4 & 0.3 & 0.2 & 0.1 \\ 0 & 0.5 & 0.3 & 0.2 \\ 0 & 0 & 0.6 & 0.4 \\ 0 & 0 & 0 & 1 \end{bmatrix}$$

$$= (0.04\quad 0.13\quad 0.26\quad 0.57)$$

这说明在（n+1）时间内，火灾处于第三种状态（有3个目标物燃烧）的概率为0.26，而轰燃的概率为0.57。

（2）马尔科夫过程。在马尔科夫过程中，从一个状态转移到另一个状态的概率是一个常数，它与时间相互独立。伯林（Berlin）在1980年将住宅火灾分为六种状态，并以此估算每种状态之间的迁移概率：无火状态；持续燃烧；猛烈燃烧；对火灾的干涉作用；远程燃烧；着火房间的全面火灾。

通过一些关键的事件来定义这些状态，如热释放速率、火焰高度以及上层的烟气温度。假设火灾在发展过程中，处于任何种状态都是随机的。

伯林通过超过100组的全尺寸火灾实验，得到的转移概率如表6.12所示。从表中可以看出，当火灾处于状态Ⅲ时，有75%的机会发展到状态Ⅳ，有25%的机会后退到状态Ⅱ。状态Ⅰ是无火状态，所有的火灾最终均结束在这个状态，所以也称吸收态。当达到状态Ⅵ时（着火房间的全面火灾），状态转移过程也会终止，所以状态Ⅵ也是吸收态。伯林分别用均匀分布、正态分布和对数正态分布来描述不同状态的时间概率分布。

表6.12　住宅中典型房间的火灾状态转移（火灾类型：沙发垫阴燃火灾）

| 状态转移 | | 转移概率 | 时间分布 | | |
from	to		概率分布	均值	标准差
Ⅱ	Ⅰ	0.33	均匀分布	2	5
Ⅱ	Ⅲ	0.67	对数正态分布	8.45	0.78
Ⅲ	Ⅱ	0.25	均匀分布	1	2
Ⅲ	Ⅳ	0.75	正态分布	5.55	3.22
Ⅳ	Ⅲ	0.25	均匀分布	1.5	9
Ⅳ	Ⅴ	0.75	均匀分布	0.5	3.5
Ⅴ	Ⅳ	0.08	均匀分布	0.6	6
Ⅴ	Ⅵ	0.92	对数正态分布	5.18	4.18

状态转移问题实际上就是火灾发展问题，极大的火灾发展代表着最极端的情况。部分火灾发展不会超过状态Ⅱ，概率为0.33。如果用M_3表示火灾发展到状态Ⅲ但不超过状态Ⅲ的最终（极限）概率，则M_3的大小可以表示为：

$$M_3 = \frac{\lambda_{21} + \lambda_{23}\lambda_{31}}{1 - \lambda_{23}\lambda_{32}} - \lambda_{21} \qquad (6.10)$$

使用表6.12中的数据，注意$\lambda_{31}=0$，于是$M_3=0.07$，伯林估算出火灾不容易超过状态Ⅲ。表6.13是伯林给出的火灾发展最大程度的概率。这里所谓的"火灾发展最大程度"实际上是指火灾发展到稳定状态，此时火灾的发展满足条件$p_n = p_{n+1} = p_n p$。他还讨论了其他的情况，如火灾的自熄灭和火灾强度的概率分布。

表6.13　火灾发展最大程度概率

最大火灾程度	概率
状态Ⅱ	0.33
状态Ⅲ	0.07
状态Ⅳ	0.02
状态Ⅴ	0.58

伯林估计99%的火灾在12次状态转移内会终止。这个结论是基于平稳

转移概率而假设的，燃烧过程受不同的燃烧材料影响，在同一个状态，波动的概率可能更接近真实的情况。然而，燃烧最终会消耗所有的燃料，这种情况下，所有状态发展到终止的概率为1。因此，伯林方法代表的是一种极坏情况的分析。

马尔科夫模型主要的缺点是转移概率"平稳"的性质。它假设概率随着时间的推移保持不变。在给定的条件下，火灾燃烧的时间长短影响未来的火势蔓延。例如，火灾时间长则烧穿一堵墙的概率增加。火灾在一个状态的时间的长短，取决于火灾是如何达到这个状态的，即火灾是增长还是衰退到该阶段。火灾增长的速度取决于火灾的热释放速率。在一个静态转移概率的马尔科夫模型中，增长的火灾和衰退的火灾之间没有明显的区别。

6.5.4 财产损失评估

对于不同类型的建筑，由于其使用功能不同，其内部可燃物的种类和含量、电器以及能量的利用程度将大大不同，火灾发生的概率肯定会有所差别。一旦建筑物内火灾发生后，其蔓延的概率有多大？会不会发展成盛期火灾？盛期火灾的持续时间有多长？会不会由于火灾长时间的烧烤使得建筑结构的力学性能遭到严重破坏而导致整体坍塌？所有这些由火灾发生后造成的财产损失程度不仅与建筑物的防灭火特性有关，还与建筑物内可燃物的种类、含量和分布情况等有关。因此，要对建筑物的火灾财产损失进行有效、准确地评价，首先必须要了解不同功能建筑物的火灾发生概率，同时还须对不同功能建筑物内的可燃物的种类和火灾荷载进行准确的统计。

一个科学的火灾风险评估、火灾财产损失评估方法，必须将火灾动力学和统计理论相结合，必须在充分了解和掌握了火灾孕育、发生和发展的动力演化机理基础之上，建立综合考虑火灾统计结果、建筑物的结构特性、所采取的防灭火措施的科学的风险评估方法。

（1）建筑火灾发展阶段的分割。当某一建筑物内发生火灾后，如果没有有效的灭火措施，火灾就会蔓延，同时由火灾而产生的高温、有毒、有害烟气也将迅速扩散，并且烟气的扩散速度将远远大于火的蔓延速度。为了对建筑火灾的危害性进行科学的评价，我们首先必须对影响火灾发生、发展的各个要素进行分析分类，同时我们还必须基于火灾动力学和防灭火设备的有效性对火灾发展蔓延的阶段进行分割。

①影响火灾发展的要素。影响火灾发展的主要因素有火灾环境、建筑物的空间结构和特性、建筑物的防灭火措施、防灭火设备的可靠性和有效性及科学的防灾管理等。

A. 火灾环境。火灾环境主要包括着火房间可燃物的特性，着火房间的空间结构和面积等。因为通常在火灾发生初期，采用的火灾模型为时间平方火（t^2 火），即：

$$Q = \alpha(t - t_0)^2 \qquad (6.11)$$

式中 Q 为火灾热释放速率（kW）；α 为火灾成长系数（kW/s^2）；t 为火灾发生后的时间（s）；t_0 为开始有效燃烧所需的时间（s）。

很显然，当室内可燃物不同时，不仅其燃烧热值不同，其火灾成长系数也将大不相同。表6.14 列出了一些不同功能建筑物的火灾增长系数。在实际的工程运用中，可以根据不同功能建筑物中可燃物的特性直接由表6.14 获得火灾增长系数 α。

表6.14　火灾增长系数

分类	火灾增长系数 a/（kW/s^2）		适用场所
超快速火	高	—	商店、加油站等
	标准	0.20	
	低	0.14	
快速火	高	0.07	旅馆，办公室等
	标准	0.05	
	低	0.03	
中速火	高	0.02	医院、办公室等
	标准	0.0125	
	低	0.009	
慢速火	高	0.005	学校
	标准	0.003	
	低	—	

B. 建筑物的防灭火设备。建筑火灾一旦发生后，能不能将火势控制在一个较小的状态，以减少火灾的直接经济损失和人员的伤亡，很大程度上取决于该建筑物内防灭火措施的有无和其可靠性。建筑物内的防灭火设备主要包括：火灾自动探测和报警设备、水喷淋设备、小型灭火器、消火栓、排烟设备等。一个建筑物内只设置了必要的防灭火设备是不行的，还必须保证这些防灭火设备在火灾发生后能有效工作。应该说确保建筑物内防灭火设备的有效可靠启动更为重要。表6.15 是日本东京消防厅从 1989～1998 年所做的关于各种消防设备完好率的统计结果。由该表可以看出，由于日本各种消防设备的技术水平较高、日常的维护和管理做得比较好，各种消防设备的完好率

相对较高。

表6.15　各种消防设备的有效启动概率

设备名称	设备完好率	数据来源
水喷淋	0.975	1989～1998 年的火灾统计数据
火灾报警探测器	0.939	1989～1998 年的火灾统计数据
灭火器	0.997	1989～1998 年的火灾统计数据
消火栓	0.979	1989～1998 年的火灾统计数据
排烟设备	0.974	1989～1997 年的火灾统计数据
紧急电源	0.998	1989～1997 年的火灾统计数据

C. 建筑物的空间特性。防火分区是控制火灾蔓延、防止灾害扩大的有效方法之一。分隔防火分区所用的材料主要有防火墙和防火门（包括防火卷帘）。防火墙和防火门的有效耐火时间，防火门关闭的可靠性和有效性等将影响到火灾能否向邻近防火分区蔓延，如表6.16 所示。

表6.16　各类防火门的关闭可靠性的统计结果

门的状态	防火门的种类	关闭的可靠性
长期关闭	防火门	0.97
随时关闭	防火门	0.97
与感烟、感温等探测器联动	防火卷帘门	0.91

②火灾发展阶段分割。科学的火灾风险评估方法是基于火灾动力学和概率统计理论的相互耦合。为了对火灾发生后的增长概率和火灾的直接损失作出科学的评价，以火灾增长概率和火灾发生后建筑物的平均烧损面积为目标函数，根据火灾发展过程中的不同危险程度和消防设施灭火的效果，将火灾由初期发展到整个防火分区的过程分为四个阶段，结合系统安全分析的方法对每个阶段火灾风险、火灾成长概率进行分析，对火灾发生后的烧损面积进行预测。

第一阶段，是指火灾处于初期阶段，其热释放速率相对较小，此时的火灾可以被灭火器或被自动水喷淋扑灭（或控制）。

第二阶段，是指火灾已发展到一定阶段，此时室内的灭火器和水喷淋系统已经不能将火灾有效地扑灭，必须利用消火栓进行灭火。

第三阶段，是指火灾超出阶段二发展到盛期阶段。这个阶段火势发展较快，并很有可能发生轰燃。

第四阶段，是指火灾进一步发展，由起火房间蔓延到整个防火分区。

（2）各阶段火灾成长概率。

①阶段一火灾成长概率。假定火灾在建筑物的某防火分区内开始发生。根据阶段一火灾的定义，由于火灾还处于初期阶段，可以被灭火器或被自动水喷淋扑灭（或控制）。那么火灾能否被及时发现？火灾被及时发现后，能否利用建筑物内的防灭火设备有效地扑灭？这些都是火灾能否成长并超出阶段一的主要影响因素。也就是说，火灾超出阶段一的概率的大小主要取决于火灾探测报警系统、自动水喷淋系统和灭火器工作的可靠性和有效性。我们利用事件树的分析方法，在火灾探测报警系统、自动水喷淋系统和灭火器这三种防灭火设备的作用下，对火灾超出阶段一可能的发展情况进行了分析，图 6.10 是影响阶段一火灾发展的事件树。

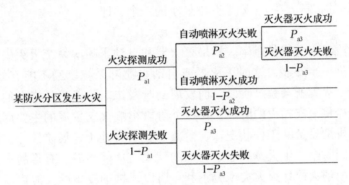

图 6.10　阶段一事件树

图 6.10 从火灾探测报警系统的可靠性、自动水喷淋灭火系统和灭火器的灭火有效性分析了火灾在阶段一发展的可能结果。利用事件树的分析方法，可以计算出火灾发展超出阶段一的概率为：

$$P_{FPh1} = (1 - P_{a1})(1 - P_{a3}) + P_{a1}P_{a2}(1 - P_{a3}) = 1 - P_{a1} - P_{a3} + P_{a1}P_{a2} + P_{a1}P_{a3} - P_{a1}P_{a2}P_{a3}$$
$$(6.12)$$

式中 P_{FPh1} 为火灾发展超出阶段一的概率；P_{a1} 为火灾探测报警成功的概率；P_{a2} 为自动水喷淋灭火成功的概率；P_{a3} 为灭火器灭火成功的概率。

为了对发生火灾后的建筑物进行火灾风险评估，估算火灾发生后的烧损面积，需要得到每个阶段的临界时间。如果火灾经过一段时间发展，其热释放速率超过灭火器的灭火极限，火灾就会超过阶段一而继续发展。阶段一的临界时间就是灭火器刚好可以将火灾扑灭时火灾发展经历的时间。影响灭火器灭火的因素是火源的热释放速率。火灾初期的热释放速率可以用式（6.11）进行计算。

开始有效燃烧所需的时间均可以认为是火灾发生到火灾探测报警的时间 t_{fa}。根据文献，在火源的热释放速率没有超过 950kW 时，火灾可以被灭火器扑灭。火源热释放速率达到 950kW 时所对应的时间即火灾可以被灭火器扑灭的临界时间，可由下式得到：

$$t_{950} = \sqrt{\frac{950}{a}} + t_{fa} \qquad (6.13)$$

式中 t_{950} 为火灾可以被灭火器扑灭的临界时间（s）；t_{fa} 为火灾发生到探测报警的时间（s），通常取 60s。

阶段一的临界时间 t_{FPh1} 就等于火灾可以被灭火器扑灭的临界时间，即：

$$t_{FPh1} = t_{950} \qquad (6.14)$$

如果热释放速率达到 950kW 所需时间大于烟气下降到危险高度所需时间（临界时间的求解方法），则取其中最小的一个，即：

$$t_{FPh1} = \min(t_{950}, t_{height}) \qquad (6.15)$$

②阶段二火灾成长概率。如果灭火器和自动水喷淋系统灭火失败，就会导致火灾进一步发展，这时灭火器或自动水喷淋系统已经不能有效地控制、扑灭火灾，火灾就会超过阶段一而发展到阶段二。阶段二是指人们可以使用室内消火栓将火灾扑灭的阶段。在这个阶段影响火灾发展的主要因素是室内消火栓和排烟设备的工作状况。在阶段二，火灾处于发展阶段，室内温度逐渐升高，同时会产生大量高温、有毒的烟气，这些高温、有毒的火灾烟气对人使用室内消火栓扑灭火灾十分不利。所以，排烟设备的及时启动是保证人使用室内消火栓成功扑灭火灾的关键。

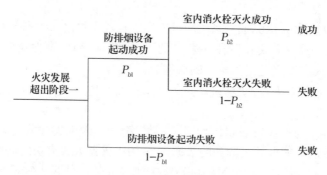

图 6.11　阶段二事件树

在阶段二，事件树考虑排烟设备和室内消火栓的情况下，分析阶段二火灾发展的可能结果。在阶段二，火灾进展与否主要受排烟设备能否有效启动，室内消火栓能否有效灭火的影响，通过对图 6.11 的事件树进行分析，火灾发展超出阶段二的概率可由下式得到：

$$P_{FPh2} = P_{FPh1}\big[(1 - P_{b1}) + P_{b1}(1 - P_{b2})\big] = P_{FPh1}(1 - P_{b1}P_{b2}) \quad (6.16)$$

式中 P_{FPh2} 为火灾发展超出阶段二的概率；P_{b1} 为排烟设备启动成功的概率；P_{b2} 为室内消火栓灭火成功的概率。

在阶段二，火灾发展过程中会产生一些高温、有毒的烟气，当这些高温、有毒的烟气下降到对人有危害的高度时，就会影响人使用室内消火栓灭火。另外，虽然烟气层的高度高于人眼的高度，但当烟气层的温度过高时（烟气的辐射热通量大于 0.25W/cm^2），也会对人体造成灼伤。烟气层的厚度随时间的变化可以通过美国国家标准与技术研究所开发的 CFAST 火灾区域模拟软件计算得到，当烟气层降到对人有危害高度（工程上通常取 1.5m）时，一般人员就难以用室内消火栓进行火灾扑救。烟气下降到 1.5m 高度的时间求法如图 6.12 所示，取烟气层下降到 1.5m 高度或烟气的辐射热通量大于 0.25 W/cm^2 时的最短时间为阶段二的临界时间 t_{FPh2}。

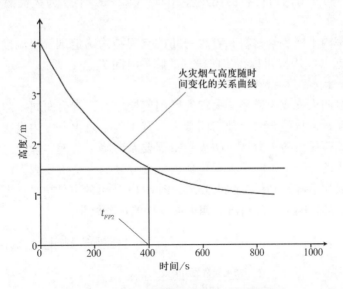

图 6.12　阶段二的临界时间 t_{FPh2} 的确定方法

③阶段三火灾成长概率。室内消火栓或排烟系统的失效会导致火势进一步发展。这时，建筑物内的灭火设施已经不能有效地控制火灾的发展，只能依靠消防队的扑救，如果阶段二之后未得到消防队的及时扑救，火灾就会发展到阶段三。这个阶段火势发展较快，并有可能发生轰燃。火灾发展超出阶段三的概率可由下式得到：

$$P_{FPh3} = P_{FPh2}(1 - P_f) \quad (6.17)$$

式中 P_{FPh3} 为火灾发展超出阶段三的概率；P_f 为得到消防队及时有效扑救火灾的概率。

阶段三的临界时间即火灾从开始发展到轰燃所经历的时间。一般认为当起火室烟气层的温度达到300℃（房间的装修材料为可燃物）或600℃（房间的装修材料为非可燃物）时就会发生轰燃，此时火灾所经历的时间即为火灾发展到盛期的时间。火灾轰燃之前的烟气层温度可由文献提出的公式计算：

$$T_{ht} = 0.023Q^{\frac{2}{3}}(h_k A_T A\sqrt{H})^{\frac{1}{3}}T_\infty + T_0 \tag{6.18}$$

$$h_k = \sqrt{k\rho c/t} \tag{6.19}$$

式中 T_{ht} 为烟气层温度（℃）；Q 为热释放速率（kW）；h_k 为室内墙壁的有效传热系数［kW/（m^2·K）］；A_T 为房间内表面积（m^2）；A 为房间开口面积（m^2）；H 为房间开口高度（m）；T_∞ 为环境温度（K）；T_0 为房间初始温度（℃）；k 为内衬材料的导热系数［kW/（m·K）］；ρ 为内衬材料的密度（kg/m^3）；c 为内衬材料的比热容［kJ/（kg·K）］；t 为火灾燃烧特征时间（s）。

根据室内不同装修材料和着火房间的空间结构确定烟气层温度，结合式（6.18）、式（6.19）可以得出阶段三的临界时间 T_{FPh3}，即：

$$T_{FPh3} = t \tag{6.20}$$

④阶段四火灾成长概率。火灾发展到盛期之后，就会向同一防火分区的其他房间蔓延，从而导致其他房间着火，直至整个防火分区内发生火灾。为了防止火灾蔓延出防火分区，防火卷帘需要及时降下关闭，除此之外，消防队及时有效的扑救也是防止火灾蔓延出防火分区的一个重要因素。阶段四是指火灾由起火室蔓延到整个防火分区。图6.13所示的事件树是在考虑防火卷帘和消防队的影响下，分析阶段四火灾发展的可能结果。

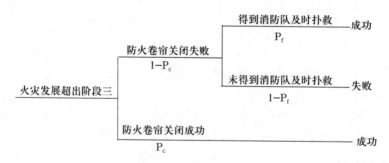

图6.13　阶段四事件树

图6.13从防火卷帘关闭的有效性和消防队及时扑救的有效性角度，利用

事件树分析了火灾蔓延出防火分区的可能性。通过阶段四的事件树，火灾发展超出阶段四的概率可以由下式得到：

$$P_{FPh4} = P_{FPh3}(1 - P_{c1})(1 - P_f) \tag{6.21}$$

式中 P_{FPh4} 为火灾发展超出阶段四的概率；P_c 为防火卷帘关闭成功的概率；P_f 为消防队及时扑救成功的概率。

⑤阶段四以后的火灾成长概率。由于着火房间所在防火分区的防火卷帘关闭失效且未得到消防队的及时有效扑救，导致火灾蔓延出防火分区至相邻的防火分区，这时火灾在相邻的防火分区能否得到有效控制与扑救取决于该防火分区防灭火设备工作的有效性以及消防队扑救的有效性。

（3）建筑物发生火灾时烧损面积的预估。

①火灾发生后的烧损面积。在阶段一、阶段二、阶段三，即从起火到充分发展阶段，由于火源的热释放速率随时间成 t^2 规律增长，故可以认为火焰是以着火点为圆心，以圆形向四周蔓延，并引燃其他可燃物。烧损面积，是指火焰蔓延达到的区域的面积。这样，对于前三个阶段的过火面积就可以通过下式进行计算：

$$A_i = \pi[v(t_{FPhi} - t_{fa})]^2 \tag{6.22}$$

式中 A_i 为火灾发展到阶段 i 时，建筑物的烧损面积（m^2）（$i = 1, 2, 3$）；t_{FPhi} 为阶段 i 的临界时间（s）；v 为火灾蔓延速度（m/s），其大小取决于火灾场景可燃物的特性。

对于阶段四，由于火灾已经蔓延至整个防火分区，此时的烧损面积 A_4 应为起火室所在防火分区的面积。

火灾发生后着火房间所在防火分区的平均烧损面积受以下两个因素的影响：每个阶段的火灾成长概率和发展到每个阶段时建筑物的烧损面积。通过式（6.12）至式（6.22）可以得到火灾一旦发生后起火室所在防火分区的平均烧损面积为：

$$A_{FZ} = \sum_{i=1}^{3} (A_i P_{FPhi}) + A_4 P_{FPh4} \tag{6.23}$$

式中 P_{FPhi} 为火灾发展超出阶段 i 的概率（i = 1, 2, 3）；A_{FZ} 为火灾发生后着火所在防火分区的平均烧损面积（m^2）。

②建筑物使用年限内可能的烧损面积和财产损失。

式（6.23）为火灾一旦发生后，各类建筑物在不同防灭火措施下烧损面积均值的预测计算式，那么对于某一具体建筑物而言，其使用年限内的可能烧损面积应该与该建筑的面积和该建筑发生火灾的概率有关。对于建筑面积为 S 的建筑物在其使用年限内的可能烧损面积为：

$$A = SY_LP_{fire}A_{FZ} \tag{6.24}$$

式中 Y_L 为建筑物的使用寿命（年）；S 为建筑物的总面积（m^2）；P_{fire} 为建筑物发生火灾的概率 [起/（$m^2 \cdot$ 年）]。

如果该建筑物单位面积的财产（包括固定和移动财产）密度为 w_E（元/m^2），则该建筑物在其使用年限内可能的火灾财产损失为：

$$E_{fire} = w_EA = w_ESY_LP_{fire}A_{FZ} \tag{6.25}$$

式（6.25）为某建筑物在其使用年限内火灾财产损失（元）的估算式，在计算 E_{fire} 时，不仅要用到诸如财产密度、火灾发生概率、火灾有效探测和报警概率等统计数据，还需要用到火灾增长过程中超出各个阶段的概率。

6.5.5 火灾引起建筑物坍塌的评估方法

火灾不仅会造成巨大的财产损失和大量的人员伤亡，有时还会造成整个建筑物的整体坍塌，使灾害进一步扩大。

由于当今城市建筑的特点由传统的低层或多层建筑向中高层或超高层的大型建筑转变，建筑材料也由传统的砖瓦向钢材转变。钢以及混凝土受热后力学性能下降是它们的共同弱点，特别是钢材受热后力学性能明显下降。虽然钢材为非燃烧材料，但经过火灾发生时的长时间烧烤，当钢的温度达到 400℃ 时，钢材的屈服强度将下降到室温下强度的一半。当温度达到 600℃ 时，钢材基本失去其强度和刚度。所以当火灾的持续时间超过建筑物的最大耐火时间时，极有可能会造成该建筑物的整体坍塌。

由于不同功能建筑物的火灾荷载不同，当火灾发生并发展到盛期火灾时，燃烧持续时间就会不同，由火灾引起的建筑物整体坍塌的可能性也就不同。本节利用概率与统计理论对典型建筑物火灾荷载进行统计，给出了典型建筑物在极端和一般情况下由火灾引起的坍塌概率的估算方法。

（1）建筑火灾的一般规律。建筑物火灾通常可分成三个阶段，即火灾生长期、兴盛期和衰减期，其一般规律可用图 6.14 表示。在火灾的成长期，火灾的释热速率与时间的 2 次方成正比。当火灾到达盛期时，火灾的释热速率主要受换气以及可燃物的条件制约，其值几乎不随时间的变化而变化，并一直维持到可燃物燃尽。当建筑物内的可燃物燃尽后火灾将迅速衰减直至熄灭。

确定建筑物的耐火时间，评定建筑物整体的火灾危险性，则发生火灾时的热释放速率的上限值以及盛期火灾的持续时间就非常重要。一般来说，建筑物内的火灾荷载越大，盛期火灾的持续时间就越长，造成建筑物整体坍塌的可能性就越大。对于这样的建筑物，其建筑物材料耐火性能的要求就越高。盛期火灾持续时间不仅与建筑物的火灾荷载有关，还与建筑物的结构有关（窗口的开口面积和高度）。

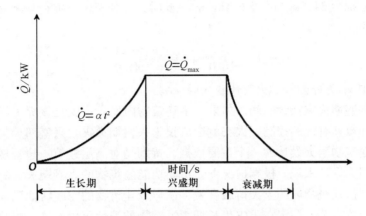

图 6.14　建筑火灾热释放速率的一般规律

（2）火灾荷载与火灾持续时间的分布规律。

①不同功能的建筑物火灾荷载的分布特性。建筑物的火灾荷载主要与该建筑物的使用功能有关，除此以外还与该建筑物的使用年限有关。也就是说，即便是同类使用功能的建筑物，其火灾荷载也不尽相同，一般是随使用年限的增加而增加。如果建筑物内的火灾荷载密度较大，火灾一旦发生又没有有效的扑救措施，火灾就会迅速地从成长期发展到兴盛期，并持续很长一段时间，直至结束。此时，如果建筑构件和结构的耐火时间小于火灾的持续时间，就会造成建筑物的坍塌。

松山贤的研究结果表明，相同功能建筑物内的火灾荷载具有正态分布的规律。各类功能建筑物内的火灾荷载 w 的分布规律可近似用下式表示：

$$f(w) = \frac{1}{\sqrt{2\pi}\sigma_w}\exp\left[-\frac{(w - u_w)^2}{2\sigma_w^2}\right] \qquad (6.26)$$

式中 w 为火灾荷载（kg/m^2）；$f(w)$ 为火灾荷载分布的概率密度；u_w 为火灾荷载的平均值（kg/m^2）；σ_w 为火灾荷载的平均值标准差（kg/m^2）。

一般标准差值越小，分布范围越小，正态分布的图形将越尖。根据概率与统计理论 u_w，σ_w 可以下面两式来计算：

$$u_w = w_1 f(w_1) + w_2 f(w_2) + \cdots + w_n f(w_n) = \sum wf(w) \qquad (6.27)$$

$$\sigma_w = \sqrt{\sum (w - u_w)^2 f(w)} \qquad (6.28)$$

我国一些学者对一些办公楼内各个房间的火灾荷载进行统计后，认为办公楼内各个房间的火灾荷载具有正态分布的规律，与松山贤的研究结果一致。将统计数据代入式（6.27）和式（6.28），可得办公楼火灾荷载的平均值和

标准差分别为 $24.5\text{kg}/\text{m}^2$ 及 $6.4\text{kg}/\text{m}^2$，此时，办公楼的火灾荷载概率密度分布函数为：

$$f(w_0) = \frac{1}{16.0}\exp\left[-\frac{(w_0 - 24.5)^2}{81.9}\right] \tag{6.29}$$

式中 w_0 为办公楼的火灾荷载 (kg/m^2)。

②兴盛期火灾持续时间。如果一个建筑物内发生火灾且该火灾没有得到及时的扑救和有效的控制，火灾就会成长为兴盛期火灾。兴盛期火灾的持续时间是建筑物耐火设计的一个重要依据，特别是对高层建筑、超常规大空间建筑的耐火设计来说。极端情况下，不同功能建筑物的兴盛期火灾的持续时间不仅与该建筑物内的火灾荷载有关，还与该建筑物的空间特性以及开口的大小和位置有关。假定在火灾生长期，可燃物的消耗可以忽略，则兴盛期火灾的持续时间 $t(\text{s})$ 可根据该建筑物的火灾荷载与发生火灾时可燃物的质量燃烧速度来估算：

$$t = \frac{w}{m_b} = \frac{A_f w_0}{m_b} \tag{6.30}$$

式中 w 为建筑物起火层可燃物的总重量 (kg)；A_f 为地表面积 (m^2)；m_b 为兴盛期火灾时可燃物的质量燃烧速度 (kg/s)。

兴盛期火灾的燃烧速度主要受换气条件制约，其质量燃烧速度可近似用下式来表示：

$$m_b = 0.092A\sqrt{H} \tag{6.31}$$

式中 A 为起火室窗口的开口面积 (m^2)；H 为开口高度 (m)。

将式（6.31）代入式（6.30）得：

$$t = \frac{w}{m_b} = \frac{A_f w_0}{m_b} = \frac{A_f w_0}{0.092A\sqrt{H}} \tag{6.32}$$

令 $k = \dfrac{A_f}{0.092A\sqrt{H}}$，它是表征建筑物结构特征的一个参数，它与建筑物的地表面积、窗口面积及开口高度有关。则火灾持续时间为：

$$t = kw_0 \tag{6.33}$$

由于相同功能建筑物的火灾荷载呈正态分布，根据概率与统计的基本规律，火灾的持续时间也将成正态分布，且其概率分布形式基本与火灾荷载相同。则火灾的持续时间的概率分布函数 $f(t)$ 可表示为：

$$f(t) = \frac{1}{\sqrt{2\pi}\sigma_t}\exp\left[-\frac{(t - u_t)^2}{2\sigma_t^2}\right] \tag{6.34}$$

式中 t 为兴盛期火灾持续时间；u_t 为兴盛期火灾持续时间 t 的平均值；A_t

为兴盛期火灾持续时间的标准差。

如果 k 能作为常数来处理，则有以下的关系式：

$$u_t = ku_w = \frac{A_f}{0.092A\sqrt{H}}u_w \qquad (6.35)$$

$$\sigma_t = k\sigma_w = \frac{A_f}{0.092A\sqrt{H}}\sigma_w \qquad (6.36)$$

（3）极端情况下火灾引起建筑物坍塌的概率。

①通常，当某个建筑物内发生火灾后，由于采取有效的消防扑救，火灾发展到兴盛期火灾的可能性并不是很大。为了对火灾引起的建筑物的坍塌概率进行估算、预测，引入一个极端情况下火灾的概念，这里的极端情况下火灾是指建筑物某层的某处一旦发生火灾，由于没有防灭火措施和人工扑救，火灾蔓延成长为兴盛期火灾，直至该层内的可燃物全部烧尽。火灾时建筑物是否会坍塌，主要取决于火灾的持续时间和建筑物的耐火时间极限。假定建筑物的主体结构的耐火时间极限是 t_{max}，则当火灾持续时间 $t > t_{max}$ 时，表示建筑物将会发生坍塌，那么极端情况下火灾引起建筑物坍塌的概率 $P_{failure}$ 为：

$$P_{failure} = \int_{t_{max}}^{\infty} \frac{1}{\sqrt{2\pi}\sigma_t}\exp\left[-\frac{(t-u_t)^2}{2\sigma_t^2}\right]dt \qquad (6.37)$$

由于建筑物耐火时间的设计是根据《建筑设计防火规范》进行的，那么对于不同功能的建筑物，其坍塌概率必然不同。

②极端情况下建筑物的耐火极限与坍塌概率的关系。根据式（6.37），为了求出建筑物的坍塌概率，首先必须知道建筑物火灾持续时间的概率密度分布数学表达式。也就是说，必须求出式（6.34）中的 u_t 和 σ_t 的具体值，根据式（6.35）和式（6.36）可知，u_t 和 σ_t 不仅与火灾荷载有关，还与建筑物的结构特征，即建筑物的地表面积、窗口的开口面积和高度有关。为了得到不同功能建筑物的 $\dfrac{A_f}{0.092A\sqrt{H}}$，对一些建筑物的结构特性进行了统计测量，表6.17列出了一些不同功能建筑物的 k 值的平均值。

表6.17　不同用途建筑物的 k 值的平均值

建筑物	办公楼	住宅
k 值的平均值	86.1	91.1

将办公楼的 u_w 以及 σ_w 的统计结果和其 k 值的平均值86.1分别代入式（6.35）及式（6.36），得到 $u_t = 2109.5$，$\sigma_t = 551.0$。则火灾持续时间的概率密度分布函数式为：

$$f(t) = \frac{1}{1380.8}\exp\left[-\frac{(t-2109.5)^2}{607202.0}\right] \tag{6.38}$$

将式（6.38）代入式（6.37）可得办公楼在极端情况下坍塌概率的计算式：

$$P_{failure} = \int_{t_{max}}^{\infty}\frac{1}{1380.8}\exp\left[-\frac{(t-2109.5)^2}{607202.0}\right]dt \tag{6.39}$$

根据式（6.39），可以做出不同火灾持续时间的概率密度分布函数图，图 6.15 是基于办公楼的火灾荷载统计结果和办公楼建筑物结构的统计测量值得到的兴盛期火灾持续时间的概率密度分布图。

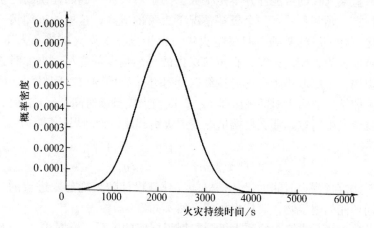

图 6.15　办公楼火灾持续时间与其概率密度分布关系

当办公楼的火灾荷载统计平均值为 $24.5\mathrm{kg/m^2}$，标准差为 $6.4\mathrm{kg/m^2}$，$k = 86.1$ 时，根据式（6.39）可以算出极端情况下火灾引起办公楼的坍塌概率与其耐火时间的关系，图 6.16 为计算所得的关系曲线。

由图 6.16 可知，在建筑物的火灾平均持续时间附近，适当增加其耐火时间可有效地减少该建筑物在极端情况下由火灾引起的坍塌概率。

（4）基于建筑物防灭火特性的坍塌概率评估。由火灾引起的建筑物坍塌是一系列连锁现象作用的结果，首先是火灾的发生，其次是火灾发生后能够成长为兴盛期火灾，再次是扑救失效，最后是火灾的持续时间超过建筑物的耐火极限，从而造成坍塌。因此，某建筑物在其寿命期内由于火灾而造成坍塌的概率可以用下式来估算：

$$P = Y_LSP_{fire}P_{grow}P_{fail}P_{failure} \tag{6.40}$$

式中 Y_L 为建筑物的使用寿命（年）；S 为建筑物的总面积（$\mathrm{m^2}$）；P_{fire} 为建筑物发生火灾的概率（起/$\mathrm{m^2}$/年）；P_{grow} 为由初期火灾发展成盛期火灾的概

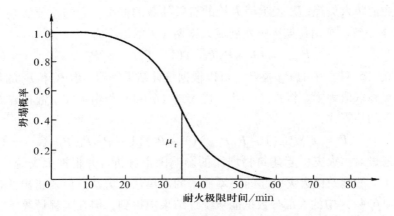

图6.16　极限情况下办公楼的坍塌概率与其耐火极限时间的关系

率；P_{fail} 为消防扑救失败的概率；$P_{failure}$ 为极端情况下火灾引起的建筑物的坍塌概率。

对于某个目标建筑物而言，S 为已知，Y_L 可取其设计使用年限，$P_{failure}$ 可用式（6.39）来求得，P_{fail} 由统计结果而定。虽然我国目前还没有关于单位面积的建筑物一年内发生火灾的概率统计结果，但可以借鉴国外同功能建筑物的统计数据。表6.18 为日本东京消防厅关于不同功能建筑物火灾发生概率的统计结果。P_{fail} 主要取决于消防队到火灾现场所需要的时间、火灾环境和消防环境等，工程计算一般取经验值。那么关键的问题就是如何确定 P_{grow}。

表6.18　不同功能建筑物的火灾发生概率

建筑物用途	火灾发生率（起/m²/年）
办公楼	6.67×10^{-7}
商店	4.12×10^{-6}
住宅	6.43×10^{-6}

建筑物火灾发生后能否发展成兴盛期火灾主要取决于以下几个因素：其一是建筑物有没有安装火灾探测、报警及自动灭火设备。如果有，其探测、报警和自动灭火的有效概率是多少？其二是第一步失效后有没有进行人工早期扑救（这里的早期扑救主要是指小型灭火器类的灭火）。如果有早期扑救，其有效扑救的概率有多大？其三是如果早期扑救失败后，有没有用建筑物内的消火栓进行扑救。如果有，扑救成功的概率有多大？

用 P_{de} 表示有效探测、报警的概率；P_{auto} 表示有效自动灭火概率；P_z 表示有效早期扑救概率，它主要取决于火灾成长系数、早期对应行动的快慢、是否职业消防人员等；P_x 表示消火栓的有效扑救的概率，它的主要影响因素与 P_z 基本一致。则由初期火灾发展成兴盛期火灾的概率为：

$$P_{grow} = (1 - P_{de}P_{auto})(1 - P_z)(1 - P_x) \qquad (6.41)$$

式（6.41）中的 P_{de} 及 P_{auto} 可以根据统计结果得到，但 P_z 和 P_x 的数值还是以经验取值为主。将式（6.41）代入式（6.40）得由火灾引起的建筑物坍塌概率的估算式：

$$P = Y_L S P_{fire}(1 - P_{de}P_{auto})(1 - P_x)(1 - P_z)P_{fail}P_{failure} \qquad (6.42)$$

通过对由火灾引起建筑物坍塌的影响因素分析，并根据火灾统计结果，给出了一般建筑由火灾引起的坍塌概率的简单估算方法。但要指出的是，虽然式（6.42）中的大部分数据能从统计结果中得到，但在工程计算上有些数据还须取经验值，所以在计算结果上会带有一些误差。

6.6　火灾数值模拟评估方法

在实际的应用中，如果要更加明确地确定发生火灾可能造成的损失，就需要用现有的火灾动力学工具去评估现有防火方案，进而定量计算防火安全水平。例如，"保证人员可以承受状况的疏散通道" 可通过定量化的指标来表示，如热辐射通量（kW/m^2）、空气温度、CO 或其他有毒气体浓度（ppm）、烟气层高出地面的距离（m）、能见度（m）。评估人员疏散系统是否安全的指标有人员疏散允许时间、人员疏散时间。这些定量的工程概念需要数值模拟工具来确定。大体来讲，这些工程概念可分为烟气控制、人员疏散、结构安全等几类，相应的评估结果可以作为评估体系中分项评分的依据。

6.6.1　烟气控制系统的数值模拟评估

（1）烟气控制系统有效性的评估。通过烟气控制的模拟分析可以对建筑烟气控制系统的有效性进行评估。

①烟气控制系统有效性评估流程。烟气控制系统是一项复杂、系统的工程，包括排烟风机和加压送风机启动控制逻辑、烟气温度估算、排烟量估算、烟气沉降估算和火灾模型模拟计算等。对建筑火灾烟气控制系统有效性评估的流程如图 6.17 所示。

首先，根据建筑功能和布局选择烟气控制系统设计方案；其次，按照设计方案确定一系列的火灾场景；再次，采用合适的火灾模型对设计火灾场景的烟气蔓延情况进行模拟；最后，根据相应的指标对烟气控制系统设计方案进行评估。如果计算结果判定设计方案不合理，则在计算的基础上对方案进行改进和调整，直至最终确定建筑的最优烟气控制方案。

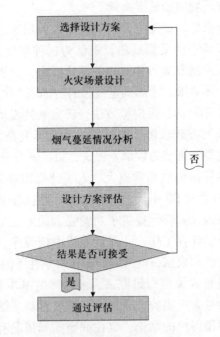

图 6.17　建筑火灾烟气控制
系统有效性评估流程

②烟气控制系统有效性判定指标。烟气控制系统评价，主要通过火灾模型模拟的烟气控制系统能否将烟气限制在建筑的局部空间内或者人员是否暴露在火灾烟气环境中，定量地考察火灾环境的烟气指标。

A. 控烟有效性。烟气控制系统控烟的最理想状态就是通过烟气控制系统将火灾烟气完全控制在着火区域内，而不对其他区域产生影响。在烟气控制系统评估中，通过火灾模型模拟建筑内的烟气蔓延情况，判断控烟系统能否将烟气限定在特定的区域。

B. 热环境。在火灾模型计算中，应考察人员特征身高以上的空间烟气温度对人员可能的热辐射影响和人员特征身高以下空间烟气温度直接对人员的危害。如果模拟计算结果显示在特定的防排烟方案下，人员生命受到热环境的威胁，则应调整烟气控制方案。

C. 烟气毒性。火灾中所产生的热分解和燃烧产物因燃烧材料、建筑空间特性和火灾规模等不同而有所区别，其组成和分布也很复杂。火灾模型计算中，可以通过考察有代表性的几种有害气体研究其成分浓度，以评估人员暴露在火灾烟气中的危险，同时这也是对烟气控制系统的评估。

D. 能见度。能见度的降低会严重影响人员疏散。所以，对烟气控制系进行评估应考察火灾环境的能见度指标。

根据以上的判定指标，如果能将烟气控制在设定区域内或建筑内人员不会因为暴露在火灾环境中而受到威胁，则认为这种烟气控制方案是合适的；否则就应该调整烟气控制方案和其他相关设计措施，并再次通过火灾模型模拟计算，直至满足上述要求，才能确定最终的防排烟方案。

（2）烟气控制中用到的数值模拟方法。研究烟气流动规律，理论上可以通过物理学中的一系列方程求解，但这些方程相当复杂，数据量非常庞大。即便建立了一套描述烟气流动的数学方程式，想求解方程也要进行许多忽略、假设和简化，而且运算量仍然非常庞大，人工计算很难完成。从 20 世纪 80 年代开始，尤其是 20 世纪 90 年代之后，随着计算机技术的不断提高和应用日益普及，数值模拟为火灾科学提供了功能强大的研究工具。计算机可以为研究人员承担起繁重的计算工作，凭借计算机模拟程序，科学家只需要输入火灾模型所需的各种已知数据，就可以预测多种条件下的火灾发展过程。

采用数学模型进行火灾模拟研究，需要很多的基本数据作为输入条件，有些数据还需要从大量火灾实验中获得，如建筑材料或燃料的燃烧速度、发烟率等；同时数学模型得出的结论，也往往与实际情况有一定的误差，需要全尺寸实体火灾实验的验证。因此，火灾科学数值模拟研究应在正确的理论指导下进行，同时又不能脱离实物火灾实验，它与理论和实验之间的关系是相互依托、相辅相成的。

常见的用于计算烟气流动的火灾发展模型主要有以下三大类：

①区域模型（Zone Model）。通常把被模拟的房间或区域分为两个控制体，即上部热烟气层和下部冷空气层。在火源所在的房间，有时还增加一些控制体来描述烟气羽流和顶棚射流。大量实验表明，在火灾发展及烟气蔓延的大部分时间内，室内烟气分层现象相当明显，因此区域模拟结果比较接近真实情况。

②场模型（Field Model）。将被模拟的房间划分为几百个甚至上千个控制体，利用 CFD（Computed Fluid Dynamics）技术从微观角度分析其速度场、温度场、污染物浓度场等，从而研究室内某些局部的状况变化。该模型计算量较大，只有当需要了解某些参数的详细分布时才使用这种模型。

③网络模型（Net Model）。把整个建筑物作为一个系统，而其中的每个房间或区域为一个控制体，利用质量、能量守恒等方程从宏观角度对整个建筑物的空气流动、压力分布和污染物的传播情况进行研究。网络模型可以同时考虑多个房间，能够计算离起火房间较远区域的情况。

大部分火灾发展模型并未模拟火源燃烧，这主要是因为建筑物内可燃物多种多样。其布置形式各异，导致火灾的发展与蔓延十分复杂，目前人们对其规律的了解还相当不够。一般将火源参数作为已知条件人为输入，如物品燃烧的热释放速率等，进而算出着火房间室内温度、烟气浓度等参数随时间的变化及烟气在建筑物内部的传播。在大多数情况下，人们主要关心火灾产生的环境，并不需要了解火灾增大的细节。

多数火灾数学模型是根据质量守恒、动量守恒和能量守恒等基本物理定律建立的。在实际计算时，各类软件有其固有局限性，即进行一些必要的简化和假设，或使用不甚准确的测量数据。为使模型的计算结果可靠，必须了解模型的假设条件和应用局限性。此外，模拟计算结果的正确性在很大程度上依赖于输入数据的正确性，如果无法得到输入数据的准确值，则应通过敏感性分析来估计输入数据的不确定性对结果的影响程度。因此，火灾模型的结果只是与实际火灾在一定程度上近似，模型验证才是火灾模拟的重要方面。

目前，国际上可以利用的商用软件很多，不同的软件具有不同的特点，也应用于不同的工程领域，常用的烟气分析软件包括 FDS、CFX、PHOENICS、STAR－CD、FIDAP、FLUENT 等。

①FDS。FDS（Fire Dynamics Simulator）是由美国国家标准和技术研究院（NIST）开发的一种燃烧过程中流体流动的计算流体动力学（CFD）模型，此模型是基于有限元素方法下的电脑化流体力学模型，主要用于分析火灾中烟气与热的运动过程。在模型的开发过程中，其主要目标始终定位于解决消防工程中的实际问题，同时为火灾和燃烧动力学的基础研究提供一种可靠的工具。对于此模型现有大量文件说明，同时有为验证该模型准确性的大规模及仿真的火灾实验数据。

迄今为止，FDS 的应用一半集中于烟气控制系统的设计和喷淋喷头或火灾探测器启动的研究方面，另一半集中于民用和工业建筑火灾的模拟重建方面。新版的 FDS 程序对燃烧热释放率、辐射热传导的计算更加精确，降低了模型对网格的依赖性。同时，在网格划分、墙体的热传导、燃烧模型、初始条件设置等方面都更加完善。该模型工具未受到任何具有经济利益及与之相连的其他团体的影响及操纵。

②CFX。CFX 是由英国 AEA 公司开发的一种实用流体工程分析工具，用于模拟流体流动、传热、多相流、化学反应、燃烧问题。其优势在于能够处理流动物理现象简单而几何形状复杂的问题。适用于直角/柱面/旋转坐标系，稳态/非稳态流动，瞬态/滑移网格，不可压缩/弱可压缩/可压缩流，浮力流，多相流，非牛顿流体，化学反应，燃烧，辐射，多孔介质及混合传热过程。CFX 采用有限元法，自动时间步长控制，SIM－PLE 算法，代数多网格、

ICCG、Line、Stone 和 Block Stone 解法，能有效、精确地表达复杂几何形状，任意连接模块即可构造所需的几何图形。在每一个模块内，网格的生成可以确保迅速、可靠地进行，这种多块式网格允许扩展和变形，如计算汽缸中活塞的运动和自由表面的运动。滑动网格功能允许网格的各部分可以相对滑动或旋转，这种功能可以用于计算牙轮钻头与井壁间流体的相互作用。

CFX 引进了各种公认的湍流模型，如 $k-\varepsilon$ 模型、低雷诺数 $k-\varepsilon$ 模型、RNG $k-\varepsilon$ 模型、代数雷诺应力模型、微分雷诺应力模型、微分雷诺通量模型等。CFX 的多相流模型可用于分析工业生产中出现的各种流动，包括单体颗粒运动模型、连续相及分散相的多相流模型和自由表面的流动模型。

③PHOENICS。PHOENICS 软件是世界上第一套计算流体与计算传热学的商用软件，它是 Parabolic Hyperbolic Or Elliptic Numerical Integration Code Series 的缩写，这意味着只要有流动和传热都可以使用 PHOENICS 程序来模拟计算。除了通用计算流体/计算传热学软件应该拥有的功能外，PHOENICS 软件还有自己独特的功能：

一是开放性。PHOENICS 最大限度地向用户开放了程序，用户可以根据需要任意修改添加用户程序、用户模型。PLANT 及 INFORM 功能的引入使用户不再需要编写 FOR-TRAN 源程序，GROUND 程序功能使用户修改添加模型更加任意、方便。

二是 CAD 接口。PHOENICS 可以读入任何 CAD 软件的图形文件。

三是 MOVOBJ。运动物体功能可以定义物体运动，避免了使用相对运动方法的局限性。

四是大量的模型选择。多种湍流模型、多相流模型、燃烧模型和辐射模型。

五是提供了欧拉算法，也提供了基于粒子运动轨迹的拉格朗日算法。

六是计算流动与传热时能同时计算浸入流体中的固体的机械和热应力。

七是 VR（虚拟现实）用户界面引入了一种崭新的 CFD 建模思路。

④STAR-CD。STAR-CD 是 Simulation of Turbulent flow in Arbitrary Region 的缩写，CD 是 Computational Dynamics Ltd，是基于有限容积法的通用流体计算软件。在网格生成方面，采用非结构化网格，单元体可为六面体、四面体、三角形界面的棱柱、金字塔形的锥体以及六种形状的多面体，还可与 CAD、CAE 软件（如 ANSYS、IDEAS、NASTRAN、PATRAN、ICEMCFD、GRIDGEN 等）接口，这是 STAR-CD 在适应复杂区域方面的特别优势。

⑤FIDAP。FIDAP 是基于有限元方法的通用 CFD 求解器，是一种专门解决科学及工程上有关流体力学传质及传热等问题的分析软件，是全球第一套

使用有限元法于 CFD 领域的软件，其应用的范围有一般流体流场、自由表面问题、紊流、非牛顿流流场、热传、化学反应等。FIDAP 本身含有完整的前后处理系统及流场数值分析系统，对问题的整个研究程序、数据输入与输出的协调及应用均极有效率。

⑥FLUENT。FLUENT 软件是美国 FLUENT 公司开发的通用 CFD 流场计算分析软件，囊括了 Fluent Dynamic International、比利时 Polyflow 和 Fluent Dynamic International（FDI）的全部技术力量（前者是公认的黏弹性和聚合物流动模拟方面占领先地位的公司，而后者是基于有限元方法 CFD 软件方面占领先地位的公司）。

FLUENT 是目前国际上比较流行的商用 CFD 软件包，在美国的市场占有率为 60%，凡与流体、热传递及化学反应等有关的工业均可使用。它具有丰富的物理模型、先进的数值方法以及强大的前后处理功能，在航空航天、汽车设计、石油天然气、涡轮机设计等方面都有着广泛的应用。

FLUENT 是用于计算流体流动和传热问题的程序。它提供的非结构网格生成程序，对相对复杂的几何结构网格的生成非常有效，可以生成的网格包括二维的三角形、四边形网格，三维的四面体、六面体及混合网格。FLUENT 还可以根据计算结果调整网格，这种网格的自适应能力对于精确求解有较大梯度的流场有很实际的作用。由于网格的自适应能力和仅需要加密的流动区域里实施调整的功能，可以节约计算时间。

6.6.2　人员疏散的数值模拟评估

（1）人员疏散安全评估的方法。建筑疏散安全的功能要求是"建筑中的所有人员在设计火灾情况下，可以无困难和危险地疏散至安全场所"，由此，建筑疏散安全的性能要求可分解为以下几个方面：

第一，在疏散过程中，建筑中的人员应不受到火灾中的烟气和火焰热的侵害；

第二，从建筑的任何一点出发至少有一条可利用的通向最终安全场所的疏散通道；

第三，对于不熟悉的人员应能容易找到安全的疏散通道；

第四，在门和其他连接处不发生过度的滞留或排队现象。

一般来说，疏散评估方法由火灾中烟气的性状预测和疏散预测两部分组成，烟气性状预测就是预测烟气对疏散人员会造成影响的时间，即危险来临时间的预测。众多火灾案例表明，烟气是火灾中影响人员安全疏散和造成人员死亡的最主要因素，因此烟气对安全疏散的影响成为安全疏散评估的一部分，该部分应考虑烟气控制设备的性能以及墙和开口部位对烟气的影响等；

疏散预测则包括对疏散开始时间和疏散行动时间的预测，通过对比危险来临时间和疏散所需时间来评估疏散设计方案的合理性。若疏散所需时间小于危险来临时间，则疏散是安全的，疏散设计方案可行；若疏散所需时间大于等于危险来临时间，则疏散是不安全的，疏散条件应加以修改，再进行评估。

在建筑空间内有序疏散过程中，建筑物在什么地方形成人流，在什么地方滞留，可通过疏散行为模拟来进行预测，这对于建筑方案的修改和完善是有益的。世界各国开展了疏散安全评估技术的开发及研究工作，目前为人们所知的应用软件有 Simulex、Exitt、BuildingEXODUS 等。值得指出的是，基于目前人们对火灾及发生火灾时人员安全疏散的认识，疏散安全评估也仅是对其中的一部分性能要求进行工程模拟、计算和判断，而对于人员的重要因素的考虑则有待于进一步的研究。

（2）人员疏散中需要用到的数值模拟方法。在人员的安全疏散分析中，人们越来越希望在预测必需的人员疏散时间的同时，了解不同情况下人员疏散的行为特征和人群的流动趋势。除开展实地调查进行数据采集、组织模拟演习外，计算机仿真模拟逐渐成为疏散研究的重要手段。计算机疏散模型主要有以下两类：

第一类模式仅考虑建筑物及其各部分的疏散能力。这类模式通常称为"水力"模型，或称"滚珠"模型。"水力"模型以人群整体运动作为分析目标。其典型的模化方法为优化法（Optimization）。此法将 Pauls 和 Fruin 等人在实验调查的基础上提出的"经验公式"算法作为数学基础；对于建筑空间的构造通常使用以节点和连接为单位的粗略网络模型（Coarse Network Model）。该模式的特点是：计算速度快，但无法描述疏散过程中人的行为细节，计算结果较实际情况偏差大。通过该模式开发出的软件模型主要有 EVACSIM、EXITT、EVACNET、WAYOUT 等。

第二类模式不仅考虑了建筑空间的物理特性，还考虑了每个人对火灾信号的响应及其个体行为。这类模式通常称为"行为"模型。"行为"模型以人员在人群中的个体特性作为分析目标，依靠某一特定算法来驱动人员向出口行走，人的行为受到与环境间相互作用的影响。其典型的模化方法为模拟法（Simulation），对于建筑空间的构造通常为精细网格模型（Fine Network Model）。该模式的特点是：强调疏散过程描述，体现人员特性，体现人与周围环境之间的相互作用，但计算量大，计算结果受驱动算法的影响大。通过该模式开发出的软件模型主要有 BuildingEXODUS、AEA EGRESS、Simulex 等。

6.6.3 结构分析的数值模拟评估

钢结构安全计算分析主要用于评估大空间建筑结构在火灾状态的安全。

钢结构抗火设计的目标是：通过结构抗火设计，安全、经济、合理地对钢结构采取防火保护措施，从而减轻钢结构在火灾中的破坏，避免钢结构建筑在火灾中局部和整体倒塌造成人员伤亡、人员疏散和灭火困难，减少火灾后钢结构的修复费用与间接经济损失。

为了实现上述目标，必须保证结构或构件的耐火时间不得低于一定的数值。在进行结构抗火设计时，具体有下列三种形式：

（1）在规定的结构耐火极限时间内，结构或构件的承载力 R_d 应不小于各种作用所产生的组合效应 S_m，即：

$$R_d \geq S_m$$

（2）在各种作用效应组合下，结构或构件的耐火时间 t_d 应不小于规定的结构或构件的耐火极限 t_m，即：

$$t_d \geq t_m$$

（3）火灾下，结构极限状态时的临界温度 T_d 应不小于在规定的耐火时间内结构所经历的最高温度 T_m，即：

$$T_d \geq T_m$$

上述三个要求本质上是等效的，进行结构抗火设计时，满足其一即可。目前，各国钢结构抗火设计规范给出的设计方法主要基于构件层次，可分为两类：

一是基于实验的构件抗火设计方法（传统方法），又称为承载力验算法。根据实验结果选取相应的防火保护措施，如英国 BS476、美国 ASTM E119 和我国《建筑构件耐火实验方法》（GB/T 9978 - 1999）等标准。二是基于计算的构件抗火设计方法，又称为临界温度验算法。

基于实验的构件抗火设计方法由于存在无法模拟实际荷载分布、构件端部约束情况、温度内力的影响等缺点，已逐渐被基于计算的构件抗火设计方法所取代。

影响火灾时建筑物室内空气升温过程的因素很多，如可燃物的燃烧性能、可燃物的数量（火灾荷载密度）、可燃物的分布情况、着火房间的大小形状及通风状况等，因此实际火灾空气升温曲线具有多样性。虽然标准升温曲线的使用给结构抗火设计带来了很大的方便，但标准升温曲线有时与真实火灾（如大空间室内火灾）的升温曲线相差甚远。为了更好地反映真实火灾对结构的破坏程度，在能确定建筑物室内的有关参数以及火灾荷载的情况下，EC3、ECCS、BS5950 Part8、《建筑钢结构防火技术规范》（CECS 200：2006）等规范也允许在结构抗火设计时采用实际的火灾升温曲线。而近年来提出的性能化设计思想是要求在设计时采用能反映实际火灾特性的升温曲线。

第七章　人员疏散安全性评估

　　建筑中人员安全疏散是消防设计的最终目标，安全疏散设计是建筑消防设计的主要内容之一。本章首先介绍了基于现行规范的疏散设计方法，在此基础上分析了性能化人员疏散评估方法。然后围绕疏散评估技术，分别阐述了人员安全疏散的影响因素、疏散计算的基础数据、疏散时间组成及具体计算方法。

7.1　人员疏散安全性评估方法

7.1.1　基于现行规范的疏散设计方法

　　为保证建筑内人员的生命安全，建筑应根据其高度、规模、使用功能和耐火等级等因素合理设置安全疏散和避难设施。建筑的安全疏散和避难设施主要包括疏散门、疏散走道、疏散楼梯（包括室外楼梯）及安全出口，其中疏散门和安全出口统称为疏散出口。有些建筑还须设置避难走道、避难间或避难层。为辅助人员疏散，尚需设置疏散指示标志和应急照明，有时还要考虑疏散诱导广播等。

　　人员安全疏散设计的主要内容包括疏散出口、疏散走道或避难走道、疏散楼梯的数量、形式和平面布置及其防火保护方式；疏散出口、疏散楼梯、疏散走道或避难走道的宽度；人员安全疏散的最大距离；火灾报警系统的形式及设置要求；应急照明与疏散指示标志的形式及设置要求；着火空间及其他空间的防烟或排烟方式及要求。

　　（1）疏散宽度设计。在人员安全疏散设计中，疏散宽度设计具有举足轻重的地位，是火灾中人员能否疏散至安全区域的关键。研究表明，普通建筑物从着火到发生轰燃的时间为 5~8min。因此，一、二级耐火等级的公共建筑和高层民用建筑的可用疏散时间大体为 5~7min，三、四级耐火等级的建筑的可用疏散时间大体为 2~5min。对于人员众多的剧场、体育馆等建筑，这一时间应适当缩短，一般为 3~4min。根据这些数据，再考虑建筑的实际情况，确定建筑的控制疏散时间。建筑中某一区域的疏散宽度主要取决于控制疏散时间、疏散人数及疏散出口的通行系数。它们之间的关系式为：

$$W = \frac{N}{T_c \cdot f} \tag{7.1}$$

式中 W 为疏散宽度，单位 m；N 为疏散总人数，单位人；T_c 为控制疏散时间，单位 s；f 为疏散出口的通行系数，单位人／（m·s）。

建筑设计防火规范中单股人流的宽度按 0.55m 计算，门和平坡地面每分钟可疏散 43 人，阶梯地面和楼梯每分钟可疏散 37 人，由此可计算出通行系数为：

门和平坡地面：$f = 43/（0.55 \times 60）= 1.30$［人／（m·s）］

阶梯地面和楼梯：$f = 37/（0.55 \times 60）= 1.12$［人／（m·s）］

这要求在进行安全疏散设计或评估时，安全出口的通行系数不得超出 1.30 人／（m·s）。在使用疏散软件进行模拟计算时，应将出口的通行系数设置为 1.30 人／（m·s）。对于出口无此选项的疏散软件，如 Simulex，应根据模拟结果统计每一出口的通行系数，若超过该值，应对模拟结果乘以适当的安全系数。

将计算得出的疏散总宽度均匀分配至每个疏散出口，且任何一个疏散出口的宽度不得小于规范要求的最小值。例如，公共建筑的疏散门和安全出口的净宽度不应小于 0.90m，一般高层建筑不得小于 1.20m，人员密集的公共场所、观众厅的疏散门的净宽度不应小于 1.40m。

（2）百人宽度指标。疏散宽度设计方法，虽然概念明确，但却不便于工程设计人员计算。为此，建筑设计防火规范采用百人宽度指标的设计方法。百人宽度指标 W_{100}，是指每 100 人疏散至安全区域所需要的宽度。

剧场、电影院、礼堂等场所的观众厅，一、二级耐火等级建筑的控制疏散时间为 2min，三级耐火等级建筑的控制疏散时间为 1.5min。据此，可计算出一、二级耐火等级建筑的观众厅中每 100 人所需疏散宽度为：

门和平坡地面：$B = 100/（1.30 \times 120）= 0.64$（m），取 0.65m。

阶梯地面和楼梯：$B = 100/（1.12 \times 120）= 0.74$（m），取 0.75m。

三级耐火等级建筑的观众厅中每 100 人所需要的疏散宽度为：

门和平坡地面：$B = 100/（1.30 \times 90）= 0.85$（m），取 0.85m。

阶梯地面和楼梯：$B = 100/（1.12 \times 90）= 0.99$（m），取 1.00m。

对于体育馆观众厅，按照观众厅容量的人小分为三档：3000 ~ 5000 人、5001 ~ 10000 人和 10001 ~ 20000 人。控制疏散时间分别为 3min、3.5min 和 4min。同样方法可计算出每 100 人所需要的疏散宽度，常用百人宽度指标与控制疏散时间的关系如表 7.1 所示。

表7.1 百人宽度指标与控制疏散时间的关系

疏散控制时间（s）	百人宽度指标（m/百人）	
	平坡地面	阶梯地面
240	0.32	0.37
210	0.37	0.43
180	0.43	0.50
128	0.60	—
120	0.65	0.75
102	0.75	—
96	0.80	—
90	0.85	—
77	1.00	—
60	1.25	1.00

已知疏散人数和百人宽度指标，即可计算疏散总宽度，公式为：

$$W = W_{100} \times \frac{N}{100} \tag{7.2}$$

7.1.2 性能化人员疏散评估方法

基于现行规范的疏散设计方法，整个设计过程是严格按照规范进行的。设计人员针对具体工程，只需按照建筑设计防火规范的每一条款逐条满足，好像"照方抓药"，基本无发挥的空间，因此这种设计方法也被形象地称为"处方式"设计方法。该方法简单、实用且便于操作，所以在我国得到了广泛应用。同样，消防审核部门也是按照相同的方法进行设计审核，只要符合规范的每一条款的要求即认为设计合格。

随着社会经济的发展及科学技术的进步，新的建筑形式不断涌现，建筑规模不断增大，对建筑的要求也越来越高。因为建筑设计防火规范的条文一般是对过去防火经验教训的总结，很难预测将来建筑的发展，因此新型建筑与防火规范之间的矛盾日益突出，现行的防火设计规范很难满足日益增长的建筑需求。除此之外，采用处方式防火设计的建筑，即使完全满足规范的要求，其安全水平仍然未知。

为弥补现行防火设计规范的不足，对于采用现行规范无法解决的防火设计，我国从21世纪初开始，逐步引入先进的性能化人员安全疏散设计（评估）方法。目前，性能化的人员疏散设计（评估）方法已被英国、美国、加拿大和日本等国广泛采用。性能化人员疏散评估方法是针对建筑的实际情况，根据选定的安全目标，运用消防安全工程学的原理和方法，对建筑疏散设计进行个性化评估的方法。

（1）人员安全疏散的性能化判定标准。目前，国际上公认的人员安全疏散的性能化判定标准是可用安全疏散时间（Available Safe Egress Time，ASET）和必需安全疏散时间（Required Safe Egress Time，RSET）的大小相比较。可用安全疏散时间 ASET 又称危险来临时间，是指从火灾发生至其发展到使建筑中特定空间的内部环境或结构达到危及人身安全的极限时间。可用安全疏散时间由火灾演化过程决定，主要取决于建筑布局、火灾荷载及其分布和通风状况。必需安全疏散时间 RSET 又称疏散时间，指从火灾发生至建筑中特定空间内的人员全部疏散到安全地点所需要的时间。因为人员疏散是一个复杂的过程，因此必需安全疏散时间不仅取决于人员身体和心理特征，还取决于建筑布局。

人员安全疏散的性能化判定标准为可用安全疏散时间（ASET）必须大于必需安全疏散时间（RSET），即：

$$RSET < ASET \tag{7.3}$$

在（超）高层建筑内，火灾中所有人员均疏散至室外是不现实的，因此应急疏散预案往往是分阶段疏散，即先疏散着火层、着火层的上层及着火层的下层，再疏散其他楼层人员，所有人员疏散完毕需要较长时间，达 1~2 小时。在这种情况下，所有人员必须在建筑坍塌之前疏散至室外。因此在疏散过程中，若建筑存在坍塌的危险，要保证人员安全，还要同时满足下面的条件：

$$RSET < min(T_{fr}, T_f) \tag{7.4}$$

式中 T_{fr} 为结构的耐火极限（min）；T_f 为在可能最不利火灾条件下结构的失效时间（min）。

（2）人员安全疏散的性能化评估步骤。基于现行规范的处方式设计疏散评估方法是将设计方案与规范规定的条文逐一核对，而性能化评估方法较处方式评估方法要复杂得多，其评估步骤如图 7.1 所示。

①准备评估资料。主要包括两方面的资料：一是工程详细情况，包括建筑的主要使用功能、需要的空间条件、建筑内局部的主要用途及其分布、建筑环境等自然条件和建筑投资、业主的期望。二是法规的要求，包括建筑设计规范对评估工程的具体要求，工程无法解决的消防技术问题，相关规定对性能化评估的要求。目前，只有具有下列情形之一的工程项目可采用性能化设计评估方法：第一，超出现行国家消防技术标准适用范围的；第二，按照现行国家消防技术标准进行防火分隔、防烟排烟、安全疏散、建筑构件耐火等设计时，难以满足工程项目特殊使用功能的。

②确定安全设计目标。确定设计目标时，首先要明确消防法规的相关要

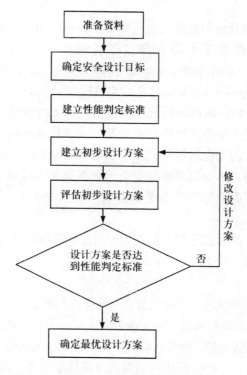

图 7.1 性能化评估步骤

求，建筑工程投资方的期望及使用者的安全需求。一般性能化设计（评估）的安全总目标包括：

第一，保证建筑内使用人员的生命安全及消防救援人员的人身安全；

第二，保证建筑结构在一定时间内不会发生整体倒塌，或者建筑会发生局部坍塌，但局部破坏不致引起连续性倒塌；

第三，保证建筑物内财产安全，除起火处外，尽量减少火灾损失；

第四，保证建筑物发生火灾后对经营生产的连续运行产生较小影响，保护环境。

对具体工程而言，设计目标应包括上述目标的一条或多条，其中建筑内人员的生命安全是所有建筑消防设计都必须满足的安全目标。

③建立性能判定标准。建筑安全设计总目标确定后，即保证建筑内人员生命安全，还需要逐步分解，依次制定功能目标、性能目标及建立性能判定标准。例如，为达到保证起火区域外人员生命安全的目标，其功能目标之一是保证人员疏散至安全区域之前不受火灾危害，以及保护人员不受热、热辐射和有毒气体的侵害。为此，性能目标之一可设定为将火灾限制在起火房间

内，这样起火房间外的人员将不受热辐射影响。一般起火房间不发生轰燃，火灾很难蔓延至相邻区域，因此性能判定标准可设定为烟气层温度不超过500℃。

虽然建筑疏散性能化评估是针对具体建筑作出的，但不同建筑工程的性能判定标准却可以基本相同，一般为温度不超过60℃、能见度保持在10m以上、CO浓度不超过500ppm等。

④建立初步设计方案。建立疏散设计方案是性能化疏散设计的核心工作，工程技术人员可为建筑工程设计个性化的一个或多个疏散方案。安全疏散设计总的原则是安全可靠、路线简明、设施适当和节约投资。与处方式设计不同，设计人员满足安全目标的选择具有较大的灵活性，如为达到安全疏散的目的，既可以增加疏散出口宽度，也可以缩短疏散距离，或者增大排烟量，当然也可以设置更加可靠的控火措施。

⑤进行方案评估。完成疏散设计方案后，即可对初步设计方案按照建立的性能判据进行评估。评估时分别采用经验公式或计算模型计算可用疏散时间和必需疏散时间，计算完毕后依据公式（7.3）进行判断，若满足公式（7.3）说明初步设计方案达到性能判定标准，这时可确定最优设计方案并编制评估设计文件。若所有设计方案均不能满足公式（7.3）要求，需要对设计方案进行修改并重新评估，直至满足性能判据。

7.2　人员安全疏散的影响因素

在疏散性能化评估过程中，性能判定标准是确定可用安全疏散时间的依据。建立性能判定标准是将安全目标定量化的重要手段，是消防安全工程学在疏散评估中的主要应用形式。建立性能判定标准需要对影响人员安全疏散的因素进行详细分析，着重分析火灾产生的热及毒性气体对人员心理及行为的影响，据此判断火灾发展到何种程度即达到人员的耐受极限。火灾时影响人员疏散的主要因素包括：烟气层高度、烟气层温度、能见度、对人体的热辐射、对流热及烟气毒性。

7.2.1　烟气层高度

火灾产生的高温烟气是多种物质的混合物。烟气的成分很复杂，主要包括：燃烧产生的气相产物，如水蒸气、CO_2、CO、多种低分子的碳氢化合物及少量的硫化氢、氯化氢、氰化氢等；在扩散过程中卷吸的新鲜空气；多种微小的固体颗粒和液体颗粒。统计资料表明，高温烟气是火灾造成人员伤亡的主要因素，85%以上的人员因烟气致死。因此，烟气层是影响火灾中人员疏散行动及灭火救援的主要障碍。

火灾发生后，会在每层建筑的顶部产生一定厚度的烟气层。在疏散过程中，烟气层只有保持在人员头部以上一定高度，人员才不会受到高温烟气的直接威胁。因为不同国家、同一国家的不同地区之间人体身高存在差异，一般欧美发达国家的人员身高普遍高于亚洲各国，寒冷地区的人员身高超过热带地区的人员身高，所以烟气层安全高度的取值不尽相同，一般为 1.6 ~ 2.0m。结合美国、英国、澳大利亚等国的性能化防火设计规范及我国的性能化实践，目前基本上达成共识：出于保守考虑，认为烟气层在人员疏散过程中在地面 2m 以上位置时，人员疏散是安全的。

对于高大空间建筑，由于建筑的蓄烟能力强，烟气层下降的速度慢。对于这种建筑，在确定烟气层建筑高度时，应该考虑建筑顶棚高度的影响，建议采用日本的《建筑物综合防火设计》中的计算公式：

$$H_d = H_p + 0.1 H_c \qquad (7.5)$$

式中 H_d 为危险高度（m）；H_p 为人体的平均身高（m）；H_c 为建筑的顶棚高度（m）。

7.2.2 烟气层温度

当烟气层超过人体高度，不与人直接接触时，主要通过辐射热影响人群疏散。根据人体对辐射热耐受能力的研究，人体对火灾环境的热辐射的耐受极限是 2.5kW/m²，此时的辐射热相当于上部烟气层的温度达到 180℃ ~ 200℃，处于该水平的热辐射灼伤几秒钟之内就会引起皮肤的强烈疼痛。对于较低的辐射热人可以忍受 5min 以上，对于高于 2.5kW/m² 的辐射热，人体耐受辐射热的时间可由下式计算：

$$t_m = \frac{1.33}{q^{1.33}} \qquad (7.6)$$

式中 t_m 为人体忍受辐射热时间（s）；q 为单位面积辐射热（W/m²）。
表 7.2 给出了人体对不同辐射热的耐受时间。

表7.2 人体对辐射热的耐受极限

热辐射强度	<2.5kW/m²	2.5kW/m²	10kW/m²
耐受时间	>5min	30s	4s

当烟气层高度低于人体高度，即热烟气与人员身体直接接触时，此时烟气主要通过热对流影响人员行动。实验表明，吸入过热的空气会导致热冲击和皮肤烧伤。空气中的水分含量对这两种危害都有重要影响，如表 7.3 所示。当人员暴露在水分含量小于 10% 的热空气中，人体对对流热的耐受时间可由

下式计算：

$$t_{ICONV} = 5 \times 10^7 \times T^{-3.4} \tag{7.7}$$

式中 t_{ICONV} 为人体忍受热对流时间（min）；T 为烟气层温度（℃）。

表7.3　人体对对流热的耐受极限

温度和湿度条件		耐受时间/min
水分饱和	小于60℃	>30
水分含量<10%	100℃	12
	120℃	7
	140℃	4
	160℃	2
	180℃	1

当烟气层温度小于60℃时，人在其中的耐受时间可以超过30min，因此当烟气层高度低于2m时，温度不得超过60℃。

综合辐射热和对流热对人员行动的影响，评估人员是否安全疏散时均需要计算火灾情况下的烟气层高度。对于双区域模型（如CFAST），烟气层高度是模型的基本参数之一。但目前性能化评估中已很少应用区域模型，对于场模型而言，难以直接得出火场的烟气层高度。此时，可将温度判断标准定为地板以上2m处温度不超过60℃。

7.2.3　能见度

能见度，是指人们在一定环境下刚刚看到某个物体的最远距离，单位为m。能见度主要由烟气的浓度决定，同时还与物体的亮度、背景的亮度及观察者对光线的敏感程度等因素有关。火灾发展过程中，随着烟气浓度增高，能见度逐渐降低，人员不仅逃生速度随之降低，而且不易发现逃生通道。表7.4给出了火灾中普通房间和大面积房间的能见度限值。

表7.4　火灾中能见度限值

参数	普通房间	大面积房间
能见度（m）	5	10
减光度（m⁻¹）	0.2	0.1

对于普通房间，人员对逃生通道可能较为熟悉，对能见度要求相对较低；对于大面积房间，人员为了确定逃生方向需要看得更远，因此要求能见度较高。

7.2.4 烟气毒性

在火灾中，85%以上的人员因烟气致死，其中约有一半是由于 CO 中毒致死的，另外一半则由于直接烧伤、爆炸压力创伤及吸入其他有毒气体致死。火灾中燃烧产生的有毒有害气体有 CO、HCN、CO_2、丙烯醛、氯化氢、氧化氮等。CO、HCN、CO_2 属于窒息性气体，这类气体用暴露剂量判定其毒性，暴露剂量为毒性气体浓度与暴露时间的乘积。丙烯醛、氯化氢等属于刺激性气体，刺激效应有两种类型：感觉刺激和肺刺激。感觉刺激包括对眼睛和上呼吸道的刺激，感觉效应主要与刺激物的浓度有关，一般不随暴露时间的增加而增强。肺刺激既与刺激物浓度有关又与暴露时间有关。常见有毒有害气体的允许浓度如表 7.5 所示。

表 7.5　常见有毒有害气体的允许浓度

名称	长时间允许浓度/ppm	短时间允许浓度/ppm	来源
二氧化碳	5000	100000	含碳材料
一氧化碳	100	4000	含碳材料
氧化氮	5	120	赛璐珞
氢氰酸	10	300	羊毛、丝、皮革、含氮塑料、纤维质塑料
丙烯醛	0.5	20	木材、纸张
二氧化硫	5	500	聚硫橡胶
氯化氢	5	1500	聚氯乙烯
氟化氢	3	100	含氟材料
氨	100	4000	三聚氰胺、尼龙、尿素
苯	25	12000	聚苯乙烯
溴	0.1	50	阻燃剂
三氯化磷	0.5	70	阻燃剂
氯	1	50	阻燃剂
硫化氢	20	600	阻燃剂
光气	1	25	阻燃剂

窒息性气体按毒性大小排序，依次为 HCN、CO、CO_2，其中 HCN 的毒性约是 CO 的 20 倍。由于 CO 在火灾中更为常见且研究较多，因此在疏散安全评估中多以 CO 作为毒性气体的代表。CO 主要毒害机理在于其与血红蛋白结合成碳氧血红蛋白 COHb，极大地削弱了血红蛋白对 O_2 的结合力而使血液中的 O_2 含量降低致使供氧不足。人体暴露于不同浓度的 CO 中产生的病理症状

如表7.6所示。目前在评估中，基于保守考虑，CO的安全判定标准一般定为500ppm。

表7.6 人体暴露于不同浓度的CO中产生的病理症状

暴露浓度/ppm	暴露时间/min	症状
50	360~480	不会出现副作用的临界值
200	120~180	可能出现轻微头痛
400	60~120	头痛、恶心
800	45 120	头痛、头晕、恶心 瘫痪或可能失去知觉
1000	60	失去知觉
1600	20	头痛、头晕、恶心
3200	5~10 30	头痛头晕 失去知觉
6400	1~2 10~15	头痛、头晕 失去知觉、有死亡危险
12800	1~3	即刻出现生理反应，失去知觉、有死亡危险

在评估时，由于没有一款火灾动力学模拟软件包含的燃烧模型能精确计算毒性气体的生成量，而是直接由用户输入其生成量，软件仅计算毒性气体的扩散过程及浓度分布。同时，也有研究表明，若火灾中能见度超过10m，则不用考虑烟气的毒性对人员疏散的影响，因此可不直接考虑气体的毒性作用。

综上所述，疏散性能化评估时性能判定标准可定为：地板以上2m处温度不超过60℃；建筑内的能见度不小于10m；空气中CO的浓度不超过500ppm。

7.3 人员疏散的基础数据

7.3.1 人体尺寸

人群中个体能够占用的空间用人体投影面积来描述，人体投影面积是人在一定衣着条件下，垂直投影到水平面上所形成的形状的面积，又称为人体尺寸。人体尺寸是人员疏散研究的最基础数据。用于疏散模拟时，若使用精细网格模型，其用于确定网格尺寸；若使用连续疏散模型，则其可直接作为原始参数输入模型。一般把人员的投影形状简化成椭圆，人体投影面积由其各方向上的最大生理尺寸决定，通常使用肩宽 m 和胸厚 n 决定，如图 7.2 所示。

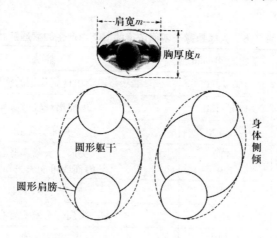

图 7.2　人员模型

中国标准化与信息分类编码研究所会同有关单位自 1984 年起，历时 4 年多，测量了 2.2 万余人之后完成了《中国成年人人体尺寸》国家标准（GB 10000 - 88），如表 7.7、表 7.8 所示。成年人中，男性、女性最小胸厚分别为 176mm 和 159mm，最大胸厚分别为 261mm 和 260mm；肩宽的最小值分别为 383mm 和 374mm，肩宽的最大值分别为 486mm 和 458mm。

表 7.7　中国男性成年人尺寸标准（mm）

项目	18～25 岁		26～35 岁		36～60 岁	
	50 百分位	95 百分位	50 百分位	95 百分位	50 百分位	95 百分位
身高	1686	1789	1683	1755	1667	1761
胸厚	204	230	212	241	219	253
肩宽	427	469	432	460	433	473

表 7.8　中国女性成年人尺寸标准（mm）

项目	18～25 岁		26～35 岁		36～60 岁	
	50 百分位	95 百分位	50 百分位	95 百分位	50 百分位	95 百分位
身高	1580	1667	1572	1661	1560	1646
胸厚	191	222	198	236	208	251
肩宽	391	424	396	435	405	449

7.3.2　人员密度

人员密度反映了一个空间内建筑的稠密程度。其表示方式有两种：一般用单位面积上人员的数量表示，单位为人/m^2；也可用其倒数表示，即每人占有的面积，单位为 m^2/人。人员密度决定了安全疏散的人员数量、人员疏散速度及疏散出口的宽度，从而决定了人员安全疏散出建筑物所需要的时间。

人员密度的确定方法有两种：一是采用现场调查的方法，对待评估建筑或区域内具有类似功能的建筑进行调查；二是可以查阅有关规范标准确定。对于未建建筑的疏散设计，应按照规范规定值与调查的较大值计算；对于已建建筑的安全水平评估，宜按调查得出的实际人数计算。

《建筑设计防火规范》（GB 50016－2014）规定了常见建筑的人员密度，疏散设计时可直接使用。

（1）商店的疏散人数应按每层营业厅的建筑面积乘以表7.9规定的人员密度计算。对于建材商店、家具和灯饰展示建筑，其人员密度可按表7.9规定值的30%确定。

表7.9　商店营业厅内的人员密度（人/m^2）

楼层位置	地下第二层	地下第一层	地上第一、二层	地上第三层	地上第四层及以上各层
人员密度	0.56	0.60	0.43~0.60	0.39~0.54	0.30~0.42

（2）歌舞娱乐放映游艺场所中录像厅、放映厅的疏散人数，应根据厅、室的建筑面积按 1.0 人/m^2 计算；其他歌舞娱乐放映游艺场所的疏散人数，应根据厅、室的建筑面积按 0.5 人/m^2 计算。

（3）展览厅的疏散人数应根据展览厅的建筑面积和人员密度计算，展览厅内的人员密度宜按 0.75 人/m^2 确定。

（4）有固定座位的场所，如影剧院、体育场馆、餐厅及办公室等，其疏散人数可按实际座位数的 1.1 倍计算。

对于其他公共聚集场所的人员密度，可参照表7.10。

表7.10　公共聚集场所的人员密度

公共聚集场所类型	人均占有面积/（m^2/人）	人员密度/（人/m^2）	备注
办公楼	0.8~7.5	0.13~0.25	－
电影院观众厅	0.6~0.9	1.17~1.67	专业电影院观众厅面积算至银幕后2m

（续表）

公共聚集场所类型	人均占有面积/（m²/人）	人员密度/（人/m²）	备注
剧场	0.55~0.7	1.43~1.82	面积为观众厅面积
旅馆	13~20	0.05~0.077	面积为客房部面积
汽车客运站候车厅	1.10	0.91	面积为候车厅使用面积
商店	1.18~1.67	0.6~0.85	面积为每层营业厅和为顾客服务用房的使用面积之和
地下商店	1.18~1.25	0.80~0.85	面积为每层营业厅和为顾客服务用房的使用面积之和
地铁站台	0.33~0.75	1.33~3.03	—

对于地铁站、火车站等交通枢纽，可以根据远期高峰客流对人员进行直接估算，如某地铁站某日晚高峰客流，如表7.11所示。

表7.11 预测客流及超高峰系数（人/小时）

站名	断面流量	上行		下行		超高峰系数
杨思站	19244	上客量	下客量	上客量	下客量	—
		699	5052	3662	561	1.3

那么，地铁站候车乘客人数为：

$$Q = 1.3 \times \frac{699+3662}{60} \times 2 = 190（人）$$

7.3.3 疏散速度

人员速度，是指人员在单位时间内的行走距离，单位为m/s。人员行走速度取决于多种因素，如年龄、性别及身体条件等。一般情况下男性的平均速度高于女性，青年人由于身体素质好，平均速度普遍高于中老年人，而中老年人由于体质下降，步行速度也随年龄增长而降低。另外，在疏散过程中，行走速度还会受到周围各种设施条件的限制，如行人在楼梯上的疏散速度会低于水平通道的疏散速度。上坡坡度增大会降低疏散速度，而下坡坡度增大，则会提高疏散速度。表7.12列举一些研究者测量的行人自由行走速度。

表 7.12　行人自由行走速度

来　源	平均速度/（m/s）	标准差/（m/s）	地　点
CROW	1.40	–	荷兰
Daly et al.	1.47	–	美国
Fruin	1.40	0.15	美国
Henderson	1.44	0.23	澳大利亚
Lam et al.	1.19	0.26	香港特别行政区
Morrall et al.	1.25	–	斯里兰卡
	1.40	–	加拿大
Pauls	1.25	–	美国
Sarkar&Janardhan	1.46	0.63	印度
Tanariboon et al.	1.23	–	新加坡
Virkler&Elayadath	122	–	美国
总的平均值	1.34	0.37	–

　　而在疏散时间计算中，更应该关注人群的疏散速度。人群速度指人群整体表现出来的速度状态，它不是仅由单个人的速度决定的，而是人群在疏散过程中互相影响和制约表现出来的一种平均速度状态。人群速度是人员密度的函数。如果人与人之间的距离很大，则人可以自由行走，这时人员速度就是人群速度；人与人之间的距离越小，人的运动就越受到限制，人群速度下降，图 7.3 为 Simulex 软件中疏散速度同人与人之间距离的关系。当离得非常近时，如人员密度达到 4～5 人/m² 时，疏散速度接近于 0。

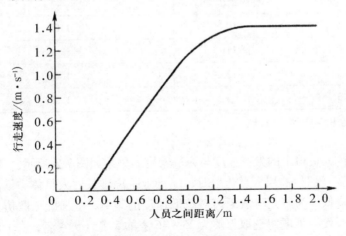

图 7.3　疏散速度同人与人之间距离的关系

研究人员对速度与人员密度的关系进行了充分研究，比较代表性的有：

（1）K. Togawa 公式。1955 年，日本的 K. Togawa 第一个用数学方法模拟人员通过门、走道、坡道以及楼梯的行走，给出了行走速度同人员密度的公式：

$$v = v_0 D^{-0.8} \qquad (7.8)$$

式中 v 为人群行走速度，单位 m/s；v_0 为人自由行走速度，取值为 1.3m/s；D 为人员密度，单位人/m²。

（2）Predtechenski 和 milinskii 公式。当 $0 < D \leqslant 0.92$ 时，正常情况下的人群速度为：

$$v = 112D^4 - 380D^3 + 434D^2 - 217D + 57(m/min) \qquad (7.9)$$

紧急情况下的人群速度为：

$$v_e = v(1.49 - 0.36D) \qquad (7.10)$$

（3）SFPE Handbook of Fire Protection Engineering 公式。当人员密度为 0.54~3.8 人/m² 时，SFPE Handbook of Fire Protection Engineering 给出的人群速度公式为：

$$v = k - 0.266D \qquad (7.11)$$

公式中 k 为常数，取值如表 7.13 所示。

表 7.13　常数 k 取值

疏散路径因素		k
走道、走廊、斜坡、门口		1.40
楼梯		—
梯级竖板/in	梯级踏板/in	—
7.5	10	1.00
7.0	11	1.08
6.5	12	1.16
6.5	13	1.23

注：1in = 0.0254m。

各研究人员得出的人群速度与人员密度的关系如图 7.4 所示。

当计算（超）高层人员疏散时，随行走距离增长、人员体力下降，人员疏散速度降低。为研究疏散距离对疏散速度的影响，"三维疏散仿真平台技术研究与开发"课题组选取年龄为 25~46 岁的 5 名（男 4 名，女 1 名）同志在国贸三期进行疏散测试。国贸三期主塔楼 74 层，高 330m，分别在 14 层、

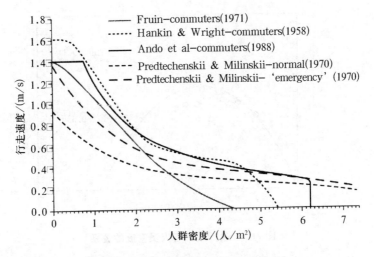

图7.4 人群速度与人员密度的关系

28层、39层、55层和74层设计了5个避难层。参加测试人员手持秒表,从顶层开始每跑下一层,记录一次时间。根据每人疏散时间及楼梯尺寸计算疏散速度,进而计算速度折减系数,根据折减系数平均值回归得到的速度折减系数与疏散距离的关系式为:

$$k = 1.63S^{-0.16} \tag{7.12}$$

公式中 k 为速度折减系数; S 为疏散距离,单位 m。

7.3.4 通行系数

通行系数(flow rate),是指疏散通道中单位宽度、单位时间所通过的人员数量,单位为人/(m·s)。通行系数又称为比流量或流量系数,是衡量疏散通道通行能力的重要指标,可用下式计算:

$$f = Dv \tag{7.13}$$

通行系数的大小与人员密度密切相关,如图7.5所示。当人员密度较小时,虽然人群速度较快,但由于人群断流,通行系数不大。随着密度的增加,通行系数逐步增加到一个稳定的值。当人员密度继续增加时,人群速度降低又造成通行系数减小。Pauls 的研究发现,不论疏散人群是在通道上或楼梯上,当密度约为2人/m² 时,通行系数将达到峰值。最大的通行系数反映了疏散通道的通行能力,《建筑设计防火规范》在进行疏散宽度设计时采用的通行系数如表7.14所示。

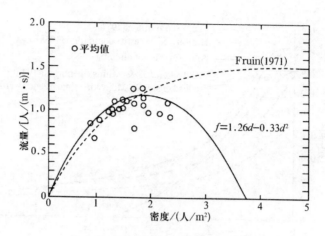

图 7.5　通行系数与人员密度的关系

表 7.14　《建筑设计防火规范》采用的通行系数

区域	通行系数/人/（m·s）	单股人流每分钟疏散人数/个
疏散门、安全出口	1.30	43
平坡地面		
阶梯地面	1.12	37
楼梯		

7.4　人员疏散时间的计算

必需安全疏散时间（RSET），是指从起火到人员疏散至安全区域的时间。火灾情况下的 RSET 包括火灾报警时间 t_{alarm}、预动作时间 t_{pre} 和疏散行动时间 t_{move}，如图 7.6 所示。

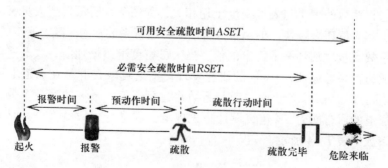

图 7.6　人员安全疏散时间判据

7.4.1 火灾报警时间

在公共建筑中，通常安装有感烟探测器、感温探测器等火灾报警装置，在大空间建筑中为尽早探测火灾，往往安装主动吸气式火灾探测系统。火灾发展到一定规模，产生的热烟气将触发火灾报警装置并产生报警信号。在没有安全报警器的场所，人员可以通过本身的视觉、嗅觉和听觉系统察觉到火灾征兆。从火灾发生全信号传达到建筑中的人员的时间称为火灾报警时间。

报警时间的长短不仅取决于火灾的发展速度、报警装置的类型及其布置，还取决于人员的清醒状态。感温探测器的报警原理是当敏感元件的温度超过动作温度时报警，因此探测器的报警时间和自动喷水灭火系统的喷头启动时间可通过导热计算进行预测。这种软件的典型代表为美国国家标准及技术研究院开发的 DETECT – T2 和 DETECT – QS 模型，其导热计算中只考虑热烟气的强制对流。基本公式为：

$$T_{D,t+\Delta t} = (T_{jet_{t+\Delta t}} - T_{D,t})(1 - e^{-\frac{1}{\tau}})(T_{jet_{t+\Delta t}} - T_{jet_t})\tau\left(e^{-\frac{1}{\tau}} + \frac{1}{\tau} - 1\right)$$

$$(7.14)$$

式中 $T_{D,t+\Delta t}$ 为敏感元件在 $t+\Delta t$ 时刻的温度；$T_{jet_{t+\Delta t}}$ 为顶棚射流在 $t+\Delta t$ 时刻的温度，单位℃；$T_{D,t}$ 为敏感元件在 t 时刻的温度，单位℃；τ 为时间参数，$\tau = RTI/\sqrt{v_{jet}}$；$RTI$ 为响应时间指数；v_{jet} 为顶棚射流的速率，单位 m/s，采用式 (7.15) 计算；T_{jet_t} 为顶棚射流在 t 时刻的温度，单位℃，采用式 (7.16) 计算。

$$v_{jet_t} = \begin{cases} 0.95(\dot{Q}/z)^{1/3} & r/z \leq 0.15 \\ 0.2(\dot{Q}^{1/3}z^{1/2}r^{5/6}) & r/z > 0.15 \end{cases} \quad (7.15)$$

式中 $\dot{Q}$ 为火源热释放速率，单位 kW；z 为顶棚至火源底部的距离，单位 m；r 为敏感元件至火源中心的距离。

$$T_{jet_t} = \begin{cases} T_\infty + 16.9\dot{Q}^{2/3}/z^{5/3} & r/z \leq 0.18 \\ T_\infty + 5.38(\dot{Q}/r)^{2/3}/z & r/z > 0.18 \end{cases} \quad (7.16)$$

式中 T_∞ 为环境温度，单位℃。

感烟探测器的计算较为复杂，依据相关的技术资料，感烟探测器可探测到 100kW 的火灾并启动报警，因此可利用火灾增长系数计算火灾发展到 100kW 的时刻作为报警时间。另外，感温探测器和感烟探测器的报警时间也可以使用 FDS 火灾动力学软件计算。

7.4.2 预动作时间

人员的疏散预动作时间为人员从接到火灾警报之后到疏散行动开始之前

的时间，包括识别时间和反应时间。

（1）识别时间。识别时间为从火灾报警或信号发出后到人员还未开始反应的这一时间段。根据建筑类型、功能与用途、使用人员的性质、建筑火灾报警和物业管理系统等因素的不同，该识别时间的长短相差较大。在管理相对完善的剧院、展厅、超市或办公建筑中，识别时间较短。在平面布置复杂或面积巨大的建筑以及旅馆、公寓、住宅和宿舍等建筑中，该时间可能较长。表7.15给出了各种不同类型的建筑物采用不同报警系统时的人员识别时间统计结果。

表7.15　各种用途的建筑物采用不同火灾报警系统时的人员识别时间

建筑物用途及特性	响应时间/min		
	报警系统类型		
	W1	W2	W3
办公楼、商业或工业厂房、学校（建筑内的人员处于清醒状态，熟悉建筑物及其报警系统和疏散措施）	<1	3	>4
商店、展览馆、博物馆、休闲中心等（建筑内的人员处于清醒状态，不熟悉建筑物、报警系统和疏散措施）	<2	3	>6
旅馆或寄宿学校（建筑内的人员可能处于睡眠状态，但熟悉建筑物、报警系统和疏散措施）	<2	4	>5
旅馆、公寓（建筑内的人员可能处于睡眠状态，不熟悉建筑物、报警系统和疏散措施）	<2	4	>6
医院、疗养院及其他社会公共福利设施（有相当数量的人员需要帮助）	<3	5	>8

注：表中的火灾报警系统类型为：W1——实况转播指示，采用声音广播系统，如闭路电视设施的控制室；W2——非直播（预录）声音系统、和/或视觉信息警告播放；W3——采用警铃、警笛或其他类似报警装置的报警系统。

在应用表7.15时，还要考虑火灾场景的影响，因此将表7.15中的识别时间根据人员所处位置的火灾条件作以下调整：

①当人员处于较小着火房间或区域内，人员可以清楚地发现烟气及火焰或感受到灼热，这种情况下即使人员所处区域只安装了W2或W3报警系统，也可采用表7.15中给出的与W1报警系统相关的识别时间；

②当人员处于较大着火房间或区域内，人员在一定距离外也可发现烟气及火焰时，如果没有安装W1报警系统，而只安装了W3报警系统，则采用表7.15中给出的与W2报警系统相关的识别时间；

③当人员处于着火房间或区域之外时，采用表7.15中给出所使用报警系统相关的识别时间。

（2）反应时间。反应时间为从人员识别报警或信号并开始作出反应至开始直接朝出口方向疏散之间的时间。反应时间与建筑空间的环境状况有密切关系，从数秒钟到数分钟不等。

人员在反应时间内会采取的行动有：

①确定火源、火警的实际情况或火警与其他警报的重要性；

②停止机器或生产过程，保护重要文件或贵重物品等；

③寻找和召集儿童及其他家庭成员；

④灭火；

⑤决定合适的疏散路径；

⑥警告其他人员；

⑦其他疏散行为。

7.4.3　疏散开始时间的计算方法

疏散开始时间，是指报警时间与预动作时间之和。日本《建筑基本法》采用经验公式计算疏散开始时间。需要说明的是这里的疏散开始时间指区域内的所有人员都开始疏散的时间。

着火房间的疏散开始时间为：

$$T_{start,room} = 2\sqrt{A_{room}} \qquad (7.17)$$

式中 $T_{start,room}$ 为着火房间疏散开始时间，单位 s；A_{room} 为着火房间的面积，单位 m^2。

着火楼层的疏散开始时间为：

$$T_{start,floor} = 2\sqrt{A_{floor}} + \alpha \qquad (7.18)$$

式中 $T_{start,floor}$ 为着火楼层疏散开始时间，单位 s；A_{floor} 为着火楼层的面积，单位 m^2；α 为常数，当建筑为住宅楼、宾馆时，取 300，其他建筑取 180。

7.4.4　疏散行动时间

疏散行动时间，是指从疏散开始至所有人员疏散至安全区域的时间。可以采用经验公式或疏散模型计算人员的疏散行动时间。

（1）经验公式。

①Togowa 公式。Togowa 公式主要用于人员密集场所的计算，公式为：

$$t_{move} = \frac{L_s}{v} + \frac{N_a}{w_{eff} \cdot C} \qquad (7.19)$$

式中 L_s 为离出口最近人员至安全出口的距离，单位 m；v 为人群行走速度，单位 m/s；N_a 为疏散总人数，单位人；C 为通行系数，取值见 7.3.4 节；w_{eff} 为出口的有效宽度。

学者 Pauls 等人对人员在疏散过程中的行为做研究时发现，人在通过疏散走道或疏散门时习惯与走道或门边缘保持一定的距离。因此，除非人员密度高度集中，否则，在疏散时并不是疏散通道的整个宽度都能得到有效利用。《SFPE Handbook of Fire Protection Engineering》对此进行了总结并给出了有效宽度折减值，如表7.16所示。

表7.16 各种通道的有效宽度折减值

通道类型	有效宽度折减值/cm
楼梯、墙壁	15
扶手	9
音乐厅座椅、体育馆长凳	0
走廊、坡道	20
广阔走廊、行人走道	46
大门、拱门	15

从式（7.19）可以看出，疏散行动时间包括两部分：步行时间和滞留时间。其中步行时间为离出口最近人员至出口的距离，而在日本《建筑基本法》提供的经验公式中，步行时间为离出口最远人员至出口的距离。式（7.19）的滞留时间考虑了所有出口的充分利用。这表明利用该公式计算的是最理想的疏散行动时间。

②Melinek和Booth公式。由Melinek和Booth提出的疏散行动时间经验公式主要是用来计算高层建筑的最短总体疏散时间，其公式为：

$$t_{move-r} = \frac{\sum_{i=r}^{n} N_i}{w_r \cdot C} + rt_s \tag{7.20}$$

式中 t_{move-r} 为r层及以上楼层的人员的最短疏散时间，单位s；N_i 为第i层上的人数；w_r 为第r-1层和第r层之间的楼梯间的有效宽度，单位m；C 为楼梯的通行系数，单位人/（m·s）；t_s 为行动不受阻的人群下一层楼的时间，通常取16s。

若楼梯间宽度不变，则整栋楼人员疏散完毕的时间为：

$$t_{move} = \frac{N_a}{w_{eff} \cdot C} + t_s \tag{7.21}$$

式（7.21）与式（7.19）基本相同，说明两种经验公式没有本质的区别。若利用疏散软件进行疏散模拟时出口的通行系数和经验公式取值相同，则模拟的疏散行动时间基本与公式（7.22）相同。

$$t_{move} = \frac{N_a}{w_{eff} \cdot C} + 60 \qquad (7.22)$$

（2）疏散软件。为模拟建筑内人员的疏散过程，研究者提出了几十种疏散模型并在此基础上开发了多种疏散软件。目前国内常用的疏散软件有Pathfinder、STEPS、BuildingEXODUS 和 Simulex 等，其功能及特点如表7.17所示。

表 7.17　疏散软件的功能及特点

软件	模型类型	3D模型	控制通行系数	出口吸引力调整	人员指定出口	考虑火灾影响	输出三维动画	特点
Pathfinder	连续	√	√	×	√	×	√	建模简单 3D 输出效果逼真
STEPS	0.5m网格	√	√	×	×	√	√	建模极其复杂 动态选择出口
Building EXODUS		×	√	√	√	√	√	功能强大 适于科研
Simulex	0.2m网格	×	√	×	×	×	×	建模简单 适于简单建筑

在国内常用的疏散软件中，仅 STEPS 和 BuildingEXODUS 能考虑火灾对疏散行为的影响。STEPS 能够读取区域模型 CFAST 和场模型 FDS 的计算结果，Building-EXODUS 不仅能够读取 CFAST 和场模型 smartfire 的计算结果，也可由用户手动输入火灾热烟气和毒性气体的数据，能考虑的燃烧产物也较多，如图7.7所示。

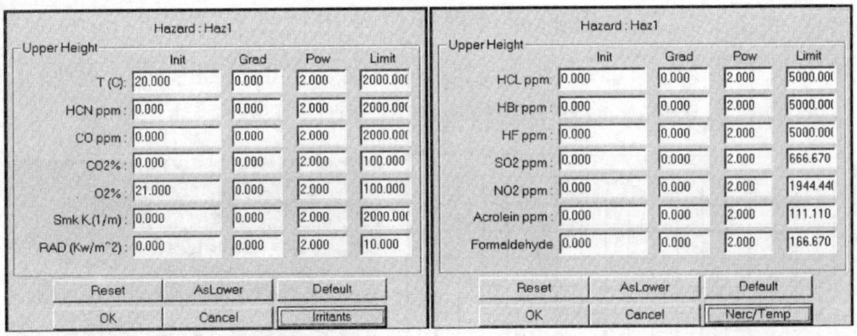

图 7.7　BuildingEXODUS 的热及毒性气体输入对话框

尽管 STEPS 和 BuildingEXODUS 软件能考虑火灾产物对人员疏散的影响，但其应用广泛度却不如始终没有加入考虑火灾数据功能的疏散软件 Pathfinder。事实上，在性能化设计或评估中真正考虑火灾产物对疏散影响的案例并不多见，这主要是因为以下原因：一是毒性气体对疏散行为的影响数据多是通过动物实验获取的，对人影响的准确性难以通过实验验证；二是安全疏散的原则是人员在危害来临之前疏散至安全区域，在指导思想上不能接受疏散过程中存在有毒、有害气体，也就没有必要考虑其影响了；三是目前火灾模拟软件的燃烧模型无法模拟真正的燃烧，多数模拟仅是输入火源的功率，而对于毒性气体的生成则依赖用户的输入，因此由于缺少基础数据而无法精确计算。总之，疏散设计原则上没有考虑的必要，即使考虑了其准确性也不大。

①STEPS疏散分析软件。采用计算机对建筑模型中的人员疏散行为进行仿真模拟，可以得到行为过程细节和模拟结果数据。STEPS（simulation of transient evacuation and pedestrian movements，瞬态疏散和步行者移动模拟）是一个三维疏散软件，由英国的 Mott MacDonald 设计用于主要办公区、体育场馆、购物中心和地铁车站等场所的疏散模拟，这些地方要求在正常情况下确保简单流通，而在紧急情况下可以快速疏散。在大而拥挤的地方，通过模拟所获得的最优化的人流可以提供一个更适宜的环境和更有效的消防安全设计。

STEPS 已经被应用于一些世界级的大项目，包括加拿大埃得蒙顿火车站房、印度德里地铁、美国明尼阿波利斯 LRT、英国生命国际中心和伦敦希思罗火车站房第五出口铁路/地铁。

此模型的运算基础和算法是基于细小的"网格系统"，模型将建筑物楼层平面分为细小系统，再将墙壁等作为"障碍物"。模型中的人员则由使用者加入到预先确定的区域中。模型内的每个个体将会针对所知的每个人员疏散出口计分，计分越低，人员越会选择此出口作为人员疏散方向。人员疏散出口的计分标准考虑了许多因素，包括人员到出口的人员疏散距离、人员对此出口的熟悉程度、出口附近的拥挤程度以及出口本身单位时间的人员流量。STEPS 疏散模型需要以下三点相互关联的构成要素的详细叙述：楼层平面及人员疏散途径的网格系统、个别人员特性及模型中人员的行动，如图 7.8 所示。

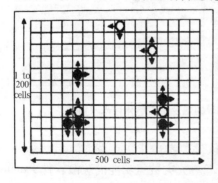

图 7.8　STEPS 疏散模型

此计算机模型采用人员决策及网格系统的组合来分析各种建筑物。建筑物的楼层平面图被细分为网格系统，限定人员的可行走范围。网格大小取决于人员密度的最大值（本软件网格尺寸为 $0.5m \times 0.5m$）。

详细的人员特性输入包括人员种类、人员体积、人员行走速度等。适当地运用此种人员界定方法可以便捷地分析多种火灾情况。此计算机模型以三元立体的图片呈现出建筑物中模拟人员的疏散情况，使用者可以随意转变视觉角度或在模型中前后移动以作更详细的观察。同时，使用者可以暂时"隐藏"部分模型，只专注于某一区域的详细分析。此计算机模型的精确性已与 NFPA130 计算结果进行比较。由于 STEPS 疏散模型中允许现实中楼梯或逃生门不平均地使用，因此能够得出比 NFPA130 所定义的方法更保守及更真实的结果，此模型将得出比一般计算较为保守的结果，$0.9\% \sim 11.4\%$。

STEPS 疏散模型在人员紧急疏散模拟中，设定限制条件和假设前提为：

A. 建筑物内的疏散通道和疏散出口是通畅的，而火灾区附近的疏散通道或出口则可能被封堵。

B. 模型只模拟有行动能力的人，残疾人士则假设由其他方式逃离，如经消防队员帮助逃离。

C. 使用者可自行设定人员行走速度及出口流量，进行有序情况下的人员疏散模拟。模型本身并不会因拥挤状况而调整设定，但在拥挤情况下，模型中的人员会因被前面的人挡住去路而无法继续前进，因此行走速度会间接改变。

D. 在出口处，现实生活中可能发生的人与主流反向而行的情况不作考虑。

E. 模型采用 $0.09 \sim 0.25m^2$ 的网格系统。其网格的大小与模型的运作时间有一定的关系，采用更加细小的网格系统将使模型的运作时间相对延长。

F. 模型中人员只能以 45°角向八个方向移动。

G. 此计算机模型只分析人员所需行走时间，不包含火灾探测时间及人员行动前的准备时间。

H. 模型中所模拟的时间因人员所处位置、人员特性和人员选择出口/人员疏散方向的决定方式带有随机性，因此每次模拟出的人员疏散时间会有所差别。最大偏差值为 $\pm 3\%$。

②Pathfinder 疏散分析软件。对人员疏散行动时间的模拟分析采用的分析工具是 Pathfinder 人员疏散商用软件，该软件是一个全新的疏散模拟器，与传统的以流体流动为计算基础的软件不同，现在主要应用于游戏开发、图形图像技术领域的计算机科学，在此基础上 Pathfinder 实现了对每个个体的运动方

式的准确预测。Pathfinder 为建筑师在建筑布局、建筑防火系统设计领域提供了很好的解决方案。多种模拟方式及可以自定义的人物属性，可以轻松实现不同的预测情景模拟，计算火灾发生时疏散时间的保守值及最优值。该软件是以一个人物为基础的模拟器，通过定义每一个人员的各种参数来实现模拟过程中的各自独特的逃生路径和时间模拟。该软件不仅有强大的人物运动模拟器，而且还有综合的用户操作界面，模拟结果的三维动态效果呈现。Pathfinder 实现了更快的疏散模拟评估，同时具有其他模拟软件无法比拟的动态演示效果，如图 7.9 所示。

图 7.9　Pathfinder 软件界面

Pathfinder 的主要特点如下：

A. 充分利用在精确、连续的三维环境中以人物为基础的模拟技术。

B. 支持二维和三维的 DXF 文件、FDS 和 PyroSim 格式的文件的导入。

C. 利用多种模拟模式，包括一种全新的操纵模式和以防火工程师协会的手册为基础的模式。

D. 对人物特点的精确设置和人物外表的多种选择。

E. 快速利用其内置的建模工具建模。

F. 高质量的三维图像显示效果。

G. 可以输出精确的房间人数和出口利用情况的详细数据。

Pathfinder 利用以人物为基础的人工智能技术，使每一个人物都有其特定特点、目标及观念。这使得人物群体可以根据自己的特点进行自然运动，从而使其结果看起来更加流畅和符合实际。

Pathfinder 实现了在三维的空间中进行人员流动模拟，而不是在二维的网格上模拟或者在一个流场中进行粒子的模拟，从而更加形象与真实。每个时间间隔里，每个个体都根据自己的特点、目标和自己所属的环境而运动。克莱克·瑞纳尔多发表于 1987 年的文章《Flocks, Herds, and Schools: A distribu – ted Behavioral Model》中，介绍了操纵式行为的概念。他论述了通过组合三种行为（即避免冲突、速度匹配和向特定区域聚集），有效而真实地模拟一群鸟的运动是可能的，而这在其他的计算方式下是不可能实现的。在 Pathfinder 中所采用的运动模拟技术，称作"反向操纵"，它是最初的操纵技术的一种演化。最初的操纵技术，是指评估人物向不同的特定方向运动的成本。而在每个时间间隔里，人物将选择整体成本最低的路径。

Pathfinder 同时也囊括了防火工程师协会提出的以人类在火灾中的行为公式为基础的一种人员运动的方式。人物运动根据防火工程师协会定义给出的速度，以及其对人物涌向出口的假设而进行运动。在这种模式下，Pathfinder 可以根据该假设得出第一手的计算结果。

Pathfinder 以现在成熟的和正在研究中的运动理论研究为基础，根据现有的验证程序而改变。为了证实每个特定参数在模拟过程中的正常运行，模拟的结果通常和实际的计算作比较。为了证实模拟过程总体行为的有效性，Pathfinder 中模拟的疏散情景的结果需要和很多研究人员的数据进行对比，还可以和其他模拟软件进行对比，从而说明 Pathfinder 相对于其他模拟方法的效果差异。

③BuildingEXODUS 疏散分析软件。BuildingEXODUS，用于火灾安全工程的教学和咨询。该软件基于坐标系统计算个体移动，可以模拟多层建筑中的人员疏散，可调用 CAD 平面图并使用软件自带的楼梯设置功能构造三维多层建筑。用户可以单个或成组添加人员负荷及设定人员特征。计算机理考虑真实因素，可模拟人的移动、超越、拥堵、侧行、移动速度调整等。经过实验证明，BuildingEXODUS 能够较为真实地反映复杂通道的人流速度和疏散时间。

④Simulex 疏散分析软件。Simulex 软件是最先由英国 Edinburgh 大学设计，后来由苏格兰集成环境解决有限公司的 Peter Thompson 博士继续发展的人员疏散模拟软件。其可以用来模拟大量人员在多层建筑物中的疏散。软件使用年费 1000 英镑，永久使用费 2600 英镑。可以运行于任何 32 位微软操作系统的基于 intel 的 PC（Win95/98/2000/ME），采用 C++语言编制，安装需要 6M 空间，运行需要最小 64M 内存。

该软件可以模拟大型、复杂的几何形状、带有多个楼梯的建筑物，可以接受 CAD 生成的定义单个楼层的文件；可以容纳上千人，用户可以看到在疏散过程中，每个人在建筑中的任意一点、任意时刻的移动。模拟结束后，会生成一个包含疏散过程详细信息的文本文件。Simulex 软件把一个多层建筑定义为一系列二维楼层平面图，它们通过楼梯连接；用三个圆代表每一个人的平面形状，精确地模拟了实际的人员。每一个被模拟的人由一个位于中间的不完全的圆圈和两个稍小的、与中间圆圈重叠的肩膀圆圈所组成，它们排列在不完全的圆圈两侧。Simulex 软件的移动特性基于对每一个人穿过建筑物空间时的精确模拟，位置和距离的精度超过 ±0.001m。模拟的移动类型包括：正常不受阻碍地行走，由于与其他人接近造成的频带降低、超越、身体的旋转和避让。

Simulex 软件还模拟了一部分心理方面的因素，包括出口的选择和对报警的响应时间。这些心理因素的进一步改进也是模型将要发展的一个部分。由于 Simulex 软件的易用性以及它能够较为真实地反映出疏散过程中可能出现的各种情况，因此它已经被越来越多地应用于工程的设计，成为性能化设计、评估工作的一项有力的武器。但是，Simulex 软件至今还没有尝试模拟能见度和毒性危害可能对人员产生的影响。此外，需要改良和处理每个人受心理影响输入函数的复杂性是 Simulex 软件将来的发展重点。

前已述及，必需安全疏散时间（RSET）包括火灾报警时间 t_{alarm}、预动作时间 t_{pre} 和疏散行动时间 t_{move}，即：

$$RSET = t_{alarm} + t_{pre} + t_{move} \tag{7.23}$$

一般情况下，t_{move} 即为模拟计算所得的时间。由于在实际疏散过程中，还存在一些不利于人员疏散的不确定性因素，如人员对建筑物的熟悉程度、人员的警惕性和觉悟能力、人体的行为活动能力、消防安全疏散指示设施情况和模拟软件的准确性等。因此，有必要对疏散行动时间考虑一定的安全补偿，所以通常在模拟计算时间上乘以一定的安全系数，安全系数一般取值范围为 1.5~2，这样式（7.23）就变为：

$$RSET = t_{alarm} + t_{pre} + (1.5 \sim 2.0)t_{move} \tag{7.24}$$

采用经验公式计算疏散行动时间时，由于经验公式计算得到的是最短总体疏散时间，建议疏散行动时间之前的安全系数取较大值。采用疏散模拟软件计算疏散行动时间时，若各安全出口的利用并不均匀且时间相差较长时，安全系数取较小值；若各安全出口的利用比较均匀，即各出口的人员几乎同时疏散完毕，则安全系数仍应该取较大值。

第二部分

建筑火灾风险控制技术与评估基础数据

第八章　建筑火灾风险控制技术

建筑火灾是最频繁的一种火灾。根据使用性质，建筑物主要分为民用建筑和工业建筑。民用建筑包括住宅楼、综合楼、宾馆、医院、图书馆、候机（车、船）楼等，这些场所往往人员集中，可燃物较多；工业建筑包括工业厂房、仓库、油库、变电站等，这些场所火灾荷载较大，而且易燃易爆品较多。本章以民用建筑火灾为主，介绍其火灾风险控制技术。

8.1　火灾防治概述

在建筑火灾中，各种防治火灾、减少火灾中人员伤亡和财产损失的消防对策应当考虑以下几个方面。

首先，要尽量防止起火。主要有两种方法：一是控制可燃物，即严格控制可燃物荷载，将易燃和可燃物的量控制在一定的范围内，尽量使用不燃、难燃材料或采用经阻燃处理后的可燃易燃物。二是控制点火源，即尽量在存在火灾荷载的地方消除火源，或严格管理火源的使用。

其次，一旦发生火灾，应该及时发现并且迅速报警，并采取相应的灭火措施。火灾探测与报警技术可以在早期发现火灾，应该根据建筑物的使用性质和环境条件合理选择火灾探测的种类。火灾一经确认，在火灾初期及时采取合理的灭火措施对于火灾的扑救至关重要。现代大型建筑中最常采用的灭火方式是自动喷水灭火系统。利用建筑物固定灭火设施加强建筑物在火灾中的自防自救能力是消防的基本理念之一。此外，火灾现场人员采取适当的灭火措施也能对火灾扑救发挥重要作用。即使不能扑灭火灾，也能有效控制火灾增长，为专业消防队员扑救火灾创造条件。

再次，造成火灾中人员伤亡最大的因素是火灾烟气的危害，因此控制火灾烟气蔓延是减少火灾危害的重要措施，应该在烟气对人员构成威胁之前将人员撤离到安全区域。同时，烟气也会造成一定的财产损失，控制烟气可以有效防止火灾的蔓延和减少火灾损失。

最后，火灾一旦发生了轰燃，防治重点就转变为保护建筑物结构的安全。因此，应该按照国家标准、规范的要求，采用符合耐火极限标准的建筑构件，以保证建筑物具有足够的耐火性能。

有效运行的消防监控中心是建筑消防系统的核心，也是实现火灾防治的关键。只有消防控制中心统一控制，各种消防系统才能有效运作。此外，消防队伍到达火场的时间也对火灾的控制至关重要。到达火场越早，越能最大限度地扑救火灾，减少损失。

无论是火灾探测系统、自动灭火系统，还是烟气控制和耐火设计，它们都在火灾的不同阶段起着不同的作用，在火灾的发展进程中发挥着不同的影响，它们的作用都是为了预防和降低建筑火灾中危险源的危害。本章将分别介绍建筑防火、火灾探测与报警、建筑灭火及火灾烟气控制技术。

8.2 建筑防火技术

建筑防火技术主要是指火灾发生前的预防措施，主要内容包括防火间距、耐火等级、防火分区、灭火救援设施及疏散措施等。

8.2.1 防火间距

防火间距，是指一幢建筑物起火，其相邻建筑物在热辐射的作用下，在一定时间内没有任何保护措施的情况下，也不会起火的最小安全距离。

建筑物之间的防火间距应按相邻建筑外墙的最近水平距离计算，当外墙有凸出的可燃或难燃构件时，应从其凸出部分外缘算起。建筑物与储罐、堆场的防火间距，应为建筑外墙至储罐外壁或堆场中相邻堆垛外缘的最近水平距离。

建筑物与变压器的防火间距，应为建筑外墙至变压器外壁的最近水平距离。

《建筑设计防火规范》（GB 50016－2014）规定了民用建筑之间，民用建筑与厂房或仓库，民用建筑与液化石油气储罐，民用建筑与可燃、助燃气体储罐之间的防火间距，民用建筑与液化天然气储罐之间的防火间距。

（1）民用建筑之间的防火间距。综合考虑灭火救援需要，防止火势向邻近建筑蔓延以及节约用地等因素，规范规定了民用建筑之间的防火间距要求。民用建筑之间的防火间距不应小于表8.1的规定。由表8.1可以看出，根据建筑的实际情形，将一、二级耐火等级多层建筑之间的防火间距定为6m。考虑到扑救高层建筑需要使用曲臂车、云梯登高消防车等，为满足消防车车辆通行、停靠、操作的需要，结合实践经验，规定一、二级耐火等级高层建筑之间的防火间距不应小于13m。其他三、四级耐火等级的民用建筑之间的防火间距，因耐火等级低，受热辐射作用易着火而致火势蔓延，其防火间距在

一、二级耐火等级建筑要求的基础上有所增加。

表8.1　民用建筑之间的防火间距（m）

建筑类别		高层民用建筑	裙房和其他民用建筑		
		一、二级	一、二级	三级	四级
高层民用建筑	一、二级	13	9	11	14
裙房和其他民用建筑	一、二级	9	6	7	9
	三级	11	7	8	10
	四级	14	9	10	12

注1：相邻两座单、多层建筑，当相邻外墙为不燃性墙体且无外露的可燃性屋檐，每面外墙上无防火保护的门、窗、洞口不正对开设且该门、窗、洞口的面积之和不大于外墙面积的5%时，其防火间距可按本表的规定减少25%。

注2：两座建筑相邻较高一面外墙为防火墙，或高出相邻较低一座一、二级耐火等级建筑的屋面15m及以下范围内的外墙为防火墙时，其防火间距不限。

注3：相邻两座高度相同的一、二级耐火等级建筑中相邻任一侧外墙为防火墙，屋面板的耐火极限不低于1.00h时，其防火间距不限。

注4：相邻两座建筑中较低一座建筑的耐火等级不低于二级，相邻较低一面外墙为防火墙且屋顶无天窗，屋面板的耐火极限不低于1.00h时，其防火间距不应小于3.5m；对于高层建筑，不应小于4m。

注5：相邻两座建筑中较低一座建筑的耐火等级不低于二级且屋顶无天窗，相邻较高一面外墙高出较低一座建筑的屋面15m及以下范围内的开口部位设置甲级防火门、窗，或设置符合现行国家标准《自动喷水灭火系统设计规范》（GB 50084-2005）规定的防火分隔水幕或《建筑设计防火规范》（GB 50016-2014）规定的防火卷帘时，其防火间距不应小于3.5m；对于高层建筑，不应小于4m。

注6：相邻建筑通过连廊、天桥或底部的建筑物等连接时，其间距不应小于本表的规定。

注7：耐火等级低于四级的既有建筑，其耐火等级可按四级确定。

　　注1主要考虑了有的建筑物防火间距不足，而全部不开设门、窗、洞口又有困难的情况。因此，允许每一面外墙开设门、窗、洞口面积之和不大于该外墙全部面积的5%时，防火间距可缩小25%。考虑到门、窗、洞口的面积仍然较大，故要求门、窗、洞口应错开，不应正对，以防止火灾通过开口蔓延至对面建筑。

　　注2至注5考虑到建筑在改建和扩建过程中，不可避免地会遇到一些诸如用地限制等具体困难，对两座建筑物之间的防火间距做了有条件的调整。当两座建筑，较高一面的外墙为防火墙，或超出高度较高时，应主要考虑较低一面对较高一面的影响。当两座建筑高度相同时，如果贴邻建造，防火墙的构造应符合《建筑设计防火规范》（GB 50016-2014）第6.1.1条的规定。当较低一座建筑的耐火等级不低于二级，较低一面的外墙为防火墙时，且屋顶承重构件和屋面板的耐火极限不低于1.00h，防火间距允许减少到3.5m，但如果相邻建筑中有一座为高层建筑或两座均为高层建筑时，该间距允许减

少到4m。火灾通常从下向上蔓延，考虑较低的建筑物着火时，火势容易蔓延到较高的建筑物，有必要采取防火墙和耐火屋盖，故规定屋面板的耐火极限不应低于1.00h。两座相邻建筑，当较高建筑高出较低建筑的部位着火时，对较低建筑的影响较小，而相邻建筑正对部位着火时，则容易相互影响。故要求较高建筑在一定高度范围内通过设置防火门、窗或卷帘和水幕等防火分隔设施，来满足防火间距调整的要求。有关防火分隔水幕和防护冷却水幕的设计要求应符合现行国家标准《自动喷水灭火系统设计规范》（GB 50084 - 2005）的规定。

最小防火间距确定为3.5m，主要为保证消防车通行的最小宽度；对于相邻建筑中存在高层建筑的情况，则要增加到4m。

注4和注5中的"高层建筑"，是指在相邻的两座建筑中有一座为高层民用建筑或相邻两座建筑均为高层民用建筑。

注6主要针对通过裙房、连廊或天桥连接的建筑物，需将该相邻建筑视为不同的建筑来确定防火间距。对于回字形、U形、L形建筑等，两个不同防火分区的相对外墙之间也要有一定的间距，一般不小于6m，以防止火灾蔓延到不同分区内。本项中的"底部的建筑物"，主要指如高层建筑通过裙房连成一体的多座高层主体建筑的情形，在这种情况下，尽管在下部的建筑是一体的，但上部建筑之间的防火间距，仍需按两座不同建筑的要求确定。

当确定新建建筑与耐火等级低于四级的既有建筑的防火间距时，可将该既有建筑的耐火等级视为四级后确定防火间距。

（2）民用建筑与厂房之间的防火间距。民用建筑与燃油、燃气或燃煤锅炉房的防火间距应符合表8.2有关丁类厂房的规定，但与单台蒸气锅炉的蒸发量不大于4t/h或单台热水锅炉的额定热功率不大于2.8MW的燃煤锅炉房的防火间距，可根据锅炉房的耐火等级按表8.1的有关民用建筑的规定确定。

由于厂房生产类别、高度不同，不同火灾危险性类别的厂房之间的防火间距应有所区别。

对于受用地限制，在执行有关防火间距的规定有困难时，允许采取可以有效防止火灾在建筑物之间蔓延的等效措施后减小其间距。

甲类厂房与重要公共建筑的防火间距不应小于50m，与明火或散发火花地点的防火间距不应小于30m。

乙类厂房与重要公共建筑的防火间距不应小于50m；与明火或散发火花地点的防火间距不应小于30m。为丙、丁、戊类厂房服务而单独设置的生活用房应按民用建筑确定，与所属厂房的防火间距不应小于6m。

表8.2　民用建筑与厂房、室外变、配电站等的防火间距（m）

名称			民用建筑				
			裙房，单、多层			高层	
			一、二级	三级	四级	一类	二类
甲类厂房	单、多层	一、二级	25			50	
乙类厂房	单、多层	一、二级	25			50	
		三级					
	高层	一、二级					
丙类厂房	单、多层	一、二级	10	12	14	20	15
		三级	12	14	16	25	20
		四级	14	16	18		
	高层	一、二级	13	15	17	20	15
丁、戊类厂房	单、多层	一、二级	10	12	14	15	13
		三级	12	14	16	18	15
		四级	14	16	18		
	高层	一、二级	13	15	17	15	13
室外变、配电站	变压器总油量（t）	≥5，≤10	15	20	25	20	
		>10，≤50	20	25	30	25	
		>50	25	30	35	30	

　　丙、丁、戊类厂房与民用建筑的耐火等级均为一、二级时，丙、丁、戊类厂房与民用建筑的防火间距可适当减小，但应符合下列规定：

　　第一，当较高一面外墙为无门、窗、洞口的防火墙，或比相邻较低一座建筑屋面高15m及以下范围内的外墙为无门、窗、洞口的防火墙时，其防火间距不限；

　　第二，相邻较低一面外墙为防火墙，且屋顶无天窗、屋顶的耐火极限不低于1.00h，或相邻较高一面外墙为防火墙，且墙上开口部位采取了防火措施，其防火间距可适当减小，但不应小于4m。

　　此处的"民用建筑"包括设置在厂区内独立建造的办公、实验研究、食堂、浴室等不具有生产或仓储功能的建筑。为厂房生产服务而专设的辅助生活用房，有的与厂房组合建造在同一座建筑内，有的为满足通风采光需要，将生活用房与厂房分开布置。为方便生产工作联系和节约用地，丙、丁、戊类厂房与所属的辅助生活用房的防火间距可减小为6m。生活用房是指车间办公室、工人更衣休息室、浴室（不包括锅炉房）和就餐室（不包括厨房）等。

（3）民用建筑与仓库之间的防火间距。对于高层民用建筑、重要公共建筑，由于建筑受到火灾或爆炸作用的后果较严重，相关要求应比对其他建筑的防火间距要求要严些。规范要求民用建筑与甲类仓库之间的防火间距不应小于表8.3的规定。

表8.3　民用建筑与甲类仓库之间的防火间距（m）

名称	甲类仓库（储量，t）			
	甲类储存物品第3、4项		甲类储存物品第1、2、5、6项	
	≤5	>5	≤10	>10
高层民用建筑、重要公共建筑	50			
裙房、其他民用建筑、明火或散发火花地点	30	40	25	30

乙、丙、丁、戊类仓库与民用建筑的防火间距，主要考虑了满足灭火救援、防止初期火灾（一般为20min内）向邻近建筑蔓延扩大以及节约用地等因素，不少乙类物品不仅火灾危险性大，燃速快、燃烧猛烈，而且有爆炸危险，乙类储存物品的火灾危险性虽较甲类的低，但发生爆炸时的影响仍然很大。为有所区别，故规定与民用建筑和重要公共建筑分别不小于25m、50m的防火间距。实际上，乙类火灾危险性的物品发生火灾后的危害与甲类物品相差不大，因此设计应尽可能与甲类仓库的要求一致。

乙类6项物品，主要是桐油漆布及其制品、油纸油绸及其制品、浸油的豆饼、浸油金属屑等。这些物品在常温下与空气接触能够缓慢氧化，如果积蓄的热量不能散发出来，就会引起自燃，但燃速不快，也不爆燃，故这些仓库与民用建筑的防火间距可不增大。民用建筑与乙、丙、丁、戊类仓库之间的防火间距见表8.4的规定。

表8.4　民用建筑与乙、丙、丁、戊类仓库之间的防火间距（m）

名称			乙类仓库		丙类仓库				丁、戊类仓库			
			单、多层	高层	单、多层			高层	单、多层			高层
			一、二级	三级	一、二级	一、二级	三级	四级	一、二级	一、二级	三级	四级	一、二级
民用建筑	裙房，单、多层	一、二级	25		10	12	14	13	10	12	10	13
		三级	25		12	14	16	15	12	14	14	15
		四级	25		14	16	18	17	14	16	16	17
	高层	一类	50		20	25	25	20	15	18	18	15
		二类	50		15	20	20	15	13	15	15	13

（4）民用建筑与液体储罐之间的防火间距。民用建筑与液体储罐之间的防火间距主要根据火灾实例、基本满足灭火扑救要求和现行的一些实际做法提出的。一个30m³的地上卧式油罐爆炸着火，能震碎15m范围的门窗玻璃，辐射热可引燃相距12m的可燃物。根据扑救油罐实践经验，油罐（池）着火时燃烧猛烈、辐射热强，小罐着火至少应有12～15m的距离，较大罐着火至少应有15～20m的距离，才能满足灭火需要。

民用建筑与甲、乙、丙类液体储罐（区）和乙、丙类液体桶装堆场之间的防火间距，不应小于表8.5的规定。

表8.5　民用建筑与甲、乙、丙类液体储罐（区），乙、丙类液体桶装堆场的防火间距（m）

类别	一个罐区或堆场的总容量 V（m³）	建筑物			
		一、二级		三级	四级
		高层民用建筑	裙房，其他建筑		
甲、乙类液体储罐（区）	1≤V<50	40	12	15	20
	50≤V<200	50	15	20	25
	200≤V<1000	60	20	25	30
	1000≤V<5000	70	25	30	40
丙类液体储罐（区）	5≤V<250	40	12	15	20
	250≤V<1000	50	15	20	25
	1000≤V<5000	60	20	25	30
	5000≤V<25000	70	25	30	40

（5）民用建筑与可燃、助燃气体储罐之间的防火间距。可燃气体储罐，

是指盛装氢气、甲烷、乙烷、乙烯、氨气、天然气、油田伴生气、水煤气、半水煤气、发生炉煤气、高炉煤气、焦炉煤气、伍德炉煤气、矿井煤气等可燃气体的储罐。

可燃气体储罐分低压和高压两种。低压可燃气体储罐的几何容积是可变的，分湿式和干式两种。湿式可燃气体储罐的设计压力通常小于 4kPa，干式可燃气体储罐的设计压力通常小于 8kPa。高压可燃气体储罐的几何容积是固定的，外形有卧式圆筒形和球形两种。卧式储气罐容积较小，通常不大于 $120m^3$。球形储气罐罐容积较大，最大容积可达 $10000m^3$。民用建筑与湿式可燃气体储罐之间的防火间距不应小于表 8.6 的规定。

表 8.6　建筑物与湿式可燃气体储罐之间的防火间距（m）

名称	湿式可燃气体储罐（总容积 V，m^3）				
	V < 1000	1000 ≤ V < 10000	10000 ≤ V < 50000	50000 ≤ V < 100000	100000 ≤ V < 300000
高层民用建筑	25	30	35	40	45
裙房，单、多层民用建筑	18	20	25	30	35

干式可燃气体储罐与建筑物之间的防火间距是这样规定的：当可燃气体的密度比空气大时，应按表 8.6 的规定增加 25%；当可燃气体的密度比空气小时，可按表 8.6 的规定确定。

建筑物与湿式氧气储罐之间的防火间距不应小于表 8.7 的规定。

表 8.7　建筑物与湿式氧气储罐的防火间距（m）

名称	湿式氧气储罐（总容积 V，m^3）		
	V ≤ 1000	1000 < V ≤ 50000	V > 50000
民用建筑	18	20	25

建筑物与液氧储罐之间的防火间距应符合表 8.7 相应容积湿式氧气储罐防火间距的规定。$1m^3$ 液氧折合标准状态下 $800m^3$ 气态氧。

民用建筑与液化天然气储罐之间的防火间距不应小于表 8.8 的规定。

表8.8 民用建筑与液化天然气储罐之间的防火间距（m）

名称	液化天然气储罐（区）（总容积 V，m³）							集中放散装置的天然气放散总管
	V≤10	10<V≤30	30<V≤50	50<V≤200	200<V≤500	500<V≤1000	1000<V≤2000	
单罐容积 V（m³）	V≤10	V≤30	V≤50	V≤200	V≤500	V≤1000	V≤2000	
居住区、村镇和重要公共建筑（最外侧建筑物的外墙）	30	35	45	50	70	90	110	45
其他民用建筑，甲、乙类液体储罐，甲、乙类仓库，甲、乙类厂房，秸秆、芦苇、打包废纸等材料堆场	27	32	40	45	50	55	65	25

（6）民用建筑与液化石油气储罐（区）之间的防火间距。民用建筑与液化石油气储罐（区）之间的防火间距不应小于表8.9的规定。

表8.9 民用建筑与液化石油气储罐（区）之间的防火间距（m）

名称	液化石油气储罐（区）（总容积 V，m³）						
	30<V≤50	50<V≤200	200<V≤500	500<V≤1000	1000<V≤2500	2500<V≤5000	5000<V≤10000
单罐容积 V（m³）	V≤20	V≤50	V≤100	V≤200	V≤400	V≤1000	V>1000
居住区、村镇和重要公共建筑（最外侧建筑物的外墙）	45	50	70	90	110	130	150
其他民用建筑，甲、乙类液体储罐，甲、乙类仓库，甲、乙类厂房，秸秆、芦苇、打包废纸等材料堆场	40	45	50	55	65	75	100

民用建筑与Ⅰ、Ⅱ级瓶装液化石油气供应站瓶库的防火间距不应小于表8.10的规定。

表8.10　民用建筑与Ⅰ、Ⅱ级瓶装液化石油气供应站瓶库的防火间距（m）

名称	Ⅰ级		Ⅱ级	
瓶库的总存瓶容积 V（m^3）	6 < V≤10	10 < V≤20	1 < V≤3	3 < V≤6
重要公共建筑	20	25	12	15
其他民用建筑	10	15	6	8

8.2.2　耐火等级

（1）耐火等级的定义。耐火等级是衡量建筑物耐火程度的分级标度。它由组成建筑物的构件的燃烧性能和耐火极限来确定。规定建筑物的耐火等级是建筑设计防火规范中规定的防火技术措施中最基本的措施之一。

建筑物的楼板直接承受着人员和物品的重量，并将之传递给梁、柱、墙等，是一种最基本的承重构件，因此在制定分级标准时，首先确定建筑物中楼板的耐火极限，然后以此为基准，依据其他建筑构件在建筑结构中的重要地位，与楼板比较来确定其耐火极限。建筑结构中地位比楼板重要者，如梁、柱、承重墙等，其耐火极限要高于楼板；比楼板次要者，如隔墙、吊顶等，其耐火极限可以低于楼板。

（2）民用建筑的分类和耐火等级。民用建筑根据其建筑高度和层数可分为单、多层民用建筑和高层民用建筑。高层民用建筑根据其建筑高度、使用功能和楼层的建筑面积可分为一类高层民用建筑和二类高层民用建筑。民用建筑的分类应符合表8.11的规定。

表8.11　民用建筑的分类

名称	高层民用建筑		单、多层民用建筑
	一类	二类	
住宅建筑	建筑高度大于54m的住宅建筑（包括设置商业服务网点的住宅建筑）	建筑高度大于27m，但不大于54m的住宅建筑（包括设置商业服务网点的住宅建筑）	建筑高度不大于27m的住宅建筑（包括设置商业服务网点的住宅建筑）
公共建筑	1. 建筑高度大于50m的公共建筑 2. 任一楼层建筑面积大于1000m^2的商店、展览、电信、邮政、财贸金融建筑和其他多种功能组合的建筑	除一类高层公共建筑外的其他高层公共建筑	1. 建筑高度大于24m的单层公共建筑 2. 建筑高度不大于24m的其他公共建筑

（续表）

名称	高层民用建筑		单、多层民用建筑
	一类	二类	
公共建筑	3. 医疗建筑、重要公共建筑 4. 省级及以上的广播电视和防灾指挥调度建筑、网局级和省级电力调度建筑 5. 藏书超过 100 万册的图书馆、书库		

注1：表中未列入的建筑，其类别应根据本表类比确定。
注2：除本规范另有规定外，宿舍、公寓等非住宅类居住建筑的防火要求，应符合本规范有关公共建筑的规定；裙房的防火要求应符合本规范有关高层民用建筑的规定。

民用建筑的耐火等级可分为一、二、三、四级。不同耐火等级建筑相应构件的燃烧性能和耐火极限不应低于表 8.12 的规定。

表 8.12　不同耐火等级建筑相应构件的燃烧性能和耐火极限（h）

构件名称		耐火等级			
		一级	二级	三级	四级
墙	防火墙	不燃性 3.00	不燃性 3.00	不燃性 3.00	不燃性 3.00
	承重墙	不燃性 3.00	不燃性 2.50	不燃性 2.00	难燃性 0.50
	非承重外墙	不燃性 1.00	不燃性 1.00	不燃性 0.50	可燃性
墙	楼梯间和前室的墙、电梯井的墙、住宅建筑单元之间的墙和分户墙	不燃性 2.00	不燃性 2.00	不燃性 1.50	难燃性 0.50
	疏散走道两侧的隔墙	不燃性 1.00	不燃性 1.00	不燃性 0.50	难燃性 0.25
	房间隔墙	不燃性 0.75	不燃性 0.50	难燃性 0.50	难燃性 0.25
柱		不燃性 3.00	不燃性 2.50	不燃性 2.00	难燃性 0.50
梁		不燃性 2.00	不燃性 1.50	不燃性 1.00	难燃性 0.50
楼板		不燃性 1.50	不燃性 1.00	不燃性 0.50	可燃性
屋顶承重构件		不燃性 1.50	不燃性 1.00	可燃性 0.50	可燃性
疏散楼梯		不燃性 1.50	不燃性 1.00	不燃性 0.50	可燃性
吊顶（包括吊顶格栅）		不燃性 0.25	难燃性 0.25	难燃性 0.15	可燃性

注1：除本规范另有规定外，以木柱承重且墙体采用不燃材料的建筑，其耐火等级应按四级确定。
注2：住宅建筑构件的耐火极限和燃烧性能可按现行国家标准《住宅建筑规范》（GB 50368 - 2005）的规定执行。

（3）耐火等级的设置要求。《建筑设计防火规范》（GB 50016 – 2014）规定了不同类型建筑的耐火等级要求：

①民用建筑的耐火等级应根据其建筑高度、使用功能、重要性和火灾扑救难度等确定，并应符合下列规定：

第一，地下或半地下建筑（室）和一类高层建筑的耐火等级不应低于一级；

第二，单、多层重要公共建筑和二类高层建筑的耐火等级不应低于二级；

第三，建筑高度大于100m 的民用建筑，其楼板的耐火极限不应低于 2.00h。

②一、二级耐火等级建筑的上人平屋顶，其屋面板的耐火极限分别不应低于 1.50h 和 1.00h。

③一、二级耐火等级建筑的屋面板应采用不燃材料，但屋面防水层可采用可燃材料。

④二级耐火等级建筑内采用难燃性墙体的房间隔墙，其耐火极限不应低于 0.75h；当房间的建筑面积不大于100m² 时，房间隔墙可采用耐火极限不低于 0.50h 的难燃性墙体或耐火极限不低于 0.30h 的不燃性墙体。

二级耐火等级多层住宅建筑内采用预应力钢筋混凝土的楼板，其耐火极限不应低于 0.75h。

⑤二级耐火等级建筑内采用不燃材料的吊顶，其耐火极限不限。

三级耐火等级的医疗建筑、中小学校的教学建筑、老年人建筑及托儿所、幼儿园的儿童用房和儿童游乐厅等儿童活动场所的吊顶，应采用不燃材料；当采用难燃材料时，其耐火极限不应低于 0.25h。

二、三级耐火等级建筑内门厅、走道的吊顶应采用不燃材料。

⑥建筑内预制钢筋混凝土构件的节点外露部位，应采取防火保护措施，且节点的耐火极限不应低于相应构件的耐火极限。

8.2.3　防火分区

（1）防火分区的定义。防火分区，是指在建筑内部采用防火墙、耐火楼板及其他防火分隔设施分隔而成，能在一定时间内防止火灾向同一建筑的其余部分蔓延的局部区域（空间单元）。划分防火分区后，可以在建筑物发生火灾时，有效地把火势控制在一定的范围内，减少火灾损失，同时可以为人员安全疏散、消防扑救提供有利条件。

从防火的角度看，防火分区划分得越小，越有利于保证建筑物的防火安全。但如果划分得过小，则势必会影响建筑物的使用功能。防火分区面积大小的确定应考虑建筑物的使用性质、重要性、火灾危险性、建筑物高度、消防扑救能力以及火灾蔓延的速度等因素。

（2）防火分区的设置要求。《建筑设计防火规范》（GB 50016－2014）对防火分区的设置要求进行了规定。

①不同耐火等级建筑的防火分区最大允许建筑面积应符合表 8.13 的规定。

②建筑内设置自动扶梯、敞开楼梯等上、下层相连通的开口时，其防火分区的建筑面积应按上、下层相连通的建筑面积叠加计算；当叠加计算后的建筑面积大于表 8.13 的规定时，应划分防火分区。

建筑内设置中庭时，其防火分区的建筑面积应按上、下层相连通的建筑面积叠加计算；当叠加计算后的建筑面积大于表 8.13 的规定时，应符合下列规定：

表 8.13　不同耐火等级建筑防火分区的最大允许建筑面积

名称	耐火等级	防火分区的最大允许建筑面积（m²）	备注
高层民用建筑	一、二级	1500	对于体育馆、剧场的观众厅，防火分区的最大允许建筑面积可适当增加
单、多层民用建筑	一、二级	2500	－
	三级	1200	－
	四级	600	－
地下或半地下建筑（室）	一级	500	设备用房的防火分区最大允许建筑面积不应大于 1000m²

注 1：表中规定的防火分区最大允许建筑面积，当建筑内设置自动灭火系统时，可按本表的规定增加 1.0 倍；局部设置时，防火分区的增加面积可按该局部面积的 1.0 倍计算。

注 2：裙房与高层建筑主体之间设置防火墙时，裙房的防火分区可按单、多层建筑的要求确定。

第一，与周围连通空间应进行防火分隔：采用防火隔墙时，其耐火极限不应低于 1.00h；采用防火玻璃时，防火玻璃与其固定部件整体的耐火极限不应低于 1.00h，但采用 C 类防火玻璃时，尚应设置闭式自动喷水灭火系统保护；采用防火卷帘时，其耐火极限不应低于 3.00h，并应符合规范的其他规定；与中庭相连通的门、窗，应采用火灾时能自行关闭的甲级防火门、窗。

第二，高层建筑内的中庭回廊应设置自动喷水灭火系统和火灾自动报警系统。

第三，中庭应设置排烟设施。

第四，中庭内不应布置可燃物。

③防火分区之间应采用防火墙分隔，确有困难时，可采用防火卷帘等防火分隔设施分隔。采用防火卷帘分隔时，应在宽度、耐火极限和信号反馈等方面满足规范的要求。

④一、二级耐火等级建筑内的营业厅、展览厅，当设置自动灭火系统和火灾自动报警系统并采用不燃或难燃装修材料时，其每个防火分区的最大允许建筑面积应符合下列规定：

第一，设置在高层建筑内时，不应大于4000m²；

第二，设置在单层建筑或仅设置在多层建筑的首层内时，不应大于10000m²；

第三，设置在地下或半地下时，不应大于2000m²。

⑤总建筑面积大于20000m²的地下或半地下商店，应采用无门、窗、洞口的防火墙，耐火极限不低于2.00h的楼板分隔为多个建筑面积不大于20000m²的区域。相邻区域确需局部连通时，应采用下沉式广场等室外开敞空间、防火隔间、避难走道、防烟楼梯间等方式进行连通，并应符合下列规定：

第一，下沉式广场等室外开敞空间应能防止相邻区域的火灾蔓延和便于安全疏散，并应符合《建筑设计防火规范》（GB 50016 - 2014）第6.4.12条的规定；

第二，防火隔间的墙应为耐火极限不低于3.00h的防火隔墙，并应符合《建筑设计防火规范》（GB 50016 - 2014）第6.4.13条的规定；

第三，避难走道应符合《建筑设计防火规范》（GB 50016 - 2014）第6.4.14条的规定；

第四，防烟楼梯间的门应采用甲级防火门。

⑥餐饮、商店等商业设施通过有顶棚的步行街连接，且步行街两侧的建筑需利用步行街进行安全疏散时，应符合下列规定：

第一，步行街两侧建筑的耐火等级不应低于二级。

第二，步行街两侧建筑相对面的最近距离均不应小于规范对相应高度建筑防火间距的要求且不应小于9m。步行街的端部在各层均不宜封闭，确需封闭时，应在外墙上设置可开启的门窗，且可开启门窗的面积不应小于该部位外墙面积的一半，步行街的长度不宜大于300m。

第三，步行街两侧建筑的商铺之间应设置耐火极限不低于2.00h的防火隔墙，每间商铺的建筑面积不宜大于300m²。

第四，步行街两侧建筑的商铺，其面向步行街一侧的围护构件宜采用耐火极限不低于 1.00h 的实体墙，门、窗应采用乙级防火门、窗或耐火完整性不低于 1.00h 的 C 类防火玻璃门、窗；相邻商铺之间面向步行街一侧应设置宽度不小于 1.0m、耐火极限不低于 1.00h 的实体墙。

当步行街两侧的建筑为多层时，每层面向步行街一侧的商铺均应设置防止火灾竖向蔓延的措施，并应符合《建筑设计防火规范》（GB 50016 - 2014）第 6.2.5 条的规定；设置回廊或挑檐时，其出挑宽度不应小于 1.2m；步行街两侧的商铺在上部各层需设置回廊和连接天桥时，应保证步行街上部各层的开口面积不应小于步行街地面面积的 37%，且开口宜均匀布置。

第五，步行街两侧建筑内的疏散楼梯应靠外墙设置并宜直通室外，确有困难时，可在首层直接通至步行街；首层商铺的疏散门可直接通至步行街，步行街内任一点到达最近室外安全地点的步行距离不应大于 60m。步行街两侧建筑二层及以上各层商铺的疏散门至该层最近疏散楼梯口或其他安全出口的直线距离不应大于 37.5m。

第六，步行街的顶棚材料应采用不燃或难燃材料，其承重结构的耐火极限不应低于 1.00h。步行街内不应布置可燃物，相邻商铺的招牌或广告牌之间的距离不应小于 1.0m。

第七，步行街的顶棚下檐距地面的高度不应小于 6.0m，顶棚应设置自然排烟设施并宜采用常开式的排烟口，且自然排烟口的有效面积不应小于步行街地面面积的 25%。常闭式自然排烟设施应能在火灾发生时手动或自动开启。

第八，步行街两侧建筑的商铺外应每隔 30m 设置 DN65 的消火栓，并应配备消防软管卷盘或消防水龙，商铺内应设置自动喷水灭火系统和火灾自动报警系统；每层回廊均应设置自动喷水灭火系统。步行街内宜设置自动跟踪定位射流灭火系统。

第九，步行街两侧建筑的商铺内外均应设置疏散照明、灯光疏散指示标志和消防应急广播系统。

8.2.4 灭火救援设施

《建筑设计防火规范》（GB 50016 - 2014）规定的灭火救援设施包括消防车道、救援场地和入口、消防电梯和直升机停机坪四个方面的内容。

消防车道，是指供消防车灭火时通行的道路。消防车道的设置可保证消防车在较短的时间内顺利到达火灾现场，有利于消防员快速进行人员搜救和灭火，从而最大限度地减少人员伤亡和火灾损失。

救援场地作为消防车停靠的场地，一旦发生火灾，消防车停靠后，可以在垂直方向上进行灭火救援，如便于消防云梯的搭建等。主要要求是便于消防车回转，场地硬化，有足够的承载力，靠近建筑物，场地上方无出挑构件等障碍物。

消防电梯是在建筑物发生火灾时供消防人员进行灭火与救援使用且具有一定功能的电梯。因此，消防电梯具有较高的防火要求。其主要作用是：供消防人员携带灭火器材进入高层灭火；抢救、疏散受伤或老弱病残人员；避免消防人员与疏散逃生人员在疏散楼梯上形成"对撞"，既延误灭火时机，又影响人员疏散；防止消防人员通过楼梯时登高时间长、消耗大、体力不够，不能保证迅速投入战斗。

对高度超过100m且面积较大的超高层公共建筑，设置屋顶直升机停机坪是十分必要的。设置屋顶直升机停机坪可以起到以下作用：为及时组织人员安全疏散提供场所；为避难人员等候营救提供暂时避难场所；为使用直升机直接参与灭火活动提供场地。

（1）消防车道的设置要求。

①街区内的道路应考虑消防车的通行，道路中心线间的距离不应大于160m。当建筑物沿街道部分的长度大于150m或总长度大于220m时，应设置穿过建筑物的消防车道。确有困难时，应设置环形消防车道。

②高层民用建筑，超过3000个座位的体育馆，超过2000个座位的会堂，占地面积大于3000m²的商店建筑、展览建筑等单、多层公共建筑应设置环形消防车道，确有困难时，可沿建筑的两个长边设置消防车道；对于住宅建筑和山坡地或河道边临空建造的高层建筑，可沿建筑的一个长边设置消防车道，但该长边所在建筑立面应为消防车登高操作面。

③有封闭内院或天井的建筑物，当内院或天井的短边长度大于24m时，应设置进入内院或天井的消防车道；当该建筑物沿街时，应设置连通街道和内院的人行通道（可利用楼梯间），其间距不应大于80m。

④在穿过建筑物或进入建筑物内院的消防车道两侧，不应设置影响消防车通行或人员安全疏散的设施。

⑤供消防车取水的天然水源和消防水池应设置消防车道。消防车道的边缘距离取水点不应大于2m。

⑥消防车道应符合下列要求：

第一，车道的净宽度和净空高度均不应小于4.0m；

第二，转弯半径应满足消防车转弯的要求；

第三，消防车道与建筑之间不应设置妨碍消防车操作的树木、架空管线等障碍物；

第四，消防车道靠建筑外墙一侧的边缘距离建筑外墙不应小于5m；

第五，消防车道的坡度不应大于8%。

⑦环形消防车道至少应有两处与其他车道连通。尽头式消防车道应设置回车道或回车场，回车场的面积不应小于 12m×12m；对于高层建筑，不应小于 15m×15m；供重型消防车使用时，不应当小于 18m×18m。

消防车道的路面、救援操作场地、消防车道和救援操作场地下面的管道和暗沟等，应能承受重型消防车的压力。

消防车道可利用城乡、厂区道路等，但该道路应满足消防车通行、转弯和停靠的要求。

⑧消防车道不应与铁路正线平交，确需平交时，应设置备用车道，且两车道的间距不应小于一列火车的长度。

（2）救援场地和入口的设置要求。

①高层建筑应至少沿一个长边或周边长度的 1/4 且不小于一个长边长度的底边连续布置消防车登高操作场地，该范围内的裙房进深不应大于 4m。

建筑高度不大于 50m 的建筑，连续布置消防车登高操作场地确有困难时，可间隔布置，但间隔距离不应大于 30m，且消防车登高操作场地的总长度仍应符合上述规定。

②消防车登高操作场地应符合下列规定：

第一，场地与民用建筑之间不应设置妨碍消防车操作的树木、架空管线等障碍物和车库出入口；

第二，场地的长度和宽度分别不应小于 15m 和 8m，对于建筑高度不小于 50m 的建筑，场地的长度和宽度均不应小于 15m；

第三，场地及其下面的建筑结构、管道和暗沟等，应能承受重型消防车的压力；

第四，场地应与消防车道连通，场地靠建筑外墙一侧的边缘距离建筑外墙不应小于 5m，且不应大于 10m，场地的坡度不应大于 3%。

③在建筑物与消防车登高操作场地相对应的范围内，应设置直通室外的楼梯或直通楼梯间的入口。

④公共建筑的外墙应在每层的适当位置设置可供消防救援人员进入的窗口。

⑤窗口的净高度和净宽度分别不应小于 0.8m 和 1.0m，下沿距室内地面不应大于 1.2m，间距不应大于 20m 且每个防火分区不应少于 2 个，设置位置应与消防车登高操作场地相对应。窗口的玻璃应易于破碎，并应设置可在室外易于识别的明显标志。

（3）消防电梯的设置要求。

①下列建筑应设置消防电梯：

第一，建筑高度大于 33m 的住宅建筑；

第二，一类高层公共建筑和建筑高度大于 32m 的二类高层公共建筑；

第三，设置消防电梯的建筑的地下或半地下室，埋深大于 10m 且总建筑面积大于 3000m² 的其他地下或半地下建筑（室）。

②消防电梯应分别设置在不同防火分区内，且每个防火分区不应少于 1 台。相邻两个防火分区可共用 1 台消防电梯。

③符合消防电梯要求的客梯或货梯可兼作消防电梯。

④民用建筑的消防电梯应设置前室，并应符合下列规定：

第一，前室宜靠外墙设置，并应在首层直通室外或经过长度不大于 30m 的通道通向室外；

第二，前室的使用面积不应小于 6.0m²；与防烟楼梯间合用的前室，应符合《建筑设计防火规范》（GB 50016 – 2014）第 5.5.28 条和第 6.4.3 条的规定；

第三，除前室的出入口、前室内设置的正压送风口和《建筑设计防火规范》（GB 50016 – 2014）第 5.5.27 条规定的户门外，前室内不应开设其他门、窗、洞口；

第四，前室或合用前室的门应采用乙级防火门，不应设置卷帘。

⑤消防电梯井、机房与相邻电梯井、机房之间应设置耐火极限不低于 2.00h 的防火隔墙，隔墙上的门应采用甲级防火门。

⑥消防电梯的井底应设置排水设施，排水井的容量不应小于 2m³，排水泵的排水量不应小于 10L/s。消防电梯间前室的门口应设置挡水设施。

⑦消防电梯应符合下列规定：

第一，应能每层停靠；

第二，电梯的载重量不应小于 800kg；

第三，电梯从首层至顶层的运行时间不应大于 60s；

第四，电梯的动力与控制电缆、电线、控制面板应采取防水措施；

第五，在首层的消防电梯入口处应设置供消防队员专用的操作按钮；

第六，电梯轿厢的内部装修应采用不燃材料；

第七，电梯轿厢内部应设置专用消防对讲电话。

（4）直升机停机坪的设置要求。

①建筑高度大于 100m 且标准层建筑面积大于 2000m² 的公共建筑，应在屋顶设置直升机停机坪或供直升机救助的设施。

②直升机停机坪应符合下列规定：

第一，设置在屋顶平台上时，距离设备机房、电梯机房、水箱间、共用天线等突出物不应小于 5m；

第二，建筑通向停机坪的出口不应少于 2 个，每个出口的宽度不应小于 0.90m；

第三，四周应设置航空障碍灯，并应设置应急照明；

第四，在停机坪的适当位置应设置消火栓；

第五，其他要求应符合国家现行航空管理有关标准的规定。

8.2.5　安全疏散和避难

安全疏散，是指发生火灾时，在火灾初期阶段，建筑内所有人员及时撤离建筑物到达安全地点的过程。能否实现安全疏散，取决于许多因素，但从建筑物本身的构造来说，安全疏散主要涉及建筑物的安全出口的个数、宽度，疏散通道的宽度和长度等。避难区域是为消防安全专门设置的供人们疏散避难的区域。

（1）安全疏散的一般要求。

①民用建筑应根据其建筑高度、规模、使用功能和耐火等级等因素合理设置安全疏散和避难设施。安全出口和疏散门的位置、数量、宽度及疏散楼梯间的形式，应满足人员安全疏散的要求。

②建筑内的安全出口和疏散门应分散布置，且建筑内每个防火分区或一个防火分区的每个楼层、每个住宅单元每层相邻两个安全出口以及每个房间相邻两个疏散门最近边缘之间的水平距离不应小于5m。

③建筑的楼梯间宜通至屋面，通向屋面的门或窗应向外开启。

④自动扶梯和电梯不应计作安全疏散设施。

⑤除人员密集场所外，建筑面积不大于 500m^2、使用人数不超过 30 人且埋深不大于 10m 的地下或半地下建筑（室），当需要设置 2 个安全出口时，其中一个安全出口可利用直通室外的金属竖向梯疏散人群。

除歌舞娱乐放映游艺场所外，防火分区建筑面积不大于 200m^2 的地下或半地下设备间、防火分区建筑面积不大于 50m^2 且经常停留人数不超过 15 人的其他地下或半地下建筑（室），可设置 1 个安全出口或 1 部疏散楼梯。

建筑面积不大于 200m^2 的地下或半地下设备间、建筑面积不大于 50m^2 且经常停留人数不超过 15 人的其他地下或半地下房间，可设置 1 个疏散门。

⑥直通建筑内附设汽车库的电梯，应在汽车库部分设置电梯候梯厅，并应采用耐火极限不低于 2.00h 的防火隔墙和乙级防火门与汽车库分隔。

⑦高层建筑直通室外的安全出口上方，应设置挑出宽度不小于 1.0m 的防护挑檐。

（2）公共建筑安全疏散和避难的设置要求。

①公共建筑内每个防火分区或一个防火分区的每个楼层，其安全出口的

数量应经计算确定，且不应少于 2 个。符合下列条件之一的公共建筑，可设置 1 个安全出口或 1 部疏散楼梯：

第一，除托儿所、幼儿园外，建筑面积不大于 200m² 且人数不超过 50 人的单层公共建筑或多层公共建筑的首层；

第二，除医疗建筑，老年人建筑，托儿所、幼儿园的儿童用房，儿童游乐厅等儿童活动场所和歌舞娱乐放映游艺场所等外，符合表 8.14 规定的公共建筑。

表 8.14　可设置 1 部疏散楼梯的公共建筑

耐火等级	最多层数	每层最大建筑面积（m²）	人数
一、二级	3 层	200	第二、三层的人数之和不超过 50 人
三级	3 层	200	第二、三层的人数之和不超过 25 人
四级	2 层	200	第二层人数不超过 15 人

②一、二级耐火等级公共建筑内的安全出口全部直通室外确有困难的防火分区，可利用通向相邻防火分区的甲级防火门作为安全出口，但应符合下列要求：

第一，利用通向相邻防火分区的甲级防火门作为安全出口时，应采用防火墙与相邻防火分区进行分隔的方法。

第二，建筑面积大于 1000m² 的防火分区，直通室外的安全出口不应少于 2 个；建筑面积不大于 1000m² 的防火分区，直通室外的安全出口不应少于 1 个。

第三，该防火分区通向相邻防火分区的疏散净宽度不应大于规范计算所需疏散总净宽度的 30%，建筑各层直通室外的安全出口总净宽度不应小于规范计算所需疏散总净宽度。

建筑内划分防火分区后，提高了建筑的防火性能。当其中一个防火分区发生火灾时，火势不致快速蔓延至更大的区域，使得非着火的防火分区在某种程度上能起到临时安全区的作用。因此，当人员需要通过相邻防火分区疏散时，相邻两个防火分区之间要严格采用防火墙分隔，不能采用防火卷帘、防火分隔水幕等措施替代。

③高层公共建筑的疏散楼梯，当分散设置确有困难且从任一疏散门至最近疏散楼梯间入口的距离小于 10m 时，可采用剪刀楼梯间，但应符合下列规定：

第一，楼梯间应为防烟楼梯间；

第二，梯段之间应设置耐火极限不低于 1.00h 的防火隔墙；

第三，楼梯间的前室应分别设置；

第四，楼梯间内的加压送风系统不应合用。

④设置不少于 2 部疏散楼梯的一、二级耐火等级公共建筑，如顶层局部升高，当高出部分的层数不超过 2 层、人数之和不超过 50 人且每层建筑面积不大于 200m² 时，高出部分可设置 1 部疏散楼梯，但至少应另外设置 1 个直通建筑主体上人平屋面的安全出口，且上人屋面应符合人员安全疏散的要求。

⑤一类高层公共建筑和建筑高度大于 32m 的二类高层公共建筑，其疏散楼梯应采用防烟楼梯间。

裙房和建筑高度不大于 32m 的二类高层公共建筑，其疏散楼梯应采用封闭楼梯间。

⑥下列多层公共建筑的疏散楼梯，除与敞开式外廊直接相连的楼梯间外，均应采用封闭楼梯间：

第一，医疗建筑、旅馆、公寓、老年人建筑及类似使用功能的建筑；

第二，设置歌舞娱乐放映游艺场所的建筑；

第三，商店、图书馆、展览建筑、会议中心及类似使用功能的建筑；

第四，6 层及以上的其他建筑。

⑦公共建筑内的客、货电梯宜设置电梯候梯厅，不宜直接设置在营业厅、展览厅、多功能厅等场所内。

⑧公共建筑内房间的疏散门数量应经计算确定且不应少于 2 个。除托儿所、幼儿园、老年人建筑、医疗建筑、教学建筑内位于走道尽端的房间外，符合下列条件之一的房间可设置 1 个疏散门：

第一，位于两个安全出口之间或袋形走道两侧的房间，对于托儿所、幼儿园、老年人建筑，建筑面积不大于 50m²，对于医疗建筑、教学建筑，建筑面积不大于 75m²，对于其他建筑或场所，建筑面积不大于 120m²；

第二，位于走道尽端的房间，建筑面积小于 50m² 且疏散门的净宽度不小于 0.90m，或房间内任一点至疏散门的直线距离不大于 15m、建筑面积不大于 200m² 且疏散门的净宽度不小于 1.40m；

第三，歌舞娱乐放映游艺场所内建筑面积不大于 50m² 且经常停留人数不超过 15 人的厅、室。

⑨剧场、电影院、礼堂和体育馆的观众厅或多功能厅，其疏散门的数量应经计算确定且不应少于 2 个，并应符合下列规定：

第一，对于剧场、电影院、礼堂的观众厅或多功能厅，每个疏散门的平均疏散人数不应超过 250 人，当容纳人数超过 2000 人时，其超过 2000 人的部分，每个疏散门的平均疏散人数不应超过 400 人；

第二，对于体育馆的观众厅，每个疏散门的平均疏散人数应在 400 ~ 700 人。

⑩公共建筑的安全疏散距离应符合下列规定：

第一，直通疏散走道的房间疏散门至最近安全出口的直线距离不应大于表 8.15 的规定。

表 8.15　直通疏散走道的房间疏散门至最近安全出口的直线距离（m）

名称			位于两个安全出口之间的疏散门			位于袋形走道两侧或尽端的疏散门		
			一、二级	三级	四级	一、二级	三级	四级
托儿所、幼儿园老年人建筑			25	20	15	20	15	10
歌舞娱乐放映游艺场所			25	20	15	9	—	—
医疗建筑	单、多层		35	30	25	20	15	10
	高层	病房部分	24	—	—	12	—	—
		其他部分	30	—	—	15	—	—
教学建筑	单、多层		35	30	25	22	20	10
	高层		30	—	—	15	—	—
高层旅馆、公寓、展览建筑			30	—	—	15	—	—
其他建筑	单、多层		40	35	25	22	20	15
	高层		40	—	—	20	—	—

注 1：建筑内开向敞开式外廊的房间疏散门至最近安全出口的直线距离可按本表的规定增加 5m。

注 2：直通疏散走道的房间疏散门至最近敞开楼梯间的直线距离，当房间位于两个楼梯间之间时，应按本表的规定减少 5m；当房间位于袋形走道两侧或尽端时，应按本表的规定减少 2m。

注 3：建筑物内全部设置自动喷水灭火系统时，其安全疏散距离可按本表及注 1 的规定增加 25%。

第二，楼梯间应在首层直通室外，确有困难时，可在首层采用扩大的封闭楼梯间或防烟楼梯间前室。当层数不超过 4 层且未采用扩大的封闭楼梯间或防烟楼梯间前室时，可将直通室外的门设置在离楼梯间不大于 15m 处。

第三，房间内任一点至房间直通疏散走道的疏散门的直线距离，不应大于表 8.15 规定的袋形走道两侧或尽端的疏散门至最近安全出口的直线距离。

第四，一、二级耐火等级建筑内疏散门或安全出口不少于 2 个的观众厅、展览厅、多功能厅、餐厅、营业厅等，其室内任一点至最近疏散门或安全出口的直线距离不应大于 30m；当疏散门不能直通室外地面或疏散楼梯间时，应采用长度不大于10m的疏散走道通至最近的安全出口。当该场所设置自动喷水灭火系统时，室内任一点至最近安全出口的安全疏散距离可分别增加25%。

⑪公共建筑内疏散门和安全出口的净宽度不应小于0.90m，疏散走道和疏散楼梯的净宽度不应小于1.10m。

高层公共建筑内楼梯间的首层疏散门、首层疏散外门、疏散走道和疏散楼梯的最小净宽度应符合表8.16的规定。

表8.16　高层公共建筑内楼梯间的首层疏散门、首层疏散外门、
疏散走道和疏散楼梯的最小净宽度（m）

建筑类别	楼梯间的首层疏散门、首层疏散外门	走道		疏散楼梯
		单面布房	双面布房	
高层医疗建筑	1.30	1.40	1.50	1.30
其他高层公共建筑	1.20	1.30	1.40	1.20

⑫人员密集的公共场所、观众厅的疏散门不应设置门槛，其净宽度不应小于1.40m，且紧靠门口内外各1.40m范围内不应设置踏步。

人员密集的公共场所的室外疏散通道的净宽度不应小于3.00m，并应直接通向宽敞地带。

⑬剧场、电影院、礼堂、体育馆等场所的疏散走道、疏散楼梯、疏散门、安全出口的各自总净宽度，应符合下列规定：

第一，观众厅内疏散走道的净宽度应按每100人不小于0.60m计算，且不应小于1.00m；边走道的净宽度不应小于0.80m。

布置疏散走道时，横走道之间的座位排数不宜超过20排；纵走道之间的座位数：剧场、电影院、礼堂等，每排不宜超过22个；体育馆，每排不宜超过26个。前后排座椅的排距不小于0.90m时，可增加1.0倍，但不得超过50个；仅一侧有纵走道时，座位数应减少一半。

第二，剧场、电影院、礼堂等场所供观众疏散的所有内门、外门、楼梯和走道的各自总净宽度，应根据疏散人数按每100人的最小疏散净宽度不小于表8.17的规定计算确定。

表8.17　剧场、电影院、礼堂等场所每100人所需最小疏散净宽度（m/百人）

观众厅座位数（座）			≤ 2500	≤ 1200
耐火等级			一、二级	三级
疏散部位	门和走道	平坡地面	0.65	0.85
		阶梯地面	0.75	1.00
	楼梯		0.75	1.00

第三，体育馆供观众疏散的所有内门、外门、楼梯和走道的各自总净宽度，应根据疏散人数按每100人的最小疏散净宽度不小于表8.18的规定计算确定。

表8.18　体育馆每100人所需最小疏散净宽度（m/百人）

观众厅座位数范围（座）			3000～5000	5001～10000	10001～20000
疏散部位	门和走道	平坡地面	0.43	0.37	0.32
		阶梯地面	0.50	0.43	0.37
	楼梯		0.50	0.43	0.37

注：表8.18中对应较大座位数范围按规定计算的疏散总净宽度，不应小于对应相邻较小座位数范围按其最多座位数计算的疏散总净宽度。对于观众厅座位数少于3000个的体育馆，计算供观众疏散的所有内门、外门、楼梯和走道的各自总净宽度时，每100人的最小疏散净宽度不应小于表8.19的规定。

第四，有等场需要的入场门不应作为观众厅的疏散门。

⑭除剧场、电影院、礼堂、体育馆外的其他公共建筑，其房间疏散门、安全出口、疏散走道和疏散楼梯的各自总净宽度，应符合下列规定：

第一，每层的房间疏散门、安全出口、疏散走道和疏散楼梯的各自总净宽度，应根据疏散人数按每100人的最小疏散净宽度不小于表8.19的规定计算确定。当每层疏散人数不等时，疏散楼梯的总净宽度可分层计算，地上建筑内下层楼梯的总净宽度应按该层及以上疏散人数最多一层的人数计算；地下建筑内上层楼梯的总净宽度应按该层及以下疏散人数最多一层的人数计算。

表 8.19　每层的房间疏散门、安全出口、疏散走道和疏散楼梯
的每 100 人最小疏散净宽度（m/百人）

建筑层数		建筑的耐火等级		
		一、二级	三级	四级
地上楼层	1~2 层	0.65	0.75	1.00
	3 层	0.75	1.00	–
	≥4 层	1.00	1.25	–
地下楼层	与地面出入口地面的高差 ΔH≤10m	0.75	–	–
	与地面出入口地面的高差 ΔH＞10m	1.00	–	–

第二，地下或半地下人员密集的厅、室和歌舞娱乐放映游艺场所，其房间疏散门、安全出口、疏散走道和疏散楼梯的各自总净宽度，应根据疏散人数按每 100 人不小于 1.00m 计算确定。

第三，首层外门的总净宽度应按该建筑疏散人数最多一层的人数计算确定，不供其他楼层人员疏散的外门，可按本层的疏散人数计算确定。

第四，歌舞娱乐放映游艺场所中录像厅、放映厅的疏散人数，应根据厅、室的建筑面积按 1.0 人/m^2 计算；其他歌舞娱乐放映游艺场所的疏散人数，应根据厅、室的建筑面积按 0.5 人/m^2 计算。

第五，有固定座位的场所，其疏散人数可按实际座位数的 1.1 倍计算。

第六，展览厅的疏散人数应根据展览厅的建筑面积和人员密度计算，展览厅内的人员密度宜按 0.75 人/m^2 确定。

第七，商店的疏散人数应按每层营业厅的建筑面积乘以表 8.20 规定的人员密度计算。对于建材商店、家具和灯饰展示建筑，其人员密度可按表 8.20 规定值的 30% 确定。

表 8.20　商店营业厅内的人员密度（人/m^2）

楼层位置	地下第二层	地下第一层	地上第一、二层	地上第三层	地上第四层及以上各层
人员密度	0.56	0.60	0.43~0.60	0.39~0.54	0.30~0.42

⑮人员密集的公共建筑不宜在窗口、阳台等部位设置封闭的金属栅栏，确需设置时，应能从内部易于开启；窗口、阳台等部位应根据其高度设置适用的辅助疏散逃生设施。

⑯建筑高度大于 100m 的公共建筑，应设置避难层（间）。避难层（间）

应符合下列规定：

第一，第一个避难层（间）的楼地面至灭火救援场地地面的高度不应大于50m，两个避难层（间）之间的高度不应大于50m。

第二，通向避难层的疏散楼梯应在避难层分隔、同层错位或上下层断开。

第三，避难层（间）的净面积应能满足设计避难人数避难的要求，并应按5.0人/m² 计算。

第四，避难层可兼作设备层。设备管道宜集中布置，其中的易燃、可燃液体或气体管道应集中布置，设备管道区应采用耐火极限不低于3.00h的防火隔墙与避难区分隔。管道井和设备间应采用耐火极限不低于2.00h的防火隔墙与避难区分隔，管道井和设备间的门不应直接开向避难区；确需直接开向避难区时，与避难层区出入口的距离不应小于5m，且应采用甲级防火门。

避难间内不应设置易燃、可燃液体或气体管道，不应开设除外窗、疏散门之外的其他开口。

第五，避难层应设置消防电梯出口。

第六，应设置消火栓和消防软管卷盘。

第七，应设置消防专线电话和应急广播。

第八，在避难层（间）进入楼梯间的入口处和疏散楼梯通向避难层（间）的出口处，应设置明显的指示标志。

第九，应设置直接对外的可开启窗口或独立的机械防烟设施，外窗应采用乙级防火窗或耐火完整性不低于1.00h的C类防火窗。

⑰高层病房楼应在二层及以上的病房楼层和洁净手术部设置避难间。避难间应符合下列规定：

第一，避难间服务的护理单元不应超过2个，其净面积应按每个护理单元不小于25.0m² 确定；

第二，避难间兼作其他用途时，应保证人员的避难安全，且不得减少可供避难的净面积；

第三，应靠近楼梯间，并应采用耐火极限不低于2.00h的防火隔墙和甲级防火门与其他部位分隔；

第四，应设置消防专线电话和消防应急广播；

第五，避难间的入口处应设置明显的指示标志；

第六，应设置直接对外的可开启窗口或独立的机械防烟设施，外窗应采用乙级防火窗或耐火完整性不低于1.00h的C类防火窗。

（3）住宅建筑安全疏散的设置要求。

①住宅建筑安全出口的设置应符合下列规定：

第一，建筑高度不大于27m的建筑，当每个单元任一层的建筑面积大于650m²，或任一户门至最近安全出口的距离大于15m时，每个单元每层的安全出口不应少于2个；

第二，建筑高度大于27m、不大于54m的建筑，当每个单元任一层的建筑面积大于650m²，或任一户门至最近安全出口的距离大于10m时，每个单元每层的安全出口不应少于2个；

第三，建筑高度大于54m的建筑，每个单元每层的安全出口不应少于2个。

由于当前住宅建筑形式趋于多样化，无法明确住宅建筑的具体类型，只能根据住宅建筑单元每层的建筑面积和户门到安全出口的距离，规定不同建筑高度住宅建筑安全出口的设置要求。54m以上的住宅建筑，由于建筑高度高，人员相对较多，一旦发生火灾，烟和火易竖向蔓延，且蔓延速度快，而人员疏散路径长，疏散困难。故同时要求此类建筑每个单元每层设置不少于2个安全出口，以利于人员安全疏散。

②建筑高度大于27m，但不大于54m的住宅建筑，每个单元设置一座疏散楼梯时，疏散楼梯应通至屋面，且单元之间的疏散楼梯应能通过屋面连通，户门应采用乙级防火门。当不能通至屋面或不能通过屋面连通时，应设置2个安全出口。

将建筑的疏散楼梯通至屋顶，可使人员通过相邻单元的楼梯进行疏散，使之多一条疏散路径，以利于人员能及时逃生。为提高疏散楼梯的安全性，还对户门的防火性能提出了要求，应采用乙级防火门。

③住宅建筑的疏散楼梯设置应符合下列规定：

第一，建筑高度不大于21m的住宅建筑可采用敞开楼梯间；与电梯井相邻布置的疏散楼梯应采用封闭楼梯间，当户门采用乙级防火门时，仍可采用敞开楼梯间；

第二，建筑高度大于21m、不大于33m的住宅建筑应采用封闭楼梯间；当户门采用乙级防火门时，可采用敞开楼梯间；

第三，建筑高度大于33m的住宅建筑应采用防烟楼梯间。同一楼层或单元的户门不宜直接开向前室，确有困难时，开向前室的户门不应大于3樘且应采用乙级防火门。

④住宅单元的疏散楼梯，当分散设置确有困难且任一户门至最近疏散楼梯间入口的距离不大于10m时，可采用剪刀楼梯间，但应符合下列规定：

第一，应采用防烟楼梯间；

第二，梯段之间应设置耐火极限不低于1.00h的防火隔墙；

第三，楼梯间的前室不宜共用，共用时，前室的使用面积不应小于6.0m²；

第四，楼梯间的前室或共用前室不宜与消防电梯的前室合用，合用时，合用前室的使用面积不应小于12.0m²，且短边不应小于2.4m；

第五，两个楼梯间的加压送风系统不宜合用，合用时，应符合现行国家有关标准的规定。

电梯井是烟火竖向蔓延的通道，火灾和高温烟气可借助该竖井蔓延到建筑中的其他楼层，会给人员安全疏散和火灾的控制与扑救带来更大困难。因此，疏散楼梯的位置要尽量远离电梯井或将疏散楼梯设置为封闭楼梯间。

对于建筑高度低于33m的住宅建筑，考虑到其竖向疏散距离较短，如每层每户通向楼梯间的门具有一定的耐火性能，能一定程度降低烟火进入楼梯间的危险，因此，可以不设封闭楼梯间。

楼梯间是发生火灾时人员在建筑内竖向疏散的唯一通道，不具备防火性能的户门不应直接开向楼梯间，特别是高层住宅建筑的户门不应直接开向楼梯间的前室。

⑤住宅建筑的安全疏散距离应符合下列规定：

第一，直通疏散走道的户门至最近安全出口的直线距离不应大于表8.21的规定。

表8.21 住宅建筑直通疏散走道的户门至最近安全出口的直线距离 （m）

住宅建筑类别	位于两个安全出口之间的户门			位于袋形走道两侧或尽端的户门		
	一、二级	三级	四级	一、二级	三级	四级
单、多层	40	35	25	22	20	15
高层	40	–	–	20	–	–

注1：开向敞开式外廊的户门至最近安全出口的最大直线距离可按本表的规定增加5m。

注2：直通疏散走道的户门至最近敞开楼梯间的直线距离，当户门位于两个楼梯间之间时，应按本表的规定减少5m；当户门位于袋形走道两侧或尽端时，应按本表的规定减少2m。

注3：住宅建筑内全部设置自动喷水灭火系统时，其安全疏散距离可按本表及注1的规定增加25%。

注4：跃廊式住宅的户门至最近安全出口的距离，应从户门算起，小楼梯的一段距离可按其水平投影长度的1.50倍计算。

第二，楼梯间应在首层直通室外，或在首层采用扩大的封闭楼梯间或防烟楼梯间前室。层数不超过4层时，可将直通室外的门设置在离楼梯间不大于15m处。

第三，户内任一点至直通疏散走道的户门的直线距离不应大于表8.21规定的袋形走道两侧或尽端的疏散门至最近安全出口的最大直线距离。

注：跃层式住宅，户内楼梯的距离可按其梯段水平投影长度的 1.50 倍计算。

⑥住宅建筑的户门、安全出口、疏散走道和疏散楼梯的各自总净宽度应经计算确定，且户门和安全出口的净宽度不应小于 0.90m，疏散走道、疏散楼梯和首层疏散外门的净宽度不应小于 1.10m。建筑高度不大于 18m 的住宅中一边设置栏杆的疏散楼梯，其净宽度不应小于 1.0m。

⑦建筑高度大于 100m 的住宅建筑应设置避难层，并应符合规范有关避难层的相关要求。

⑧建筑高度大于 54m 的住宅建筑，每户应有一间房间符合下列规定：

第一，应靠外墙设置，并应设置可开启外窗；

第二，内、外墙体的耐火极限不应低于 1.00h，该房间的门宜采用乙级防火门，窗宜采用乙级防火窗或耐火完整性不低于 1.00h 的 C 类防火窗。

8.3　火灾探测与报警技术

火灾自动探测报警系统是防止火灾的另一个关键环节。自动探测报警系统可在火灾发生早期探测到火情并迅速报警，为人员安全疏散提供宝贵的信息，并且可以通过联动系统启动有关消防设施来扑救或控制火灾。但自动探测报警系统存在一定的故障率，存在误报或漏报等情况；另外，如果自动探测报警系统安装不合理，会出现报警死角，影响自动探测报警系统的工作。

8.3.1　火灾探测与报警系统的结构

火灾探测与报警技术是一种应用最广、发展最快的主动式防火对策，是预防建筑火灾发生的关键消防设施，同时也是为建筑其他消防设施提供自动控制信号源和实现自动监控、远距离启停操作的重要设备。

火灾自动报警系统由触发装置、火灾报警装置、火灾警报装置、电源及其他具有辅助控制功能的联动装置组成。

（1）触发装置。在火灾自动报警系统中，自动或手动产生报警信号的器件称为触发装置，主要包括探测器和手动报警按钮。

（2）火灾报警装置。在火灾自动报警系统中，用于接收、显示和传递火灾报警信号，并能发出控制信号和具有其他辅助功能的控制指示设备称为火灾报警装置。火灾报警控制器就是其中最基本的一种。火灾报警控制器担负着为火灾探测器提供电源、监视探测器及系统自身的工作状态，接收、转换、处理火灾探测器输出的报警信号，进行声光报警，指示报警的具体部位及时间，同时执行相应的辅助控制等诸多任务，是火灾报警系统中的核心组成部分。

（3）火灾警报装置。在火灾报警系统中，用于发出区别于环境声、光的火灾警报信号的装置称为火灾警报装置。声光报警器就是一种最基本的火灾警报装置，通常与火灾报警控制器组合在一起，以声光的方式向火灾报警区域发出声光信号，以提醒人们展开疏散、灭火救援行动。

（4）消防联动控制设备。当接收到来自触发器件的火灾信号后，能自动或手动启动相关消防设备并显示其工作状态的设备，称为消防联动控制设备。

（5）电源。火灾报警系统属于消防设备用电，其主电源应采用消防电源，备用电源一般采用蓄电池组。除为火灾报警控制器供电外，还为与系统相关的控制设备等供电。

8.3.2 火灾自动报警系统的安装场所

在下列建筑或建筑的下列场所，应安装火灾自动报警系统：

（1）任一层建筑面积大于 $1500m^2$ 或总建筑面积大于 $3000m^2$ 的商店、展览、财贸金融、客运和货运等类似用途的建筑，总建筑面积大于 $500m^2$ 的地下或半地下商店。

（2）图书或文物的珍藏库，每座藏书超过 50 万册的图书馆，重要的档案馆。

（3）地市级及以上广播电视建筑、邮政建筑、电信建筑，城市或区域性电力、交通和防灾等指挥调度建筑。

（4）特等、甲等剧场，座位数超过 1500 个的其他等级的剧场或电影院，座位数超过 2000 个的会堂或礼堂，座位数超过 3000 个的体育馆。

（5）大、中型幼儿园的儿童用房等场所，老年人建筑，任一层建筑面积 $1500m^2$ 或总建筑面积大于 $3000m^2$ 的疗养院的病房楼、旅馆建筑和其他儿童活动场所，不少于 200 床位的医院门诊楼、病房楼和手术部等。

（6）歌舞娱乐放映游艺场所。

（7）净高大于 2.6m 且可燃物较多的技术夹层，净高大于 0.8m 且有可燃物的闷顶或吊顶内。

（8）大、中型电子计算机房及其控制室、记录介质库，特殊贵重或火灾危险性大的机器、仪表、仪器设备室、贵重物品库房，设置气体灭火系统的房间。

（9）二类高层公共建筑内建筑面积大于 $50m^2$ 的可燃物品库房和建筑面积大于 $500m^2$ 的营业厅。

（10）其他一类高层公共建筑。

（11）设置机械排烟、防烟系统，雨淋或预作用自动喷水灭火系统，固定消防水炮灭火系统等需与火灾自动报警系统连锁动作的场所或部位。

（12）建筑高度大于 100m 的住宅建筑，应设置火灾自动报警系统。

建筑高度大于 54m 但不大于 100m 的住宅建筑，其公共部位应设置火灾自动报警系统，套内宜设置火灾探测器。

建筑高度不大于 54m 的高层住宅建筑，其公共部位宜设置火灾自动报警系统。当设置需联动控制的消防设施时，公共部位应设置火灾自动报警系统。

高层住宅建筑的公共部位应设置具有语音功能的火灾声警报装置或应急广播。

（13）建筑内可能散发可燃气体、可燃蒸气的场所应设置可燃气体报警装置。

8.3.3　火灾探测器的类型

火灾的一些特殊现象，如发热、发光、发声及散发出烟尘和可燃气体等为火灾的探测提供了信息和依据。这些现象是物质燃烧过程中物质转换和能量转换的结果。研究火灾的早期特征，通过一定的设备和方法提取适当的火灾信息以便于火灾探测，是预防和控制火灾的重要工作。

火灾探测器就是针对火灾的这些特殊参数（如烟、温、火焰辐射、光、气体浓度等）响应，并自动产生火灾报警信号的器件。按照火灾参数的不同，火灾探测器分为感温探测器、感烟探测器、感光探测器、可燃气体探测器等，不同类型的探测器适用于不同类型的火灾和场所。

（1）感温探测器。感温探测器的基本原理是依据探测元件所在位置的温度变化实现火灾探测。目前，主要有点式和线式两种类型。点式探测器大多安装在顶棚，主要用于普通建筑物中。感温探测器主要有定温、差温和差定温等形式，目的是为了较好地适应不同场景下的温度变化特点。线式探测器适用于那些距离较长，但起火部位不确定的场合，如电缆沟、巷道等，主要是由特殊热敏材料制成的缆线。近年来还开发出一种光纤式线性火灾探测器。这种探测器利用温度变化引起光纤传导性能变化进行探测，具有不受潮湿和电磁干扰影响、起火点定位准确性好等优点，只是目前价格偏高。图 8.1 是一种用热膨胀系数不同的双金属片（如镍—铁合金）制成的探测器示意图，图 8.2 给出的是气动式差温火灾探测器的示意图。

在众多类型的火灾探测器中，感温探测器的可靠性、稳定性及维修方便性等都较为突出，而且结构简单、使用面广、品种多、价格低，但灵敏度偏低，响应时间较长，主要用于温度变化比较显著的场合。

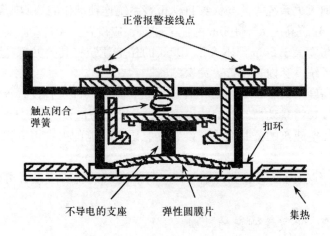

图8.1 双金属片定温探测器

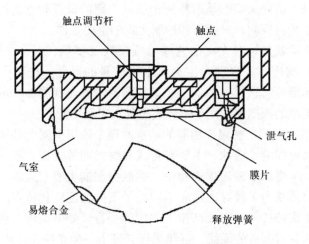

图8.2 差温火灾探测器（点型）

（2）感烟探测器。根据探测范围的不同，感烟火灾探测器可分为点式和光束式两种基本类型。其中，点式火灾探测器根据探测原理可分为光电式、离子式及吸气式；光电感烟探测器又可以分为散射光型和减光型火灾探测器。光束式探测器可分为红外光束、激光等火灾探测器。它包括一个光源、一个光束平行校正装置和一个光敏接收器。当烟气进入光束所经过的空间时，接收器接收到的光强度减弱，从而发出报警信号。图8.3是光束型火灾探测器示意图，图8.4是双极离子式火灾探测器原理图。

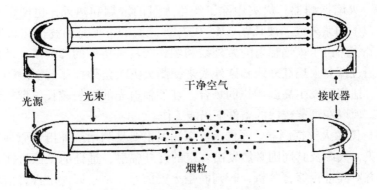

图 8.3　光束探测器的示意图

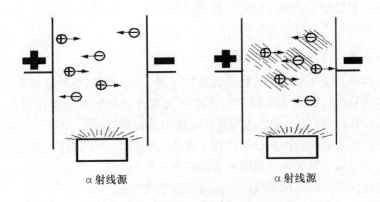

图 8.4　双极离子式探测原理

（3）可燃气体探测器。可燃气体探测器是探测空气中可燃气体浓度的一种探测装置，被使用在散发可燃气体和可燃蒸气的场所，一般在工业与民用建筑中安装使用。它基本分为点型可燃气体探测器、独立式可燃气体探测器、便携式可燃气体探测器和线型可燃气体探测器。

可燃气体一般是几种气体的混合物，天然气的主要成分是甲烷（CH_4），液化气的主要成分是丙烷（C_3H_8），煤气的主要成分是氢气（H_2）和一氧化碳（CO），有些物质对这些气体的反应比较敏感，可以用作火灾探测元件。常用的主要有半导体气敏元件和催化元件，前者通过与气相中的氧化性或还原性的气体发生反应使半导体的电导率发生变化，从而发出报警信号。后者能加速可燃气体的氧化反应，使元件的温度升高，从而发出报警信号。这类探测器主要用在石油化工等工业场所，对探测液化石油气、天然气、煤气、汽油、酒精等火灾尤为有效。

（4）火焰探测器。火灾中除了产生大量的浓烟和热外，也产生波长在 0.4μm 以下的紫外线、波长在 0.4～0.7μm 之间的可见光和波长在 0.7μm 以上的红外线。由于火焰辐射的紫外线和红外线具有特定的峰值波长范围，因此可以通过探测火焰红外线和紫外线来探测火灾。紫外探测器探测的光的波长较短，适用于发生高温燃烧的场合。红外辐射光的波长较长，烟粒对其吸收较弱，所以在烟雾较浓的条件下仍能工作。

（5）图像火灾探测器。图像火灾探测器主要是利用红外摄像原理。一旦发生火灾，火源及其周围必然发出一定的红外辐射，远处的摄像机捕捉到这种信号并对其进行综合分析，若判断是火灾信号，则立即发出报警信号，并将该区域显示在屏幕上。值班人员可以及时处理，若无值班人员，也可以将系统设置成自动状态，及时启动对外报警、灭火、控烟功能。图像火灾探测器是一种非接触式的探测装置，特别适用于大空间建筑、灰尘较大的厂房仓库内，并且可以有效减少误报。

8.3.4 火灾探测器的选用

每种火灾探测器都有其特点和使用范围，火灾探测器的选择和设置方式是否合理直接影响着火灾探测的效果。《火灾自动报警系统设计规范》（GB 50116－2013）和《火灾自动报警系统施工及验收规范》（GB 50116－2007）都对火灾探测器的选用和设置作出了原则性的规定，了解这些规定并明确这些规定的原因，对于火灾风险评估具有重要意义。

根据规范，火灾探测器的选择应符合下列规定：

第一，对火灾初期有阴燃阶段，产生大量的烟和少量的热，很少或没有火焰辐射的场所，应选择感烟火灾探测器。

第二，对火灾发展迅速，可产生大量热、烟和火焰辐射的场所，可选择感温火灾探测器、感烟火灾探测器、火焰探测器或其组合。

第三，对火灾发展迅速，有强烈的火焰辐射和少量烟、热的场所，应选择火焰探测器。例如，对于那些存放较多可燃油品或塑料的场合，应选择火焰探测器。

第四，对火灾初期有阴燃阶段，且需要早期探测的场所，宜增设一氧化碳火灾探测器。

第五，对使用、生产可燃气体或可燃蒸气的场所，应选择可燃气体探测器。

第六，应根据保护场所可能发生火灾的部位和燃烧材料的分析，以及火灾探测器的类型、灵敏度和响应时间等选择相应的火灾探测器，对火灾形成特征不可预料的场所，可根据模拟实验的结果选择火灾探测器。

第七，同一探测区域内设置多个火灾探测器时，可选择具有复合判断火灾功能的火灾探测器和火灾报警控制器。

8.3.5　消防联动控制设计

消防联动系统是火灾自动报警系统中的一个重要组成部分。通常包括消防联动控制器、消防控制室显示装置、传输设备、消防电气控制装置、消防设备应急电源、消防电动装置、消防联动模块、消防栓按钮、消防应急广播设备和消防电话等设备和组件。《火灾自动报警系统设计规范》（GB 50116 - 2013）对消防联动控制的内容、功能和方式有明确的规定。

消防联动控制器应能按设定的控制逻辑向各相关的受控设备发出联动控制信号，并接收相关设备的联动反馈信号。各受控设备接口的特性参数应与消防联动控制器发出的联动控制信号相匹配。另外，消防水泵、防烟和排烟风机的控制设备，除应采用联动控制方式外，还应在消防控制室设置手动直接控制装置。

（1）自动喷水灭火系统的联动控制设计。

①湿式系统和干式系统的联动控制设计，应符合下列规定：

第一，联动控制方式，应将湿式报警阀压力开关的动作信号作为触发信号，直接控制启动喷淋消防泵，联动控制不应受消防联动控制器处于自动或手动状态的影响。

第二，手动控制方式，应将喷淋消防泵控制箱（柜）的启动、停止按钮用专用线路直接连接至设置在消防控制室内的消防联动控制器的手动控制盘，直接手动控制喷淋消防泵的启动、停止。

第三，水流指示器、信号阀、压力开关、喷淋消防泵的启动和停止的动作信号应反馈至消防联动控制器。

②预作用系统的联动控制设计，应符合下列规定：

第一，联动控制方式，应将同一报警区域内两只及以上独立的感烟火灾探测器或一只感烟火灾探测器与一只手动火灾报警按钮的报警信号，作为预作用阀组开启的联动触发信号。由消防联动控制器控制预作用阀组的开启，使系统转变为湿式系统；当系统设有快速排气装置时，应联动控制排气阀前的电动阀的开启。湿式系统的联动控制设计应符合规范的相关规定。

第二，手动控制方式，应将喷淋消防泵控制箱（柜）的启动和停止按钮、预作用阀组和快速排气阀入口前的电动阀的启动和停止按钮，用专用线路直接连接至设置在消防控制室内的消防联动控制器的手动控制盘，直接手动控制喷淋消防泵的启动、停止及预作用阀组和电动阀的开启。

第三，水流指示器、信号阀、压力开关、喷淋消防泵的启动和停止的动作信号，有压气体管道的气压状态信号和快速排气阀入口前电动阀的动作信号应反馈至消防联动控制器。

③雨淋系统的联动控制设计，应符合下列规定：

第一，联动控制方式，应将同一报警区域内两只及以上独立的感温火灾探测器或一只感温火灾探测器与一只手动火灾报警按钮的报警信号，作为雨淋阀组开启的联动触发信号。应由消防联动控制器控制雨淋阀组的开启。

第二，手动控制方式，应将雨淋消防泵控制箱（柜）的启动和停止按钮、雨淋阀组的启动和停止按钮，用专用线路直接连接至设置在消防控制室内的消防联动控制器的手动控制盘，直接手动控制雨淋消防泵的启动、停止及雨淋阀组的开启。

第三，水流指示器，压力开关，雨淋阀组、雨淋消防泵的启动和停止的动作信号应反馈至消防联动控制器。

④自动控制的水幕系统的联动控制设计，应符合下列规定：

第一，联动控制方式，当自动控制的水幕系统用于防火卷帘的保护时，应将防火卷帘下落到楼板面的动作信号与本报警区域内任一火灾探测器或手动火灾报警按钮的报警信号作为水幕阀组启动的联动触发信号，并应由消防联动控制器联动控制水幕系统相关控制阀组的启动；仅用水幕系统作为防火分隔时，应将该报警区域内两只独立的感温火灾探测器的火灾报警信号作为水幕阀组启动的联动触发信号，并应由消防联动控制器联动控制水幕系统相关控制阀组的启动。

第二，手动控制方式，应将水幕系统相关控制阀组和消防泵控制箱（柜）的启动、停止按钮用专用线路直接连接至设置在消防控制室内的消防联动控制器的手动控制盘，并应直接手动控制消防泵的启动、停止及水幕系统相关控制阀组的开启。

第三，压力开关、水幕系统相关控制阀组和消防泵的启动、停止的动作信号，应反馈至消防联动控制器。

（2）消火栓系统的联动控制设计。

①联动控制方式，应将消火栓系统出水干管上设置的低压压力开关、高位消防水箱出水管上设置的流量开关或报警阀压力开关等信号作为触发信号，直接控制启动消火栓泵，联动控制不应受消防联动控制器处于自动或手动状态的影响。当设置消火栓按钮时，消火栓按钮的动作信号应作为报警信号及启动消火栓泵的联动触发信号，由消防联功控制器联动控制消火栓泵的启动。

②手动控制方式，应将消火栓泵控制箱（柜）的启动、停止按钮用专用线路直接连接至设置在消防控制室内的消防联动控制器的手动控制盘上，并

应直接手动控制消火栓泵的启动、停止。

③消火栓泵的动作信号应反馈至消防联动控制器。

（3）气体灭火系统、泡沫灭火系统的联动控制设计。

①气体灭火系统、泡沫灭火系统应分别由专用的气体灭火控制器、泡沫灭火控制器控制。

②气体灭火控制器、泡沫灭火控制器直接连接火灾探测器时，气体灭火系统、泡沫灭火系统的自动控制方式应符合下列规定：

第一，应将同一防护区域内两只独立的火灾探测器的报警信号、一只火灾探测器与一只手动火灾报警按钮的报警信号或防护区外的紧急启动信号，作为系统的联动触发信号，探测器的组合宜采用感烟火灾探测器和感温火灾探测器，各类探测器应按《火灾自动报警系统设计规范》（GB 50116 - 2013）的相关规定分别计算保护面积。

第二，气体灭火控制器、泡沫灭火控制器在接收到满足联动逻辑关系的首个联动触发信号后，应启动设置在该防护区内的火灾声光警报器，且联动触发信号应为任一防护区域内设置的感烟火灾探测器、其他类型火灾探测器或手动火灾报警按钮的首次报警信号；在接收到第二个联动触发信号后，应发出联动控制信号，且联动触发信号应为同一防护区域内与首次报警的火灾探测器或手动火灾报警按钮相邻的感温火灾探测器、火焰探测器或手动火灾报警按钮的报警信号。

第三，联动控制信号应包括下列内容：

A. 关闭防护区域的送（排）风机及送（排）风阀门。

B. 停止通风和空气调节系统及关闭设置在该防护区域的电动防火阀。

C. 联动控制防护区域开口封闭装置的启动，包括关闭防护区域的门、窗。

D. 启动气体灭火装置、泡沫灭火装置，气体灭火控制器、泡沫灭火控制器，可设定不大于30s的延迟喷射时间。

E. 平时无人工作的防护区，可设置为无延迟的喷射，在接收到满足联动逻辑关系的首个联动触发信号后应执行启动除气体灭火装置、泡沫灭火装置外的联动控制；在接收到第二个联动触发信号后，应启动气体灭火装置、泡沫灭火装置。

F. 气体灭火防护区出口外上方应设置表示气体喷洒的火灾声光警报器，指示气体释放的声信号应与该保护对象中设置的火灾声警报器的声信号有明显区别。启动气体灭火装置、泡沫灭火装置的同时，应启动设置在防护区入口处表示气体喷洒的火灾声光警报器；组合分配系统应首先开启相应防护区域的选择阀,然后启动气体灭火装置、泡沫灭火装置。

③气体灭火控制器、泡沫灭火控制器不直接连接火灾探测器时,气体灭火系统、泡沫灭火系统的自动控制方式应符合下列规定:

第一,气体灭火系统、泡沫灭火系统的联动触发信号应由火灾报警控制器或消防联动控制器发出。

第二,气体灭火系统、泡沫灭火系统的联动触发信号和联动控制均应符合《火灾自动报警系统设计规范》(GB 50116 - 2013)第 4.4.2 条的规定。

④气体灭火系统、泡沫灭火系统的手动控制方式应符合下列规定:

第一,在防护区疏散出口的门外应设置气体灭火装置、泡沫灭火装置的手动启动和停止按钮,手动启动按钮按下时气体灭火控制器、泡沫灭火控制器应执行《火灾自动报警系统设计规范》(GB 50116 - 2013)第 4.4.2 条第 3 款和第 5 款规定的联动操作;手动停止按钮按下时,气体灭火控制器、泡沫灭火控制器应停止正在执行的联动操作。

第二,在气体灭火控制器、泡沫灭火控制器上应设置对应于不同防护区的手动启动和停止按钮,手动启动按钮按下时,气体灭火控制器、泡沫灭火控制器应执行符合《火灾自动报警系统设计规范》(GB 50116 - 2013)第 4.4.2 条第 3 款和第 5 款规定的联动操作;手动停止按钮按下时,气体灭火控制器、泡沫灭火控制器应停止正在执行的联动操作。

⑤气体灭火装置、泡沫灭火装置启动及喷放各阶段的联动控制及系统的反馈信号,应反馈至消防联动控制器。系统的联动反馈信号应包括下列内容:

第一,气体灭火控制器、泡沫灭火控制器直接连接的火灾探测器的报警信号;

第二,选择阀的动作信号;

第三,压力开关的动作信号。

⑥在防护区域内设有手动与自动控制转换装置的系统,其手动或自动控制方式的工作状态应在防护区内、外的手动和自动控制状态显示装置上显示出来,该状态信号应反馈至消防联动控制器。

(4)防烟排烟系统的联动控制设计。

①防烟系统的联动控制方式应符合下列规定:

第一,应将加压送风口所在防火分区内的两只独立的火灾探测器或一只火灾探测器与一只手动火灾报警按钮的报警信号,作为送风门开启和加压送风机启动的联动触发信号,并应由消防联动控制器联动控制相关层前室等需要加压送风场所的加压送风口的开启和加压送风机的启动。

第二,应将同一防烟分区内且位于电动挡烟垂壁附近的两只独立的感烟火灾探测器的报警信号，作为电动挡烟垂壁降落的联动触发信号，并应由消防联动控制器联动控制电动挡烟垂壁的降落。

②排烟系统的联动控制方式应符合下列规定：

第一，应将同一防烟分区内的两只独立的火灾探测器的报警信号，作为排烟口、排烟窗或排烟阀开启的联动触发信号，并应由消防联动控制器联动控制排烟口、排烟窗或排烟阀的开启，同时停止该防烟分区的空气调节系统的工作。

第二，应将排烟口、排烟窗或排烟阀开启的动作信号，作为排烟风机启动的联动触发信号，并应由消防联动控制器联动控制排烟风机的启动。

③防烟系统、排烟系统的手动控制方式，应能在消防控制室内的消防联动控制器上手动控制送风口、电动挡烟垂壁、排烟口、排烟窗、排烟阀的开启或关闭及防烟风机、排烟风机等设备的启动或停止，防烟、排烟风机的启动、停止按钮应采用专用线路直接连接至设置在消防控制室内的消防联动控制器的手动控制盘内，并应直接手动控制防烟、排烟风机的启动、停止。

④送风口、排烟口、排烟窗或排烟阀开启和关闭的动作信号，防烟、排烟风机启动和停止及电动防火阀关闭的动作信号，均应反馈至消防联动控制器。

⑤排烟风机入口处的总管上设置的280℃排烟防火阀在关闭后应直接联动控制风机停止，排烟防火阀及风机的动作信号应反馈至消防联动控制器。

（5）防火门及防火卷帘系统的联动控制设计。

①防火门系统的联动控制设计，应符合下列规定：

第一，应将常开防火门所在防火分区内的两只独立的火灾探测器或一只火灾探测器与一只手动火灾报警按钮的报警信号，作为常开防火门关闭的联动触发信号。联动触发信号应由火灾报警控制器或消防联动控制器发出，并应由消防联动控制器或防火门监控器联动控制防火门关闭。

第二，疏散通道上各防火门的开启、关闭及故障状态信号应反馈至防火门监控器。

②防火卷帘的升降应由防火卷帘控制器控制。

③疏散通道上设置的防火卷帘的联动控制设计，应符合下列规定：

第一，联动控制方式，防火分区内任两只独立的感烟火灾探测器或任一只专门用于联动防火卷帘的感烟火灾探测器的报警信号应联动控制防火卷帘下降至距楼板面1.8 m处；任一只专门用于联动防火卷帘的感温火灾探测器的报警信号应联动控制防火卷帘下降到楼板面；在卷帘的任一侧距卷帘纵深0.5～5m内应设置不少于两只专门用于联动防火卷帘的感温火灾探测器。

第二，手动控制方式，应由防火卷帘两侧设置的手动控制按钮控制防火卷帘的升降。

④非疏散通道上设置的防火卷帘的联动控制设计，应符合下列规定：

第一，联动控制方式，应将防火卷帘所在防火分区内任两只独立的火灾探测器的报警信号，作为防火卷帘下降的联动触发信号，并应联动控制防火卷帘直接下降到楼板面。

第二，手动控制方式，应由防火卷帘两侧设置的手动控制按钮控制防火卷帘的升降，并应能在消防控制室内的消防联动控制器上手动控制防火卷帘的降落。

⑤防火卷帘下降至距楼板面 1.8m 处、下降到楼板面的动作信号和防火卷帘控制器直接连接的感烟、感温火灾探测器的报警信号，应反馈至消防联动控制器。

（6）电梯的联动控制设计。

①消防联动控制器应具有发出联动控制信号强制所有电梯停于首层或电梯转换层的功能。

②电梯运行状态信息和停于首层或转换层的反馈信号，应传送给消防控制室显示，轿厢内应设置能直接与消防控制室通话的专用电话。

（7）火灾警报和消防应急广播系统的联动控制设计。

①火灾自动报警系统应设置火灾声光警报器，并应在确认火灾后启动建筑内的所有火灾声光警报器。

②未设置消防联动控制器的火灾自动报警系统，火灾声光警报器应由火灾报警控制器控制；设置消防联动控制器的火灾自动报警系统，火灾声光警报器应由火灾报警控制器或消防联动控制器控制。

③公共场所宜设置具有同一种火灾变调声的火灾声警报器；具有多个报警区域的保护对象，宜选用带有语音提示的火灾声警报器；学校、工厂等各类日常使用电铃的场所，不应使用警铃作为火灾声警报器。

④火灾声警报器设置带有语音提示功能时，应同时设置语音同步器。

⑤同一建筑内设置多个火灾声警报器时，火灾自动报警系统应能同时启动和停止所有火灾声警报器工作。

⑥火灾声警报器单次发出火灾警报时间宜为 8~20s，同时设有消防应急广播时，火灾声警报应与消防应急广播交替循环播放。

⑦集中报警系统和控制中心报警系统应设置消防应急广播。

⑧消防应急广播系统的联动控制信号应由消防联动控制器发出。当确认火灾后，应同时向全楼进行广播。

⑨消防应急广播的单次语音播放时间宜为 10~30s，应与火灾声警报器

分时交替工作，可采取 1 次火灾声警报器播放、1 次或 2 次消防应急广播播放的交替工作方式循环播放。

⑩在消防控制室应能手动或按预设控制逻辑联动控制选择广播分区、启动或停止应急广播系统，并应能监听消防应急广播。在通过传声器进行应急广播时，应自动对广播内容进行录音。

⑪室内应能显示消防应急广播的广播分区的工作状态。

⑫广播与普通广播或背景音乐广播合用时，应具有强制切入消防应急广播的功能。

（8）消防应急照明和疏散指示系统的联动控制设计。

①应急照明和疏散指示系统的联动控制设计，应符合下列规定：

第一，集中控制型消防应急照明和疏散指示系统，应由火灾报警控制器或消防联动控制器启动应急照明控制器实现。

第二，电源非集中控制型消防应急照明和疏散指示系统，应由消防联动控制器联动应急照明集中电源和应急照明分配电装置实现。

第三，自带电源非集中控制型消防应急照明和疏散指示系统，应由消防联动控制器联动消防应急照明配电箱实现。

②当确认火灾后，由发生火灾的报警区域开始，顺序启动全楼疏散通道的消防应急照明和疏散指示系统，系统全部投入应急状态的启动时间不应大于 5s。

（9）相关联动控制设计。

①消防联动控制器应具有切断火灾区域及相关区域的非消防电源的功能，当需要切断正常照明时，宜在自动喷淋系统、消火栓系统动作前切断。

②消防联动控制器应具有自动打开涉及疏散的电动栅杆等的功能，宜开启相关区域安全技术防范系统的摄像机监视火灾现场。

③消防联动控制器应具有打开疏散通道上由门禁系统控制的门和庭院电动大门的功能，并应具有打开停车场出入口挡杆的功能。

8.4　建筑灭火技术

建筑灭火系统可以及时将火灾扑灭在早期或将火灾的影响控制在限定的范围之内，并能有效地保护建筑物内的某些设施免受损坏。建筑内的灭火系统主要有室内消火栓系统、自动喷淋灭火系统、雨淋系统和水幕系统等。

8.4.1　灭火机理

燃烧是一种氧化还原反应，燃烧的进行需要有可燃物、助燃物及足够的热量和自由基供应。灭火的途径就是尽量消除或限制其中的任一条件，使燃烧反应中断。隔离、冷却、窒息和抑制等就是遵从这一原则，分别从各个角度来抑制燃烧反应的基本灭火方法。

隔离法，是指把未燃物与已燃物隔开，从而中断可燃物向燃烧区的供应而使火熄灭的过程，如关闭可燃气体和液体阀门，将可燃、易燃物搬走等。

冷却法是通过降低温度来控制或使火熄灭的过程。将温度低的物质喷洒到燃烧物上，使温度降低到该可燃物的燃点以下，或是喷洒到火源附近的物体上，减少火焰辐射对其的影响，避免形成新火源。

窒息法，是指通过限制氧气供应而使火熄灭的过程。用不燃或难燃的物质盖住燃烧物，断绝空气向燃烧区的供应，或稀释燃烧区内的空气，使其氧气含量降到维护燃烧所需的最低浓度以下，一般认为这一最低氧浓度约为15%。

抑制法是通过使用某些可干扰火焰化学反应的物质使火熄灭的过程。将有抑制链反应作用的物质喷洒到燃烧区，用以清除燃烧过程中产生的自由基，从而使燃烧反应终止。

随着科学技术的发展，水系灭火剂、干粉灭火剂、泡沫灭火剂、气体灭火剂、卤代烷灭火剂等各种各样的灭火剂已经应用到了工程实践和灭火救援中。在众多的灭火剂中，水依旧是最常用的灭火剂，相比而言，水的资源丰富、廉价易得、应用范围广。而其他的灭火剂对某些特定的火灾也有较好的灭火效果。

8.4.2 灭火系统的设置范围

目前，在建筑内常用的灭火系统主要有室内消火栓系统、自动喷水灭火系统、水幕系统、细水雾系统和气体灭火系统等。室内消火栓是控制建筑内初期火灾的主要灭火、控火设备，一般需要专业人员或受过训练的人员才能较好地使用和发挥作用。自动喷水、水喷雾、七氟丙烷、二氧化碳、泡沫、干粉、细水雾、固定水炮灭火系统等及其他自动灭火装置，对于扑救和控制建筑物内的初起火，减少损失、保障人身安全，具有十分明显的作用，在各类建筑内应用广泛。

根据《建筑设计防火规范》（GB 50016 - 2014）的规定，室内消火栓系统、自动灭火系统的设置范围如下。

（1）室内消火栓系统的设置范围。

①下列建筑或场所应设置室内消火栓系统：

第一，建筑占地面积大于 $300m^2$ 的厂房和仓库；

第二，高层公共建筑和建筑高度大于21m的住宅建筑；

第三，体积大于5000m³的车站、码头、机场的候车（船、机）建筑、展览建筑、商店建筑、旅馆建筑、医疗建筑和图书馆建筑等单、多层建筑；

第四，特等、甲等剧场，超过800个座位的其他等级的剧场和电影院等以及超过1200个座位的礼堂、体育馆等单、多层建筑；

第五，建筑高度大于15m或体积大于10000m³的办公建筑、教学建筑和其他单、多层民用建筑。

②上述第①条未规定的建筑或场所和符合上述第①条规定的下列建筑或场所，可不设置室内消火栓系统，但宜设置消防软管卷盘或轻便消防水龙：

第一，耐火等级为一、二级且可燃物较少的单、多层丁、戊类厂房（仓库）；

第二，耐火等级为三、四级且建筑体积不大于3000m³的丁类厂房；耐火等级为三、四级且建筑体积不大于5000m³的戊类厂房（仓库）；

第三，粮食仓库、金库、远离城镇且无人值班的独立建筑；

第四，存有与水接触能引起燃烧爆炸的物品的建筑；

第五，室内无生产、生活给水管道，室外消防用水取自储水池且建筑体积不大于5000m³的其他建筑。

③国家级文物保护单位的重点砖木或木结构的古建筑，宜设置室内消火栓系统。

④人员密集的公共建筑、建筑高度大于100m的建筑和建筑面积大于200m²的商业服务网点内应设置消防软管卷盘或轻便消防水龙。高层住宅建筑的户内宜配置轻便消防水龙。

轻便消防水龙为在自来水供水管路上使用的由专用消防接口、水带及水枪组成的一种小型简便的喷水灭火设备，消防软管卷盘和轻便消防水龙是控制建筑物内固体可燃物初起火的有效器材，用水量小、配备方便。设置消防软管卷盘和轻便消防水龙的范围，以方便建筑内的人员扑灭初起火时使用。

（2）自动灭火系统的设置范围。

①除另有规定和不宜用水保护或灭火的场所外，下列高层民用建筑或场所应设置自动灭火系统，并宜采用自动喷水灭火系统：

第一，一类高层公共建筑（除游泳池、溜冰场外）及其地下、半地下室；

第二，二类高层公共建筑及其地下、半地下室的公共活动用房、走道、办公室和旅馆的客房、可燃物品库房、自动扶梯底部；

第三，高层民用建筑内的歌舞娱乐放映游艺场所；

第四，建筑高度大于100m的住宅建筑。

②除另有规定和不宜用水保护或灭火的场所外，下列单、多层民用建筑或场所应设置自动灭火系统，并宜采用自动喷水灭火系统：

第一，特等、甲等剧场，超过 1500 个座位的其他等级的剧场，超过 2000 个座位的会堂或礼堂，超过 3000 个座位的体育馆，超过 5000 人的体育场的室内人员休息室与器材间等；

第二，任一层建筑面积大于 1500m² 或总建筑面积大于 3000m² 的展览、商店、餐饮和旅馆建筑以及医院中同样建筑规模的病房楼、门诊楼和手术部；

第三，设置送回风道（管）的集中空气调节系统且总建筑面积大于 3000m² 的办公建筑等；

第四，藏书量超过 50 万册的图书馆；

第五，大、中型幼儿园，总建筑面积大于 500m² 的老年人建筑；

第六，总建筑面积大于 500m² 的地下或半地下商店；

第七，设置在地下或半地下或地上四层及以上楼层的歌舞娱乐放映游艺场所（除游泳场所外），设置在首层、二层和三层且任一层建筑面积大于 300m² 的地上歌舞娱乐放映游艺场所（除游泳场所外）。

③难以设置自动喷水灭火系统的展览厅、观众厅等人员密集场所和丙类生产车间、库房等高大空间场所，应设置其他自动灭火系统，并宜采用固定消防炮等灭火系统。

④下列部位宜设置水幕系统：

第一，特等、甲等剧场，超过 1500 个座位的其他等级的剧场，超过 2000 个座位的会堂或礼堂和高层民用建筑内超过 800 个座位的剧场或礼堂的舞台口及上述场所内与舞台相连的侧台、后台的洞口；

第二，应设置防火墙等防火分隔物而无法设置的局部开口部位；

第三，需要防护冷却的防火卷帘或防火幕的上部。

注：舞台口也可采用防火幕进行分隔，侧台、后台的较小洞口宜设置乙级防火门、窗。

⑤下列建筑或部位应设置雨淋自动喷水灭火系统：

第一，特等、甲等剧场，超过 1500 个座位的其他等级剧场和超过 2000 个座位的会堂或礼堂的舞台葡萄架下部；

第二，建筑面积不小于 400m² 的演播室，建筑面积不小于 500m² 的电影摄影棚。

⑥下列场所应设置自动灭火系统，并宜采用水喷雾灭火系统：

充可燃油并设置在高层民用建筑内的高压电容器和多油开关室。

注：设置在室内的油浸变压器、充可燃油的高压电容器和多油开关室，

可采用细水雾灭火系统。

⑦下列场所应设置自动灭火系统，并宜采用气体灭火系统：

第一，国家、省级或人口超过 100 万的城市广播电视发射塔内的微波机房、分米波机房、米波机房、变配电室和不间断电源（UPS）室；

第二，国际电信局、大区中心、省中心和一万路以上的地区中心内的长途程控交换机房、控制室和信令转接点室；

第三，两万线以上的市话汇接局和六万门以上的市话端局内的程控交换机房、控制室和信令转接点室；

第四，中央及省级公安、防灾和网局级及以上的电力等调度指挥中心内的通信机房和控制室；

第五，主机房建筑面积不小于 $140m^2$ 的电子信息系统机房内的主机房和基本工作间的已记录磁（纸）介质库；

第六，中央和省级广播电视中心内建筑面积不小于 $120m^2$ 的音像制品库房；

第七，国家、省级或藏书量超过 100 万册的图书馆内的特藏库；中央和省级档案馆内的珍藏库和非纸质档案库；大、中型博物馆内的珍品库房；一级纸绢质文物的陈列室；

第八，其他特殊的、重要的设备室。

注：上述第一、第四、第五和第八条规定的部位，可采用细水雾灭火系统；当有备用主机和备用已记录磁（纸）介质，且设置在不同建筑内或同一建筑内的不同防火分区内时，上述第五条规定的部位可采用预作用自动喷水灭火系统。

⑧建筑面积大于 $1000m^2$ 的餐馆或食堂，其烹饪操作间的排油烟罩及烹饪部位应设置自动灭火装置，并应在燃气或燃油管道上设置与自动灭火装置联动的自动切断装置。

食品工业加工场所内有明火作业或高温食用油的食品加工部位宜设置自动灭火装置。

8.4.3　新型灭火技术

为了进一步满足消防安全的需要，一些新型灭火技术不断涌现，主要有简易自动喷水灭火技术、压缩空气泡沫灭火技术、火探管灭火技术以及气溶胶灭火技术和超细干粉灭火技术等多种灭火技术。简易自动喷水灭火技术和压缩空气泡沫灭火技术是以水为主要灭火剂的技术形式，其中简易自动喷水灭火技术可用于小型歌舞娱乐场所的消防安全保护，压缩空气泡沫灭火技术可用于固体和可燃液体的消防安全保护。火探管灭火技术、气溶胶灭火技术以及超细干粉灭火技术等灭火技术主要用来替代哈龙灭火技术，可用于电气火灾防护。本节主要介绍自动扫描射水高空水炮灭火装置、压缩空气泡沫灭火系统、气溶胶灭火技术和火探管式自动探火灭火技术。

（1）自动扫描射水高空水炮灭火装置。自动扫描射水高空水炮灭火装置主要由智能型红外探测组件、自动扫描射水高空水炮、机械传动装置和电磁阀组四大部分组成，其外形如图 8.5 所示。由图 8.5 可以看出，该装置的智能型红外探测组件、自动扫描射水高空水炮和机械传动装置为一体化设置。一旦发生火灾，该装置立即启动，对火源进行水平方向和垂直方向的二维扫描，待火源位置确定后，中央控制器发出指令，进行报警，同时启动水泵、打开电磁阀，灭火装置对准火源进行射水灭火，待火源扑灭后，中央控制器再次发出指令，停止射水。若有新的火源，灭火装置将重复上述过程，待全部火源被扑灭后重新回到监控状态。高空水炮的射水形式如图 8.6 所示，该装置的布水面近似一个矩形面，主要对着火点及周边矩形区域扫描射水，该装置的流量不小于 5L/s，保护半径在 20m 以内，可用于空间高度在 6～20m 范围内建筑的消防安全。

 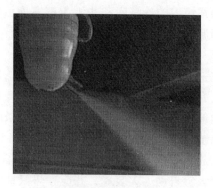

图8.5 自动扫描
射水高空水炮灭火装置

图8.6 自动扫描射水高
空水炮射水形式

（2）压缩空气泡沫灭火技术。压缩空气泡沫灭火技术始于 20 世纪 30 年代，最早出现在德国；20 世纪 80 年代开始在西方国家得到较为广泛的应用；20 世纪 90 年代后期，压缩空气泡沫灭火技术进入我国并开始应用。

压缩空气泡沫灭火技术的核心设备为压缩空气泡沫系统（Compressed Air Foam System，简称 CAFS），也有称为"OS 泡沫灭火系统"的。所谓"OS"系统，"O"是"ONE"的缩写，"S"是"SEVEN"的缩写，是指一滴水经过"OS"泡沫灭火系统后变成七个泡，故也称"一七泡沫灭火系统"。

①组成及工作原理。压缩空气泡沫系统主要有水泵、空气压缩机、泡沫

注入系统和控制系统等四部分组成，其组成结构如图 8.7 所示。图中按照压缩空气泡沫的产生流程，给出了组成压缩空气泡沫系统的关键组件，各组成部分的功能如下：

第一，水泵主要作为供水设备，向整个系统提供压力水。

第二，空气压缩机主要向系统提供压缩空气。通过压缩空气与泡沫混合液混合，产生泡沫。该装置在进气口处安装有调幅进气阀，该阀可根据水泵出水压力自动调整系统的进气量，使空气压缩机的出口压力与水泵的出口压力差保持在 ±5% 的范围内，实现系统的压力平衡。

第三，泡沫注入系统主要向系统提供泡沫液。该装置具有较好的混合精度，根据系统的需要，可自动或手动调整混合比，其混合比调节范围在 0.1% ~6.0% 之间，能较好地保证泡沫质量。

第四，控制系统是一个精确、复杂的自动化系统，它把水泵、空气压缩机和泡沫注入系统有机地结合在一起，实现了水、泡沫液和压缩空气的精确混合，从而产生理想的灭火泡沫。

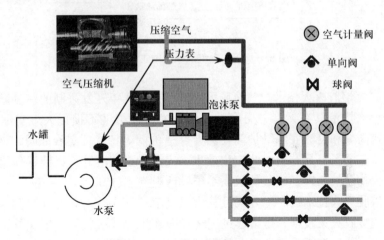

图 8.7　压缩空气泡沫系统的组成

②系统的工作原理。压缩空气泡沫系统的工作流程如图 8.8 所示。当水流经水泵后，压力水先同泡沫液按一定比例混合，形成混合液，混合液再同压缩空气按一定比例在管路或水带中预混，然后通过喷射装置，即可产生压缩空气泡沫。在此过程中，水、空气和泡沫液三者之间的压力平衡和流量混合比例主要由控制系统自动控制，从而实现三者之间的动态平衡，以产生火场所需的泡沫类型。

压缩空气泡沫可分为湿泡沫、中等泡沫和干泡沫，三者之间的主要区别在于泡沫的黏附性和流动性不同。湿泡沫是在混合比为 0.1% ~ 0.3% 范围内产生的泡沫，其含水量较大，流动性较好，但黏附性较差，主要用来扑救火灾。干泡沫是在混合比为 0.3% ~ 0.5% 范围内产生的泡沫，其含水量较少，流动性较差，但黏附性较好，主要用来冷却着火物周围的物体。中等泡沫介于湿泡沫和干泡沫之间，可用来灭火，也可用于冷却保护物体。

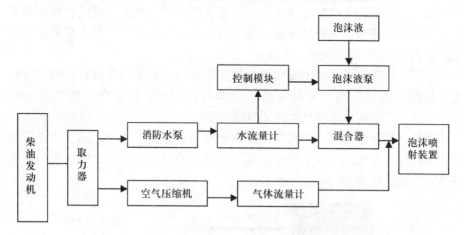

图 8.8　压缩空气泡沫系统工作流程

（3）气溶胶灭火技术。气溶胶灭火技术是近几年开发研制的一种新型灭火技术。该技术具有无毒、无腐蚀、对环境无污染（不损耗大气臭氧层）、灭火快速高效和设计安装维护简便易行、造价低等特点。实践证明，该技术在某些特定的场合具有较好的应用效果。因此，热气溶胶灭火装置作为一种哈龙替代物已被列入了《气体灭火系统设计规范》（GB 50370 – 2005）。

气溶胶灭火技术按产生方式可分为热气溶胶灭火技术和冷气溶胶灭火技术。热气溶胶灭火技术，是指通过燃烧反应产生热气溶胶灭火剂实施灭火的技术形式。冷气溶胶灭火技术，是指利用机械或高压气流将固体超细灭火微粒分散于气体中而形成灭火气溶胶实施灭火的技术形式。目前在实际应用中主要以热气溶胶灭火技术为主，因此，本节主要介绍热气溶胶灭火技术。

①热气溶胶灭火剂。由氧化剂、还原剂（也称可燃剂）、黏合剂、燃速调节剂等物质构成的固体混合药剂，在启动电流或热效应作用下，经过药剂自身的氧化还原反应生成灭火气溶胶，这种方法产生的气溶胶称为热气溶胶灭火剂。热气溶胶固定颗粒的尺寸一般在 10^{-3} ~ $1\mu m$ 之间，通过无规则的布朗运动迅速弥漫至整个火灾空间，以全淹没的方式实施灭火。热气溶胶灭火剂由两种成分组成：一种是固体微粒，主要有金属氧化物（MeO）、碳酸盐

（$MeCO_3$）及碳酸氢盐（$MeHCO_3$）；另外一种是气体，主要有 N_2、少量的 CO_2、微量的 CO、NO_x、O_2、水蒸气和极少量的碳氢化合物。大多数气溶胶灭火剂中固体微粒占灭火剂总质量的 40%（体积比约为 2%），其余 60% 为气体（体积比约为 98%）。正因为此，热气溶胶灭火时具有气体灭火的特性，即不易降落、可以绕过障碍物、可全淹没灭火。

②类型。热气溶胶灭火技术按照药剂中氧化剂的种类主要分为 K 型和 S 型；按照产品结构分为有管网系统和预制系统；按照产品的安装方式分为落地式和悬挂式。

K 型气溶胶灭火技术也称钾盐类灭火技术，始于 20 世纪 60 年代中期的苏联。该技术的特征是气溶胶发生剂采用钾的硝酸盐、氯酸盐及高氯酸盐作为主氧化剂。钾盐类气溶胶灭火技术虽产生较早，但最初并未得到广泛的应用。自从《蒙特利尔议定书》签署后，该技术才作为一种哈龙替代品逐渐受到认可和重视，目前该技术已较为完善。

由于钾盐是极易吸湿或易溶水的物质，且能与水生成强碱性溶液，因此 K 型气溶胶灭火技术可能会对精密仪器设备、文物、档案等造成二次损害。当灭火剂释放后，其微粒沉降于被保护物表面或其内部，将会与空气中的水结合形成一种发黄、发黏的强碱性导电液膜。这种液膜可破坏精密仪器电路板的绝缘性，对文物和精密仪器等造成腐蚀，对纸质档案使其发黄、变脆等。为了解决 K 型气溶胶灭火技术的缺陷，S 型气溶胶灭火技术应运而生。

S 型气溶胶灭火技术也称锶盐类气溶胶灭火技术。该技术的核心是采用了以硝酸锶为主氧化剂，硝酸钾为辅氧化剂的新型复合氧化剂。与 K 型气溶胶相比，该技术主要有两个优点：一是主氧化剂硝酸锶的分解产物为 SrO、$Sr(OH)_2$ 和 $SrCO_3$，这三种物质不会吸收空气中的水分，也不会形成具有导电性和腐蚀性的电解质液膜，从而避免了对设备的损害。二是采用少量硝酸钾作辅氧化剂，使灭火气溶胶保证了较高的灭火效率和合理的喷放速度。目前，S 型气溶胶灭火技术是灭火气溶胶行业的主流技术。

管网灭火系统是按一定的应用条件进行设计计算，将灭火剂从储存装置经由干管支管输送至喷放组件实施喷放的灭火系统。

预制灭火系统是按一定的应用条件，将灭火剂储存装置和喷放组件等预先设计、组装成套且具有联动控制功能的灭火系统。

落地式灭火装置主要由药筒、气体发生器、箱体三部分组成。药筒装在气体发生器中，不同型号的箱体可装有不同数量的气体发生器。该装置外形和结构分别如图 8.9 和图 8.10 所示。

图8.9 落地式热气溶
胶灭火装置外形

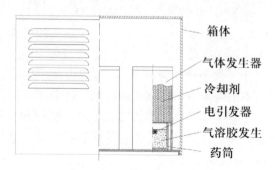

箱体

气体发生器

冷却剂

电引发器

气溶胶发生
药筒

图8.10 落地式热气溶胶
灭火装置内部结构

悬挂式气溶胶自动灭火装置的外形如图8.11所示，该装置安装于吊顶内的设计安装图如图8.12所示。悬挂式的特点是节省安装空间，灭火剂从保护区上部释放，淹没效果较好。

图8.11 悬挂式气溶胶自动
灭火装置外形图

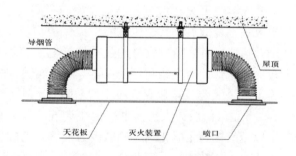

导烟管

屋顶

天花板 灭火装置 喷口

图8.12 落悬挂式气溶胶灭火
装置安装于吊顶内的设计图

（4）火探管式自动探火灭火技术。随着哈龙替代技术的逐步推进，各国的研究机构不断研制开发新型灭火技术。在20世纪90年代末期，一位英国消防工程师首次研制出火探管式自动探火灭火技术，以下简称火探系统。该技术，是指利用火探管进行探测火灾，并喷射灭火剂，从而实施灭火的一种技术形式。与现有的各种气体、泡沫和干粉灭火系统不同，该技术是通过一条合成火探管来直接完成探测火灾、输送和喷射灭火剂的过程，该管子也可以仅用于探测和传递火灾信号，间接地控制其他灭火装置进行灭火。火探系统可广泛应用在工业、建筑、军事、交通、运输、航空航天等领域。2005年，山西省出台了地方标准《火探管式自动探火灭火装置设计、施工及验收规范》（DBJ04－231－2005），为火探系统的应用及推广提供了标准和依据。

①类型及工作原理。标准的火探系统可分为直接式和间接式两种系统。

直接式系统如图 8.13 所示。该系统主要由灭火剂贮存容器、容器阀和火探管三部分组成。火探管通过容器阀直接连接在灭火剂贮存容器上，遇到火灾时，沿火探管上线性均布的诸多探测点会对火源进行探测，当火场温度达到火探管的动作温度时，火探管发生爆破，灭火剂直接通过爆破孔释放，从而实施灭火。

间接式系统如图 8.14 所示。该系统是由灭火剂贮存容器、容器阀、火探管、释放管及喷嘴等五部分组成。火探管通过容器阀直接连接在灭火剂容器上，遇到火灾时，沿火探管上线性均布的诸多探测点会对着火点进行探测，当火场温度达到火探管的动作温度时，火探管发生爆破，利用火探管中压力的突然下降打开容器阀，灭火剂经释放管及喷嘴释放，从而实施灭火。图 8.15 为直接式和间接式火探系统对比图。间接式系统的结构比直接式系统复杂，直接式是由一根火探管完成火灾探测和输送灭火剂，而间接式是由两根管子完成该过程，即由火探管进行火灾探测，释放管进行输送灭火剂，然后经喷嘴进行喷射。

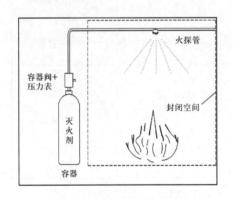

图 8.13　直接式火探系统

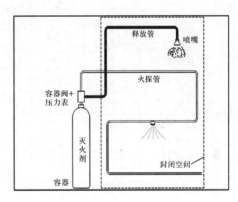

图 8.14　间接式火探系统

由于目前国内主要以二氧化碳和七氟丙烷用作火探系统的灭火剂，所以直接式和间接式火探灭火装置可分为二氧化碳和七氟丙烷式两种装置，其灭火装置的规格及型号如表 8.22 所示。直接式灭火装置的灭火剂量相对较小，有效保护范围较小，而间接式灭火装置的灭火剂量较大，有效保护范围较大。在应用该系统时，可根据场所的具体情况来选择相应的灭火装置。

图8.15　火探系统实物图，左为间接式系统，右为直接式系统

表8.22　火探灭火装置规格及型号

装置类型	灭火剂充装量（kg）	有效保护范围	公称压力（MPa）	最大工作压力（MPa）	火探管长度（m）	释放管长度（m）	系统类型
二氧化碳火探灭火装置	3	$1.2m^3$	5.17	15	25	–	直接式
	6	$4.0m^3$				–	
	6	$4.0m^3$				12	间接式
	45	$30m^3$				12	
七氟丙烷火探灭火装置	1	$1.4m^3$	1.0	1.8	20	–	直接式
	3	$4.2m^3$			25	12	间接式
	6	$8.5m^3$				12	

②主要组件。火探系统主要由火探管、储存容器、容器阀、释放管和喷嘴等组件组成。

火探管是一种充压的非金属软管，外观似一根普通塑料管。该管具有良好的抗漏性、耐高压性、柔韧性、绝缘性和感温性，在一定温度范围内爆破，喷射灭火药剂或传递火灾信号。标准火探管的主要技术参数如表8.23所示。火探管的标准长度为25m，其拉伸强度不小于 $30N/mm^2$，当工作压力大于1.0MPa时，该管在 $-20℃ \sim 55℃$ 的环境中不会产生低温脆裂现象及高温软化变形现象。火探管的最大特点就是对温度的感知非常灵敏，该管在 $140℃ \pm 2℃$ 温度环境中，保持2min，应不动作；在 $160℃ \pm 2℃$ 的温度环境中，应在20s内动作。

表 8.23　标准火探管的主要技术参数

内径 （mm）	壁厚 （mm）	密度 （g/cm³）	标准长度 （m）	拉伸强度 （N/mm²）	熔化温度 （℃）
4.0±0.04	1.0±0.1	1.05±0.1	25	30	160±2

储存容器用于充装灭火剂，常用的灭火剂容器有钢质无缝气瓶及钢质焊接气瓶两种。钢质无缝气瓶适用于充装二氧化碳、七氟丙烷等灭火剂，而钢质焊接气瓶则用于充装水成膜泡沫及干粉等灭火剂。无缝钢瓶的最大工作压力为15MPa，该瓶在1.5倍工作压力下进行液压强度试验，保持3min，不应出现渗漏现象，并且没有明显的残余变形；在1.1倍工作压力下进行液压强度试验时，容器应无气泡泄漏；在3倍工作压力下进行液压强度试验时，容器不得有破裂现象。根据山西省地方标准《火探管式自动探火灭火装置设计、施工及验收规范》的相关规定，火探系统灭火装置容器规格如表8.24所示。

表8.24　火探系统灭火装置容器规格

名　称	容器高度（mm）	容器外径（mm）
直接式火探管式自动探火灭火装置（3kg）	740	116
间接式火探管式自动探火灭火装置（3kg）	800	116
间接式火探管式自动探火灭火装置（6kg）	890	155
间接式火探管式自动探火灭火装置（45kg）	1650	268

容器阀是储存容器的封堵部件，主要用来将灭火剂封堵在容器瓶内，其控制方式有手动和自动两种方式。直接式系统的容器阀只起到开启容器的作用，而间接式系统的容器阀除起到开启容器的作用外，还起到开启释放管通道的作用。一般情况下，容器阀上设有压力表和泄压口，以便于检测储瓶内的压力，并保证储瓶的安全。

容器阀的阀体材料一般采用铜合金制作。该阀用于封堵不同的灭火剂时，其工作压力要求不同，用于封堵泡沫和干粉灭火剂的容器阀工作压力不小于1.2MPa，用于封堵二氧化碳灭火剂的容器阀工作压力不小于15MPa，用于封堵七氟丙烷灭火剂的容器阀工作压力不小于4.2MPa。

释放管主要用于间接式系统，标准的间接式系统释放管采用8mm铜合金无缝管，工作压力不小于10MPa。释放管的长度根据采用的灭火剂而定，一般为 6 ~ 12m。

喷嘴采用耐腐蚀材料制成。进行盐雾腐蚀试验后，喷嘴内外不得有明显的腐蚀损坏，也不得有性能上的下降。喷嘴在喷射时应当均匀、平稳，实验用水盘内的水应无飞溅现象。喷嘴在布置时，应使防护区内灭火剂分布均匀。

标准火探系统可选择二氧化碳、七氟丙烷、干粉和轻水泡沫等四种灭火剂。目前的产品主要是以二氧化碳和七氟丙烷为灭火剂，还没有利用其他种类灭火剂的产品。

8.5 火灾烟气控制技术

火灾情况下所产生的烟气，由于具有高温、毒害、减光等危险特性，严重威胁建筑内人员的生命安全，同时也对消防员的灭火作战产生有害影响。为了及时有效地将火灾产生的高温烟气排出室外、阻止火灾烟气蔓延进入人员疏散的安全通道、确保建筑物内人员顺利疏散以及消防队员火灾扑救，应根据建筑的类别和性质以及在建筑物内的恰当部位设置能够起到排烟或防烟作用的设施。

8.5.1 防排烟系统的分类

（1）防烟系统分类。防烟系统，是指采用机械加压送风或自然通风的方式，防止烟气进入楼梯间、前室、避难层（间）等空间的系统，按工作原理不同，防烟系统可以分为自然通风的防烟系统和机械加压送风的防烟系统。

①自然通风系统。自然通风系统由可开启外窗等自然通风设施组成。对于建筑高度小于等于 50m 的公共建筑、工业建筑和建筑高度小于等于 100m 的住宅建筑，由于这些建筑受风压作用影响较小，且一般不需要设火灾自动报警系统，利用建筑本身的采光通风系统，也可基本起到防止烟气进一步进入安全区域的作用。因此，当满足条件时，建议防烟楼梯间的楼梯间、前室、合用前室均采用自然通风的防烟系统，简便易行、效果良好且经济效益明显。图 8.16 所示即为采用自然通风方式的楼梯间，图 8.17 所示为采用自然通风方式的合用前室。

图 8.16 采用自然通风的楼梯间　　　图 8.17 采用自然通风的合用前室

　　②机械加压送风系统。在建筑物发生火灾时，对着火区以外的区域进行加压送风，对这些区域送入足够的新鲜空气，使其维持高于建筑物其他部位的压力，即保持一定的正压，从而把着火区域所产生的烟气堵截于防烟部位之外、防止烟气侵入的防烟方式称为机械加压送风防烟。机械加压送风系统由送风机、送风口及送风管道等机械加压送风设施组成。机械加压防烟方式的优点是能有效地防止烟气侵入所控制的区域，而且由于送入大量的新鲜空气，此方式特别适合于作为疏散通道的楼梯间、电梯间、前室及避难层的防烟设施。图 8.18 为防烟楼梯间内设置的机械加压送风系统，图 8.19 为设置在合用前室内的机械加压送风系统，图 8.20 为设置在超高层建筑避难层中的机械加压送风系统。

图 8.18 采用机械加压送风的楼梯间　　　图 8.19 采用机械加压送风的合用前室

图8.20　设置在超高层建筑避难层中的机械加压送风系统

（2）排烟系统分类。排烟系统，是指采用机械方式或自然排烟的方式，将房间、走道等空间的烟气排至建筑物外的系统，根据工作原理不同，可以分为机械排烟系统和自然排烟系统。机械排烟系统由排烟风机、排烟口及排烟管道等组件构成，而自然排烟系统由可开启外窗等自然排烟设施组成。

①自然排烟。自然排烟是利用火灾产生的热烟气的浮力和外部风力作用，通过建筑物的对外开口，如外墙上的可开启外窗、高侧窗、天窗、敞开的阳台、凹廊等，将房间、走道内的烟气排至室外的排烟方式。其目的就是控制火灾烟气在建筑物内的蔓延扩散，特别是减缓烟气侵入疏散通道，减轻火灾烟气对受灾人员的危害及财产损失。这种排烟方式实质上是热烟气和冷空气的对流运动，在自然排烟中，必须有冷空气的进入口和热烟气的排出口。烟气排出口可以是建筑物的外窗，也可以是设置在侧墙上部的排烟口，图8.21所示为采用外窗进行自然排烟的房间示意图，其中：1为建筑内的进风口；2为房间外墙上设置的可开启的外窗；3为火源。由于建筑中能够实现自然通风的途径很多，因此，一般不需要单独专门设置进风口。图8.22为采用自动排烟窗进行自然排烟的房间。

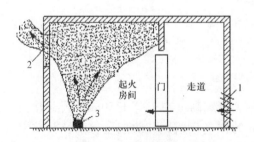

图 8.21　采用外窗进行
自然排烟的房间示意图

图 8.22　采用自动排烟窗进行
自然排烟的房间

②机械排烟。利用排烟风机把着火区域中产生的烟气通过排烟口、排烟管道等部件排到室外的方式，称为机械排烟。在火灾发展初期，这种排烟方式能使着火房间内压力下降，造成负压，烟气不会向其他区域扩散。一个设计优良的机械排烟系统在火灾发生时能排出 80% 的热量，使火场温度大大降低，从而对人员安全疏散、控制火灾的蔓延和火灾扑救起到积极的作用。

根据补气方式的不同，机械排烟可分为机械排烟—自然补风、机械排烟—机械进风两种方式。

图 8.23 是机械排烟—自然补风的组合示意图，其中，1 为自然补风口；2 为固定窗扇；3 为火源。在需要排烟的位置上部安装排烟风机，风机启动后会使排烟口处形成低压，从而使烟气排出。而房间的门、窗等开口便成为新鲜空气的补充口。

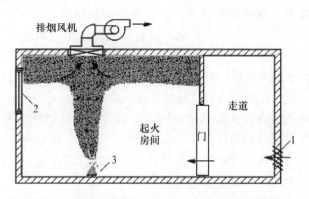

图 8.23　采用机械排烟—自然补风形式的房间示意图

8.5.2 防排烟系统的设置范围

根据《建筑设计防火规范》（GB 50016 - 2014）的规定，建筑的防烟楼梯间及其前室、消防电梯前室或合用前室、避难走道前室或避难层（间）等场所或部位应设置防烟设施。

（1）防烟系统的设置范围。

①自然通风防烟系统的设置范围。建筑高度小于等于50m的公共建筑、工业建筑和建筑高度小于等于100m的住宅建筑，其防烟楼梯间及其前室、消防电梯前室及合用前室宜采用自然通风方式的防烟系统。

建筑高度小于等于50m的公共建筑、工业建筑和建筑高度小于等于100m的住宅建筑，当前室或合用前室采用机械加压送风系统，且其加压送风口设置在前室的顶部或正对前室入口的墙面上时，楼梯间可采用自然通风方式的防烟系统。

当防烟楼梯间利用敞开的阳台或凹廊作为前室或合用前室时，楼梯间可不设置防烟设施；此外，当防烟楼梯间设有不同朝向的可开启外窗的前室或合用前室，且前室两个不同朝向的可开启外窗面积均不小于2.0m²，合用前室均不小于3.0m²时，楼梯间也可不设置防烟设施。

②机械加压送风系统的设置范围。建筑高度小于等于50m的公共建筑、工业建筑和建筑高度小于等于100m的住宅建筑，当前室或合用前室未设置机械加压送风系统，或前室、合用前室虽然设置了机械加压送风系统，但其加压送风口未设置在前室的顶部或正对前室入口的墙面上时，防烟楼梯间应采用机械加压送风系统。

建筑高度大于50m的公共建筑、工业建筑和建筑高度大于100m的住宅建筑，其防烟楼梯间、消防电梯前室及合用前室应采用机械加压送风方式的防烟系统。

当防烟楼梯间采用机械加压送风方式的防烟系统时，前室可不设机械加压送风设施，但合用前室应设机械加压送风设施。

带裙房的高层建筑的防烟楼梯间及其前室、消防电梯前室或合用前室，当裙房高度以上部分利用可开启外窗进行自然通风、裙房等高范围内不具备自然通风条件时，该高层建筑不具备自然通风条件的前室、消防电梯前室或合用前室应设置局部机械加压送风系统。

当地上部分利用可开启外窗进行自然通风时，楼梯间的地下部分应采用机械加压送风系统。

不能满足自然通风条件的封闭楼梯间，应设置机械加压送风系统，但当封闭楼梯间位于地下且不与地上楼梯间共用时，可不设置机械加压送风系统，但应在首层设置不小于 1.2 m² 的可开启外窗或直通室外的门。

（2）排烟系统设置范围。排烟系统的作用是在建筑火灾情况下，及时将燃烧所产生的大量的火灾烟气及热量排出室外，从而降低建筑火灾的危害性后果。根据《建筑设计防火规范》（GB 50016 – 2014）的规定，民用建筑、厂房、仓库、地下或半地下建筑的特殊场所或部位应设置防烟设施。

①民用建筑。民用建筑的下列场所或部位应设置排烟设施：

第一，歌舞娱乐放映游艺场所。歌舞娱乐放映游艺场所指歌舞厅、录像厅、夜总会、放映厅、卡拉 OK 厅（含具有卡拉 OK 功能的餐厅）、游艺厅（含电子游艺厅）、桑拿浴室（不包括洗浴部分）、网吧等场所。因为这些场所人员较多，火灾危险性较大，一旦发生火灾会造成群死群伤。

当歌舞娱乐放映游艺场所设置在四层及以上楼层，或设置在地下、半地下时，需设置排烟设施；而当歌舞娱乐放映游艺场所设置在建筑物的一、二、三层且房间建筑面积大于100m² 时，也需设置排烟设施。

第二，中庭。中庭通常是指建筑内部贯穿多个楼层的共享空间，当发生火灾时，极易成为烟、火蔓延扩散的途径，设有中庭的建筑，应根据建筑的构造、烟羽流的质量流量等条件，选择设自然排烟或机械排烟系统。

第三，公共建筑内建筑面积大于 100m² 的且经常有人停留的地上房间。例如，写字楼会议室、滚轴溜冰场、自助餐厅和室内观光厅等。

第四，公共建筑内建筑面积大于 300 m² 的且可燃物较多的地上房间。

第五，建筑内长度大于 20 m 的疏散走道。

②地下、半地下建筑及地上建筑内的无窗房间。对于地下、半地下建筑，或地上建筑中的无窗或固定窗房间，当总建筑面积大于 200 m² 或一个房间的建筑面积大于 50 m² 且经常有人停留或可燃物较多时，需设置排烟设施。

③厂房或仓库。

第一，丙类厂房。人员或可燃物较多的丙类生产场所应设置排烟设施，丙类厂房内建筑面积大于 300 m² 且经常有人停留或可燃物较多的地上房间应设置排烟设施。

第二，建筑面积大于 5000 m² 的丁类生产车间。

第三，占地面积大于 1000 m² 的丙类仓库。

第四，疏散走道。

高度大于 32m 的高层厂房（仓库）内长度大于 20 m 的疏散走道，或其他厂房（仓库）内长度大于 40 m 的疏散走道，应设置排烟设施。

8.5.3　自然通风系统的设计要求

根据《建筑防烟排烟系统技术规范》的规定，自然通风设施的设置应满足下列要求：

（1）封闭楼梯间、防烟楼梯间每5层内的可开启外窗或开口的有效面积不应小于2.0 m²，且在该楼梯间的最高部位应设置有效面积不小于1.0m²的可开启外窗或开口。

（2）防烟楼梯间前室、消防电梯前室可开启外窗或开口的有效面积不应小于2.0 m²，合用前室不应小于3.0 m²。

（3）采用自然通风方式的避难层（间）应设有不同朝向的可开启外窗，其有效面积不应小于该避难层（间）地面面积的2%，且每个朝向的有效面积不应小于2.0 m²。

（4）可开启外窗或开口的有效面积计算应符合下列规定：

第一，当开窗角大于70°时，其面积应按窗的面积计算；

第二，当开窗角小于70°时，其面积应按窗的水平投影面积计算；

第三，当采用侧拉窗时，其面积应按开启的最大窗口面积计算；

第四，当采用百叶窗时，其面积应按窗的有效开口面积计算；

第五，当采用平推窗设置在顶部时，其面积应按窗的1/2周长与平推距离乘积计算，且不应大于窗面积；

第六，当平推窗设置在侧墙时，其面积应按窗的1/4周长与平推距离乘积计算，且不应大于窗面积。

（5）可开启外窗应方便开启；设置在高处的可开启外窗应设置距地面高度为1.3~1.5m的开启装置。

可开启外窗的形式有侧开窗和顶开窗。侧开窗有上悬窗、中悬窗、下悬窗、平开窗和侧拉窗等。其中，除了上悬窗外，其他窗都可以作为排烟使用，如图8.24所示。在设计时，必须将这些作为排烟使用的窗设置在储烟仓内。如果中悬窗的下开口部分不在储烟仓内，这部分的面积不能计入有效排烟面积之内。

在计算有效排烟面积时，侧拉窗按实际拉开后的开启面积计算，其他形式的窗按其开启投影面积计算，如图8.24所示，用以下公式计算：

$$F_p = F_c \cdot \sin\alpha$$

式中 F_p 为有效排烟面积，单位 m²；F_c 为窗的面积，单位 m²；α 为窗的开启角度。

当窗的开启角度大于70°时，可认为已经基本开直，排烟有效面积可认为与窗面积相等。

对于悬窗，应按水平投影面积计算；对于侧推窗，应按垂直投影面积计算。

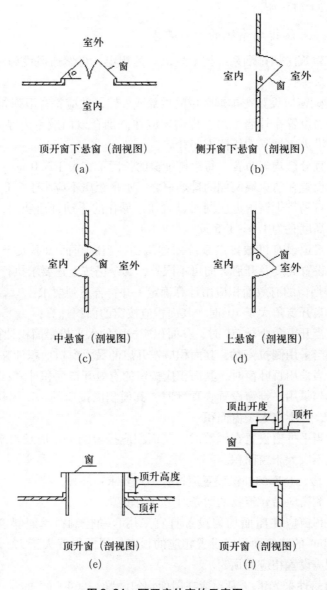

图 8.24　可开启外窗的示意图

当采用百叶窗时，窗的有效面积为窗的净面积乘以遮挡系数，根据工程实际经验，当采用防雨百叶时系数取 0.6，当采用一般百叶时系数取 0.8。

当屋顶采用顶升窗时，其面积应按窗洞周长的一半与窗顶升净空高的乘积计算，但最大不超过窗洞面积，如图 8.24（e）所示；当外墙采用顶开窗时，其面积应按窗洞宽度与窗净顶出开度的乘积计算，但最大不超过窗洞面积，如图 8.24（f）所示。

8.5.4 自然排烟系统的设计要求

根据《建筑防烟排烟系统技术规范》的规定，自然通风设施的设置，应满足下列要求：

（1）排烟窗应设置在排烟区域的顶部或外墙，并应符合下列要求：

第一，当设置在外墙上时，排烟窗应在储烟仓以内或室内净高度的 1/2 以上，并应沿火灾烟气的气流方向开启；

第二，宜分散均匀布置，每组排烟窗的长度不宜大于 3.0 m；

第三，设置在防火墙两侧的排烟窗之间水平距离不应小于 2.0 m；

第四，自动排烟窗附近应同时设置便于操作的手动开启装置，手动开启装置距地面高度宜为 1.3～1.5 m；

第五，走道设有机械排烟系统的建筑物，当房间面积不大于 300m² 时，除排烟窗的设置高度及开启方向可不限外，其余仍按上述要求执行。

（2）排烟窗的有效面积应由计算确定，并符合下列要求：

第一，当开窗角大于 70°时，其面积应按窗的面积计算；

第二，当开窗角小于 70°时，其面积应按窗的水平投影面积计算；

第三，当采用侧拉窗时，其面积应按开启的最大窗口面积计算；

第四，当采用百叶窗时，其面积应按窗的有效开口面积计算；

第五，当采用平推窗设置在顶部时，其面积应按窗的 1/2 周长与平推距离乘积计算，且不应大于窗面积；

第六，当平推窗设置在侧墙时，其面积应按窗的 1/4 周长与平推距离乘积计算，且不应大于窗面积。

（3）厂房、仓库的外窗设置应符合下列要求：

第一，侧窗应沿建筑物的两条对边均匀设置。

第二，顶窗应在屋面均匀设置且宜采用自动控制；屋面斜度小于等于 12°，每 200m² 的建筑面积应设置相应的顶窗；屋面斜度大于 12°，每 400m² 的建筑面积应设置相应的顶窗。

（4）可熔性采光带（窗）应在屋面均匀设置，每 400m² 的建筑面积应设置一组，且不应跨越防烟分区。严寒、寒冷地区可熔性采光带应有防积雪和防冻措施。

（5）采用自然排烟时，厂房、仓库排烟窗的有效面积应符合下列要求：

第一，采用自动排烟窗时，厂房的排烟面积不应小于排烟区域建筑面积的 2%，仓库的排烟面积应增加 1.0 倍；

第二，采用手动排烟窗时，厂房的排烟面积不应小于排烟区域建筑面积的 3%，仓库的排烟面积应增加 1.0 倍。

当设有自动喷水灭火系统时，排烟面积可减半。

（6）仅采用可熔性采光带（窗）进行自然排烟时，厂房的可熔性采光带（窗）排烟面积不应小于排烟区域建筑面积的 5%，仓库的可熔性采光带（窗）排烟面积不应小于排烟区域建筑面积的 10%。

（7）同时设置可开启外窗和可熔性固定采光带（窗）时，应符合下列要求：

第一，当设置自动排烟窗时，厂房的自动排烟窗的面积与 40% 的可熔性采光带（窗）的面积之和不应小于排烟区域建筑面积的 2%；仓库的自动排烟窗的面积与 40% 的可熔性采光带（窗）的面积之和不应小于排烟区域建筑面积的 4%。

第二，当设置手动排烟窗时，厂房的手动排烟窗的面积与 60% 的可熔性采光带（窗）的面积之和不应小于排烟区域建筑面积的 3%；仓库的手动排烟窗的面积与 60% 的可熔性采光带（窗）的面积之和不应小于排烟区域建筑面积的 6%。

8.5.5 机械加压送风防烟系统的设置要求

根据《建筑防烟排烟系统技术规范》的规定，进行机械加压送风防烟系统设计时，应满足下列要求：

（1）建筑高度大于 50m 的公共建筑、工业建筑和建筑高度大于 100m 的住宅建筑，其防烟楼梯间、消防电梯前室及合用前室应采用机械加压送风方式的防烟系统。

（2）建筑高度大于 100m 的高层建筑，其送风系统应竖向分段独立设置，且每段高度不应超过 100m。

（3）当防烟楼梯间采用机械加压送风方式的防烟系统时，楼梯间应设置机械加压送风设施，前室可不设机械加压送风设施，但合用前室应设机械加压送风设施。防烟楼梯间的楼梯间与合用前室的机械加压送风系统应分别独立设置。

（4）带裙房的高层建筑的防烟楼梯间及其前室、消防电梯前室或合用前室，当裙房高度以上部分利用可开启外窗进行自然通风、裙房等高范围内不具备自然通风条件时，该高层建筑不具备自然通风条件的前室、消防电梯前室或合用前室应设置局部机械加压送风系统。

（5）地下室、半地下室楼梯间与地上部分楼梯间均需设置机械加压送风系统时，宜分别独立设置。当受建筑条件限制，与地上部分的楼梯间共用机械加压送风系统时，应按规范的要求分别计算地上、地下的加压送风量，相加后作为共用加压送风系统风量，且应采取有效措施满足地上、地下的送风量的要求。

（6）当地上部分利用可开启外窗进行自然通风时，楼梯间的地下部分应采用机械加压送风系统。

（7）不能满足自然通风条件的封闭楼梯间，应设置机械加压送风系统，当封闭楼梯间位于地下且不与地上楼梯间共用时，可不设置机械加压送风系统，但应在首层设置不小于 $1.2m^2$ 的可开启外窗或直通室外的门。

（8）建筑高度小于等于50m的建筑，当楼梯间设置加压送风井（管）道确有困难时，楼梯间可采用直灌式加压送风系统，并应符合下列规定：

第一，建筑高度大于32m的高层建筑，应采用楼梯间多点部位送风的方式，送风口之间距离不宜小于建筑高度的1/2；

第二，直灌式加压送风系统的送风量应按计算值或规范规定表中的送风量增加20%；

第三，加压送风口不宜设在影响人员疏散的部位。

（9）采用机械加压送风的场所不应设置百叶窗，且不宜设置可开启外窗。

（10）机械加压送风风机可采用轴流风机或中、低压离心风机，其安装位置应符合下列要求：

第一，送风机的进风口宜直通室外。

第二，送风机的进风口宜设在机械加压送风系统的下部，且应采取防止烟气侵入的措施。

第三，送风机的进风口不应与排烟风机的出风口设在同一层面。当必须设在同一层面时，送风机的进风口与排烟风机的出风口应分开布置。竖向布置时，送风机的进风口应设置在排烟机出风口的下方，其两者边缘最小垂直距离不应小于3.0m；水平布置时，两者边缘最小水平距离不应小于10.0m。

第四，送风机应设置在专用机房内。该房间应采用耐火极限不低于2.0h的隔墙和1.5h的楼板及甲级防火门与其他部位隔开。

第五，当在送风机出风管或进风管上安装单向风阀或电动风阀时，应采取火灾时阀门自动开启的措施。

（11）加压送风口设置应符合下列要求：

第一，除直灌式送风方式外，楼梯间宜每隔2～3层设一个常开式百叶送风口；

第二，前室、合用前室应每层设一个常闭式加压送风口，并应设手动开启装置；

第三，送风口的风速不宜大于7m/s；

第四，送风口不宜设置在被门挡住的部位。

（12）送风井（管）道应采用不燃烧材料制作，且宜优先采用光滑井（管）道，不宜采用土建井道。当采用金属管道时，管道设计风速不应大于20m/s；当采用非金属材料管道时，管道设计风速不应大于15m/s；当采用土建井道时，管道设计风速不应大于10m/s。送风管道的厚度应按现行国家标准《通风与空调工程施工质量验收规范》（GB 50243-2002）的有关规定执行。

（13）机械加压送风管道宜设置在管道井内，且不应与其他管道共用管道井。未设置在管道井内的机械加压送风管，其耐火极限不应小于1.5h。

（14）管道井应采用耐火极限不小于1.0h的隔墙与相邻部位分隔，当墙上必须设置检修门时应采用乙级防火门。

8.5.6　机械排烟系统的设置要求

按照《建筑防烟排烟系统技术规范》的规定，机械排烟系统的设计应符合下列要求：

（1）机械排烟系统横向应对每个防火分区独立设置。

（2）一台排烟风机竖向可担负多个楼层的排烟，担负楼层的总高度不宜大于50m；当超过50m时，系统应设备用风机。

（3）建筑高度超过100m的高层建筑，排烟系统应竖向分段独立设置，且每段高度不应超过100m。

（4）排烟风机宜设置在排烟系统的顶部，烟气出口宜朝上，并应高于加压送风机和补风机的进风口，竖向布置时，送风机的进风口应设置在排烟机出风口的下方，其两者边缘最小垂直距离不应小于3.0m；水平布置时，两者边缘最小水平距离不应小于10.0m。

（5）排烟风机应设置在专用机房内，机房应采用耐火极限不低于2.0h的隔墙和1.5h的楼板及甲级防火门与其他部位隔开。当必须与其他风机合用机房时，应符合下列条件：

第一，机房内应设有自动喷水灭火系统；

第二，机房内不得设有用于机械加压送风的风机与管道；

第三，排烟风机与排烟管道上不宜设有软接管，当排烟风机及系统中设有软接头时，该软接头应能在280℃的环境下连续工作不少于30min。

（6）排烟风机可采用离心式或轴流排烟风机，且风机应满足280℃时连续工作30min的要求，排烟风机入口处应设置280℃能自动关闭的排烟防火阀，该阀应与排烟风机连锁，当该阀关闭时，排烟风机应能停止运转。

（7）排烟井（管）道应采用不燃材料制作，当采用金属风道时，管道设计风速不应大于20m/s；当采用非金属材料管道时，管道设计风速不应大于

15m/s；当采用土建风道时，管道设计风速不应大于10m/s；排烟管道的厚度应按现行国家标准《通风与空调工程施工质量验收规范》（GB 50243 - 2002）的有关规定执行。

（8）当吊顶内有可燃物时，吊顶内的排烟管道应采用不燃烧材料进行隔热，并应与可燃物保持不小于150mm的距离。

（9）排烟系统垂直风管应设置在管井内，且与垂直风管连接的水平风管交接处应设置280℃能自动关闭的排烟防火阀。

（10）当一个排烟系统负担多个防烟分区的排烟任务时，排烟支管处应设280℃能自动关闭的排烟防火阀。

（11）排烟管道井应采用耐火极限不小于1.0h的隔墙与相邻区域分隔；当墙上必须设置检修门时，应采用乙级防火门；排烟管道的耐火极限不应低于0.5h，当水平穿越两个及两个以上防火分区或排烟管道在走道的吊顶内时，其管道的耐火极限不应小于1.5h。

（12）排烟阀或排烟口的设置应符合下列要求：

第一，排烟口应设在防烟分区所形成的储烟仓内；

第二，走道、防烟分区不大于500m²的区域，其排烟口应设置在其净空高度的1/2以上，当设置在侧墙时，其最近的边缘与吊顶的距离不应大于0.5m；

第三，发生火灾时由火灾自动报警系统联动开启排烟区域的排烟阀或排烟口，应在现场设置手动开启装置；

第四，排烟口的设置宜使烟流方向与人员疏散方向相反，排烟口与附近安全出口相邻边缘之间的水平距离不应小于1.5m；

第五，每个排烟口的排烟量不应大于最大允许排烟量，最大允许排烟量应按照计算确定；

第六，排烟口的风速不宜大于10m/s。

（13）当排烟阀或排烟口设在吊顶内，通过吊顶上部空间进行排烟时，应符合下列规定：

第一，吊顶应采用不燃烧材料，且吊顶内不应有可燃物；

第二，封闭式吊顶的吊平顶上设置的烟气流入口的颈部烟气速度不宜大于1.5m/s；

第三，非封闭吊顶的吊顶开孔率不应小于吊顶净面积的25%，且排烟口应均匀布置。

（14）排烟系统与通风、空气调节系统宜分开设置。当合用时，应符合排烟系统的要求。

第九章　典型建筑火灾荷载基础数据

　　火灾荷载是衡量建筑物内所容纳可燃物数量多少的一个参数，是研究建筑火灾燃烧特性的基本要素。在建筑物发生火灾时，火灾荷载直接决定火灾持续时间的长短和室内温度的变化情况。火灾荷载是判断建筑物内火灾危险程度的依据，也是火灾模拟中设计火灾的重要内容。因此，典型建筑的火灾荷载基础数据是火灾风险评估的基础。本章将对国内外火灾荷载的调查现状进行介绍，详细阐述火灾荷载调查的抽样方法、样本量确定方法、建筑可燃物调查程序与方法，同时给出一些典型建筑火灾荷载调查结果。

9.1　国内外火灾荷载调查研究现状

　　由于火灾荷载在火灾场景设计、火灾风险评估等工作中的基础作用，国外在开展性能化防火设计的同时也对火灾荷载的调查做了大量工作。国际建筑研究会（CIB）1983 年的工作报告给出了商业建筑、车间、仓储和办公建筑等几种建筑火灾荷载密度的平均值及 80%、90%、95% 分位数，如表 9.1 所示。日本和加拿大的一些研究机构给出了不同类型和用途建筑的火灾荷载密度，供火灾设计时参考，如表 9.2 和表 9.3 所示。这些数据是我国目前性能化评估中设计火灾规模时参考的数据之一。

表 9.1　英国不同类型和用途建筑的火灾荷载密度

建筑类型和用途	火灾荷载密度平均值/MJ·m^{-2}	火灾荷载密度分位数/MJ·m^{-2}		
		80%	90%	95%
民居	780	870	920	970
医院	230	350	440	520
医院储藏室	2000	3000	3700	4400
医院病房	310	400	460	510
办公室	420	570	670	760
商店	600	900	1100	1300

（续表）

建筑类型和用途	火灾荷载密度平均值/MJ·m^{-2}	火灾荷载密度分位数/MJ·m^{-2}		
		80%	90%	95%
车间	300	470	590	720
车间和仓储[1]	1180	1800	2240	2690
图书馆	1500	2250	2550	–
学校	285	360	410	450

注1：所储藏可燃材料低于150kg/m²。

注2：该表所给出的火灾荷载密度是在假设可燃物完全燃烧条件下，但实际火灾中可燃物产生的热量比完全燃烧要低。

注3：该表所给出的值仅包括移动火灾荷载。如果有大量的可燃材料用于建筑构筑中，应该将这部分火灾荷载（固定火灾荷载）加入总火灾荷载值中。

表9.2 日本建筑物火灾荷载密度

建筑物用途	火灾荷载密度	
	一般情况/MJ·m^{-2}	通常最大值/MJ·m^{-2}
住宅建筑	644~662	1104
一般办公室	129~607	736
剧场舞台	–	1380
医院	276~552	552
旅馆住室	460~736	736
会议室、讲堂、观众席	368~644	644
设计室	552~2760	2208
教室	552~828	736
图书库	2760~9200	7360
图书室（设有书架）	1840~4600	4600
仓库	3680~18400	–
商场	–	1840~3680
体育馆存衣室	–	276
体育器材库	–	1840

表9.3 加拿大建筑物火灾荷载密度

建筑物用途	火灾荷载密度/MJ·m^{-2}
办事处	920
公寓	828
教室	552
病房	368

同时，国外的一些学者对火灾荷载调查做了很多工作。研究的方向包括火灾荷载调查方法、不同类型建筑（办公建筑、商业建筑、居住建筑等）火灾荷载相关参数等。

国内也有部分学者开展了火灾荷载调查工作，如周永基、廖曙江、陈淮、李天等，调查对象包括餐馆、大型商业建筑、住宅类建筑、宾馆等。但我国取得的火灾荷载数据还很有限，由于人力和物力有限，开展的火灾荷载调查只限于几种建筑类型，且集中于某一地理区域，调查的样本数量有限，从而不适用于全国。目前通常借鉴国外调查得到的数据。由于各国经济发展情况、生活习惯等方面的不同，导致火灾荷载有较大的差异。开展典型建筑火灾荷载调查并对调查得到的数据进行统计分析，对科学评估各类场所的火灾风险，提出降低火灾风险措施和风险管理方案等具有重要意义。

9.2 建筑火灾荷载调查抽样方法及样本量确定方法

进行建筑火灾荷载调查，首先要明确研究对象。火灾荷载调查对象的全体称为总体，如对某城市宾馆进行火灾荷载调查，则该城市所有宾馆为总体。总体的分布一般是未知的，所以，首先要对总体进行抽样，以获取总体的有关信息——样本，再利用这些信息对总体进行分析。对于如何选取样本这个问题，经过人们不断的尝试、试验，渐渐地就有了"抽样论"、"试验设计"的发展。1895年，Kiaer在国际统计学（ISI）中最早提出了"代表性抽样"的概念，后来通过Neyman、Hansen和Mahalanobis等人的杰出贡献，抽样调查的理论与方法在过去的一百多年间，已经取得了很大发展。从概率抽样方法的发展和完善到收集信息与控制误差方面日益复杂的方法的应用，抽样调查已经取得了很大的进步。特别是近几十年来，在实践中实施的大型调查所涌现出的关于抽样设计和数据分析的难题，更是推动了理论研究的发展。

结合建筑火灾荷载调查的特点，下面对抽样调查理论及抽样调查方法进行介绍，同时探讨火灾荷载调查中的样本量确定方法。

9.2.1 建筑火灾荷载调查抽样方法

（1）基本概念。

①抽样调查。它是一种非全面调查，是从全部调查研究对象中抽选一部分单位进行调查，并据此对全部调查研究对象作出估计和推断的一种调查方法。

②总体与样本。总体是我们所研究（调查）对象的全体。例如，对某城市商业建筑进行火灾荷载调查，则该城市所有商业建筑为总体。调查的目的是为了得到有关这个总体的某些数据，如火灾荷载、火灾荷载密度、方差等。这些有关总体的指标就是调查的目标量。如果进行一次对全国商业建筑的普查，对每栋商业建筑都进行有关指标的调查，就可以获得这些总体目标量的数据，当然这实际上是很难做到的，为此，我们按某种方法只从总体中抽取一部分进行调查，这一部分商业建筑就构成样本。根据这些样本数据就可以对总体目标量进行估计。

③概率抽样。抽取样本是抽样调查中的一个重要方法。最常用且最科学的方法是进行概率抽样，也称随机抽样。其优点是能保证样本的代表性，避免人为的误差，而且它可以对抽样误差进行估计，从而可以获得估计的精度。为了抽样便利，使概率抽样能够实施，通常将总体划分成互不重叠且又穷尽的若干个部分，每个部分称为一个抽样单元。

④非概率抽样。调查者根据自己的方便或主观判断抽取样本的方法。这种方法不是严格按照随机抽样原则抽取样本，所以失去了大数定律的存在基础，也就无法确定抽样误差，无法正确地说明样本的统计值在多大程度上适合于总体。虽然根据样本调查的结果也可以在一定程度上说明总体的性质、特征，但不能从数量上推断总体。

⑤误差与精度。抽样调查中有两类误差：一类是由于调查中获得的原始数据不正确，抽样框有缺陷，或在调查中由于种种原因无法得到方案的全部样本数据等，这类误差统称为非抽样误差；另一类误差是由于抽样引起的，即用样本估计总体所产生的误差，称为抽样误差。抽样误差通常用估计量的均方误差、标准差（或方差）等来表示。抽样误差越小，调查的精度就越高，精度的另一种表示方法是给出总体目标量的置信区间，即以一定的置信度（也用概率表示，如95%）表示总体目标量落在一定的范围内。在相同的置信度下，置信区间长度愈短，精度就愈高。

（2）抽样调查的特点。

抽样调查的本质特点是以部分来说明或代表总体。它是按照科学的原理计算的，从若干单位组成的事物总体中，抽取部分样本单位来进行调查、观察，用所得到的调查数据代表总体，推断总体。抽样调查有以下优点：

①经济性好，实效性强，适应面广，准确性高；

②调查单位少，代表性强，所需调查人员少；

③抽选的调查样本数量是经过科学计算确定的，有可靠的保证；

④抽样调查的误差，是在调查前就根据调查样本数量和总体中各单位之间的差异程度进行计算的，并控制在允许范围以内，调查结果的准确程度较高。

（3）基本的抽样方法。

①概率抽样方法。

一是简单随机抽样。总体中的每个抽样单元被抽出的概率相等，从总体中无放回的抽取抽样单元构成样本。简单随机抽样是系统抽样和分层抽样不可或缺的基础，如何实施简单随机抽样有两种常用方法：抽签法和随机数表法。用抽签法抽取样本过程中，每一个个体被抽到的机会是均等的，这也是一个样本是否具有良好的代表性的关键前提。没有每个个体机会均等，就没有样本的公平性和合理性。同抽签法抽取样本一样，在用随机数表法抽取样本的过程中，关键也是要保证每一个剩余个体被抽到的机会是均等的，这就要求：随机数表的确是随机产生的，不含人为因素在内；在选择随机数表中的开始位置和方向时，也要保证随机性，如果看过随机数表后再使用，所抽取的样本就失去了公平性，也就没有实际意义了。

对于简单随机抽样需要注意：第一，它是不放回抽样；第二，它是逐个地进行抽取；第三，它是一种个体机会均等的抽样；第四，它适用于总体中个体数不多的情况。就建筑火灾荷载调查来说，本方法适用于结构和功能差异程度较小的建筑物或单元。

二是系统抽样。将总体中的 N 个抽样单元按一定顺序排列，从前 k 个中随机抽出一个抽样单元作为第一个入样单位，然后每间隔 k 抽出其他样本单元，得到容量为 n 的样本，其中 k 是最接近 $\dfrac{N}{n}$ 的整数。

从总体中抽取一个样本来估计总体，样本的抽取是否公平合理固然重要，样本抽取的方法是否经济可行也是十分重要的。面对容量很大的总体，抽取的样本容量显然不可太小，此时采用简单随机抽样是不经济的、不可行的，这种情况下采用系统抽样也就更为合理了。系统抽样以简单随机抽样为基础，通过将容量很大的总体分组，只需在某一个组内用简单随机抽样方式来抽取一个个体，然后在一定规则下就能抽取出全部样本，在保证公平客观的前提下简化抽样过程。

对于系统抽样需要注意：第一，系统抽样适用于总体中个体数较多的情况，它与简单随机抽样的联系在于将总体均分后的每一部分进行抽样时，采用的是简单随机抽样。第二，与简单随机抽样一样，系统抽样是等可能抽样，它是客观的、公平的。第三，总体中的个体数恰好能被样本容量整除时，可用它们的比值作为系统抽样的间隔；当总体中的个体数不能被样本容量整除时，可用简单随机抽样先从总体中剔除少量个体，使剩下的个体数能被样本容量整除再进行系统抽样。就建筑火灾荷载调查来说，本方法适用于样本量较大，结构和功能差异程度较小的建筑物或单元。

三是分层简单随机抽样。将总体单元按其属性特征分成若干层（类型），然后在层（类型）中随机抽取样本单元。本方法适用于结构和功能差异较大的建筑物或单元。

分层简单随机抽样同样是以简单随机抽样为基础的一种抽样方式，对于容量较大、个体差异不明显的总体通常采用系统抽样方法，但对于许多容量较大、个体差异较大且明显分成几部分的总体，系统抽样虽然能保证公平性和客观性，但样本还是不具有良好的代表性，这时就要考虑用分层抽样的方法来抽取样本。

对于分层抽样需要注意：第一，分层抽样适用于总体由差异比较明显的几个部分组成的情况，是等可能抽样，它也是客观的、公平的；第二，分层抽样是建立在简单随机抽样或系统抽样的基础上的，由于它充分利用了已知信息，使样本具有较好的代表性，而且在各层抽样时可以根据情况采用不同的抽样方法，因此，在实践中有着非常广泛的应用。就建筑火灾荷载调查来说，本方法适用于结构和功能差异较大的建筑物或单元。

四是目录抽样。对数量虽少但地位重要的抽样单元进行普查，而对数量众多的其他单元进行抽样调查。例如，对某城市商场进行火灾荷载调查，应对该城市客流量大、具有较大影响的商场进行普查，对其他商场进行抽样调查。

②非概率抽样方法。

一是判断抽样。依据调查目的和对调查对象的了解，基于常识或专业判断，合理选取样本。适用于对火灾荷载调查工作十分熟悉，对总体有关特征深入了解，总体边界无法确定或人力、物力有限时。

二是方便抽样。依据方便原则抽取样本，可最大限度地降低调查成本。常用于初期评估或探索性研究。

三是配额抽样。将总体中的抽样单元按一定标准划分为若干层，将样本容量的数额分配到各层，然后选用方便抽样或判断抽样从各层中抽取对应配额数的抽样单元构成样本。

9.2.2　样本量确定方法

样本量的确定方法在统计学中有相应的理论基础。一般情况下，确定样本量需要考虑调查的目的、性质和精度要求，以及实际操作的可行性、经费承受能力等。实际上确定样本量大小是比较复杂的问题，既要有定性的考虑，也要有定量的考虑；从定性的方面考虑，火灾荷载调查的重要性与性质、数据分析的性质、抽样方法等都决定样本量的大小。但这只能原则上确定样本量大小，具体确定样本量还需要从定量的角度考虑。

从定量的方面考虑，有具体的统计学公式，不同的抽样方法有不同的公式。归纳起来，样本量的大小主要取决于：

第一，研究对象火灾荷载的变化程度，即变异程度；

第二，要求和允许的误差大小，即精度要求；

第三，要求推断的置信度，一般情况下，置信度不宜低于85%；

第四，总体的大小；

第五，抽样的方法。

也就是说，研究的问题越复杂，差异越大时，样本量要求越大；要求的精度越高，可推断性要求越高时，样本量也越大；同时，总体越大，样本量也相对越大，但是，增大呈现出一定对数特征，而不是线性关系；同时抽样调查方法的复杂程度决定其样本量大小。

根据文献调研，确定样本量的基本方法较多，但公式检验表明，当误差和置信区间一定时，不同的计算公式计算出来的样本量是十分相近的，所以可使用简单随机抽样计算样本量的公式去近似估计其他抽样方法的样本量，这样可以更加快捷方便。

简单随机抽样样本量的确定方法，分为两种情况：

（1）当总体容量 N 和总体标准差 σ 已知时，根据给定的最大允许误差 d 和置信水平 $(1-\alpha)$，简单随机抽样样本量 n 计算公式为：

$$n = \frac{(\dfrac{z_{\alpha/2} \times \sigma}{d})^2}{1 + \dfrac{(\dfrac{z_{\alpha/2} \times \sigma}{d})^2}{N}} \tag{9.1}$$

几个常用的置信水平 $(1-\alpha)$ 对应的双侧分位点 $z_{\alpha/2}$ 如表9.4所示。一般情况下，置信度不宜低于85%。

表9.4　常用置信水平和对应的双侧分位点

置信水平	显著性水平 α	$z_{\alpha/2}$
80%	0.20	1.28
85%	0.15	1.44
90%	0.10	1.64
95%	0.05	1.96
99%	0.01	2.57

（2）当总体标准差 σ 未知时，采用两次抽样法确定样本量。

第一次一般先抽取 n_1（$n_1 \geqslant 20$）个抽样单元构成一个初始样本 X_1，X_2，$\cdots$，X_{n_1}，然后计算初始样本的样本均值 $\bar{X}$：

$$\bar{X} = \frac{1}{n_1} \sum_{i=1}^{n_1} X_i \tag{9.2}$$

样本标准差 S：

$$S = \sqrt{S^2} = \sqrt{\frac{1}{n_1 - 1} \sum_{i=1}^{n_1} (X_i - \bar{X})^2} \tag{9.3}$$

用 S 估计总体标准差 σ，根据给定的最大允许误差 d 和置信水平（$1 - \alpha$），确定样本量 n 的计算公式：

$$n = \left(\frac{z_{\alpha/2} \times \sigma}{d} \right)^2 \left(1 + \frac{2}{n_1} \right) \tag{9.4}$$

第二次再抽取 $n - n_1$ 个抽样单元，与第一次抽取的 n_1 个抽样单元一起构成容量为 n 的样本。

其他概率抽样方法样本量的确定方法可参照简单随机抽样样本量的确定方法执行，而非概率抽样方法样本量基于调查目的和专业判断合理确定。

9.3　建筑可燃物调查的程序和方法

9.3.1　建筑可燃物的调查程序

火灾荷载，是指建筑物或其单元内的所有可燃物完全燃烧释放出的总热量，单位一般采用兆焦耳（MJ）。建筑火灾荷载调查其实质是对建筑内可燃物的调查。一般要求调查人员具有一定的专业知识，熟悉调查程序和方法，这样可以减少调查过程中的人为误差。建议调查过程中采用统一的表格，可参照表9.5制定。

表9.5　建筑可燃物调查记录表

建筑物名称：　　　　　地址：　　　　　调查人员：
建筑类型：　　　　　用途：　　　　　日　期：

| 单元名称：　　　单元长度（m）：　　　单元宽度（m）：　　　平面简图： |
| 单元类型：　　　单元高度（m）：　　　总面积（m²）： |

固定可燃物名称	类型	数量	质量（kg）	尺寸（m）	备注

移动可燃物名称	类型	数量	质量（kg）	尺寸（m）	备注

同时，为了满足实地调查的需要，需使用必要的工具。实地调查工具一般应包括数码相机、电子秤、激光测距仪、卷尺等。数码相机用于采集调查建筑内可燃物的布置方式。电子秤用于可燃物的称重，激光测距仪和卷尺用于单元、可燃物及门窗洞口尺寸的测量。

在进行实地调查时，建议按照一定的程序进行，推荐使用以下程序：

（1）记录建筑物的名称、地址、类型、用途和调查时间。

（2）测量并记录单元尺寸，并绘制单元平面简图。

（3）确定固定可燃物的名称、数量和材料类型，测量并记录固定可燃物的质量、尺寸等相关参数。

（4）确定移动可燃物的名称、数量和材料类型，测量并记录移动可燃物的质量、尺寸等相关参数。

9.3.2　建筑可燃物的调查方法

从公开发表的建筑火灾荷载调查相关文献来看，普遍使用的调查方法有直接称重法、间接测量法和问卷调查法。

（1）直接称重法。利用称重工具直接测得可燃物质量，适用于易于称重的物件，如玩具、书本等。

（2）间接测量法。通过测量可燃物尺寸确定其质量，适用于不便于直接称重的物件，如地毯、吊顶等。

（3）问卷调查法。通过发放调查问卷收集可燃物的数量、质量和堆放方式等信息，适用于调查人员不便直接进入的建筑，如住宅、医院等。

（4）其他调查方法。通过其他方法获得单元内部可燃物参数，如根据设计图纸获得可燃物相关数据，以计算现场难以测量的固定可燃物总热值。

实际调查结果表明，每种调查方法都存在误差。直接称重法利用称重工具直接测得可燃物质量，其误差产生于估计较重及固定可燃物时，对重量的估计主要依靠对一些可燃物的预先称重；间接测量法要求调查者进入建筑内记录所有调查单元内可燃物的属性和尺寸参数，这种方法的误差产生原因主要在于对不规则形状可燃物尺寸的估计；问卷调查法由于没有火灾荷载调查者的监督，在调查单元尺寸的测量以及可燃物种类的确定方面可能存在误差。实际建筑的可燃物荷载调查，往往是多种方法的组合。

9.4 宾馆类建筑火灾荷载调查与数据统计分析

9.4.1 宾馆建筑的火灾危险性

宾馆是供旅客住宿、就餐、举行各种会议、宴会的场所。现代化的宾馆一般都具有多功能、综合性的特点，集餐厅、咖啡厅、展览厅、会堂、客房、办公室和库房、洗衣房、锅炉房、停车场等辅助用房为一体。使用功能复杂，装修豪华，人员集中，加之消防安全意识淡薄，致使近几年来重特大火灾频频光顾这些场所。

（1）装饰装修标准高，使用可燃物多。宾馆虽然大多采用钢筋混凝土结构或钢结构，但大量的装饰、装修材料和家具、陈设都采用木材、塑料和棉、麻、丝、毛以及其他可燃材料，增加了建筑内的火灾荷载。一旦发生火灾，大量的可燃材料将猛烈燃烧，导致火灾蔓延迅速；大多数可燃材料在燃烧时还会产生有毒烟气，给疏散和扑救带来困难，危及人身安全。

（2）建筑结构易产生烟囱效应。现代的宾馆，很多都是高层建筑，楼梯间、电梯井、电缆井、垃圾道等竖井林立，如同一座座大烟囱；还有通风管道纵横交错，延伸到建筑的各个角落，一旦发生火灾极易产生烟囱效应，使火焰沿着竖井和通风管道迅速蔓延、扩大，进而危及全楼。

（3）疏散困难，易造成重大伤亡。宾馆是人员比较集中的地方，且大多数是暂住的旅客，流动性很大。他们对建筑内的环境、疏散设施不熟悉，加之发生火灾时，烟雾弥漫，心情紧张，极易迷失方向，拥塞在通道上，造成秩序混乱，给疏散和施救工作带来困难，因此往往造成重大伤亡。

（4）导致火灾的因素多。宾馆用火、用电、用气设备点多且量大，如果疏于管理或员工违章作业极易引发火灾；加之住店客人消防安全意识不强，乱拉电线、随意用火、卧床吸烟等也是造成火灾的常见现象，因此，宾馆、饭店的消防管理十分重要，预防火灾的任务相当繁重。

9.4.2　调查内容

中国人民武装警察部队学院"十二五"科技支撑计划项目"高大综合性建筑和大型地下空间火灾荷载数据库研建"课题组利用 2010 年 6 月到 2010 年 9 月对北京的宾馆建筑进行了火灾荷载调查。调查采用简单随机抽样方法，涉及宾馆建筑的使用年限从 4 个月到 60 年，楼层数从 2 层到 30 层，大部分为高层建筑。参照《旅游饭店星级的划分与评定》（GB/T 14308 – 2003）的相关条款，将宾馆按建筑设备、饭店规模、服务质量和管理水平划分为低、中、高三档宾馆：

①低档宾馆指招待所和旅馆，这类客房面积较小，内部基本没有装修，顶棚和墙体材料多为石膏，地板材料为水泥或者瓷砖。家具设备简单，主要为床、床头柜、椅子、电视机柜、小尺寸 CRT 电视机或液晶电视、风扇或空调等。

②中档宾馆指三星级及以下，包括经济型连锁酒店，带有餐厅、会议室等综合服务设施。房间内部装修良好，多采用木材、塑料、棉、麻、丝、毛以及其他纤维制品和化学合成材料。墙面一般铺有壁纸或墙布，地板采用地毯、木地板或其他中高档材料。家具设备主要有床、床头柜、床尾柜（电视机柜）、电视机、软垫椅或简易沙发、空调、饮水机等。

③高档宾馆指四星级、五星级以及假日商务酒店。采用高级装修材料，装修豪华，配有中央空调系统，综合服务设施完善，包括各式各样的中西式餐厅，较大规模的宴会厅、会议厅、歌舞娱乐场所等。客房墙面铺有壁纸、墙布或软包，室内铺满高级地毯，或为优质木地板或其他高档地面材料。家具设备齐全，具备床、床头柜、床尾柜、茶几、写字台、沙发、软垫椅子、大尺寸电视机（液晶）、酒柜、衣橱及衣架、落地灯、行李架、吧台、迷你冰箱等高级配套家具。

9.4.3　调查方法

宾馆建筑的一个主要特点是同一宾馆客房内的装修、家具类型及摆设基本相同，这个特点使得宾馆建筑区别于其他建筑，如办公建筑、居住建筑、学校和医院。因此，调查只要选择典型房间类型即可，由此可以代表其他家具摆设相似的客房。

鉴于时间和精力，仅对火灾发生频率较高的客房进行调查研究，其他场所如走道、楼梯、储藏室、办公区域、餐厅和娱乐区域没有涉及。并将房间类型按照功能和结构划分为单人间、标准间、三人间（家庭间）和商务间，如图 9.1 所示。其中，单人间为一张床，常见尺寸为 1.2m×1.8m 或 1.5m×2.0m；标准间为两张床，常见尺寸为 1.5m×2.0m 或 1.8m×2.1m；三人间，也称家庭间，一般有三张床，常见尺寸为 1.2m×1.8m；商务间为一到两张床，常见尺寸为 1.2m×1.8m 或 1.5m×2.0m，面向出差办公人员，配有电脑以及用于会晤的客厅，家具设备相对齐全。

(a) 单人间　　　　　　　　　　　(b) 标准间

(c) 三人间　　　　　　　　　　　(d) 商务间

图 9.1　宾馆客房全景图

为了使调查过程更容易操作和进行，调查分两方面：一是先对多家宾馆进行调研，并结合网络资源，确定一般宾馆客房内常见的家具类型。到专门生产制作宾馆家具的家具厂和家具城，对小件家具进行直接称重，对大件家具进行间接测量。按照材料构成分类并进行统计分析，得到共计 40 件宾馆客房典型家具类型信息表，表中给出了家具类型名称、相对质量（大中小）以及不同可燃物组分所占比例（木材、塑料、纺织物和其他），为火灾荷载调查和系统设计提供参考数据。二是对北京高、中、低三类宾馆进行实地调查，得到了房间几何尺寸、通风开口、可燃物分布等相关火灾荷载数据。

9.4.4　调查数据统计分析

本次调查对北京市高、中、低三类宾馆做了详细的记录和统计，共计211家宾馆，其中低档16家，中档145家，高档50家。为了使火灾荷载调查工作合理简化，假设：第一，所有可燃物都能起火；第二，所有可燃物都能完全燃烧；第三，调查过程中不考虑住客的行李，即临时荷载；第四，地板面积不包括厕所面积；第五，对家具信息表中没有涉及的其他可燃物，在计算火灾荷载值的基础上增加5%。

（1）房间地板面积和窗户面积。表9.6～表9.8分别给出了三类宾馆各房间类型的地板面积和窗户面积，可见低档宾馆房间的地板面积和窗户面积最小，均值分别为11.8m² 和1.1m²；高档宾馆的地板面积和窗户面积最大，均值分别为33m² 和3.8m²。表9.9给出了所有宾馆各房间类型的统计结果，可以看出，单人间的地板面积和窗户面积最小，商务间的最大。

表9.6　低档宾馆房间地板面积和窗户面积

房间类型	样本数	房间的地板面积（m²）				房间的窗户面积（m²）			
		最小值	最大值	平均值	标准差	最小值	最大值	平均值	标准差
单人间	135	6	12	8.5	1.5	0.4	1.5	0.8	0.2
标准间	328	9.5	14	12	1.4	0.4	1.8	1.2	0.3
三人间	79	11.5	18	14.5	1.8	0.5	2.2	1.5	0.3
总计	542	6	18	11.8	2.9	0.4	2.2	1.1	0.4

表9.7　中档宾馆房间地板面积和窗户面积

房间类型	样本数	房间的地板面积（m²）				房间的窗户面积（m²）			
		最小值	最大值	平均值	标准差	最小值	最大值	平均值	标准差
单人间	2043	9	32	16.5	3.5	0.5	3.5	2.5	0.9
标准间	5861	10.5	35	20	4.2	0.5	5.0	3.0	1.0
三人间	334	16	36	23.6	4.7	1.0	6	3.2	1.1
商务间	1488	16	64	32	10.8	1.2	10.5	4.5	1.5
总计	9726	6	64	21.6	8.3	0.4	10.5	2.8	1.4

表9.8　高档宾馆房间地板面积和窗户面积

房间类型	样本数	房间的地板面积（m²）				房间的窗户面积（m²）			
		最小值	最大值	平均值	标准差	最小值	最大值	平均值	标准差
单人间	1022	15	32	22	4.3	1.2	8	3.2	1.8
标准间	4244	18	42	28	5.5	1.5	9.5	3.6	1.9
三人间	213	22	48	36.8	5.8	1.5	12	4.2	2.3
商务间	1205	24	75	48	14	1.5	16	6	2.5
总计	6684	15	75	33	13.5	1.2	16	3.8	2.2

表9.9　所有宾馆房间地板面积和窗户面积

房间类型	样本数	房间的地板面积（m²）				房间的窗户面积（m²）			
		最小值	最大值	平均值	标准差	最小值	最大值	平均值	标准差
单人间	3200	6	32	17	4.9	0.1	8	2.1	0.6
标准间	10433	10	42	21	6.2	0.2	9.5	3.2	0.9
三人间	626	11.5	48	26	7.2	0.5	12	3.6	1.6
商务间	2693	16	75	36	4.5	0.6	16	5.6	1.8

　　图9.2～9.4分别给出了低档、中档和高档宾馆房间地板面积和窗户面积的频数分布图。各房间类型的地板面积频数分布如图9.5所示。

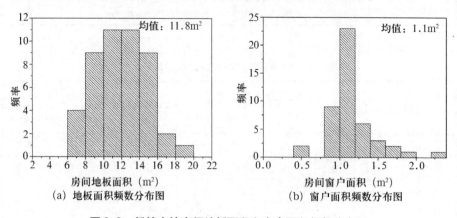

（a）地板面积频数分布图　　　　（b）窗户面积频数分布图

图9.2　低档宾馆房间地板面积和窗户面积频数分布图

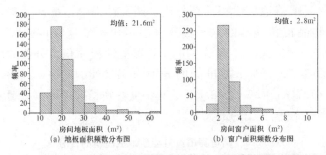

图9.3 中档宾馆房间地板面积和窗户面积频数分布图

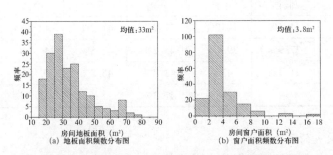

图9.4 高档宾馆房间地板面积和窗户面积频数分布图

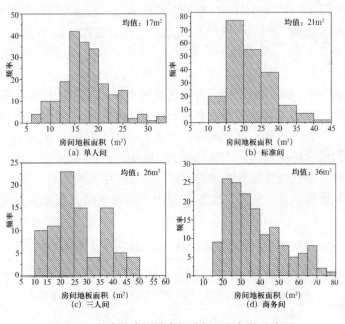

图9.5 各房间类型的房间地板面积频数分布图

（2）家具覆盖地板面积的百分比。调查过程中，统计了家具、电器和其他可移动物品覆盖地板的水平面积，但不包括地毯在内，调查结果如表9.10所示。在三类宾馆中，单人间的家具覆盖地板面积百分数的均值分别为34.6%、36.5%、37.9%；标准间的分别为37.9%、39.1%、43.2%；三人间的分别为41.7%、42%、43.8%。其中低档宾馆客房的家具覆盖地板面积的百分数最小，高档宾馆的最大。

表9.10　调查宾馆家具覆盖地板面积的百分比

房间类型	平均值（%）			95th分位数（%）		
	低档	中档	高档	低档	中档	高档
单人间	34.6%	36.5%	37.9%	41.2%	42.3%	41.4%
标准间	37.9%	39.1%	43.2%	42.5%	45.2%	48.7%
三人间	41.7%	42%	43.8%	46.8%	47.6%	48.2%
商务间	—	40.6%	47.3%	—	42.7%	51.9%

（3）火灾荷载密度。

①移动火灾荷载密度和总火灾荷载密度值。所有宾馆的移动火灾荷载密度和总火灾荷载密度值如表9.11所示。三类宾馆的移动火灾荷载密度均值分别为364.7MJ/m²、342.5MJ/m²和387.6MJ/m²，总火灾荷载密度均值分别为458.7 MJ/m²、516.3MJ/m²和562.8MJ/m²，随着宾馆装修水平的提高，呈逐渐增大趋势。

其中，低档宾馆客房的地板面积小，均值为11.8m²，室内家具摆设相对集中，体积较小，从而导致移动火灾荷载密度较大。但低档宾馆房间内部基本没有装修，顶棚和墙壁多为石膏材料，地板多为瓷砖或水泥，固定火灾荷载较小，主要为门窗的木制框架等，因此，火灾总荷载密度较小。中、高档宾馆的房间地板面积较大，均值分别为21.5m²和33m²，铺有地毯或者木地板，墙壁贴有墙纸或软包，家具类型较多，且采用大量木材、塑料和棉、麻、丝、毛及其他化学合成材料，增加了室内火灾荷载值，因此，总火灾荷载密度较大。

表9.11　宾馆移动火灾荷载密度值和总火灾荷载密度值

宾馆	移动火灾荷载密度（MJ/m²）			总火灾荷载密度（MJ/m²）		
	低档宾馆	中档宾馆	高档宾馆	低档宾馆	中档宾馆	高档宾馆
最小值	244.3	297.8	278.3	310	358	346.2

（续表）

宾馆	移动火灾荷载密度（MJ/m²）			总火灾荷载密度（MJ/m²）		
	低档宾馆	中档宾馆	高档宾馆	低档宾馆	中档宾馆	高档宾馆
最大值	542.8	486.6	513.1	615.3	718	763
平均值	364.7	342.5	387.6	458.7	516.3	562.8
95th分位数	438.7	469.5	492.6	593.6	695	712.5
标准差	42	78	59	38	102	91

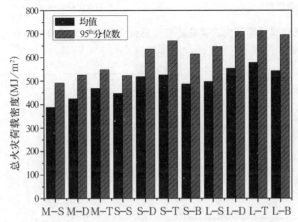

M–S：低档单人间；M–D：低档标准间；M–T：低档三人间

S–S：中档单人间；S–D：中档标准间；S–T：中档三人间；S–B：中档商务间

L–S：高档单人间；L–D：高档标准间；L–T：高档三人间；L–B：高档商务间

图9.6　所有宾馆的总火灾荷载密度均值和95th分位数比较

图9.6给出了三类宾馆不同房间类型总火灾荷载密度的均值和95th分位数的对比情况，从图中可以看出随着宾馆档次的升高，总火灾荷载密度的均值和95th分位数逐渐增大。高档宾馆三人间的总火灾荷载密度均值和95th分位数最大，分别为578 MJ/m²和713 MJ/m²。

②火灾荷载密度频率直方图。图9.7～9.9分别给出了低档宾馆、中档宾馆和高档宾馆的移动火灾荷载密度和总火灾荷载密度频率分布直方图。图9.10～9.14给出了各房间类型总火火荷载密度的频率分布直方图。从图中可以看出火灾荷载密度的分布不仅与宾馆档次有关，还和房间类型相关。

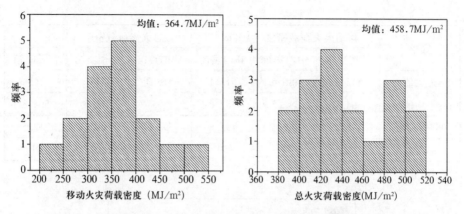

图9.7　低档宾馆移动火灾荷载密度和总火灾荷载密度频率分布直方图

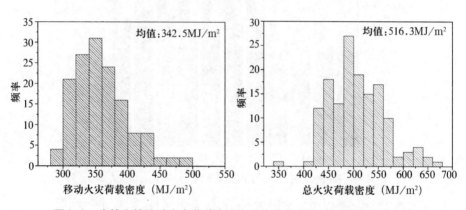

图9.8　中档宾馆移动火灾荷载密度和总火灾荷载密度频率分布直方图

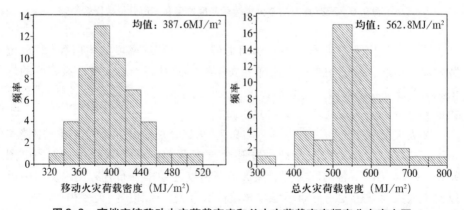

图9.9　高档宾馆移动火灾荷载密度和总火灾荷载密度频率分布直方图

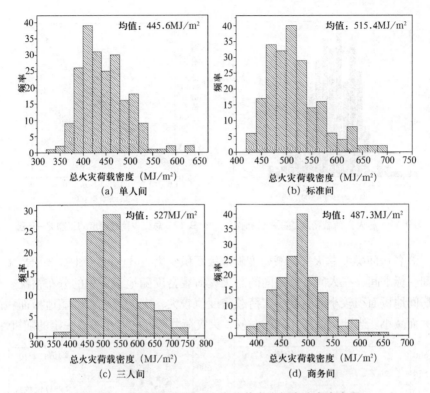

图 9.10　各房间类型的总火灾荷载密度频率分布直方图

　　对所有 211 家宾馆的总火灾荷载密度进行统计分析，得到了总火灾荷载密度的频率分布图，如图 9.11 所示。图中以 20MJ/m² 作为一个步长，对每个区间的样本数进行统计。总体火灾荷载密度均值为 516MJ/m²，最大值为 763MJ/m²，最小值为 310MJ/m²，标准偏差为 98MJ/m²。为了验证调查样本是否服从正态分布，利用 SPSS 分析软件进行了 K-S 检验，该方法能够利用样本数据推断样本来自的总体是否与某一理论分布有显著差异，是一种拟合优度的检验方法。单样本 K-S 检验的零假设是，样本分布与假设的正态分布无显著差异。取显著性水平 α 为 0.05，如果计算出来的概率 P 小于显著性水平，则拒绝零假设，认为样本分布与正态分布有显著差异；否则，认为服从正态分布。经 SPSS 分析计算，得到概率 P=0.733 > α =0.05。因此，认为样本服从正态分布。

　　此外，利用 SPSS 中的 P-P 图还可以从直观上判断实际分布是否与期望分布具有显著性差异。图 9.12 给出了实际样本数据与标准正态分布的显著性差异比较。从图中可以看出，数据点几乎都落在了对角线上，说明实际累计概率和期望累计概率能够较好地吻合，从而可以直观判断样本总体符合正态分布。

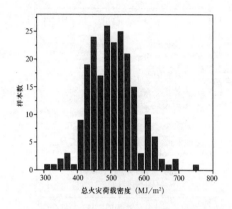

图9.11　总火灾荷载密度的频率分布图　　9.12　总火灾荷载密度的正态 P－P 图

③各房间类型总火灾荷载密度随地板面积变化的散点图。图9.13给出了单人间、标准间、三人间、商务间的总火灾荷载密度随地板面积的分布情况。可见房间地板面积较小的时候火灾荷载密度值较大，火灾荷载密度随地板面积的增大而减小。当地板面积相同的时候，火灾荷载密度的变化具有一定的随机性。

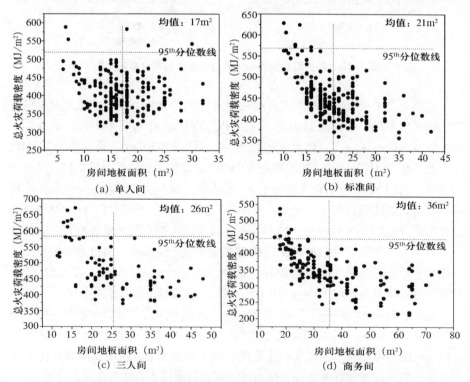

图9.13　各房间类型的总火灾荷载密度随地板面积变化散点图

④移动火灾荷载密度中的可燃物组分。将宾馆客房的可燃物划分为四类：木材和纸张、纺织物、塑料和其他。木材和纸张包括木制家具、书籍和报纸以及软垫家具中的木质框架等；纺织物包括各类棉、毛、化纤等织物，主要来自床上用品、软垫家具的表面材料；塑料包括家用电器塑料和软垫家具中的聚氨酯泡沫 PUF；其他是以皮革为主的材料。统计分析结果如表 9.12 所示。

表 9.12　可燃物组分在移动火灾荷载密度中的统计分析

房间类型			木材和纸张（MJ/m^2）	纺织物（MJ/m^2）	塑料（MJ/m^2）	其他（MJ/m^2）	总值
低档	单人间	平均值	228.5	19.6	89.4	1.0	338.5
		95th	314.7	28.5	122	2.7	451.7
		荷载%	67.5%	5.8%	26.4%	0.3 %	100.0
	标准间	平均值	257	25.1	101.6	2.7	386.4
		95th	316.2	37.5	177.3	5.4	488.2
		荷载%	66.5 %	6.5%	26.3%	0.7%	100.0
	三人间	平均值	282.7	26.2	104.3	2.5	415.7
		95th	330.5	38.4	165.2	7.6	526.3
		荷载%	68.0%	6.3 %	25.1%	0.6%	100.0
中档	单人间	平均值	215.5	12.2	68.7	1.2	297.6
		95th	286.4	24.3	101.7	6.5	422.5
		荷载%	72.4%	4.1%	23.1%	0.4%	100.0
	标准间	平均值	220.3	13.1	77.5	1.6	312.5
		95th	304.6	25.8	119.5	4.5	465
		荷载%	70.5 %	4.2%	24.8%	0.5%	100.0
	三人间	平均值	234.9	18.9	100.6	2.5	357
		95th	313.2	33.5	142.4	7	489.2
		荷载%	65.8%	5.3%	28.2%	0.7%	100.0
	商务间	平均值	260.7	22.7	93.5	1.5	378.4
		95th	319.4	39.6	122	5	466.3
		荷载%	68.9%	6.0 %	24.7%	0.4%	100.0
高档	单人间	平均值	261.4	15.2	84.7	0.7	362
		95th	312	28.5	116.4	4.8	458.5
		荷载%	72.2%	4.2%	23.4%	0.2%	100.0
	标准间	平均值	272.2	19.6	91.5	1.2	384.5
		95th	331.4	27.9	120	5.6	472
		荷载%	70.8%	5.1%	23.8%	0.3%	100.0

（续表）

房间类型			木材和纸张 （MJ/m²）	纺织物 （MJ/m²）	塑料 （MJ/m²）	其他 （MJ/m²）	总值
高档	三人间	平均值	283	22.2	104.6	2.1	412
		95th	342.5	31.8	165	7.5	525.7
		荷载%	68.7%	5.4%	25.4%	0.5%	100.0
	商务间	平均值	271.4	20	86.4	1.1	379
		95th	340.6	45.4	127.8	6	495.6
		荷载%	71.6 %	5.3%	22.8 %	0.3%	100.0

　　图 9.14~9.16 为高、中、低三类宾馆的移动火灾荷载密度中各可燃物组分的均值和 95th 分位数分布图。

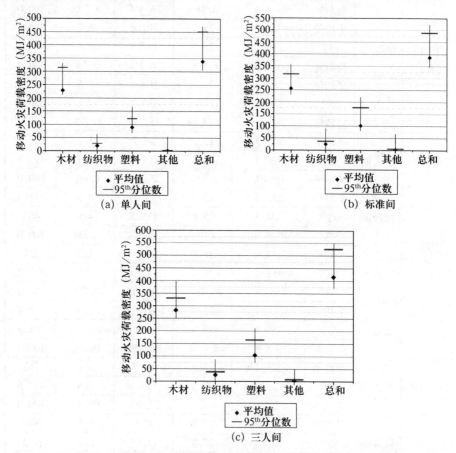

图 9.14　低档宾馆各房间类型移动火灾荷载密度的可燃物组分图

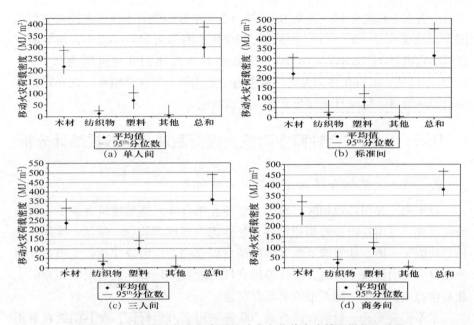

图 9.15　中档宾馆各房间类型移动火灾荷载密度的可燃物组分图

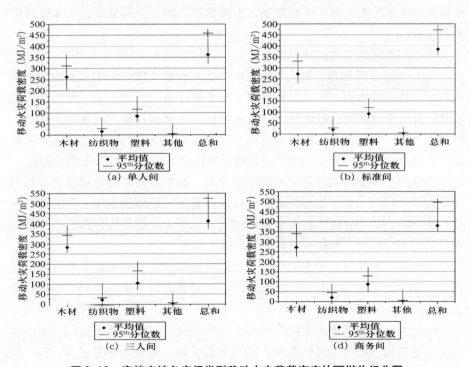

图 9.16　高档宾馆各房间类型移动火灾荷载密度的可燃物组分图

由表 9.7 和图 9.14 ~ 图 9.16 可知，在宾馆客房中，木材所占比例变化范围为 65.8% ~ 72.4%，纺织物所占比例变化范围为 4.1% ~ 6.5%，塑料所占比例变化范围为 22.8% ~ 28.2%，其他材料所占比例变化范围为 0.2% ~ 0.7%。可见，木材在移动火灾荷载中占主要比例，其次是塑料，这和宾馆客房内部主要以木材家具和软垫家具为主相对应。

9.5 大型综合性商业建筑火灾荷载调查与数据统计分析

9.5.1 大型综合性商业建筑的火灾特点

近年来，我国各地相继出现了大型商业综合体，这类建筑突破了传统的商业模式，采用室内步行街组织各功能业态，形成集购物、餐饮、休闲、娱乐等功能于一体，能够满足顾客多种消费需求的大型商业建筑。大型商业建筑不仅为人们提供了舒适、便捷的综合性商业服务环境，其所反映出来的文化品位也成为评价一座城市的重要参照物。

据不完全统计，目前我国有近 200 座采用室内步行街，在其两侧设置不同业态的商铺，并与中庭等大空间建筑连接的大型综合性商业建筑。大型商业建筑的体量巨大，内部可燃物多，人员密集，结构布局复杂，火灾危险性不容忽视。

大型商业建筑的火灾特点如下：

（1）火灾蔓延迅速，影响范围大。大型商业建筑往往采用无隔断的大面积区域作为经营场所，如大型百货等，其中的商品大多为服装、鞋帽等可燃物品，并且摆放密集，数量巨大，为火灾的发生和蔓延提供了客观条件。一旦发生火灾，火灾就会通过不断引燃可燃物而迅速蔓延。同时，火灾产生的烟气也会在无隔断的大空间内迅速传播，导致火灾在水平和竖直方向蔓延。

当室内步行街两侧的商铺内发生火灾时，如果商铺之间的隔墙没有达到相应的耐火极限，火灾就会突破起火商铺而蔓延到相邻的商铺；商铺与室内步行街之间的防火分隔体在火焰的作用下，其背火面会产生强烈的热辐射而引燃附近的可燃物，致使火灾蔓延到室内步行街内。

室内步行街及与之相连的中庭、自动扶梯等竖向空间通常不能有效设置防火分隔，火灾在其中会产生烟囱效应，在竖直方向上迅速蔓延，形成大规模火灾。

所谓中庭，就是连接建筑内部多个竖向空间的相对封闭的空间。中庭能够增加建筑物内部各区域的联系，同时具有美观、采光性好等优点，被广泛应用于商业建筑中，如室内步行街等。但是，中庭在竖直方向上贯通多层的封闭大空间结构,不仅会造成火灾大范围蔓延,而且会使烟气迅速充满中庭空间并蔓延至建筑物内的各连通空间。

当大型商业建筑在中庭的下部发生火灾时,烟气在温差和压差等的作用下上升到顶棚,并形成顶棚射流,发生水平蔓延而形成烟气层。随着烟气层的下降,烟气逐步填充中庭,并侵入与中庭相通的周边回廊、商铺等空间。

当室内步行街两侧商铺内发生火灾时,如果起火商铺内的可燃物较多且火灾没有得到及时控制,那么烟气在起火商铺内形成烟气层后,烟气层高度将会一直下降。当烟气层高度下降到起火商铺通向室内步行街的开口上沿时,烟气将从开口溢出到室内步行街并在其中蔓延。采用玻璃分隔的部位的可靠性对此类火灾的蔓延影响显著。

中庭顶部通常采用玻璃封顶,夏季高温时,往往会产生热障效应和烟气早期分层现象。热障效应和烟气早期分层现象会导致烟气在中庭及与之相连的空间内蔓延,并使中庭顶棚下的感烟探测器不能及时动作发出报警信号。烟气的温度在上升过程中因卷吸周围空气而不断降低,大型商业建筑内的中庭空间高度较高,上升到中庭顶部的烟气温度有可能不能使自动喷水灭火系统动作。

(2)疏散条件不利,人员疏散困难。发生火灾时,大型商业建筑内的火灾烟气蔓延迅速且影响范围大,建筑内部能见度低,不利于人员迅速、准确地识别疏散路线并采取有效的疏散行动。烟气中的有毒气体对人员的生命安全构成很大威胁,建筑内火灾烟气不受控制地蔓延,将会缩短人员在建筑内的可用疏散时间,而所需疏散时间将会因上述因素而延长。

大型商业建筑中部的疏散楼梯在首层往往不能直通室外,难以为人员疏散提供安全的通道。边角处的疏散楼梯位置隐蔽,难以被迅速识别,并且水平疏散距离长,增加了人员疏散的困难。

面对火灾,许多人的行为与平时表现大相径庭。有人一见起火便陷入恐慌中,不知所措;有人不辨方向盲目乱跑,延误疏散时间,以至陷入绝境;有人甚至跳楼而造成伤亡。此外,年龄、性别、文化程度、火灾经验与消防知识、身体状况等的差异,也会导致人在火灾中的行为有很大差别。例如,建筑发生火灾时,老年人和儿童对火灾报警的反应较青壮年人差很多,其逃生行动也要慢很多。大型商业建筑内人员密集、平面布置复杂,很可能出现上述情况而导致混乱,并将严重影响安全疏散行动。

(3)火场条件复杂,火灾救援困难。大型商业建筑发生火灾后,火场弥漫大量烟气,并且由于体量巨大、内部结构复杂,消防员很难从建筑外部直接观察内部火源位置及燃烧情况,造成现场灭火救援困难。

大型商业建筑的人流量和车流量很大，容易堵塞消防车道，影响消防车进入火场；此外，由于缺少内部消防设施位置等信息，还会造成灭火水枪数量不足、供水距离远而不能有效控制火势。

大型商业建筑较高，外窗数量少，加之受到装备和体力的限制，消防员从建筑外部灭火救援时，所达到的高度有限，不易从建筑外部展开灭火行动，难以对被困在较高楼层的人员及时实施救援。

9.5.2　调查内容的选择

商业建筑火灾荷载的国内外研究现状表明：国外对于商业建筑火灾荷载进行了较为系统的调查和统计，并得出了不同类别商业建筑的火灾荷载密度；而国内对于商业建筑火灾荷载的调查研究较少且不系统，没有针对不同类型的商业建筑提出相应的火灾荷载密度。国内关于商业建筑火灾荷载的研究现状表明：商业建筑火灾荷载密度差异较大。主要因为火灾荷载密度与商业建筑内可燃物的种类、数量、分布等因素密切相关，而不同的商业建筑内可燃物的种类、数量、分布等差别较大。

目前，没有针对我国大型综合性商业建筑的火灾荷载进行相关的系统研究，缺少符合我国大型综合性商业建筑实际情况的火灾荷载统计数据。本研究对廊坊、天津、郑州、长治四个城市的 11 座大型综合性商业建筑内的隔间式店铺进行了火灾荷载调查，时间是 2008 年 10 月至 2008 年 12 月。所调查的店铺种类包括服装店、鞋店、快餐店、饰品店、书店以及各类店铺的库房。调查中除了主要的荷载统计，还有包括店铺几何尺寸、商品摆放布局以及门窗洞口的大小等，都做了详细的记录。图 9.17 给出了部分商品的摆放布局。

9.5.3　调查程序和方法

根据大型综合性商业建筑的特点，调查方法采取直接称重法和间接测量法相结合。调查程序按本章 9.3 确定的程序进行。

调查使用的工具包括：卷尺（10m）、皮尺（50m）、手提式电子秤（量程 20kg，精确到 10g）、数码相机。

9.5.4　调查数据统计分析

本次调查共计 117 家店铺，营业面积达 4082m^2。所调查的店铺主要有服装店（男装、女装、内衣和运动休闲）、鞋店（主要是各类男皮鞋和女皮鞋）、快餐店（购物中心内美食城中的各类店铺）、书店、饰品店以及库房。图 9.18 描述的是各类店铺的总面积在这次调查中所占的比例。从图中可以看出男装、女装和运动休闲类占绝大部分，然后依次为鞋子、快餐店等。在所调查的 117 家店铺中，服装类占到了总面积的 68%，鞋店、快餐店分别占到总面积的 10%、6%。

图 9.17 部分店铺商品摆放布局

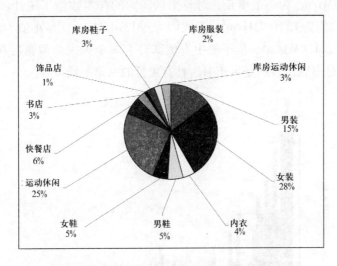

图 9.18 不同类型店铺建筑面积占总面积的比例

根据 117 家店铺经营的商品,将其分成 12 个不同类型的组别,如表 9.13 所示。

表9.13　不同类型组别的店铺样本数和面积

组别	类别	样本数（个）	面积（m²）
1	男装	11	603
2	女装	17	1100
3	内衣	5	194
4	男鞋	5	221
5	女鞋	7	217
6	运动休闲	15	1013
7	快餐店	15	255
8	饰品店	4	34
9	书店	3	123
10	库房鞋子	6	116.6
11	库房服装	16	95
12	库房运动休闲	13	141.4

（1）火灾荷载密度。图9.19给出了117家被调查店铺的荷载频数分布，图中以100MJ/m²为一个步长，对每个区间内的样本数做了统计。总体火灾荷载密度均值为1241.7MJ/m²，最大值为6813.4MJ/m²，最小值为92MJ/m²，标准偏差1231.8MJ/m²。位于图中右侧部分有3个火灾荷载密度在4000MJ/m²以上的是书店，显然是由于书店具有大量的书籍所致。

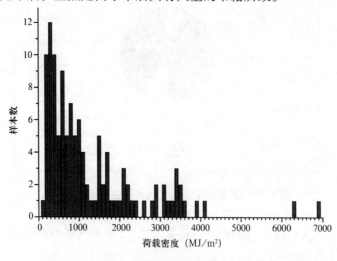

图9.19　全部117家店铺的荷载密度频数分布图

全部 117 家调查店铺的火灾荷载频数分布如图 9.20 所示，均值为 30912MJ，标准偏差为 45332MJ，最大值为 354296MJ，最小值为 368MJ，90th 为 51955MJ。图中可见，和图 9.19 荷载密度类似，图右侧有 3 个样本的火灾荷载在 100000MJ 以上，分别为 101170MJ、320790MJ 和 354296MJ。这几个都是书店，可见书店的荷载总量是很大的，木材和书籍是这几个店的主要可燃材料，一旦发生火灾，持续燃烧时间将很长，释放巨大的热量，对建筑结构构成严重威胁。

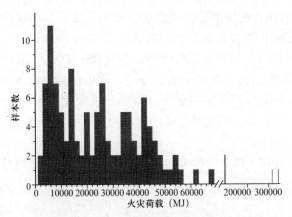

图 9.20 全部 117 家店铺火灾荷载频数分布图

图 9.21 给出了全部店铺的建筑面积的频数分布情况。所查样本的面积从 $2.5m^2$ 到 $185m^2$ 不等，店铺面积主要集中在 $80m^2$ 以下，这个主要也是由于调查之前所确定的对象所致，因为购物中心内隔间式店铺的规模都相差不多，且形状类似。

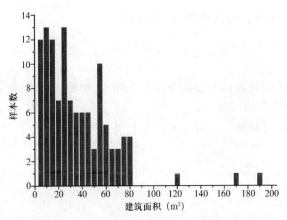

图 9.21 全部 117 家店铺建筑面积频数分布图

（2）火灾荷载密度统计学分析。松山贤的研究指出具有相同功能的建筑物的火灾荷载密度具有正态分布规律，即火灾荷载密度的样本（$x_0, x_1, \cdots, x_n$）可以通过正态分布概率密度函数来表征，如方程式（9.5）所示。

$$f(w) = \frac{1}{\sqrt{2\pi}\sigma_w} \exp\left[-\frac{(w - \mu_w)^2}{2\sigma_w^2} \right] \tag{9.5}$$

式中，w 是火灾荷载，单位是 $\mathrm{kg/m^2}$；$f(w)$ 是火灾荷载分布的概率密度；μ_w 和 σ_w 分别是火灾荷载 w 的均值和标准差，单位是 $\mathrm{kg/m^2}$。

为了验证所调查的样本是否符合这一规律，做了非参数检验。正态分布典型的检验是利用科尔莫戈罗夫—斯米尔诺夫检验（Kolmogorov - Smirnov test），即 K - S 检验。如果显著性水平 α 为 0.05，那么概率 P 值大于显著性水平，不能拒绝零假设，否则拒绝零假设。这里选择单样本 K - S 检验，提出零假设为 H_0：总体服从正态分布。计算分析软件采用 SPSS，经过计算发现 P 值 $= 0.001 < 0.05$，因此可以认为样本的实际分布与假设的正态分布存在显著性差异。

从图 9.19 可知，样本总体虽然不服从标准正态分布，但是却很明显可能服从对数正态分布规律，如方程式（9.6）所示。

$$f_{(x)} = f_{(x_0)} + \frac{A}{\sqrt{2\pi}wx} e^{\frac{-\left[\ln\frac{x}{x_c}\right]^2}{2w^2}} \tag{9.6}$$

经过拟合可得：

$f_{(x_0)} = 0.3$

$x_c = 670.25$

$w = 0.84$

$A = 9611.2$

即方程式（9.6）变成方程式（9.7）：

$$f_{(x)} = 0.3 + \frac{9611.2}{0.84\sqrt{2\pi}x} e^{\frac{-\left[\ln\frac{x}{670.25}\right]^2}{2(0.84)^2}} \tag{9.7}$$

同样对上述假设进行非参数检验，采用 χ^2 检验。经过计算，该分布的自由度为 5，其值 $\chi^2 = 1.288$，$\chi_{0.05}^2(5) = \chi_{0.05}^2(5) = 11.07 > 1.288$，因此可以认为样本总体与对数正态分布不存在显著性差异，如图 9.22 所示。

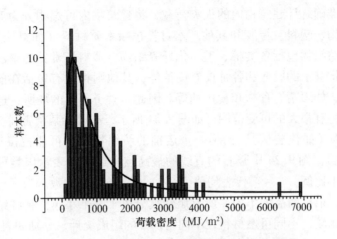

图 9.22　火灾荷载密度及其拟合的对数正态分布

利用 SPSS 中的 P－P 图还可以从直观上判断实际分布是否与期望（理论）分布具有显著性差异。横轴为样本数据实际累计概率值，纵轴为期望累计概率值。当数据与理论分布完全一致时，各个数据点应落在中间的对角线上。图 9.23 给出了实际样本数据与两种理论分布（标准正态分布和对数正态分布）的显著性差异比较。很明显，图 9.23（a）中，在较低的样本值区域内，实际累计概率值明显小于理论累计概率值；而在较大的样本区间内，实际累计概率值又明显大于理论累计概率值。而图 9.23（b）中，数据点几乎全部落在了对角线上。因此，可以直观地判断样本总体非常符合对数正态分布。

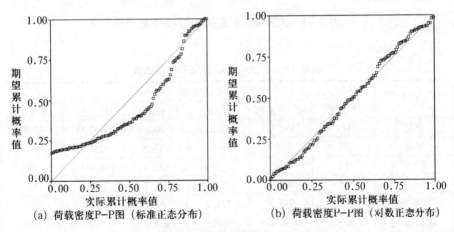

（a）荷载密度 P－P 图（标准正态分布）　　（b）荷载密度 P－P 图（对数正态分布）

图 9.23　荷载密度 P－P 图

为了准确统计建筑物内的火灾荷载，将建筑物内可燃物分为五大类：木材、纺织物、塑料、橡胶和其他。木材类包括木质材料（如桌椅）、书籍和报纸等；纺织物包括各类棉、毛、化纤等织物；塑料指常见的聚乙烯等；橡胶主要是指鞋子的胶底和各种皮衣皮革等；其他则指没有包括在前四项中的可燃物质，如酒精、食物和食用油等。因此，对于不同的场所，这五种可燃物的组成将有很大的可变范围。如图 9.24 所示，有可能某个店铺里面的纺织物占了 0%（如快餐店），而另一个店铺的纺织物则有可能占接近于 100%（如服装店）。图 9.24 中竖直的直线的最高点和最低点表示该类可燃材料的最大和最小比例，（－）代表均值，（⋈）代表 90ᵗʰ分位数。为了更好地分析火灾荷载，根据商品的不同，所有店铺被分成了 7 个小组。将各组样本数和荷载密度比较，不同可燃材料在不同组别中的组成统计，分别如表 9.14 和表 9.15 所示。以下将详细分析各组别的情况。

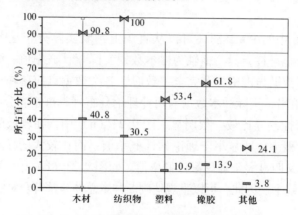

图 9.24　火灾荷载中各可燃材料的组成范围

表 9.14　各组样本数及火灾荷载密度

组别	火灾荷载密度（MJ/m²）				
	样本数	90ᵗʰ分位数	均值	标准偏差	最大值	最小值
全部	117	51955.6	30912.2	45662.3	354296	368
服装	33	1468	768.5	437.5	2147	164
鞋店	12	1590	959.5	363.1	1629	480
库房	35	3495.6	2277.3	991.2	4077	92
快餐店	15	512.8	294.7	99.4	523	203
运动休闲	15	777.6	336.7	228.7	937	110
饰品店	4	1060.3	697.5	372	1160	336
书店	3	6708.7	5484	1867.8	68134	3348

表 9.15 不同可燃材料在不同组别中的组成统计

类别		均值	90th分位数	最大值	最小值
总体	木材	40.8	90.8	99.8	0
	纺织物	30.5	100	100	0
	塑料	10.9	53.4	86.1	0
	橡胶	13.9	61.8	89.6	0
	其他	3.8	24.1	48.5	0
服装	木材	66.9	92.4	94.2	22.8
	纺织物	30.1	57.2	77.2	4.5
	塑料	2.8	6.5	11.6	0
	橡胶	0.2	1.1	1.7	0
	其他	0	0	0	0
鞋店	木材	88.9	93.8	93.9	78.1
	纺织物	0	0	0	0
	塑料	0.9	6.2	8.1	0
	橡胶	10.2	15.9	16.3	5.2
	其他	0	0	0	0
库房	木材	9.2	26.3	32.5	0
	纺织物	58.1	100	100	0
	塑料	0	0	0	0
	橡胶	32.7	74.4	77.5	0
	其他	0	0	0	0
快餐店	木材	9.8	25	31.7	4.5
	纺织物	0	0	0	0
	塑料	60.2	74.4	86.1	46.1
	橡胶	0	0	0	0
	其他	30	45	48.5	8.1
运动休闲	木材	36.2	67.5	75.9	0
	纺织物	27.6	69.6	78.3	6.7
	塑料	12.8	41.4	69.5	0
	橡胶	23.5	80.6	89.6	0
	其他	0	0	0	0

（3）服装店。服装店主要由男装、女装和内衣店组成。服装类的店铺占了 50% 左右，这也是大型综合性商业建筑的店铺的主流。服装类共计有 33 个样本，面积从 21m² 到 185m² 不等，总荷载从 8500MJ 到 110406MJ 变化不等。如图 9.25 所示，服装店的火灾荷载密度最小为 164MJ/m²，最大为 2147MJ/m²，

60%以上的店铺处于 500 MJ/m² 到 1000 MJ/m² 的区间内。服装店的荷载密度均值为 768.5 MJ/m²，90th 分位数值为 1468 MJ/m²，标准偏差为 437.5 MJ/m²。进一步分析可知，在服装店内的纺织物所占比例的变化范围是 4.5% ~ 77.2%，木材所占比例的变化范围是 22.8% ~ 94.2%。79% 以上的店铺，木材作为主要可燃材料占荷载密度的 50% 以上，如图 9.26 所示。主要原因是大型综合性商业建筑内的店铺档次较高，商品价格较一般场所高，其内部的装修较豪华，频繁使用木地板、墙壁贴木所致。

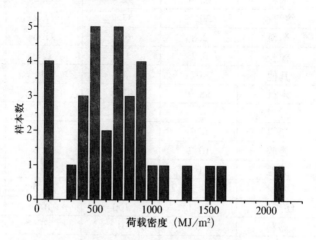

图 9.25　服装店火灾荷载密度频数分布

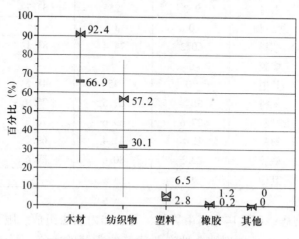

图 9.26　服装店可燃材料组成比例范围

　　为了进一步分析服装店的荷载密度的特点，根据其建筑面积的不同分为三组：S1，建筑面积小于 40m²；S2，建筑面积在 40m² 到 70m² 之间；S3，建筑面积大于 70m²。图 9.27 给出了这三组火灾荷载密度的均值、最大值、最小值和 90ᵗʰ分位数，可以看见随着建筑面积的增大，服装店火灾荷载密度是呈递减规律变化的。另外，服装店纺织物的构成分析结果表明，平均 80% 是天然纤维（棉毛之类）、平均 20% 左右是化纤类（丙纶、腈纶之类），这个应该主要是由于购物中心服装比较高档，绿色环保的天然植物较多。

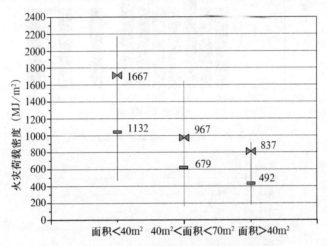

图 9.27　服装店建筑面积与荷载密度的关系

（4）鞋店。该类主要是指男女皮鞋类的商铺，不包括休闲运动鞋，此类店铺占地面积占所查店铺面积的 10% 左右，共有 12 个样本。鞋店的面积最小 25m²，最大 59m²，基本上都是矩形布局。总荷载变化范围在 12958MJ 到 52274MJ 之间，荷载密度变化范围在 480MJ/m² 到 1629MJ/m² 之间，均值为 960MJ/m²，90ᵗʰ分位数为 1590MJ/m²，标准偏差为 363MJ/m²，如图 9.28 所示。很明显的是在鞋店的调查数据中发现，其荷载组成占绝对优势的并不是橡胶类，而是木材，木材平均占荷载密度的 78%，如图 9.29 所示。原因应该是大量采用木质材料装修，如壁柜、木地板等。

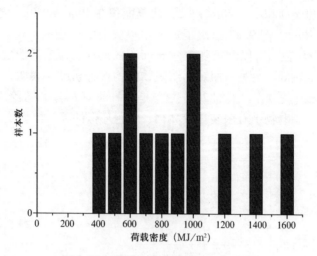

图9.28　鞋店火灾荷载密度频数分布

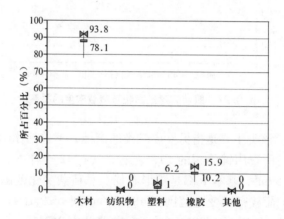

图9.29　鞋店可燃材料组成比例范围

（5）库房。根据库房存放的主要商品，将其分为鞋类库房、服装类库房和运动系列库房。此类店铺占地面积不到所查店铺面积的10%，共有35个样本，占样本数的30%。库房的面积最小为2.5m²，最大为31m²。总荷载变化范围在368MJ到79217MJ之间，荷载密度变化范围在92MJ/m²到4077MJ/m²之间，均值为2277MJ/m²，90^th分位数为3496MJ/m²，标准偏差为991MJ/m²，如图9.30所示。进一步分析可知，库房内纺织物所占比例的变化范围是0~100%，木材所占比例的变化范围是0~32.5%，商品（服装和鞋子）作为主要可燃材料占荷载密度的90%以上，如图9.31所示。根据其建筑面积的不同将库房分为三组：S1，建筑面积小于10m²；S2，建筑面积在

10m^2 到 20m^2 之间；S3，建筑面积大于 20m^2。S1、S2 和 S3 这三组的均值荷载密度分别为 2008MJ/m^2、2289MJ/m^2、2707MJ/m^2，可以看出随着建筑面积的增大，库房的火灾荷载密度有递增趋势。

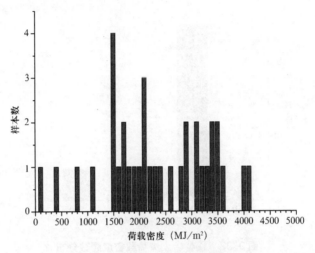

图 9.30　库房火灾荷载密度频数分布

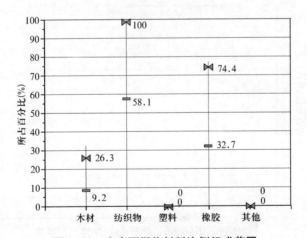

图 9.31　库房可燃物材料比例组成范围

（6）快餐店。该类共计有 15 个样本，调查面积约占总面积的 6%，店铺面积在 11m^2 到 22m^2 之间，总荷载变化范围在 2251MJ 到 6281MJ 之间，荷载密度变化范围在 203 MJ/m^2 到 524 MJ/m^2 之间，均值为 294 MJ/m^2，90th 分位数为 512 MJ/m^2，标准偏差为 99 MJ/m^2，如图 9.32 所示。进一步分析可知，快餐店内塑料所占比例的变化范围是 46.1% ~ 86.1%，木材所占比例的变化范围是 4.5% ~ 31.7%，塑料类的可燃物平均占 60%，其次是各种食物（食用油、米面等），如图 9.33 所示。在调查过程中，经工作人员介绍，此类场所内物品的管理比较严格，闲杂物品尤其是可燃材料严禁带入库房。

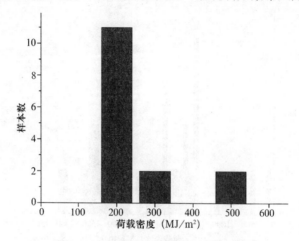

图 9.32 快餐店火灾荷载密度频数分布

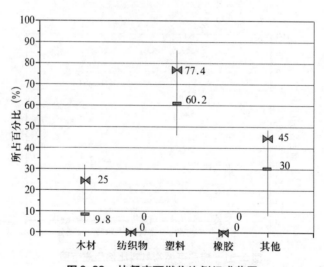

图 9.33 快餐店可燃物比例组成范围

（7）运动休闲。该类主要是由各种运动系列的专卖店组成，如耐克、阿迪达斯等，这类建筑面积约占所调查店铺面积的 25%。运动休闲系列的专卖店也是购物中心内隔间式店铺的主流之一，往往能占用购物中心的一个甚至几个楼层。运动休闲共计有 15 个样本，面积在 $30m^2$ 到 $168m^2$ 之间，总荷载从 7746MJ 到 44300MJ 之间变化不等。如图 9.34 所示，运动休闲的火灾荷载密度最小为 110MJ/m²，最大为 937 MJ/m²，80% 以上的店铺火灾荷载密度小于 400MJ/m²。运动休闲的荷载密度均值为 337 MJ/m²，90ᵗʰ 分位数值为 776MJ/m²，标准偏差为 229MJ/m²。进一步分析可知，各类可燃材料的比例相对平均，木材、纺织物和橡胶的平均比重差不多，都在 30% 上下，可见此类店铺材料的多样性，如图 9.35 所示。相对于男装女装正装专卖店，这类专卖店的商品种类要丰富得多，可燃物类型也要复杂。但这类专卖店的室内装修却比较简单，几乎没有墙木贴板、木质地板，采用简单大方的玻璃和钢材装饰的较多，因此其火灾荷载密度相对较小。

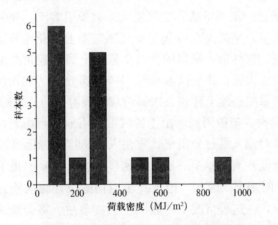

图 9.34　运动休闲火灾荷载频数分布

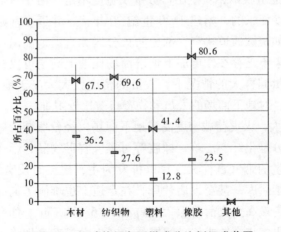

图 9.35　运动休闲各可燃成分比例组成范围

9.6 地下商业建筑火灾荷载调查与数据统计分析

9.6.1 地下商业建筑的火灾特点

在地球表面以下的土层或岩层中天然形成的或经人工开发而成的建筑称为地下建筑。我国的城市地下商业建筑利用，是在 20 世纪 60 年代末特殊的国内外形势下起步的，是以人民防空工程建设为主体的。地下商业建筑由于其特殊性，导致发生火灾后所造成的后果非常严重。地下商业建筑具有以下火灾危险性：

（1）建筑毗连，上下贯通，空间超大。为吸引客流、便利商品流通，出现了不仅几个地下商城毗连在一起，而且还与地上商业建筑连通，进而形成广阔空间的现象。吉林市 4 家当中就有 2 家地下商业建筑与地上商业建筑相互贯通，一旦发生火灾，将使高温烟气在"烟囱效应"的作用下，迅速向地上建筑蔓延，严重威胁地上建筑，极易造成群死群伤的恶性后果。

（2）客流量大，疏散困难。由于各城市利用地下商场兼作人员过街通道以及节假日高峰时刻人员过分密集，致使人员密度指标远远超过《人民防空工程设计防火规范》有关地下一层人员密度 0.85 人/m^2，地下二层人员密度指标 0.8 人/m^2 的规定。因此，地下商场当初的设计疏散能力已经不能满足现实的疏散要求，在这种情况下一旦发生火灾事故，将会造成人员无法快速疏散，无法逃生的严重后果。

（3）安全通道狭窄，安全出口数量及宽度不足。由于多数地下商场是由原人防工程演变而来的，始建于 20 世纪 70 年代，并逐步开始向平战结合而开发利用。诸如疏散通道狭窄、部分防火分区无直通地面出口以及安全出口宽度不足等现象不乏存在。再加上地下商场比地上商场可供顾客占用的面积要小，在客流量同样大的情况下，人员的密度就大大高于地上商场，因此，在火灾情况下，对地下商场的人员和物资疏散比较困难。

（4）物流大、火灾荷载密度高。地下商场以经营服装、鞋帽、小百货为主，商品大部分是化纤、皮革、橡胶等可燃、有毒物品，燃烧速度快、发烟量大、燃烧产生的烟气毒性大。且以批发为主，建设时没有考虑库房问题，经营往往是前柜后库，甚至以店代库，在走道上也堆满了商品。据统计，吉林市地下商业街最高火灾荷载为 25.1kg/m^2 ~ 63.7kg/m^2。如此高的火灾荷载度，一旦发生火灾将会造成长时间燃烧及产生大量有毒烟气，增加了扑救和疏散难度，极易造成巨额财产损失。

（5）电气照明设备多。由于地下商场无自然采光，除事故照明外，其余均为正常照明设备，共分为：①荧光灯：安装在商场内的主要照明设备，其镇流器易发热起火。②射灯：为吸引顾客提高商品吸引力，除正常照明外，许多店主在橱窗和柜台内安装了各种射灯，射灯除采用冷光源外，其他表面温度都较高，极易烤着衣物。

（6）装修复杂，隐蔽工程隐患多。由于地下建筑中空调、防排烟、火灾自动报警及自动灭火设施管线多，错综复杂，商场往往进行大面积装修。由于市场上可供选择的非燃烧材料较少及装修效果不理想，商场内部分装修材料未达到全部非燃化，加上吊顶内情况复杂，电气线路或管道隔热材料等起火后不易被发现，容易出现火灾沿装修表面蔓延、迅速扩大、无法控制的现象。

（7）消防安全管理不到位。一是企业领导和从业人员对消防安全重视不够，只顾赚钱，不管安全，如商品侵占消防通道、影响消防设施发挥作用，违章用电等现象普遍存在。二是消防设施维护、保养不及时，造成部分自动消防设施失去功能，甚至发生消防控制中心瘫痪的现象。三是部分商场没有对照《人民防空工程设计防火规范》（GB 50098 - 2009）及《建筑设计防火规范》（GB 50016 - 2014）对不合格的部位进行逐步改造，舍不得投入资金，致使火灾隐患迟迟得不到整改。四是从业人员流动性大，多数未经过消防安全培训，消防安全观念淡薄，防灭火常识匮乏，有的甚至不会使用灭火器材。五是部分商场未能制定出一整套切实可行的人员疏散预案，发生紧急情况时，不知所措。

9.6.2 调查内容的选择

地下商业街建筑大量出现在全国各大城市，目前已成为一类典型的商业建筑。由于此类建筑火灾危险性较大，对哈尔滨五座地下商业建筑进行了火灾荷载调查，调查的商铺种类包括服装店、鞋店、运动休闲店、内衣店、童装店和包店。调查中除了主要的荷载统计，还对商铺几何尺寸、商品摆放布局以及消防设施类型和布局等做了详细的记录。图9.36给出了部分商品的摆放布局。

图 9.36　部分商品的摆放布局

9.6.3　调查程序和方法

根据地下商业街的特点，调查方法采取直接称重法和间接测量法相结合。调查程序按本章 9.3 确定的程序进行。

调查使用的工具包括：卷尺（10m）、皮尺（50m）、手提式电子秤（量程 20kg，精确到 10g）、数码相机。

9.6.4　调查数据统计分析

本次调查对哈尔滨的五座地下商业街内的商铺做了详细的记录和统计，共计 163 家商铺，营业面积达 3573.4m²。所调查的商铺主要有服装（男装、女装、内衣和运动休闲）、鞋子（主要就是各类男皮鞋和女皮鞋）、包店（主要是手提包和旅行包）、童装店（主要包括儿童服装和儿童玩具）。图 9.37 描述的是各类商铺总面积在这次调查中所占的比例。从图中可以看出，男装、女装和运动休闲类占绝大部分，然后依次为鞋店、包店等。在所调查的 163 家商铺中，服装类占到了总面积的 71%，鞋店、包店分别占到总面积的 17%、5%。

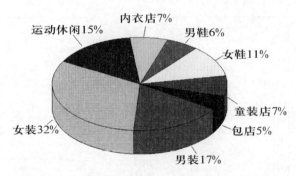

图 9.37　不同类型商铺建筑面积占总面积的比例

根据 163 家商铺经营商品的不同，将其分成 8 个不同类型的组别，如表 9.16 所示。

表 9.16　不同类型组别的商铺样本数和面积

组别	类别	样本数（个）	面积（m²）
1	男装	28	607.4
2	女装	34	1143.5
3	运动休闲	25	536
4	内衣店	15	250.1
5	男鞋	12	214.4
6	女鞋	21	393
7	童装店	16	252.3
8	包店	12	176.7

（1）火灾荷载密度。图 9.38 给出了 163 家被调查商铺的火灾荷载频数分布，经统计得到火灾荷载的均值为 12858.4MJ，标准偏差为 24793.9MJ，最大值为 158751.7MJ，最小值为 280.4MJ，95th 分位数是 36474MJ。图右侧有 2 个样本火灾荷载在 10^5 MJ 以上，这几个样本都是鞋店，主要是由于鞋店里木质的鞋架和鞋台较多所致。

图 9.39 则给出了全部商铺建筑面积的频数分布情况。所调查的样本面积从 5.56 m² 到 57.16m² 不等，商铺面积主要是集中在 40m² 以下，因为地下商业街内的隔间式商铺的规模都相差不多，且形状类似。

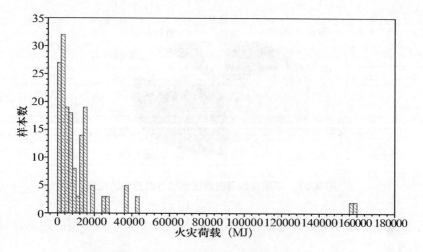

图 9.38　全部 163 家商铺火灾荷载频数分布图

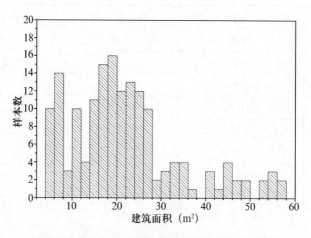

图 9.39　全部 163 家商铺建筑面积频数分布图

　　图 9.40 给出了 163 家被调查商铺的火灾荷载密度频数分布，图中以 $50MJ/m^2$ 为一个步长，对每个区间内的样本数做了统计。总体火灾荷载密度均值为 $402.5MJ/m^2$，最大值为 $2069.4MJ/m^2$，最小值为 $101.2MJ/m^2$，标准偏差为 $408.01MJ/m^2$。图中右侧部分有 4 个火灾荷载密度在 $1500MJ/m^2$ 以上的是鞋店，主要原因还是由于鞋店具有大量木材构成的鞋架、鞋台等所致，由此可见鞋店荷载总量是很大的，一旦发生火灾，持续燃烧时间会很长，将会释放巨大的热量，对建筑结构将构成严重威胁。

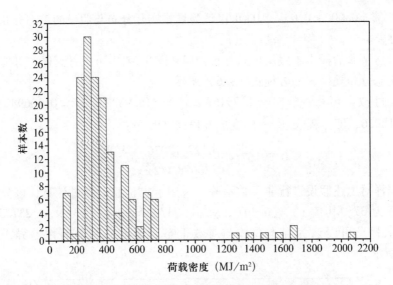

图 9.40　全部 163 家商铺荷载密度频数分布图

　　图 9.41 分析了火灾荷载密度随面积变化的关系，大体上看到随着面积的增加，火灾荷载密度减小。

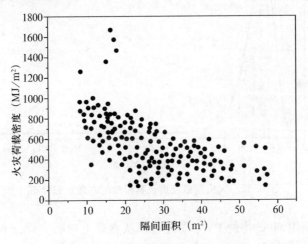

图 9.41　火灾荷载密度随面积的变化

　　火灾荷载密度统计学分析。通过非参数检验对所调研的样本进行检验。正态分布典型的检验是利用 K－S 检验。如果显著性水平 a 为 0.05，那么统计量的概率 P 值大于显著性水平则不能拒绝零假设，否则拒绝零假设。首先提出零假设为 H_0：总体服从正态分布。计算分析软件采用 SPSS，经过计算

发现 P 值 $= 0.000 < 0.05$，因此可以认为样本实际分布与假设的正态分布存在显著性差异。

虽然调研的样本不服从正态分布，但从图9.38中可以看到样本可能服从对数正态分布规律，如方程式（9.6）所示。

经过拟合可得：$f_{(x_0)} = 0.79167$，$x_c = 318.93225$，$w = 0.30698$，$A = 6527.12026$，即方程式（9.6）变成方程式（9.8）：

$$f_{(x)} = 0.79167 + \frac{6527.12026}{0.30698\sqrt{2\pi}x}e^{-\frac{[\ln\frac{x}{318.93225}]^2}{2(0.30698)^2}} \tag{9.8}$$

同样对上述假设进行非参数检验，采用卡方检验。经过计算，该分布的自由度为37，其值 $\chi^2 = 6.407$，$\chi_{0.05}^2(37) = \chi_{0.05}^2(37) = 237.07 > 6.407$，因此可以认为样本总体与对数正态分布不存在显著性差异，如图9.42所示。

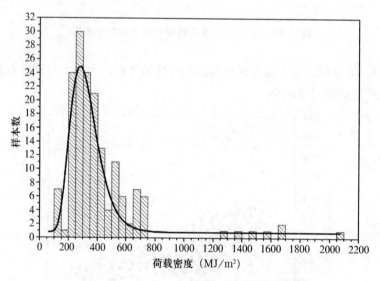

图9.42　火灾荷载密度及其拟合的对数正态分布

同时，利用SPSS中的P-P图还可以从直观上判断实际分布是否与期望分布存在显著性差异。图9.43给出了实际样本数据与两种理论分布（标准正态分布和对数正态分布）的显著性差异比较，可以看到图9.43（b）的所有数据几乎全部落在了对角线上，而图9.43（a）中，在较低的样本值区域内，实际累计概率值明显小于理论累计概率值；而较大的样本区间中，情况恰好相反，实际累计概率值又明显大于理论累计概率值。因此，可以直观地判断样本总体更为符合对数正态分布。

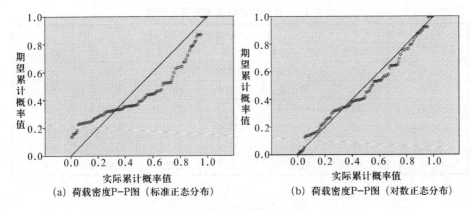

(a) 荷载密度P-P图（标准正态分布）　　　(b) 荷载密度P-P图（对数正态分布）

图9.43　荷载密度 P-P 图

　　为了准确统计建筑物内的火灾荷载，将建筑物内的可燃物分为五大类：木材、纺织物、塑料、橡胶和皮革。木材类包括木质材料（如桌椅）；纺织物包括各类棉、毛、化纤等织物；塑料指常见的聚乙烯等；橡胶主要是指鞋子的胶底等；皮革主要是指皮包和皮衣等。因此对于不同的场所，这五种可燃物的组成将有很大的可变范围。如图9.44所示，有可能某个商铺里面的纺织物占了0%（如鞋店），另一个商铺的纺织物则有可能占接近于100%（如服装店）。图9.44中竖直的直线的最高点和最低点表示该类可燃材料的最大和最小比例，（-）代表均值，（⋈）代表95th分位数。为了更好地分析火灾荷载，根据商品的不同，所有商铺被分成了7个小组。将各组样本数和荷载密度比较，不同可燃材料在不同组别中的组成统计，分别如表9.17和表9.18所示。以下将详细分析各组别的情况。

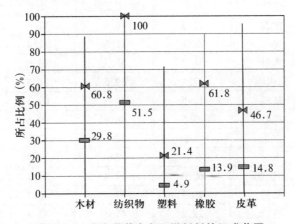

图9.44　火灾荷载中各可燃材料的组成范围

表9.17　各组样本数及火灾荷载密度

组别	火灾荷载密度（MJ/m²）					
	样本数	95th分位数	均值	标准偏差	最大值	最小值
全部	163	747.5	402.5	408.01	2069.4	101.3
服装	77	401.4	289.4	89.3	436.4	101.3
鞋店	33	1679.4	697.2	408.01	2069.4	438.5
运动休闲	25	1365.3	437.6	328.9	1460.9	210.3
童装店	16	726.5	327.4	133.5	726.5	207.8
包店	12	1260.9	589.3	257.3	1260.9	390.2

表9.18　不同可燃材料在不同组别中的组成统计

类别		均值	90th分位数	最大值	最小值
总体	木材	29.8	60.8	88.2	0
	纺织物	51.5	100	100	0
	塑料	4.9	21.4	69.5	0
	橡胶	13.9	61.8	89.6	0
	皮革	14.8	46.7	94.2	0
服装	木材	16.9	32.4	34.1	10.3
	纺织物	61.1	100	100	30.6
	塑料	3.8	6.5	11.6	0
	橡胶	0.2	1.1	1.7	0
	皮革	4.9	10.7	11.3	0
鞋店	木材	78.9	83.8	88.2	63.1
	纺织物	0	0	0	0
	塑料	0.8	7.2	9.1	0
	橡胶	11.2	16.9	17.3	5.2
	皮革	5.3	11.8	12.4	0
运动休闲	木材	36.2	67.5	75.9	0
	纺织物	27.6	69.6	78.3	6.7
	塑料	12.8	41.4	69.5	0
	橡胶	23.5	80.6	89.6	0
	皮革	5.8	12.6	13.3	0
童装店	木材	9.8	25	31.7	4.5
	纺织物	60.2	77.4	86.1	46.1
	塑料	20.2	37.4	46.1	11.5
	橡胶	22.2	41.3	43.4	0
	皮革	0	0	0	0

（续表）

类别		均值	90th分位数	最大值	最小值
包店	木材	20.2	45.5	47.9	10.6
	纺织物	17.6	39.6	41.7	0
	塑料	4.8	12.6	13.3	0
	橡胶	2.5	7.6	8.1	0
	皮革	55.6	89.7	94.2	30.9

（2）服装店。这个类别主要是由男装、女装和内衣店组成。由图9.37可知，服装类商铺占56%左右，这也是地下商业街的主要类型商铺。服装类共计有77个样本。如图9.45所示，服装店的火灾荷载密度最小值为101.25MJ/m²，最大值为436.37MJ/m²，60%以上的商铺处于200MJ/m²到400MJ/m²的区间内。服装店的荷载密度均值为289.38MJ/m²，95th分位数值为401.35MJ/m²，标准偏差为82.29MJ/m²。进一步分析得到服装店纺织物所占的比例范围是30.6%～100%，由此可见服装店主要以纺织物为主，并且地下商业街的装修材料全为不燃材料。由图9.46可知，各种材料占最大和最小比例，（－）代表均值，（⋈）代表95th分位数。

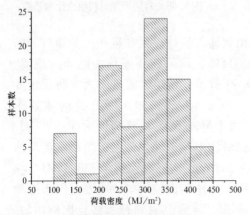

图9.45 服装店火灾荷载
密度频数分布

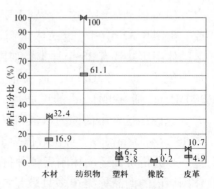

图9.46 服装店可燃材料
组成比例范围

（3）鞋店。这个类别主要是由男鞋、女鞋组成。由图9.37可知，鞋类商铺占17%左右，调研的商铺多为隔间式商铺。鞋类商铺共计有33个样本。如图9.47所示，鞋店的火灾荷载密度最小值为438.52MJ/m²，最大值为2069.39MJ/m²，60%以上的商铺处于400MJ/m²到700MJ/m²的区间内，这些商铺所用的鞋架和鞋台材料为铁质或者玻璃，有3个样本火灾荷载密度在

1500MJ/m² 以上，原因是商铺内的鞋架和鞋台为木质。鞋店的荷载密度均值为 697.16MJ/m²，95th 分位数值为 1679.38MJ/m²，标准偏差为 408.01MJ/m²。进一步分析可知，鞋店内几乎没有纺织物，相对而言木材所占的比例最高，主要是鞋店需要的木架较多。橡胶和皮革所占比例次之，主要是因为夏天鞋跟的材料多为橡胶，而鞋面的材料则多为皮革。由图 9.48 可知各种材料占的最大和最小比例，（–）代表均值，（⋈）代表 95th 分位数。

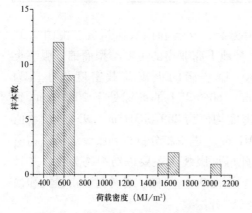

图 9.47　鞋店火灾荷载密度频数分布

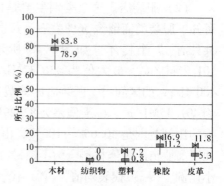

图 9.48　鞋店可燃材料组成比例范围

　　（4）运动休闲。这个类别主要是由运动衣帽袜、运动鞋和运动器材等组成。由图 9.37 可知，运动休闲商铺占 15%，调研的商铺均为隔间式商铺。运动休闲店共计有 25 个样本。如图 9.49 所示，运动休闲店的火灾荷载密度最小值为 210.28MJ/m²，最大值为 1460.85MJ/m²，50% 以上的商铺处于 200MJ/m² 到 500MJ/m² 的区间内，有两个样本火灾荷载密度大于 1200MJ/m²，原因是这两个商铺的木台和木架相对较多。运动休闲店的荷载密度均值为 437.64MJ/m²，95th 分位数值为 1365.26MJ/m²，标准偏差为 328.85MJ/m²。进一步分析可知运动休闲店各种材料所占的比例比较均匀，主要是因为运动休闲店内的商品种类很多且数量相差不多，导致其材料种类多且比例均匀。由图 9.50 可知各种材料占的最大和最小比例，（–）代表均值，（⋈）代表 95th 分位数。

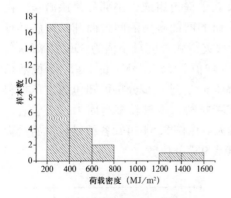

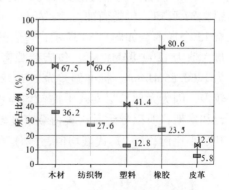

图 9.49　运动休闲店火灾荷
载密度频数分布

图 9.50　运动休闲店可燃
材料组成比例范围

（5）童装店。这个类别没有归类到服装店的原因是在调研过程中发现有
些童装店不仅卖儿童服装，还卖一些儿童用品，如衣帽、鞋和儿童玩具等。
由图 9.37 可知，童装商铺占 7%，调研的商铺也多为隔间式商铺。童装店共
计有 16 个样本。如图 9.51 所示，童装店的火灾荷载密度最小值为
207.76MJ/m²，最大值为 726.46MJ/m²，70% 以上的商铺处于 200MJ/m² 到
300MJ/m² 的区间内。童装店荷载密度均值为 327.37MJ/m²，95th分位数值为
726.46MJ/m²，标准偏差为 133.49MJ/m²。进一步分析可知，童装店跟服装
店同属于纺织物较多的商铺，但与服装店不同的是童装店的塑料和橡胶材料
所占比例较高，主要是由于商品种类多的缘故，并且夏季童装店皮革所占比
例几乎为 0。由图 9.52 可知各种材料占的最大和最小比例，（－）代表均值，
（⋈）代表 95th分位数。

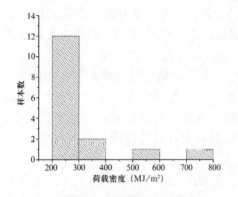

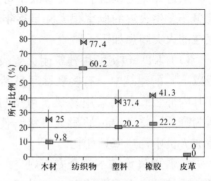

图 9.51　童装店火灾荷
载密度频数分布

图 9.52　童装店可燃材料
组成比例范围

（6）包店。这个类别大部分由男女式手提包组成，小部分是旅游包。由图 9.37 可知，包类商铺占 5% 左右，调研的商铺多为隔间式商铺。包店共计有 12 个样本。如图 9.53 所示，包店的火灾荷载密度最小值为 390.18MJ/m²，最大值为 1260.85MJ/m²，包店荷载密度均值为 589.33MJ/m²，95th 分位数值为 1260.85MJ/m²，标准偏差为 257.32MJ/m²。进一步分析可知包店皮革材料较多，因为大部分男女式手提包均为皮革材料，木材较多是因为包店也有木台和木架，所以导致其火灾荷载密度较大。由图 9.54 可知各种材料占的最大和最小比例，（－）代表均值，（⋈）代表 95th 分位数。

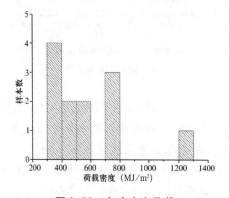

图 9.53　包店火灾荷载
密度频数分布

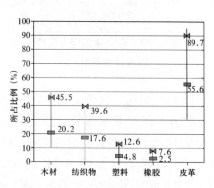

图 9.54　包店可燃材料
组成比例范围

9.7　KTV 火灾荷载调查与数据统计分析

9.7.1　KTV 的火灾危险性

从近几年的调查和火灾事故中可以看到，KTV 营业厅存在着很大的火灾隐患，发生火灾的概率很大并呈逐年增长趋势。通过对 KTV 的调查发现，其存在的火灾隐患如下：

（1）KTV 包房所用建筑耐火等级低。有些歌舞厅设在耐火等级较低（三级以下）的建筑中。有些歌舞厅虽然建筑耐火等级较高（二级以上），但由于其内部装修大量采用易燃、可燃材料，只考虑装饰效果而不顾消防安全，人为降低了整个建筑的耐火等级，使用的装饰材料燃烧时会产生有毒烟气，造成人员中毒或窒息死亡。

（2）电气设备不符合安全规定。从各类火灾调查中分析发现，因电气设备造成的火灾占总数的 20%，歌舞厅尤甚。歌舞厅内使用各种照明、音响及空调，用电设备较多，并不按规定安装：大功率照明灯具靠近可燃材料；带有电驱动旋转的灯具；电气线路不穿管；使用时间长、线路老化、接触电阻过大、超负荷运转等，均能导致火灾的发生。

（3）安全疏散通道和其标志不符合规范要求。从众多的火灾案例来看，造成歌舞厅人员伤亡大的一个主要原因是安全疏散条件极差、疏散通道不畅或出口数量少。有的虽然设了足够的出口，但多数出口常常封闭，实际能利用的只有一个。有的歌舞厅无火灾事故照明及疏散指示标志，一旦发生火灾，断电后一片漆黑，人员混乱，难以及时疏散。

（4）用火用电管理不严，消防设施不配套。有的歌舞厅没有严格的用火用电管理制度，烛火、吸烟普遍存在，乱拉线路现象严重。有些歌舞厅经营者重效益、轻安全，舍不得投资安装自动报警、自动灭火设施，有的甚至连起码的消防器材、消防用水都解决不了。

因此，对 KTV 营业厅进行火灾荷载调查并进行数据统计分析，旨在了解 KTV 营业厅的火灾荷载分布情况。调查的程序按照本章9.3确定的程序进行。

9.7.2　调查数据统计分析

将调查得到的数据进行统计分析，给出了 349 个 KTV 包间的火灾荷载密度的均值、火灾荷载密度频数分布等，并在样本数量允许的情况下分析了 90th 分位数值。

图 9.55 描述的是不同面积的房间在这次调查中所占的比例。从图中可以看出面积在 $20m^2 \sim 80m^2$ 的房间占了绝大部分。

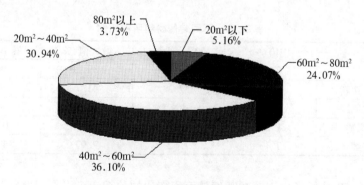

图9.55　不同面积范围房间所占比例

通过对 349 个娱乐场所的房间火灾荷载密度进行分析，其火灾荷载密度最小为 $484MJ/m^2$，最大为 $1187MJ/m^2$。以 $20MJ/m^2$ 为一个步长，对每个区间内的样本数做统计，图 9.56 给出了 349 个被调查房间的荷载频率分布。总体火灾荷载密度均值为 $760.12MJ/m^2$，最大值为 $1187.35MJ/m^2$，最小值为

$484.63\mathrm{MJ/m^2}$，标准偏差为 $141.18\mathrm{MJ/m^2}$。进一步的分析表明，由于房间内一般有细木工板装修，以及木质茶几、沙发、桌椅等，木材类在总火灾荷载中的比例最高占到了 89.2%，化纤塑料、纺织物等可燃装修所占比例如表 9.19 所示。

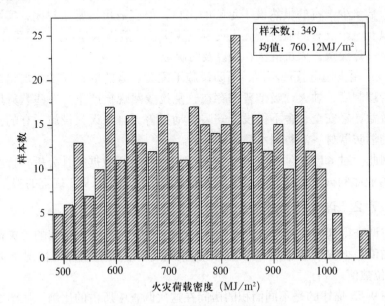

图 9.56　火灾荷载密度频率分布图

表 9.19　不同装修材料所占比例

	均值/%	90th分位数	最大值/%	最小值/%
木材	63.4	82.7	89.2	59.8
化纤塑料	24.8	37.2	41.7	18.8
皮革	3.4	4.9	5.2	0
纺织物	1.27	1.75	2.16	0.84
海绵	7.13	7.62	7.97	4.76

图 9.57 分析了火灾荷载密度随面积变化的关系，可以直观地看到随着面积的增加，火灾荷载密度减小。

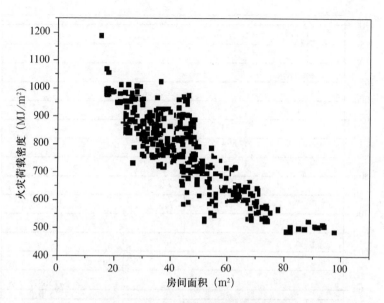

图 9.57　火灾荷载密度随面积的变化

　　表 9.20 和图 9.58 描述了不同面积范围房间的火灾荷载密度的均值、90th 分位数、最大值、最小值的数据。可以看出，随着面积的不断增大，火灾荷载密度变化范围呈减小的趋势，这是由于不同的场所在装修时使用的材料和装修豪华程度不同，且面积越大的房间内由于装修程度不同所导致的荷载变化越不明显所导致的。

表 9.20　不同面积范围房间的火灾荷载密度均值、90th 分位数、最大值、最小值

面积	均值	90th 分位数	最大值	最小值
< 20m²	1070.2	1150.6	1187.1	975.2
20 ~ 40m²	894.5	951.9	973.8	827.2
40 ~ 60m²	746.7	795.3	827.1	654.8
60 ~ 80m²	592.9	632.0	654.2	523.5
> 80m²	500.2	509.5	522.8	484.6

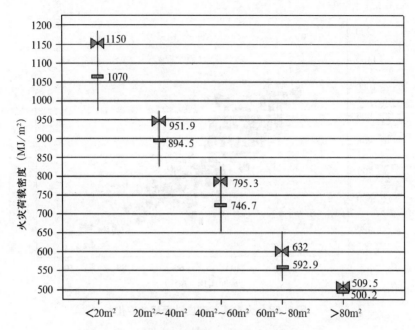

图 9.58 不同面积范围房间的火灾荷载密度均值、
90th分位数、最大值、最小值

第十章 典型建筑火灾荷载
燃料包试验和应用

通过建筑火灾荷载调查工作可以得到火灾荷载密度、可燃物组分比例、通风开口等参数，但同样的火灾荷载由于摆放方式不同而具有不同的火灾发生发展规律，因此研究典型火灾场景下的火灾发生发展规律是一项重要的基础性工作。本章主要介绍燃料包的概念和宾馆客房、商业建筑典型燃料包的试验结果及其应用研究。

10.1 燃料包与虚拟燃料包的概念

传统的燃料包的定义为暴露于火灾燃烧热传递过程中的可燃物，可以由单一材料构成（如木材、塑料），也可以由多种不同的材料构成（如软垫椅子、沙发或床垫），通常被用作引燃和维持火灾发展的一种简单有效的方法。在本书中，燃料包是指以火灾荷载调查为基础，综合考虑可燃物类型、分布以及火灾历史数据分析等内容确定的在一定堆放面积上的燃料组成体系。燃料包的设计有两点基本要求：一是实验过程中的可重复性；二是根据火灾荷载调查得到的可燃物组分比例，尽可能使材料简化。根据火灾荷载调查结果确定出燃料包内具体的可燃物类型与组成比例，然后对燃料包进行实验，测量热释放速率、热烟气温度等参数，作为制作虚拟燃料包的基础。

虚拟燃料包是以燃料包的实验为基础的，通过调整 FDS 软件的输入参数，得到与实验结果相一致的 FDS 输入文件。虚拟燃料包可以直接用于火灾场景文件中，使其更接近于火灾的发生发展过程。

10.2 宾馆客房燃料包试验与应用

设计具有代表性的宾馆客房燃料包，采用 FDS 数值模拟分析不同火灾场景下的火灾发展特点。参考模拟结果，进行了两组不同通风条件下的宾馆客房燃料包房间着火实验，并对实验结果作了详细分析，同时构建了适用于宾馆客房火灾场景模拟分析的虚拟燃料包。

10.2.1 宾馆客房燃料包的房间着火试验

（1）实验装置介绍。实验采用公安部四川消防研究所研究建成的全尺寸房间火灾综合实验装置。该装置是一个 6m×4m×3m 的实体火灾模拟实验装置，可以按照房间的实际使用情况进行实体火灾模拟实验，能对燃烧热释放速率等多种燃烧性能实验参数进行连续监控和测试，其实验结果可以直接在工程上应用，这为开展室内空间的火灾科学实验和防火安全设计实验的验证和研究创造了良好的条件。

实验装置由标准燃烧室、标准点火源、锥形收集器、排烟管道、烟气冷却器、风机以及测量装置和计算机数据采集处理系统等组成，装置结构如图10.1所示。

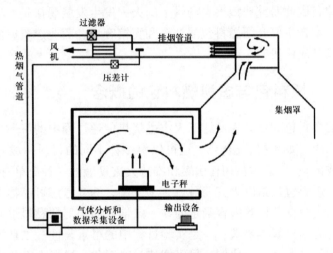

图 10.1　试验装置结构示意图

①燃烧室。燃烧室的外尺寸为 6m×4m×3m，吊顶和墙体的结构材料均采用轻钢龙骨和不燃性板材。为了尽可能减少实验对燃烧室的损害，室内顶面铺设了 20mm 厚的防火棉和石膏板，并外敷水泥进行加固，加固后的室内净空高度约为 2680mm，室内壁面铺设了 15mm 厚的石膏板。整个燃烧室建在一个无机械通风、保温且足够大的室内空间里。

燃烧室设有两个通风开口：一个是尺寸为 0.8m×2.0m 的门，位于北墙的正中间；一个是尺寸为 1.7m×1.8m 的窗户开口，位于南墙的正中间。在门和窗户的上方，分别设有尺寸为 3m×3m 和 2.5m×1.5m 的集烟罩，集烟罩上方与排烟管道相连接，下边缘与燃烧室顶相齐，目的在于收集实验过程中燃烧室内产生的燃烧产物。燃烧室外观和集烟罩情况如图 10.2 所示。

（a）燃烧室门口集烟罩

（b）燃烧室窗户集烟罩

图10.2 燃烧室外观和集烟罩装置图

②试验仪器。

第一，热电偶。火灾中室内热烟气的温度是研究火灾的重要参数，实验中分别在顶棚、门口、窗户开口以及房间墙角安装了热电偶，如图 10.3 所示。温度的测量元件采用直径为 2mm 的 K 型铠装热电偶，其测温上限可达 1200℃，完全能够满足实际火场的温度要求。其中，在顶棚设置了 5 个温度测点，测量顶棚水平温度分布，测温点距离顶棚 25mm。

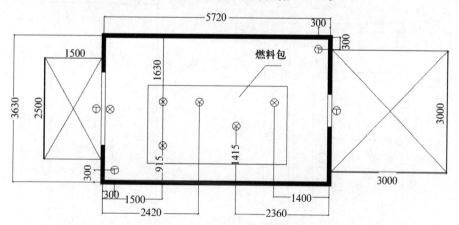

图10.3 试验室热电偶布置图

为了测量房间内部垂直高度上的温度变化，在房间靠近窗户的东南角和靠近门口的西北角分别设置了两个热电偶树，在垂直线上布置了 6 个测温点，如图 10.4 所示。

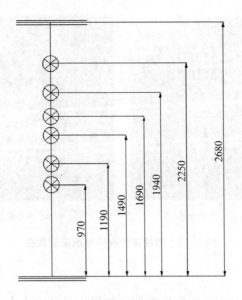

图 10.4　热电偶树测点布置图

为了测得烟气蔓延出房间的温度，在门口和窗户开口处的垂直方向上分别布置了 5 个热电偶，如图 10.5 和图 10.6 所示。

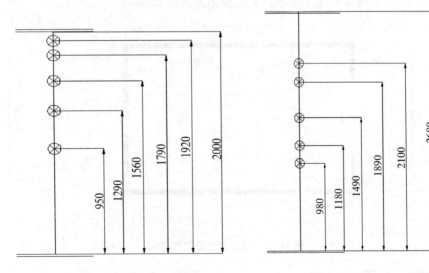

图 10.5　门口热电偶竖直方向布置图　　图 10.6　窗户热电偶竖直方向布置图

第二，毕托管。在门口垂直高度上安装了 3 个毕托管来测量热烟气流出门口的压力变化，如图 10.7 所示。

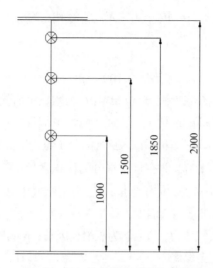

10.7 门口毕托管竖直方向布置图

③试验原理。Janssens 提出利用耗氧原理测量热释放速率的理论。1917年，该理论得到了进一步的发展，Thornton 指出对于相当一部分的有机气体和液体，在完全燃烧单位质量的氧气时所释放的热量基本上是一个常数。Huggett 对其又进行了补充，发现对于有机固体也同样存在这种现象，而且这个常数约为 13.1MJ/kg。少数几类物质存在 ±5% 以内的波动。ISO ROOM 是根据 ISO 9705 标准研制的全尺寸实体房间，是大型热释放速率测试装置，其基本原理就是氧消耗原理，主要是通过测量烟气的流量和氧的含量来计算相应的参数。

在完全燃烧的情况下，只要测量烟气中 O_2 的含量就能计算得到热释放速率。如果不完全燃烧，有大量的 CO 生成，为提高测量的准确性，可以同时测量烟气中 O_2、CO、CO_2 的含量。以下分别给出两种测量方式下的热释放速率的计算公式。

第一，只测烟气中 O_2 的含量。取样烟气在进入氧气分析仪进行分析时，需要除去烟气中的 CO_2 和水分，热释放速率的计算公式为：

$$Q = E\frac{\Phi}{1 + \Phi(\alpha - 1)}\dot{m}_e\frac{M_{O_2}}{M_a}(1 - X_{H_2O}^0 - X_{CO_2}^0)X_{O_2}^{A0} \qquad (10.1)$$

$$\Phi = \frac{X_{O_2}^{A0} - X_{O_2}^A}{(1 - X_{O_2}^A)X_{O_2}^{A0}} \qquad (10.2)$$

$$M_a = M_{dray}(1 - X_{H_2O}^0) + M_{H_2O}X_{H_2O}^0 \qquad (10.3)$$

$$X_{H_2O}^0 = \frac{RH}{100}\frac{p_s(T_a)}{p_a} \qquad (10.4)$$

式中，Q 为燃烧热释放速率，单位 MW；E 为燃烧每消耗 1kg 的氧气所释放出的热量，取 13.1MJ/（每 kg 的 O_2）；$\dot{m}_e$ 为排烟管中烟气的质量流量，单位 kg/s；M_{O_2} 为氧气的分子量，32kg/kmol；M_a 为空气的分子量，单位 kg/kmol；M_{dray} 为干空气的分子量，29kg/kmol；$X_{H_2O}^0$ 为空气中水分的体积含量；$X_{CO_2}^0$ 为空气中 CO_2 的体积含量；$X_{O_2}^{A0}$ 为干空气中氧气的体积含量；$X_{O_2}^A$ 为干烟气中氧气的体积含量；RH 为空气的相对湿度；T_a 为环境空气温度，单位 K；$p_s(T_a)$ 为 T_a 温度下水蒸气的饱和压力，单位 Pa；p_a 为大气压力，Pa；$\varPhi$ 为氧消耗因子；α 为膨胀因子。

纯碳在干空气中完全燃烧时 $\alpha = 1$，纯氢燃烧 $\alpha = 1.21$，一般推荐 α 的平均值为 $\alpha = 1.105$。

式（10.1）可以简化：忽略环境空气中的水分和 CO_2，即 $X_{H_2O}^0 \approx 0$，$X_{CO_2}^0 \approx 0$；取空气的分子量 $M_a = 29$kg/kmol；取膨胀因子 $\alpha = 1.105$；空气中氧气的体积含量 $X_{O_2}^{A0} \approx 21\%$。

$$Q = 1.10E\dot{m}_e\left(\frac{X_{O_2}^{A0} - X_{O_2}^A}{1.105 - 1.5X_{O_2}^A}\right) \qquad (10.5)$$

第二，测烟气中 O_2、CO 和 CO_2 的含量。

$$Q = \left[E\varPhi - (E_{CO} - E)\frac{1 - \varPhi}{2}\frac{X_{CO}^A}{X_{O_2}^A}\right]\frac{\dot{m}_e}{1 + \varPhi(\alpha - 1)}\frac{M_{O_2}}{M_a}(1 - X_{H_2O}^0)X_{O_2}^{A0} \qquad (10.6)$$

$$\varPhi = \frac{X_{O_2}^{A0}(1 - X_{CO_2}^A - X_{CO}^A) - (1 - X_{CO_2}^{A0})X_{O_2}^A}{(1 - X_{O_2}^A - X_{CO_2}^A - X_{CO}^A)X_{O_2}^{A0}} \qquad (10.7)$$

式中，E_{CO} 为 CO 燃烧每消耗 1kg 的 O_2 的释放量，约为 17.6MJ/（每 kg 的 O_2）；其余参数如上所述。式（10.6）可以进行简化，数值与前面简化所取一致，得：

$$Q = 1.10EX_{O_2}^{A0}\dot{m}_e\left[\frac{\varPhi - 0.172(1 - \varPhi)\frac{X_{CO}^A}{X_{O_2}^A}}{(1 - \varPhi) + 1.105\varPhi}\right] \qquad (10.8)$$

（2）燃料包。本书第九章已对宾馆进行了火灾荷载调查与统计分析，考虑到中档宾馆所占比例大、面向对象广的特点，依据中档宾馆标准间的火灾荷载数据来设计制作燃料包，统计分析结果如表 10.1 所示。

表 10.1　中档宾馆标准间移动火灾荷载中的可燃物组分

	木材和纸张 MJ/m²	纺织物 MJ/m²	塑料 MJ/m²	其他 MJ/m²	移动火灾荷载密度 MJ/m²
平均值	220.3	13.1	77.5	1.6	312
95ᵗʰ分位数	304.6	25.8	119.5	4.5	465
荷载（%）	70.5%	4.2%	24.8%	0.5%	100.0%

注：软垫类家具中所含 PUF 在塑料含量中占的比例约为 26% ~30%，在此取 30%。

　　为了满足最不利场景的要求，燃料包的火灾荷载密度采用 95ᵗʰ分位数值 465MJ/m²。根据家具覆盖地板面积百分比，在实验设计中，取燃料包堆放面积为 8.8m²，总火灾荷载值为 4092MJ。

　　在火灾荷载调查中发现，宾馆客房中家具的分布较为规律：一侧是床和床头柜，另一侧主要为家具，如电视机柜、写字台、行李柜等。靠墙角处为休闲椅、沙发和茶几。由此可见，在宾馆客房场景中，可燃物并非均匀分布，类似于居住建筑，家具类型主要可以划分为两类：

　　①第一引燃物 PCFs（Primary Combustible Fuels），指沙发、床垫等软垫类家具。这类家具材料泡沫和纤维密度小、燃烧热大，燃烧过程中火灾增长呈快速火的发展趋势。软垫家具通常被视为一般火灾中的第一引燃物，其中主要可燃成分 PUF 的燃烧对初期火灾的影响最大。

　　②第二引燃物 SCFs（Secondary Combustible Fuels），指客房内其他家具，主要是木制家具、地面材料等。这类材料密度大、燃烧热相对较小，通常是在床和沙发等软垫家具燃烧到一定程度时才被引燃。燃烧过程中火灾增长较慢，在通风状况良好的情况下，通常作为维持火灾发展的燃料补给。

　　为满足燃料包的设计要求，重点考虑软垫类家具的主要可燃成分 PUF 和木材，简化忽略其他所占比例小的可燃物组分（如纺织物、皮革、橡胶等）。另外，有关研究表明，不同纤维面料和 PUF 组合对热释放速率峰值以及变化趋势都有较大影响，是个复杂因素，为简化起见，在此不考虑纤维面料的影响。

　　由此得到燃料包的可燃物组分为：

　　①聚氨酯泡沫 PUF：荷载比例为 7.5%。为了满足软垫类家具在火灾中呈快速火的发展趋势，设计为模型沙发（坐垫 + 靠背）的形式。

　　选用密度为 30kg/m³ 的硬海绵，坐垫尺寸为 600mm×1800mm×100mm，靠背尺寸为 1800mm×600mm×150mm，总质量约为 9.1kg。

　　②木材：荷载比例为 88%。为了使其在通风良好的情况下充分燃烧，设计为木垛火的堆放形式。考虑到在室内火灾发展中，木垛通常是通过热辐射点燃，初期火灾增长速率较慢，因此，在 PUF 下方设计两个小木垛，随着

PUF 燃烧而逐渐被引燃，当 PUF 达到热释放速率峰值时被完全点燃。这样的话，当 PUF 燃烧进入衰减期，仍有足够热量来引燃大木垛，维持室内火灾的发展。为了使火灾维持在 30min 左右，室内温度不至于超过一定值而损坏仪器设备，设计两个大木垛放置在 PUF 两侧。

选用密度约为 400kg/m³ 的杉木，单根杉木尺寸为 45mm × 90mm × 800mm，每 6 根作为一层。其中，小木垛由 4 层构成，质量约为 32kg，大木垛由 8 层构成，质量约为 64kg。实验燃料包的构成及摆放方式如图 10.8 所示。

图 10.8　燃料包的构成及摆放方式

（3）火灾场景设计的数值模拟。设计合适的火灾场景是火灾风险评估中的关键环节。ISO/TR - 13387 - 2 中对设计火灾场景的定义为"对某一特定火灾场景进行分析，包括火灾对建筑构件、人员、消防安全系统的影响，尤其是引火源、第一引燃物引燃后的火灾增长、蔓延，以及与建筑内人员、消防安全系统之间的相互作用"。一个设计火灾场景是对特定场景下火灾随时间变化的定性描述，确定表征火灾的关键事件，如点燃、火灾增长、轰燃、全面发展和衰减阶段。确定一个反映真实火灾发展的火灾场景是确定合适的设计火的基础。

FDS 是一个计算流体动力学模型，是美国国家标准局（NIST）开发的火灾动力学场模拟程序。FDS 采用数值方法求解一组描述热驱动的低速流动的 Navier Stokes 方程（黏性流体方程），重点计算火灾的烟气流动和热传递过程。FDS 是一种简化预测在给定环境中物体燃烧行为的工程方法，能够研究起火房间尺寸、燃料类型等参数对室内火灾发展的影响。在进行实体实验之前，首先采用 FDS 模拟来观察燃料包的燃烧规律，并改变通风条件以及燃料包的摆放位置，研究不同火灾场景下热释放速率、温度以及烟气浓度的变化情况，为确定实体房间火实验的火灾场景设计提供参考。

FDS 模拟的房间尺寸采用四川消防科研所的实验室尺寸 6m × 4m × 3m。

为了较为准确地模拟室内火灾发展，需要选取合适的网格尺寸。相关研究表明，火灾最小长度尺寸可以用火源特征直径 D^* 表示，计算公式为：

$$D^* = \left(\frac{Q}{\rho_0 c_0 T_0 \sqrt{g}}\right)^{2/5} \tag{10.9}$$

其中：Q 为热释放速率，单位 W；ρ_0 为环境空气密度，单位 $kg \cdot m^{-3}$；c_0 为空气比热，单位 $J \cdot kg \cdot k^{-1}$；T_0 为环境温度，单位 K；g 为重力加速度，单位 $m \cdot s^{-2}$。

当网格尺度小于 $0.1 D^*$ 时，FDS 可以很好地模拟建筑物发生火灾时的烟气沉积与流动，当网格尺度小于 $0.05 D^*$ 时，可以精确计算火焰区域中的化学反应及湍流效应。因此，为了较好地模拟室内火灾发展，网格尺度应取 $0.05 D^*$，但对这种选取方式的计算机性能以及运算时间要求甚高。因此，综合考虑计算时间和准确度，将燃料包堆放面积上的网格取为 $0.1 D^* = 0.05m$，其他区域采用 $0.2 D^* = 0.1m$，总网格数为 267750，网格划分如图 10.9 所示。

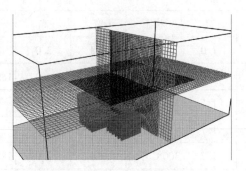

图 10.9 FDS 模拟的网格划分图

实验室共有门和窗户两个通风开口，通风开口处的气流流动状况将影响房间内部的质量、热量交换率和燃烧状况。为了精确模拟出气流的流动情况，将计算区域向室外扩展，包括燃烧室和部分环境空气。同时，考虑到实际情况下门不可能完全密闭，设置了宽度为 0.1m 的门缝。

为了使模拟结果尽可能接近实际情况，燃料包中 PUF 和木垛的质量和尺寸依照荷载调查的数据进行设计。PUF 的坐垫尺寸为 1800mm × 800mm × 100mm，靠背尺寸为 1800mm × 600mm × 150mm，密度设为 30kg/m³，质量为 9.1kg。木材的密度取 376kg/m³，单根木条尺寸为 50mm × 100mm × 800mm，木垛总质量为 190kg。引火源为功率 20kW 的丙烷，尺寸为 0.1m × 0.2m，放置在 PUF 坐垫和靠背的交界处，持续时间为 80s。燃料包模型图如 10.10 所示。

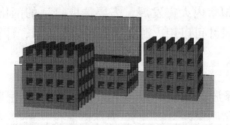

图 10.10　FDS 模拟燃料包的模型图

①火灾场景设计。根据不同通风情况以及燃料包摆放位置，共设计了 9 个火灾场景，如表 10.2 所示。通过模拟发现，由于 PUF 燃烧迅速，窗户附近的测点在 20 ~ 30s 之内就达到了 300℃，因此，窗户开启与 300℃开启得到的热释放速率（HRR）曲线和温度曲线几乎相同。

表 10.2　FDS 模拟试验的不同火灾场景

火灾场景	窗户			门			燃料包位置
	宽	高	状态	宽	高	状态	
SC1	1.0	1.0	开启	0.8	2.0	关闭	中心
SC2	1.0	1.0	开启	0.8	2.0	180s 开启	中心
SC3	1.8	1.7	300℃开启	0.8	2.0	关闭	中心
SC4	1.8	1.7	开启	0.8	2.0	开启	中心
SC5	1.8	1.7	300℃开启	0.8	2.0	180s 开启	中心
SC6	无窗			0.8	2.0	180s 开启	中心
SC7	1.8	1.7	开启	0.8	2.0	关闭	墙角
SC8	1.8	1.7	开启	0.8	2.0	开启	墙角
SC9	1.8	1.7	300℃开启	0.8	2.0	180s 开启	墙角

模拟过程中的燃料包燃烧情况如图 10.11 所示。

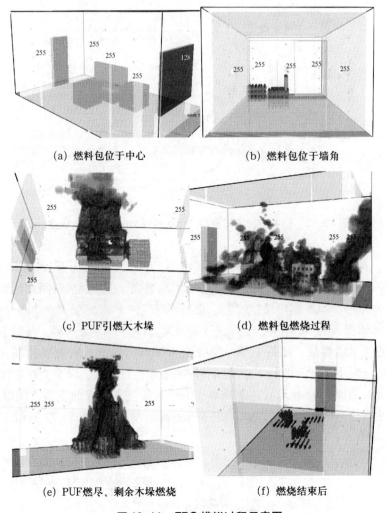

(a) 燃料包位于中心　　　　　　　(b) 燃料包位于墙角

(c) PUF引燃大木垛　　　　　　　(d) 燃料包燃烧过程

(e) PUF燃尽、剩余木垛燃烧　　　　(f) 燃烧结束后

图10.11　FDS模拟过程示意图

②模拟结果分析。

第一组：门状态相同的情况下，考察窗户尺寸对室内燃烧的影响。

当门关闭时，窗户尺寸大小对室内火灾发展有显著影响，如图10.12所示。SC1窗户开口小，PUF燃烧达到第一个HRR峰值3000kW后，由于通风受限，室内燃烧较为缓慢，HRR维持在1200kW左右。SC3窗户开口面积较大，PUF燃烧充分，并逐渐引燃下方和旁边的木垛，出现了两个HRR峰值，分别为5300kW和5800kW，都明显高于SC1中的峰值。

SC2火灾发展初期，由于窗户尺寸较小，火势增长较慢，第一个峰值约为

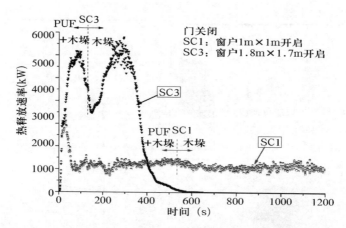

图 10.12　门关闭，不同窗户尺寸的热释放速率曲线对比图

3300kW，在达到峰值后由于新鲜空气供给不足，下降并维持至 1000kW 左右。待门 180s 开启后，新鲜空气进入，促进了木垛燃烧，在很短的时间内达到第二个峰值 5500kW。SC5 窗户尺寸较大，有足够空气供 PUF 燃烧，在 100s 左右达到第一个 HRR 峰值 5250kW，随即进入衰减期。待门 180s 开启后，新鲜空气补足，促进了木垛燃烧，达到了第二个峰值 4000kW。SC6 火灾发展初期，门关闭，室内空气不足，使得 PUF 燃烧维持时间短而接近熄灭，但室内存在大量的可燃组分，当门 180s 开启后，新鲜空气的进入促进了火灾的发展，HRR 达到了第二个峰值 4000kW，之后基本保持在 2500kW 左右，如图 10.13 所示。

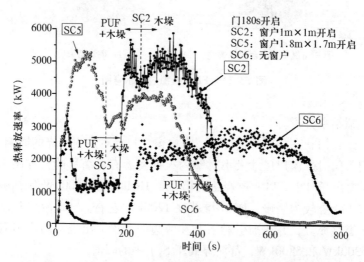

图 10.13　门 180s 开启，不同窗户尺寸的热释放速率曲线对比图

　　第二组：窗户尺寸相同的情况下，考察门启闭对室内火灾的影响。

　　SC3 中门始终关闭，PUF 引燃后达到第一个 HRR 峰值 5200kW，逐渐引燃木垛，随后进入衰减期，木垛在 250s 左右完全燃烧，达到第二个 HRR 峰值 5800kW。SC4 门窗都开启，PUF 被引燃后迅速燃烧，并较快引燃了下方和旁边的木垛，HRR 峰值最大为 5900kW，当 PUF 进入衰减期，木垛剩余量最少，因此 HRR 第二个峰值最小，约为 3000kW。SC5 门 180s 开启，改善了通风条件，促进了木垛的燃烧，第二个 HRR 峰值约为 3900kW，介于 SC4 和 SC3 之间，如图 10.14 所示。

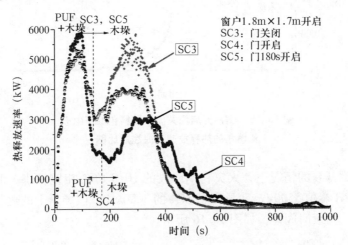

图 10.14　窗户开启，门不同状态的热释放速率曲线对比图

　　第三组：考察燃料包位于房间中心和墙角对室内火灾发展的影响。

　　在窗户开启，门始终关闭的情况下，不同位置燃料包的热释放速率曲线形状相差不大。SC7 的 HRR 第一个峰值 5500kW 稍高于中心位置的 HRR 峰值 5000kW。墙角处的室内温度分布较不均匀，如图 10.15 所示。

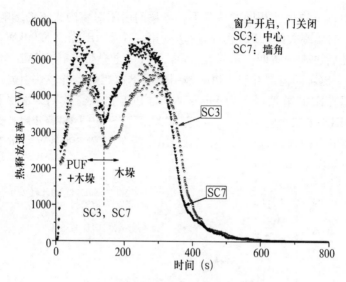

图10.15　窗户开启门关闭，燃料包位于中心
和墙角的热释放速率曲线对比图

门窗都开启的情况下，火灾初期阶段的 HHR 峰值相差较小，但 SC8 的第二个 HRR 峰值 5500kW 明显高于 SC4 的 3000kW，该场景下的燃料包燃烧更为充分，持续时间短，如图 10.16 所示。

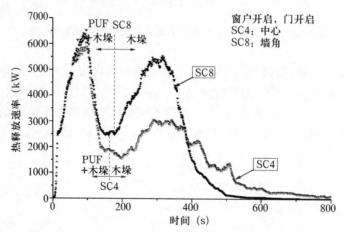

图10.16　门窗开启，燃料包位于中心和
墙角的热释放速率曲线对比图

火灾初期阶段，燃料包位于中心与墙角的 HRR 峰值相差不大，约为 5500kW。当门 180s 开启时，位于墙角的燃料包燃烧更为猛烈，持续时间短，

HRR 峰值明显高于处于中心位置的情况，如图 10.17 所示。

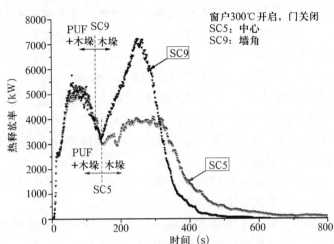

图 10.17 门窗一定条件下开启，燃料包位于
中心和墙角的热释放速率曲线对比图

表 10.3 给出了各火灾场景中的 HRR 峰值和达到时间、2.3m 处最高温度和达到时间的比较情况。可以看出，HRR 峰值达到时间和最高温度达到时间比较接近，只有 SC6 场景受通风控制导致两者相差较大。燃料包位于墙角时，HRR 峰值较大，达到时间较短；而且，2.3m 处温度也较高，在 300s 之前都超过了 800℃。当燃料包位于房间中心处时，SC4 门窗始终开启，通风状况最好，火势发展最迅速，燃烧持续时间最短，HRR 峰值最大为 6030kW，最高温度为 783℃。

表 10.3 各火灾场景中 HRR 峰值和 2.3m 最高温度值比较

火灾场景	HRR 峰值及达到时间		2.3m 最高温度及达到时间	
	kW	s	℃	s
SC1	3360	31	720	30
SC2	5671	210	745	421
SC3	5900	274	772	236
SC4	6030	114	783	97
SC5	5280	88	733	101
SC6	4530	245	655	710
SC7	5740	67	865	126
SC8	6520	89	808	100
SC9	7230	250	843	298

通过对各场景热释放速率和温度曲线的比较分析，可以得到以下结论：

第一，所有火灾场景中，PUF 作为第一引燃物，对火灾初始发展起决定性作用，导致火灾初始增长速率几乎相同。待 PUF 进入衰减期，开口通风情况开始影响火灾发展趋势。

第二，通风开口对室内火灾发展具有重要影响作用。通风开口面积越大，HRR 峰值越大，燃烧越充分，燃烧持续时间越短。通风状态的改变也会导致室内火灾发展状态的改变。如在室内火灾发展过程中，窗户玻璃受热破碎、人员疏散时开启门将导致大量新鲜空气进入，可能发生回燃，导致 HRR 和温度在很短时间内达到峰值。

第三，在通风条件良好的情况下，室内四个墙角 2.3m 处温度在较短时间内超过 600℃，最高温度可达 800℃，会发生轰燃。

第四，根据热释放速率和温度曲线图，验证了燃料包的设计思想。PUF 作为第一引燃物，在很短时间内达到 HRR 第一个峰值，并逐渐引燃下方小木垛和旁边大木垛。待 PUF 燃烧进入衰减期时，下方小木垛已经完全燃烧，有足够的能量来继续引燃大木垛，木垛完全燃烧达到第二个 HRR 峰值，维持室内火灾的发展。

③火灾场景选择。虽然没有合适的实验数据来验证 FDS 模拟的可靠性，但 FDS 模拟结果能够反映出一些火灾发展和烟气运动的规律，帮助选择和确定合适的火灾场景以及实验设备的位置。参考模拟结果，综合考虑实验设备的承受能力以及实际火灾中人员疏散可能出现的情况，选择 SC5 和 SC6 两种场景作为不利情况下的火灾场景，两组实验的火灾荷载和通风条件如表 10.4 所示。

表 10.4　两组试验的火灾荷载和通风条件

	PUF 质量（kg）	木垛个数		木垛质量（kg）	通风条件	
		小木垛	大木垛		门	窗户
TEST1（SC5）	9.1	2	2	187.6	180s 开启	关闭
TEST2（SC6）	9.2	2	2	189.8	180s 开启	300℃ 开启

实验前，窗户用不可燃挡板密封，当窗口中心位置的热电偶达到 300℃时，手动拆除挡板，模拟窗户玻璃破碎的场景。门口也采用不可燃挡板进行遮盖，当实验进行到 180s 时，移开挡板，模拟人员疏散。

（4）试验结果和数据分析。两组实验在相同的初始环境下进行，实验前均采用燃气对设备进行了标定，确保测试数据具有良好的准确性和再现性。实验开始前，实验装置和测试系统均处于正常的工作状态，并正常运行 2min

以上。系统每 2s 记录一次数据。

实验采用 250mm×250mm 的环形点火源，放置在距离 PUF 坐垫 25mm 的位置，根据 ASTM E1537，火源功率设为 19kW，持续时间为 80s。两组实验的燃烧过程如图 10.18 所示。

(a)　PUF被环形点火器引燃　　　　　(b)　门用不可燃挡板遮挡

(c)　TEST1试验中　　　　　　(d)　TEST2试验中

图 10.18　两组试验过程图

TEST1 实验现象：当 PUF 坐垫被引燃之后，立即产生大量黑烟，火焰沿着水平方向迅速蔓延，并在较短时间内引燃靠背，PUF 整体燃烧，并形成大量熔融滴掉落在下方的木垛中，成为引燃木垛的引火源。当门 180s 开启时，由于新鲜空气的补足，室内燃烧更加剧烈，出现明亮火焰。PUF 烧完后，下方的小木垛继续燃烧，并逐渐引燃大木垛。两个大木垛几乎同时被引燃，其上方形成了竖直的明亮火焰，高达顶棚。

TEST2 实验现象：PUF 被引燃后，立即产生大量黑烟，并形成熔融滴逐渐引燃下方木垛。门 180s 开启后，PUF 全面燃烧，产生明亮火焰。当窗户在 300℃ 左右被打开时，PUF 已经燃尽，小木垛完全燃烧，但由于窗户和门同时开启，室内散热较大，导致木垛产生的火焰较小。由于窗户开口面积较大，小木垛产生的火焰偏向了靠近窗户的大木垛，大木垛在明火作用下被引燃，而在 PUF 对侧的大木垛尚未被引燃。直至靠近窗户处的大木垛完全燃烧后，另一个大木垛才逐渐被引燃，火势的发展不如第一组实验猛烈。

两组实验均持续了 40min。通过观察发现，虽然燃料包的火灾荷载较大，但当门和窗户开启时，没有出现喷出火焰，可能是因为燃烧室空间较大，门窗并非处于完全密闭状态，室内仍有足够空气供火灾初期阶段的发展。

①热释放速率。热释放速率是基于 Janssen 的氧气消耗原理计算得到的，需要的参数包括温度、质量流速和烟气浓度。两组实验火灾场景下的热释放速率曲线如图 10.19 和图 10.20 所示。

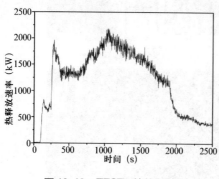

图 10.19　TEST1 的热释放
速率曲线图

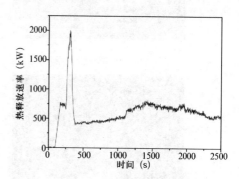

图 10.20　TEST2 的热释放
速率曲线图

TEST1 的窗户处于密闭状态，当门 180s 开启后，火势发展迅速，热释放速率在 200s 出现了一个小峰值 740kW，随即 PUF 完全燃烧，在 370s 左右达到第一个大峰值 1963kW。随着大木垛被逐渐引燃并完全燃烧，在 1128s 左右达到第二个大峰值 2184kW。

TEST2 的初始环境条件和 TEST1 相同，火灾增长趋势曲线基本一致，在 200s 附近出现第一个小峰值 500kW，随即在 420s 增长至 2000kW。当窗户 300℃左右开启后，由于开口面积较大，通风状况良好，室内散热大，反馈到木垛的热辐射减小，热释放速率在 562s 时减少为 387kW，在 1570s 左右才达到第二个峰值 815kW，明显小于 TEST1 实验值。可见，在火灾发展初期，热释放速率增长基本相同，之后由于通风状况不同，导致火灾发展具有较大差异。

②热烟气温度。实验中，为了测量室内燃烧的温度变化情况，在房间的顶棚、墙角、门窗开口处都安装了热电偶。顶棚温度是反映燃烧室内可燃物

燃烧过程的重要参数，烟气顶棚射流中的最大温度和速度也是估计火灾探测器和水喷淋头热响应的重要参数。门窗开口处的温度分布对考察热烟气溢出导致的火灾蔓延具有重要意义。

TEST1：热电偶树 SE（3 号热电偶损坏）和热电偶树 NW 的温度变化如图 10.21 所示，热电偶树 SE 和 NW 上各测点在 1150s 左右达到最大值，约为 600℃。图 10.22 给出了顶棚温度变化情况，由于顶棚水平方向上的热电偶直接接触火焰，其测值高于热烟气的温度。各测点在 1310s 左右达到最大值，约为 700℃，稍晚于热释放速率曲线开始衰减的时间 1130s。

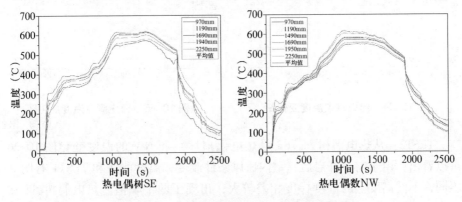

图 10.21　热电偶树 SE 和 NW 的温度变化图

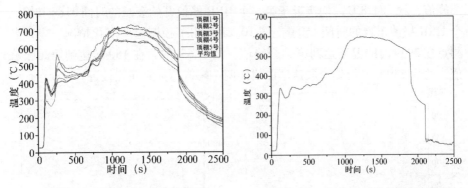

图 10.22　顶棚测点温度变化图　　　图 10.23　窗户中心测点温度变化图

窗户中心距离地面 1.5m 处的温度变化如图 10.23 所示，可以看出在 190s 左右时的温度超过了 300℃，最高温度可达 600℃，并在 1324s 到 1976s 之间维持在 500℃以上。

门口和窗户外的热电偶测点读数如图 10.24 和图 10.25 所示。当门开启后，蔓延出房间的热烟气在不同高度上温度变化较大，越靠近顶棚的烟气温度越高，最大值可达500℃，这是因为燃料产生的热烟气在顶棚聚集，其温度随时间变化的趋势与燃料的燃烧放热相关，而下部区域卷吸的是外界的新鲜冷空气。由于窗户始终处于封闭状态，其外侧的热电偶测点温度较低，最高温度为60℃。

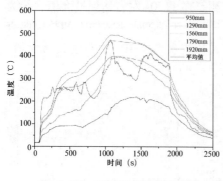

图 10.24　门口测点温度变化图　　　　图 10.25　窗户测点温度变化图

TEST2：从热电偶树 SE（3 号热电偶损坏）和 NW 的温度变化图 10.26 可以看出，由于窗户开启后，室内通风条件改变，温度曲线和 TEST1 有明显不同，不同高度上的温度梯度相差较大，出现了两个峰值。热电偶树 SE 在 324s 达到第一个峰值，约为 490℃，在 1500s 附近达到第二个峰值，约为 450℃。热电偶树 NW 在 328s 达到第一个峰值，为 424℃，在 1502s 达到第二个峰值，约为 478℃，均接近于第一个 HRR 峰值开始衰减的时间 318s 和第二个 HRR 峰值出现的时间 1504s。图 10.27 给出了顶棚温度变化情况，发现各测点在 394s 时的温度达到第一个峰值，约为 658℃，在 1594s 达到第二个峰值，约为 550℃，与热释放速率曲线的两个峰值达到时间相接近。

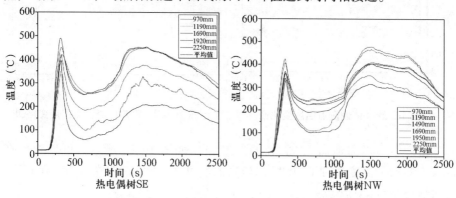

图 10.26　热电偶树 SE 和 NW 的温度变化图

　　窗户中心附近的温度变化如图 10.28 所示，在 314s 左右达到 300℃，相比第一组实验的 190s 有所推迟。而且，当窗户开启后，由于大量新鲜空气进入，通风良好，室内环境温度显著下降，维持在 250℃ 左右。

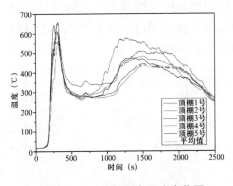

图 10.27　顶棚测点温度变化图

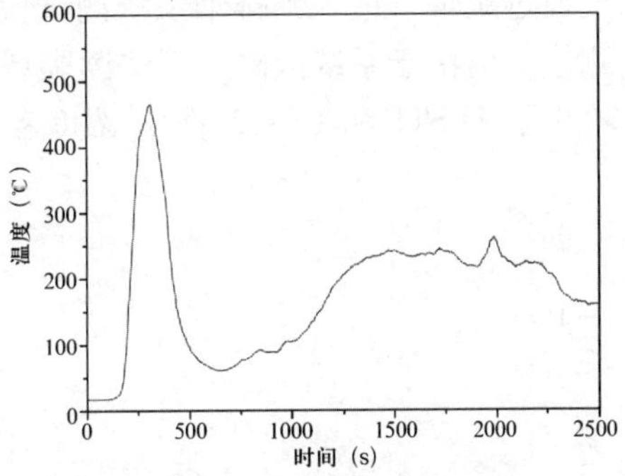

图 10.28　窗户中心测点温度变化图

　　门口和窗户外的热电偶测点读数如图 10.29 和图 10.30 所示。当门开启后，流出房间的热烟气温度在不同高度上相差较大，也出现了两个较为明显的峰值，最高温度可达 326℃。窗户开启后，温度曲线在 1000s 到 1500s 之间出现了较为剧烈的波动，出现这种现象的原因可能是靠近窗户的大木垛被引燃后，火焰向窗外倾斜，导致流出热烟气与流入新鲜空气之间相互扰动，也使得窗户下方的热电偶温度增高。

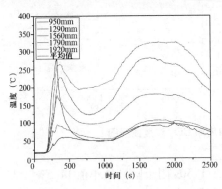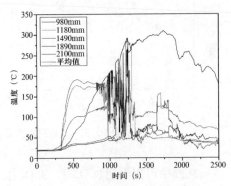

图 10.29　门口测点温度变化图

图 10.30　窗户外测点温度变化图

　　从以上实验数据中可以看出，由于两组实验中的第一引燃物都为 PUF，温度升高较快，火灾初期增长曲线相近。但当 PUF 燃尽后，由于通风条件不同，导致两组实验火灾发展过程中的热释放速率曲线和温度曲线显著不同。TEST1 中顶棚最高温度为 700℃，稍高于 TEST2 的最高温度 658℃。

③气体浓度。烟气中的氧气耗损量是反映燃烧室内状况的一个最重要参数，也是计算热释放速率的基础。而烟气中的 CO_2 浓度和 CO 浓度反映了可燃物燃烧是否充分，是判断危险状态来临时间的关键参数。实验过程中，烟气通过集烟罩进入到排烟系统测试段进行温度、压力以及 CO、CO_2 和 O_2 的测量。但由于系统故障，无法读取 CO 浓度的数值。图 10.31 和图 10.32 分别给出了 TEST1 和 TEST2 的 O_2 浓度和 CO_2 浓度曲线图。

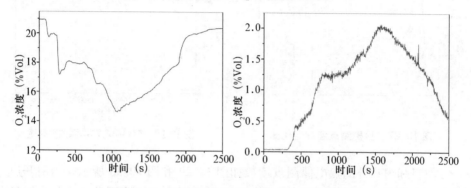

图 10.31　TEST1 的 O_2 浓度和 CO_2 浓度曲线图

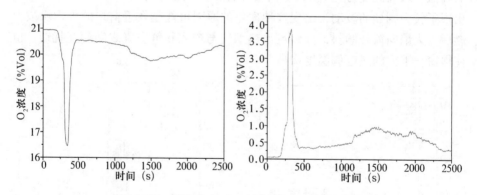

图 10.32　TEST2 的 O_2 浓度和 CO_2 浓度曲线图

从图中可以看出，TEST1 的 O_2 浓度在 1150s 附近降到最小值 14.5%，与热释放速率曲线中木垛完全燃烧达到的峰值来临时间 1128s 相对应；CO_2 浓度在 1700s 达到最大值 2.1%。TEST2 的 O_2 浓度在 348s 时降到最小值 16.4%，稍滞后于热释放速率曲线中 PUF 完全燃烧的峰值来临时间 318s，随着窗户开启和通风条件的改善，O_2 浓度迅速上升；CO_2 浓度在 314s 时达到最大值 3.8%，之后迅速下降，随着木垛的燃烧，在 1500s 时达到 1.0%。通过比较可以发现，TEST1 中 O_2 浓度最小值和 CO_2 浓度最大值是伴随着木垛的完全燃烧而出现的，TEST2 则是由于 PUF 燃烧引起的。可见通风条件的不同，对燃烧产物的影响也是非常明显的。

④门口压差。门口压差变化如图 10.33 和图 10.34 所示，正值表示顶部烟气从室内流向室外，负值表示新鲜空气从室外流向室内。第二组测点的曲线波动较大，可能是因为流出门口的热烟气发生了扰动。

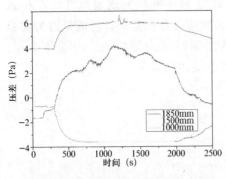

图 10.33　TEST1 门口压差变化图　　　　图 10.34　TEST2 门口压差变化图

（5）试验和数值模拟结果的对比分析。

①热释放速率。图 10.35 给出了 FDS 模拟和 TEST1 的热释放速率曲线，从图中可以看出，FDS 模拟 PUF 很快被点燃，热释放速率在很短时间内达到 3000kW，符合超快速火增长规律。随后由于室内通风受限，迅速下降，直至门 180s 开启，新鲜空气进入，发生了回燃，热释放速率在瞬间达到 3500kW，随后是木垛的完全燃烧过程。实验中，火灾增长速率介于快速火和中速火之间，偏向快速火。而且门窗的开启对室内燃烧的影响没有模拟中那么明显，热释放速率峰值也明显小于模拟值，燃烧持续时间较长。

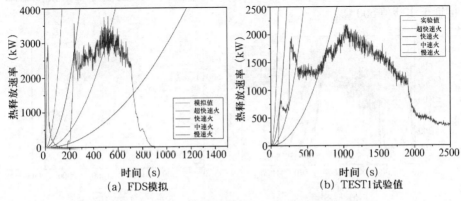

图 10.35　TEST1 热释放速率的 FDS 模拟和试验曲线图

图 10.36 给出了第二组 FDS 模拟和 TEST2 的热释放速率曲线。相比实验，FDS 模拟中 PUF 下方小木垛更快被 PUF 引燃，燃烧更猛烈，第一个峰值 5400kW 要明显高于实验结果 1900kW，两侧大木垛几乎同时被引燃，达到第二个峰值 4000kW，火灾增长速率服从超快速火。而实验中，两个大木垛是先后被引燃的，使得第二个峰值来得较晚而且值较小，火灾增长速率介于快速火和中速火之间，偏向快速火。另外，通过 FDS 模拟发现通风开口面积越大，HRR 越大，火灾持续时间越短，与实验情况存在差异，可能是因为实验中室内散热较大，反馈到燃料包表面的热辐射较少导致的。但总体来说，FDS 模拟能较好地反映燃料包的热释放速率变化趋势。

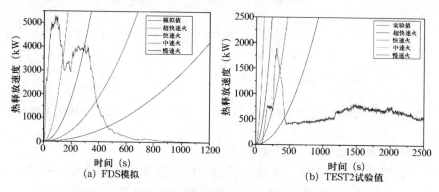

图 10.36 TEST2 热释放速率的 FDS 模拟和试验曲线图

②热烟气温度。图 10.37 和图 10.38 分别给出了 TEST1 热电偶树 SE 和 NW 的数值模拟和实验的温度变化图。通过比较，发现 FDS 模拟的热电偶树 SE 出现了两个峰值，最高温度接近 800℃，高于实验结果 600℃。当门 180s 开启后，曲线变化趋势与实验结果类似。热电偶树 NW 的温度峰值模拟结果接近于实验值 600℃。

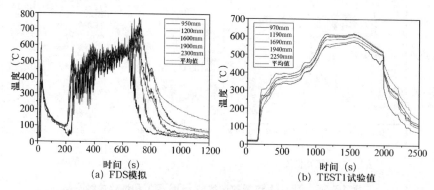

图 10.37 TEST1 热电偶树 SE 温度的 FDS 模拟和试验曲线图

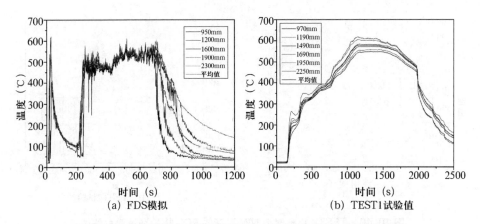

图 10.38　TEST1 热电偶树 NW 温度的 FDS 模拟和试验曲线图

　　图 10.39 和图 10.40 分别给出了 TEST2 热电偶树 SE 和 NW 的数值模拟和实验的温度变化图。在窗户 300℃ 开启的情况下，模拟结果和实验结果的温度峰值相差较大，FDS 模拟最高温度可达 750℃，而实验结果最高温度为 500℃，可能与窗户开口较大、室内散热明显有关。但两者不同高度上的温度梯度都比较明显，而且都出现了两个峰值。

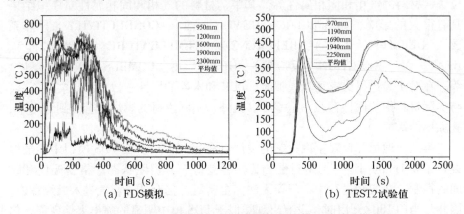

图 10.39　TEST2 热电偶树 SE 温度的 FDS 模拟和试验曲线图

　　由图 10.39 比较可知，由于受诸多因素的影响，FDS 模拟不能准确地预测 HRR 和温度的峰值大小以及峰值出现的时间，而且模拟值都明显高于实验值。但从曲线变化趋势来看，FDS 还是能较好地反映出燃料包的燃烧规律，即 PUF 作为第一引燃物在很短时间内完全燃烧，直接影响火灾初期发展阶段，热释放速率和温度达到第一个峰值，而后逐渐引燃木垛，当木垛完全燃烧时，出现第二个峰值。对 FDS 模拟结果进行误差分析，原因如下：

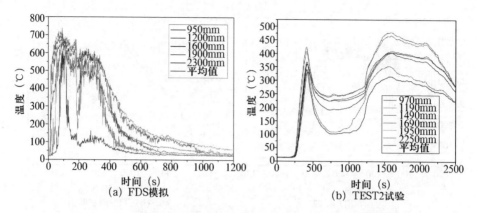

图10.40　TEST2热电偶树NW温度的FDS模拟和试验曲线图

第一，FDS模拟中，网格的选取直接影响模拟结果的精确度。但由于计算机性能和计算时间的因素，无法将网格划分过细，只能对燃料包堆放面积上的网格进行加密。

第二，影响FDS输出结果的因素很多，包括计算区域、网格、房间尺寸、边界条件、模拟时间、点火源、可燃物的尺寸以及属性、可燃物的摆放位置、材料的气相和固相属性等。其中，材料的气相和固相属性对模拟结果具有很大的影响，如SPECIFIC_ HEAT（比热）、CONDUCTIVITY（导热系数）、DENSITY（密度）、REFERENCE_ TEMPERATURE（参考温度）、HEAT_ OF_ REACTION（反应热）、HEAT_ OF_ COMBUSTION（燃烧热）等。在对实验进行火灾场景模拟时，PUF和木垛的属性参数来源于文献资料，与实际材料中的属性存在一定差异。另外，实际木材的燃烧还会受到含水率、孔隙率的影响。

第三，通风开口对室内火灾的发展具有重要影响。在FDS模拟中，虽然设置了0.1m的门缝，但密封性仍比实验要好，其启闭状态严格受温度和时间的控制。在实验过程中，门窗无法完全密封，仍有部分空气进入燃烧室内，因此，当门180s开启时，没有出现类似于FDS模中明显的喷出火焰现象，热释放速率和温度在瞬间到达最大值，发生回燃。

第四，在模拟过程中，为了模拟出气流的流动情况，将计算区域向室外进行了扩展，包括燃烧室和部分环境空气，但没有考虑集烟罩排烟速率的影响。在实验中，窗户和门上方的集烟罩是同时运作的，将对溢出房间的热烟气产生较大扰动，同时会对房间内的通风状况产生一定影响。

10.2.2　宾馆客房虚拟燃料包数值设计

通过上一节火灾场景设计的FDS模拟与实验结果的对比分析可知，影响

FDS输出结果的因素很多，包括计算区域、网格、房间尺寸、边界条件、模拟时间、点火源、可燃物的尺寸以及属性、可燃物的摆放位置、材料的气相和固相属性等。其中材料的气相和固相属性对模拟结果的影响最为明显。在实际火灾场景中，可燃物涉及多种不同材料（木材、塑料、纺织物等），每种材料所占比例以及燃烧属性不尽相同，对火灾的贡献也不同，如汽化热（KJ/kg）、热值（MJ/kg）、燃烧速率（$kg/m^2/s$）、密度（kg/m^3）、点燃温度（℃）、化学成分等。而且在燃烧过程中，由于通风状况的不同，还可能出现完全燃烧和不完全燃烧的情况。

为了解决材料属性和质量分布多样性的问题，考虑到完全燃烧和不完全燃烧出现的不确定性，在10.1节中提出了FDS虚拟燃料包概念并已进行了相应的介绍。其特点是不要求材料属性和实际燃料包的完全一致，只要能够模拟出实验所确定的热释放速率、热烟气温度以及CO、CO_2产量即可。本节在实验基础上，设计能够预测实体房间燃烧特性的FDS虚拟燃料包，为研究实际场景下的宾馆客房火灾发展特点提供可靠的FDS输入文件。

（1）虚拟燃料包。设计虚拟燃料包，第一步需要明确该场所的火灾荷载、可燃物的类型及分布，并且结合火灾统计数据来确定第一引燃物、引火源类型和位置等情况。然后通过中等尺寸或者全尺寸燃烧实验，得到热释放速率、产烟量、热烟气温度等数据，作为开发FDS虚拟燃料包输入参数的依据。在模拟过程中，通过反复修改燃料包的形状、材料的气相和固相属性，直至得到近似的实验结果。

在宾馆客房场景中，可燃物分布不均，可大致划分为两种不同材料或者燃料：一类是沙发和床垫的泡沫和纤维，这些材料密度小，燃烧热大，通常作为第一类引燃物，影响着室内火灾的初期阶段；另一类以木材为主，包含一部分塑料、泡沫和纤维，木材和塑料等材料密度大、燃烧热相对较小，这些材料作为第二类引燃物，在室内火灾发展到一定阶段时才会被引燃。因此，在设计宾馆客房典型燃料包时，对可燃物组分进行一定简化，重点考虑泡沫和木材对火灾发展的影响。为了能够对实验结果进行再现，设计两个FDS虚拟燃料包：一个是"FVP"，主要为泡沫；另一个是"WVP"，主要为木材，含有部分泡沫。两种虚拟燃料包的材料属性如表10.5所示。

表10.5 两种虚拟燃料包的材料属性

&MATL ID	FVP	WVP
CONDUCTIVITY	0.1	0.1
SPECIFIC_ HEAT	1.0	1.5
DENSITY	25	400

（续表）

&MATL ID	FVP	WVP
HEAT_ OF_ REACTION	1500	1500
HEAT_ OF_ COMBUSTION	25000	18000
N_ REACTIONS	1	1
NU_ FUEL	1	1
&SURF ID	VF – 1	VF – 2
THICKNESS	0.1	0.02
BURN_ AWAY	TRUE	TRUE

鉴于之前火灾场景设计的 FDS 模拟和实验结果的差异性，为了避免泡沫燃烧时 HRR 峰值增长过快，将"FVP"设计为 $1.8m \times 1.2m \times 0.2m$ 类似床垫的板状材料，"WVP"则是由横截面积尺寸为 $0.1m \times 0.1m$、长度为 $0.8m$ 的条状材料构成。在模拟过程中，考虑了两种摆放方式：

①摆放方式一：将 FVP 放置在房间中心，下方摆放着三排由 WVP 组成的堆垛物。在 FVP 的两旁分别放置两个由 WVP 组成的六层高的堆垛。采用 PROPANE 丙烷作为气体燃料，引火源位于 FVP 侧面，靠近窗户一侧，尺寸为 $0.2m \times 0.3m$，功率为 60kW。具体摆设情况如图 10.41 所示。

②摆放方式二：在房间中心位置放置两个 FVP，尺寸均为 $1.8m \times 0.9m \times 0.2m$，中间相隔 $0.2m$，下方各放置两排由 WVP 组成的堆垛物。引火源位于两个 FVP 之间，其余同摆放方式一。具体摆设情况如图 10.42 所示。

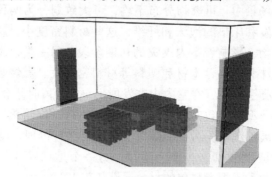

图 10.41　虚拟燃料包摆放方式一

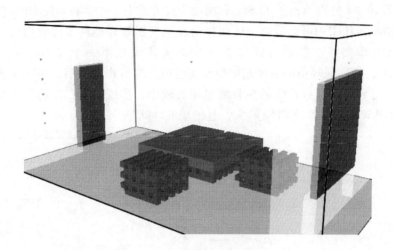

图 10.42　虚拟燃料包摆放方式二

（2）模拟结果与讨论。

①热释放速率。图 10.43 给出了 TEST1 和两种摆放方式下虚拟燃料包的 HRR 曲线的对比情况。从图中可以看出，摆放方式一能够较好地模拟火灾初期增长速率，但无法得到两个明显的 HRR 峰值，且峰值约为 2500kW，高于实验值 2170kW；摆放方式二能较好地再现 TEST1 的火灾初期增长曲线和 HRR 峰值，且出现了两个较为明显的 HRR 峰值，由木垛完全燃烧产生的 HRR 峰值约为 2120kW，接近于实验值，但达到时间早于实验值。由于 FDS 模拟燃烧持续时间短，燃料包在 1000s 左右燃尽，两种摆放方式下都无法模拟出火灾衰减阶段。

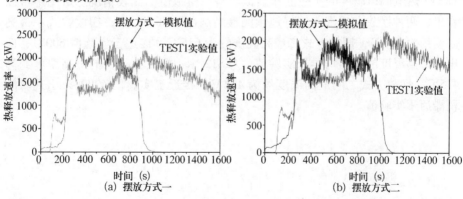

图 10.43　TEST1 热释放速率的 FDS 模拟和试验曲线比较图

图 10.44 分别给出了 TEST2 和两种摆放方式下虚拟燃料包的 HRR 曲线的对比情况。从图中可以看出，这两种情况下都能较好地再现火灾增长初期的热释放速率曲线。摆放方式二能较为准确地预测第一个峰值大小，约为 2000kW，但出现峰值的时间稍滞后于实验值。当窗户开启后，由于室内散热较大，导致木垛燃烧产生的热释放量相对较小，出现的第二个峰值较小，约为 1000kW，比实验值 815kW 大，且出现的时间早。

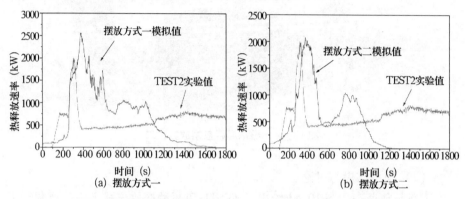

图 10.44　TEST2 热释放速率的 FDS 模拟和试验曲线比较图

通过将实验值与模拟值比较可以看出，摆放方式二能更好地再现火灾初期发展的热释放速率曲线和 HRR 峰值。但由于 FDS 模拟燃烧持续时间短，无法预测火灾的衰减阶段。

②热烟气层温度。FDS 模拟中，在房间 NW 角落设置热电偶树，竖直高度上的测点分布与实验情况相同。图 10.45 和图 10.46 分别给出了 TEST1 和 TEST2 热电偶树温度的实验值和虚拟燃料包模拟值的比较情况。从图中可以看出，两种摆放方式都能较好地预测最高温度。TEST1 中，摆放方式一最高温度约为 608℃，摆放方式二最高温度约为 615℃，接近于实验值 600℃，但出现最高温度的时间均早于实验值。TEST2 中，摆放方式一的最高温度约为 435℃，摆放方式二的最高温度约为 422℃，接近实验值 420℃，出现时间稍滞后于实验值。

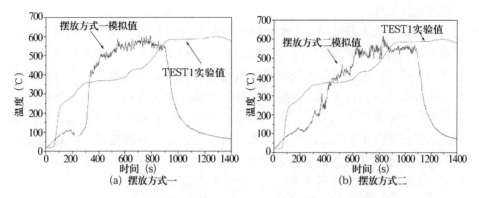

图 10.45　TEST1 热电偶树温度的 FDS 模拟和试验曲线比较图

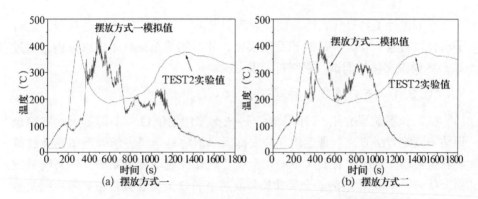

图 10.46　TEST2 热电偶树温度的 FDS 模拟和试验曲线比较图

10.2.3　虚拟燃料包的应用

建筑内的火灾荷载类型及分布是确定火灾场景设计和设定火灾的基础参数，但单凭火灾荷载值不能说明火灾发展规模以及蔓延趋势。室内火灾的发展还会受到诸多因素的影响，如通风条件、热辐射反馈、房间几何尺寸、消防设施动作等，若要通过全尺寸燃烧实验来研究不同火灾场景的燃烧情况，成本颇高。采用火灾模型来预测火灾场景中的有关火灾参数的发展变化趋势，如温度、燃烧产物浓度、火焰高度等，是目前对建筑性能化防火设计与评估的常用方法。但大多数火灾模型中，都未包含燃料的复杂热解模型，而是把热释放速率作为输入参数由用户来输入。当已知某个场景的热释放速率曲线时，可以用 FDS 中的 RAMP 语句进行再现。当没有其他相关信息来得到火灾的热释放速率曲线时，可进行适当假设，如采用稳态火或者非稳态火将火灾发展过程特征化。

本书基于火灾荷载调查和燃料包实验数据得到的 FDS 虚拟燃料包，综合考虑了材料属性和周围环境条件的影响因素，对两组不同通风条件的实验场景进行了模拟，能够较好地反映热释放速率和温度的变化趋势，并预测火灾初期阶段的热释放速率峰值和最高温度，为研究宾馆客房的火灾发展提供了一种简化可靠的方法。而且，本次实体实验采用的宾馆客房燃料包，是按照调查结果的 95th 分位数设计的，代表了火灾荷载最不利的情况。因此可以直接应用于实际尺寸的中档宾馆客房中，综合考虑通风条件、消防设施、房间尺寸等影响因素，进行不同火灾场景设计的模拟研究。

10.3 商业建筑燃料包试验与应用

本节设计了具有代表性的商业建筑服装店、运动休闲店的燃料包，进行了两种燃料包下 ISO 9705 标准房间实验，并对实验结果作了详细分析，通过对 FDS 模拟文件的调试，最终得到虚拟燃料包。

10.3.1 商业建筑燃料包试验

（1）试验装置介绍。"十一五"科技支撑计划项目"消防重大火灾隐患评估与判定方法研究"课题组在公安部天津消防科学研究所开展了商业建筑燃料包实验。该所拥有 ISO ROOM 全尺寸热释放速率测量系统，该系统是按照 ISO 9705 标准建造的。全尺寸热释放速率测量实验装置最主要的功能是测量全尺寸受限空间火灾条件下的热释放速率。实验原理同样是氧耗原理。它不仅可以对建筑材料、家具的火灾特性进行研究，而且可以评价建筑材料在火灾中的反应行为，还可以测量火灾过程中燃烧室内火灾动力学参数，研究建筑物室内火灾蔓延和发展的机理与规律，为建筑火灾动力学演化理论的研究提供了重要的实验平台。

全尺寸热释放速率实验平台主要由三部分组成，即标准燃烧室、大型量热计、数据采集和处理系统，如图 10.47 所示。

①标准燃烧室。标准燃烧室的内尺寸为 2.4m × 2.4m × 3.6m，属于砖混结构建筑物。为了尽可能减少实验对燃烧室的损害，室内壁面和顶面分别贴有 15mm 厚的耐火玻璃棉。整个燃烧室建在一个无机械通风、保温并且足够大的室内空间内，以确保对实验没有影响，图 10.48 给出了实验装置图。燃烧室北墙的正中间有一个 0.8m × 2m 的门，在其余的墙以及地面、顶棚上均没有可通风的通道。燃烧室内放置了一个 Thermo Nobel 电子秤，其测量范围为 0 ~ 500kg，测量精度为 0.001kg，主要用于测量可燃物在燃烧过程中的质

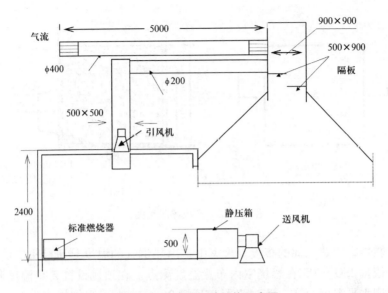

图 10.47　试验系统结构示意图

量损失。燃烧室内的点火源采用的是正方形开口的方形点火器，壳体宜选用
1mm 的钢板焊制，尺寸为 170mm × 170mm × 145mm，壳体由金属网分为上下
两层，分别填装鹅卵石和沙子，下层鹅卵石的填装高度为 100mm，上层的沙
子与点火器上缘齐平，沙子的粒径约为 4~8mm，如图 10.49 所示。实验采用
的燃料是纯度为 95% 以上的丙烷（C_3H_8）。

图 10.48　试验装置图

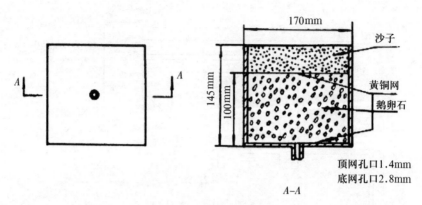

图 10.49　点火器示意图

②燃烧室内热电偶的布置。火灾中室内热烟气的温度是研究火灾的重要参数，依据 ISO 9705 在燃烧室内布置温度测点。在顶棚设置 5 个温度测点，测量顶棚水平温度分布，测温点距离顶棚 25mm。为了测烟气流出房间时的温度，在距离门上沿 25mm 处设置了一个热电偶，如图 10.50 所示。温度的测量元件采用直径为 2mm 的 K 型铠装热电偶，其测温上限可达到 1200℃，完全能够满足实际火场的温度要求。

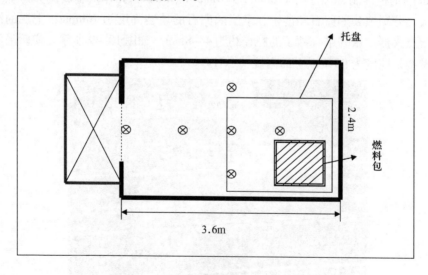

图 10.50　燃烧室顶棚上热电偶布置

为了测量，在房间内部垂直进门后的左侧墙角设置了一个热电偶树，在一条垂直线上布置了 5 个测温点，如图 10.51 所示。

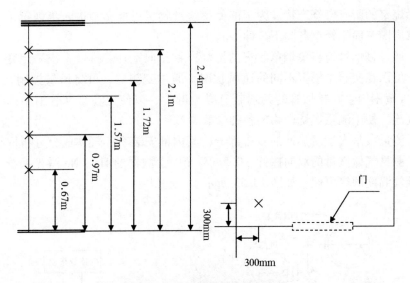

图 10.51　门左侧热电偶树布置

　　为了测房间内部中心垂直方向上的烟气温度，在房间中心设置了一个热电偶树，布置了 6 个测温点，如图 10.52 所示。

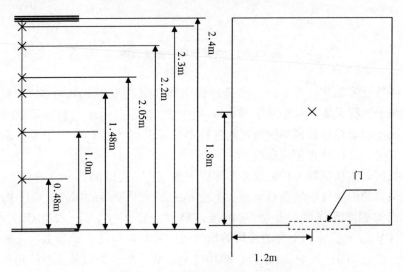

图 10.52　房间正中心热电偶树布置

　　③大型量热计。大型量热计主要是由集烟罩、排烟系统和测试段构成。集烟罩开口尺寸为 3m × 3m，位于燃烧室出口的正上方。集烟罩上方与排烟管道相连接，下边缘与燃烧室顶相齐，目的是收集在实验过程中通过门口离

开燃烧室的所有燃烧产物。为了能使燃烧产物尽可能多地进入集烟罩中，集烟罩周围三面不锈钢各向下延伸1m。

通过排烟管道将集烟罩收集的燃烧产物排向室外。排烟系统采用变频控制，可以在实验中模拟不同的通风状况，通过变频器，可将风量控制在 0 ~ 4kg/s 范围内。在排烟管的两端装有导流叶片，以使之在排烟管道中产生均匀气流，便于测量燃烧产物的各种参数。

测量段是大型量热计的核心部分，其内部安装有：气体成分分析取样探针、测量气体流量的双向探针、0.5mW 光度探测器的 He – Ne 激光系统和测量烟气温度的热电偶，如图 10.53 所示。

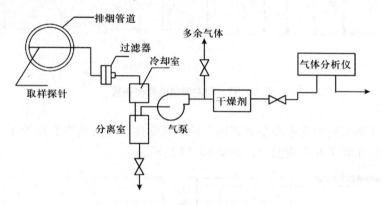

图 10.53　气体取样分析流程图

④数据采集和处理系统。实验过程中的实时数据用 Agilent 34970A 型数据采集卡进行采集。一个基于 Windows 的程序包通过简单的数据采集和分析可以决定测量热释放速率所需的各种参数。它与当前 TNO 电子数据表结合生成文件，可以计算相应参数。

数据采集系统每5秒记录并存储以下数据：一是时间，单位 sec；二是通过燃烧器的丙烷气体的质量流量，单位 mg/s；三是测段的压差，单位 Pa；四是激光的相对光强度；五是 O_2 浓度，单位 $(V_{O_2}/V_{air})\%$；六是 CO_2 浓度，单位 $(V_{CO_2}/V_{air})\%$；七是测量段的烟气温度和气体温度，单位 K；八是环境压力，单位 kPa；九是 CO 浓度，单位 $(V_{CO}/V_{air})\%$。测试软件中的热释放速率测量软件是采用英国 FTP 公司提供的 LSHRCalc 软件包，该软件采用 C 语言编制，具有参数的采集、图表处理、系统校准以及数据的输出等功能。

（2）燃料包。燃料包指的是以第九章火灾荷载调查的结果为基础，综合考虑调查所得的可燃物的配置、布局，以及火灾历史数据分析等内容确定的单位面积的燃料组成体系。根据火灾调查的情况，确定燃料包内可燃物的组成成分、比例，以及可燃物在隔间式商铺中的布局。根据荷载调查，分别按荷载密度 90th 分位数水平和均值制作了燃料包，具体组成和类型如表 10.6 所示。

表 10.6 （a）　燃料包可燃物组成和火灾荷载密度（90th 分位数）

| 组别 | FLD MJ/m² | 火灾荷载密度（MJ/m²） | | | | | | | | | | 总质量 kg |
| | | 木 | | 纺织物 | | 塑料 | | 橡胶 | | 食物 | | |
		荷载 %	质量 kg	荷载 %	质量 kg	荷载 %	质量 kg	荷载 %	质量 kg	荷载 %	质量 kg	
服装	1468	66.9	55	30.1	24	2.8	1	0.2	0.1	0	0	80.1
鞋店	1590	88.9	79			0.9	0.4	10.2	6	0	0	85.6
库房	3496	9.2	19	58.1	107	0		32.7	43	0	0	169
快餐店	513	9.8	3			60.2	7			30	6	16
运动休闲	778	36.2	16	27.6	12	2.8	0.5	23.5	7	0	0	35.5

表 10.6 （b）　燃料包可燃物组成和火灾荷载密度（按均值）

| 组别 | FLD MJ/m² | 火灾荷载密度（MJ/m²） | | | | | | | | | | 总质量 kg |
| | | 木 | | 纺织物 | | 塑料 | | 橡胶 | | 食物 | | |
		荷载 %	质量 kg	荷载 %	质量 kg	荷载 %	质量 kg	荷载 %	质量 kg	荷载 %	质量 kg	
服装	769	66.9	28.6	30.1	12.2	2.8	0.5	0.2	0.1	0	0	41.4
鞋店	960	88.9	47.5	0	0	0.9		10.2	3.7	0	0	51.4
库房	2277	9.2	11.6	58.1	69.7	0		32.7	27.8	0	0	106.7
快餐店	295	9.8	1.7	0	0	60.2	4.1	0		30	3.3	9.1
运动休闲	337	36.2	6.8	27.6	4.9	2.8	0.2	23.5	3.1	0	0	15

可燃物的种类和组成比例在室内火灾发展过程中是非常关键的，特别是在火灾增长阶段。因此，对于燃料包的准备就显得尤为重要。根据计算结果，燃料包的组成及成分的比例应尽可能地与现实调查对象相符合。

火灾实验引火物应该选择能够反映出最有可能发生在零售商业建筑（购物中心）火灾的引火物。本次实验采用方形燃烧器，燃烧丙烷提供一个持续 4 分钟的 75kW 的火源，用来模拟一个大的纸篓起火。

（3）试验结果与讨论分析。考虑到实验设备的承受能力等问题，选取了均值情况下的两组燃料包作为实验对象：非服装类的代表，快餐店；服装类专卖店代表，运动休闲，如表 10.7 所示。根据调查的情况，对燃料包进行了处理、组装，并将其放置在天平托盘上，如图 10.54 所示。实验过程中的燃烧的状况如图 10.55 所示。

表 10.7 试验燃料包数值

组别	ID	火灾荷载密度（MJ/m²）										
		FLD MJ/m²	木		纺织物		塑料		橡胶		食物		总质量 kg
			荷载 %	质量 kg	荷载 %	质量 kg	荷载 %	质量 kg	荷载 %	质量 kg	荷载 %	质量 kg	
快餐店	TEST1	295	9.8	1.7	0	0	60.2	4.1	0	0	30	33.3	9.1
运动休闲	TEST2	337	36.2	6.8	27.6	4.9	2.8	0.2	23.5	3.1	0	0	15

图 10.54 试验燃料包图

TEST1 实验初　　　　　　TEST1 实验中

TEST2 实验初　　　　　　TEST2 实验中

图 10.55 试验过程

本实验的结果如表10.8所示，由于实验燃料包采用的总热量不大，两次实验都没有出现轰燃的现象。燃烧的持续时间不长，但热释放速率峰值达1MW左右，燃烧猛烈，热释放速率的增长和减弱非常明显。TEST1和TEST2两者在质量损失速率和比消光面积这两个参数上有比较大的差别，主要原因应该是由两者主要成分的不同引起的，前者主要有塑料、食用油等，而后者主要是纺织物和橡胶类。

表10.8　试验基本数据

名称	ID	点燃时间（s）	总质量损失（kg）	平均质量损失速率（g/s）	总释放热（MJ）	平均HRR（kW）	CO产率（g/g）	CO_2产率（g/g）	平均比消光面积SEA（m²/kg）	平均有效燃烧热EHC（MJ/kg）
快餐店	TEST1	65	6.99	5.5	173	139	0.018	2.09	178	24.9
运动休闲	TEST2	70	7.97	10.0	153	191	0.034	1.86	101	19.2

①热烟气温度。热电偶被设置在房间的不同部位（墙角、顶棚、房间中间和出口等处），所测的温度亦有所不同。在房间墙角的热电偶所测的温度，比较合适用来分析热烟气温度变化情况。顶棚下的几个热电偶，尤其是火焰上面的热电偶直接接触火焰，其温度比热烟气温度高。烟道里的热电偶所测的温度主要是用来计算HRR的，也是为了监测烟道的温度以避免其超出量程，损坏仪器。

表10.9给出了燃烧室和烟道内不同位置的峰值温度。房间内最高温度为650℃，平均温度低于此温度，实验过程中也没有轰燃现象的发生。燃烧室内墙角处的热烟气温度最低，而顶棚水平面的温度最高，主要是由于这部分的热电偶可以直接接触到火焰。烟气在蔓延出燃烧室的时候，两个实验的温度均在250℃。

表10.9　不同位置的峰值温度

名称	ID	峰值温度（℃）				
		墙角	顶棚水平	房间正中	门楣	烟道
快餐店	TEST1	328	658	491	248	91
运动休闲	TEST2	306	643	511	243	72

　　图 10.56 给出了两个实验，在房间墙角处，距离地面 2.1m 处的热烟气温度变化情况。两个实验温度上升较快，并且峰值都在 300℃ 以上，200s 左右时达到了最大值，火势增长速度快，同时下降速度也很快。在两个试验中，燃料包内几乎都是快速燃烧且耐烧性较差的材料，所以此试验为典型的快速火。

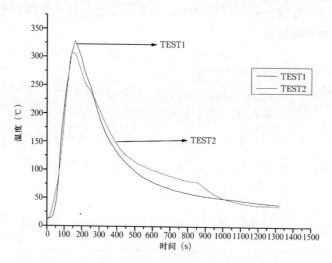

图 10.56　房间墙角距地面 2.1m 处的温度变化

　　图 10.57 和图 10.58 分别给出了 TEST1 实验房间中心热电偶树和墙角处热电偶树的温度分布情况。明显看出，高度降低，烟气温度不断下降，尤其是房间中心的热电偶树分布。由于冷热空气交换，且房间中心正对着门，外面空气及时补充混合，所以房间中心的温度分布梯度明显。但热烟气搅拌之后，从两侧向外流出的速度和量较小，交换的量也没有中间大部分充分，所以墙角处积聚的烟气温度相对均匀且较高。这种情况也同样发生在 TEST2 里面，如图 10.59 和图 10.60 所示。

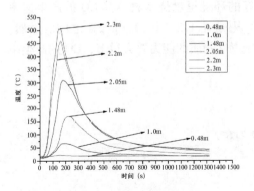

图 10.57　TEST1 房间中心
热电偶测温情况

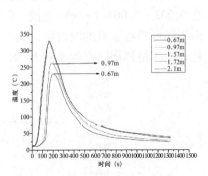

图 10.58　TEST1 墙角处热电
偶测温情况

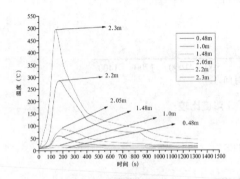

图 10.59　TEST2 房间中心
热电偶测温情况

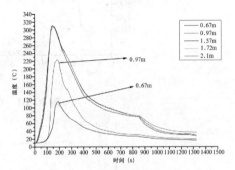

图 10.60　TEST2 墙角处
热电偶测温情况

②气体产生速率测量。实验燃料包是在 ISO 9705 的标准燃烧室内进行点燃燃烧的，而烟气则是通过一个集烟罩进入排烟系统测试段进行温度、压力以及 CO、CO_2 和 O_2 的测量的。CO 和 CO_2 的产生率如表 10.10、图 10.61 和图 10.62 所示。运动休闲类店铺产生的 CO 最大浓度接近快餐店的两倍，同样 CO 的平均产生速率也是快餐店的两倍左右。无论是 CO 还是 CO_2 均是在 200s 左右就达到了峰值，且整个过程变化趋势明显，增长迅速，曲线峰很尖锐。

表 10.10　烟气成分组成分析

名称	ID	烟气数据					
		最大 CO 浓度（ppm）	平均 CO（g/g）	最大 CO_2 浓度（%）	平均 CO_2（g/g）	最小 O_2 浓度（%）	最大 OD/m
快餐店	TEST1	338	0.018	1.41	2.09	19.2	1.64
运动休闲	TEST2	677	0.034	1.65	1.86	18.98	1.65

Tewarson 指出，在一个通风良好的环境里燃烧木材，其 CO 的产生速率在 0.002 ~ 0.005（g/g）之间，CO_2 则是在 1.2 ~ 1.33（g/g）之间。显然，由不同可燃物组成的混合物，其产生毒性物质的能力要大得多，CO 的产生率将近纯木材燃烧时产生率的 10 倍。

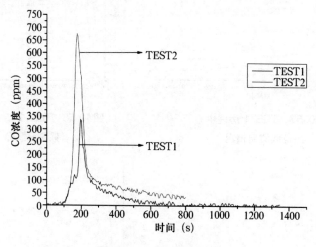

图 10.61 CO 浓度比较

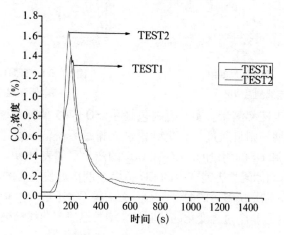

图 10.62 CO_2 浓度比较

Lougheed 等通过实验数据分析了 CO 和 CO_2 等有毒气体对于能见度的影响，Klote 和 Milke 提出了一个关于能见度的计算公式：

$$S = \frac{k}{2.303\delta_m m_f} \tag{10.10}$$

其中，S 指能见度，单位 m；k 指比例常数，8 代表发光信号，3 代表反光信号；δ_m 指质量光密度，单位 m^2/g；m_f 指单位空间体积的质量损失，单位 g/m^3。

根据火灾荷载调查的数据，选择了快餐店和运动休闲类专卖店的平均面积用以计算确定虚拟房间的体积。假设实验中所产生的烟气全部释放进入这个虚拟房间，并且根据上述公式计算能见度，如表 10.11 所示。快餐店由于房间小，而且烟气释放量又多，因此，其能见度水平明显比专卖店类的低。

表 10.11　能见度预测数据

名称	ID	烟气数据		能见度（m）	
		总烟气量（m^2）	虚拟房间尺寸（m^3）	$k=8$	$k=3$
快餐店	TEST1	1240	17	0.33	0.12
运动休闲	TEST2	810	68	2.01	0.75

③热释放速率。HRR 是根据 Janssens 提出的氧消耗原理计算的，10.2 节已对实验原理进行了介绍。实验中假定当热烟气的温度跃升到 20℃时，就认为此刻是合理有利的点燃时间，此时认为是火势能够自行维持燃烧和增长而不需要外加热源。HRR 的增长如图 10.63 所示，时间是从实验开始到基本没有火焰。与图中的几种常见火作比较，可以发现两个实验的火灾增长速率是在中速火和快速火之间的，接近于快速火。这个数据和 BSDD240 里面对一些特定建筑类型的设定火灾增长率是一致的。BSDD240 中的数据常常被作为火灾场景设计的参照数据。

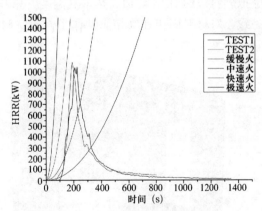

图 10.63　HRR 增长变化图

根据火灾荷载调查的数据，实验中的燃料包是具有不同的理论总热量

（MJ）和材料构成的（木材、纺织物等）。通过实验数据计算的总热量等数据如表10.12所示，可见理论和实验的结果并不总能保持一致。其原因可能有以下几种：一是因为通风控制的原因，材料的不完全燃烧导致释放的总热量比理论的总热量小；二是并没有将所有的材料都消耗，导致实验测的总热量比理论计算的总热量低；三是烟气的泄漏（从燃烧室、集烟罩或者烟道等泄漏）也将导致最大约5%的损失；四是可燃材料的不确定性。这个因素不仅可能导致实验测得的数据比理论数据低，也有可能实验测得的数据比理论数据要高。

表10.12　几种主要试验数据

名称	ID	HRR峰值（kW）	到达峰值时间（min）	增长速率	理论总热量（MJ）	实验总热量（MJ）	平均理论热值（MJ/kg）	平均实验热值（MJ/kg）
快餐店	TEST1	1044	3.75	M－F	295	174	32.4	24.9
运动休闲	TEST2	1096	3.15	M－F	337	153	22.5	19.21

注：增长速率按照t平方火增长系数（M代表中速火；F代表快速火）。

10.3.2　商业建筑虚拟燃料包数值模拟

虚拟燃料包用以模拟实际燃料包，它是一个由一组长约1.0m，截面0.1m×0.1m的长方体横条组成的梯形分布体，如图10.64所示。为了模拟HRR的曲线形状，燃料包的梯形分布和横条的数量都是经过实验和不断修改得出的。为了使虚拟燃料包的HRR峰值、热烟气温度、总CO和CO_2的产生率和实际实验相一致，对材料固相和气相属性作了修改，修改的基体是常见的PMMA。

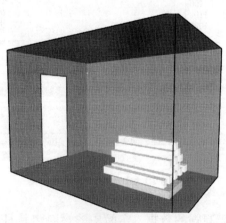

图10.64　燃烧室及燃料包模拟图

修改材料的固相属性如下：第一，汽化热（HEAT_ OF_ VAPORIZATION）；第二，燃烧热（HEAT_OF_ COMBUSTION）；第三，最大燃烧速率（BURNING_ RATE_ MAX）；第四，材料厚度（DELT）；第五，密度（DENSITY）；第六，点燃温度（TMPIGEN）。

修改材料的气相属性如下：第一，烃类燃料的理想化学当量计算 CO_2 产率（NU_ CO_2）；第二，单位质量材料转化为烟气的百分数（SOOT_ YIELD）。

基于对以上燃料包形状、横条数量、材料固相和气相属性的修改，虚拟燃料包可以模拟 ISO 9705 房间着火实验的火灾特性，具体参数如表 10.13 和表 10.14 所示。

表 10.13　运动休闲类服装店的虚拟燃料包

材料固相属性	材料气相属性
&SURF ID = ´CLC´	&REAC ID = ´CLC_ GAS´
FYI = ´CLOTHING STORE ´	FYI = ´MODIFIED Propane, C_ 3 H_ 8´
RGB = 0.90, 0.90, 0.90	MW_ FUEL = 44
HEAT_ OF_ VAPORIZATION = 963.	NU_ O_2 = 5.
HEAT_ OF_ COMBUSTION = 9784.	NU_ CO_2 = 0.469
BURNING_ RATE_ MAX = 0.028	NU_ H_2O = 4.
DELTA = 0.012	SOOT_ YIELD = 0.011 /
KS = 0.19	
C_ P = 1.42	
DENSITY = 446.	
BACKING = ´INSULATED´	
TMPIGN = 304. /	

表 10.14　快餐店的虚拟燃料包

材料固相属性	材料气相属性
&SURF ID = ´FD´	&REAC ID = ´FD_ GAS´
FYI = ´FAST FOOD´	FYI = ´MODIFIED Propane, C_ 3 H_ 8´
RGB = 0.90, 0.90, 0.90	MW_ FUEL = 44
HEAT_ OF_ VAPORIZATION = 963.	NU_ O_2 = 5.
HEAT_ OF_ COMBUSTION = 9784.	NU_ CO_2 = 0.469
BURNING_ RATE_ MAX = 0.028	NU_ H_2O = 4.
DELTA = 0.012	SOOT_ YIELD = 0.011 /
KS = 0.19	
C_ P = 1.42	

（续表）

材料固相属性	材料气相属性
DENSITY = 536.	
BACKING = ´INSULATED´	
TMPIGN = 342. ／	

①热释放速率。图 10.65、图 10.66 给出了实验 HRR 曲线和 FDS 模拟 HRR 曲线的对比图。从图中可知，模拟的曲线基本上比较符合实验的曲线，模型能够比较好地预测 HRR 峰值以及到达峰值的时间等。

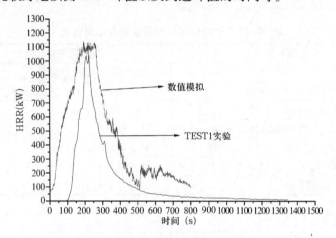

图 10.65　快餐店 HRR 变化图

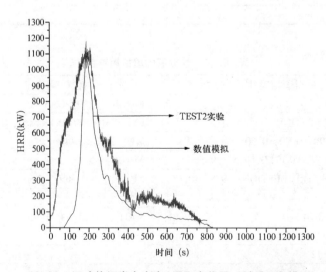

10.66　运动休闲类专卖店 HRR 变化图（试验 VS 模拟）

②热烟气温度和 CO 及 CO_2 产量。图 10.67、图 10.68 给出了实验热烟气温度和 FDS 模拟热烟气温度的曲线图。热烟气温度采用的是墙角离地面2.1m 处的热烟气温度。结果表明，模拟预测的温度曲线和实验曲线吻合得比较好，HRR 峰值和 CO、CO_2 的产量如表 10.15 所示。

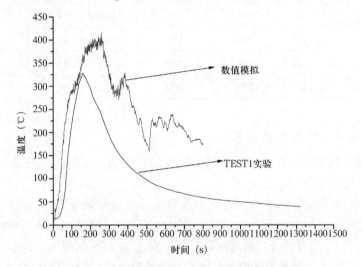

图 10.67 快餐店温度变化图（试验 VS 模拟）

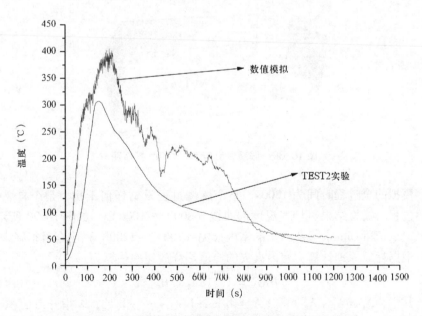

图 10.68 运动休闲类专卖店温度变化图（试验 VS 模拟）

表 10.15　实验和 FDS 模拟的 HRR 等数据对比

		释热数据		气体数据		
		峰值 HRR（kW）	到达峰值时间（s）	总 CO（kg）	总 CO_2（kg）	热烟气温度（℃）
快餐店（TEST1）	实验	1044	255	0.128	14.63	328
	FDS	1140	195	0.15	20.43	400
运动休闲专卖店（TEST2）	实验	1089	190	0.27	14.88	306
	FDS	1180	190	0.35	20.67	405

10.3.3　燃料包的应用

根据荷载调查，选取了运动休闲类隔间式店铺的实际店铺尺寸作为燃料包模拟应用的场景。

模拟的场景选取的是一个处于角落的运动休闲服装专卖店，面积为 7m × 10m，高为 3m，同时伴有两个开口，分别为 6m×3m 和 4m×3m。可燃物堆积成 0.5m 高，于是有效开口的高度就只有 2.5m。在 FDS 的输入文件中，边界面是普通的混凝土，每平方米地面都堆有一个服装的燃料包（总共 70 个），房间的开口对着过道，起火点是在房间开口的另一侧的角落里，如图 10.69 所示。

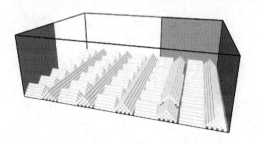

图 10.69　服装专卖店 7m×10m 模拟图

模拟的全过程时间为 1800s，整个燃烧过程没有任何干扰，是个自燃熄灭的过程。模拟结果热烟气温度的曲线（800℃～1000℃）如图 10.70 所示，与 Karlsson 和 Quintiere 所给出的室内火灾（700℃～1200℃）吻合得很好。

根据耗氧原理计算，室内火灾的峰值热释放速率估算为：

$$HRR = 1.518A_0\sqrt{H_0} \tag{10.11}$$

其中，$A_0 = A_1 + A_2 + \cdots + A_n = b_1h_1 + b_2h_2 + \cdots + b_nh_n$，A 指开口面积，$b$ 和 h 分别指每个开口的宽和高；$H_0 = (A_1h_1 + A_2h_2 + \cdots + A_nh_n)/A_0$。

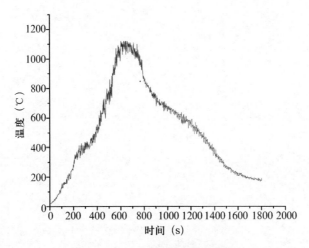

图 10.70 热烟气温度模拟图

上述模拟火灾场景根据式（10.11）计算，可知在通风良好、完全燃烧的情况下热释放速率可以达到 60MW。HRR 模拟结果如 10.71 所示，峰值达到了 33MW，其结果没有超出理论最高值。场景的通风情况、燃料堆积的密集程度（整个地面），以及燃料的堆放位置（置于地面），决定了此场景的燃烧过程是不能完全充分的，因此模拟的结果是不可能达到理论峰值的。

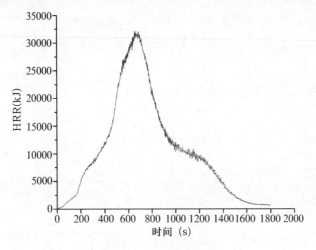

图 10.71 HRR 模拟图

从应用情况分析，燃料包在火灾模拟中能够很好地反映室内火灾的燃烧特征，证明了其在火灾模拟中应用的可行性。

第三部分
建筑火灾风险评估应用案例

第十一章　建筑火灾风险安全检查表法

11.1　检查重点

消防安全管理人员和消防安全管理机构对建筑要进行消防安全检查，可以确保消防设施以及消防安全管理制度良好运行，从而保证建筑物本身及其内部人员的安全。

消防安全检查内容包括以下两个方面：一是消防安全设施情况，包括已经通过消防设计审核和消防验收合格的消防安全设施设计、运行和使用情况；二是消防安全管理情况，包括建筑所属单位的消防安全管理制度及措施。

11.1.1　消防安全设施

（1）消防安全设施设计情况。根据被检查建筑的层数和面积，检查防火分区是否改变；检查防火分区的疏散通道、安全出口是否畅通；人员密集场所的门、窗上是否设置影响逃生和灭火救援的障碍物。

检查建筑物周围消防车通道是否畅通，是否被占用。封闭楼梯间、防烟楼梯及前室的防火门常闭状态及自闭功能情况；疏散门能否从内部开启，是否有明显标志和使用提示；常开防火门的开闭状态在控制室的显示情况；在不同楼层或防火分区的疏散指示标志、应急照明是否完好有效。室内装修、装饰材料是否符合消防技术标准。生产、储存、经营易燃易爆危险品的场所是否与居住场所设置在同一建筑物内。

（2）消防安全设施的运行和使用情况。建筑所属单位定期对消防设施、器材进行检验，做好维修记录，主要包括：

消防控制室运行情况：在消防控制室测试火灾自动报警系统、自动灭火系统、消火栓系统、防排烟系统、防火卷帘和联动控制设备的运行情况，测试消防电话通话情况，在消防水泵房测试消防水泵的启停。

室内消火栓：检查每个防火分区的最不利处消火栓的水压和流量情况，按启泵按钮，核查消防控制室启泵信号的显示情况。

室外消火栓：室外消火栓的水压和水量情况。

水泵接合器：查看标识的供水系统类型及供水范围等情况。

消防水池：消防水池、消防水箱储水情况，消防水箱出水管阀门开启状态。

灭火器：根据建筑的层数面积等参数，检查灭火器的配备数量和位置情况，灭火器的选型、压力情况。

自动喷水灭火系统：每个湿式报警阀主件是否完整，前后阀门的开启状态；在每个湿式报警阀控制范围的最不利点进行末端试水，检查水压和流量情况，核查消防控制室的报警信号反馈和消防水泵的联动启动情况。

气体灭火系统：气瓶间的气瓶重量、压力显示以及开关装置开启情况。

泡沫灭火系统：检查泡沫泵房，启动水泵；检查泡沫液的种类、数量及有效期，检查泡沫产生设施工作的运行状态。

防排烟系统：用自动和手动方式启动风机，核查送风口、排烟口的开启情况，核查消防控制室的信号反馈情况。

防火卷帘：至少抽查一个楼层或者一个防火分区的卷帘门，用自动和手动方式进行启动、停止测试，核查消防控制室的信号反馈情况。

火灾自动报警系统运行状况：选择不同楼层或防火分区，检查火灾探测器的火灾报警、故障报警、火灾优先功能，手动报警器手动报警情况，控制设备对报警、故障信号的反馈情况，联动控制设施动作的显示情况，消防电话插孔的通话情况。

11.1.2 消防安全管理制度及措施

（1）消防安全管理制度。单位是否建立用火、用电、用油、用气安全管理制度，防火检查、巡查制度，火灾隐患整改制度，消防设施、器材维护管理制度，电气线路、燃气管路维护保养、检测制度，员工消防安全教育培训制度，灭火和应急疏散预案演练制度。两个以上的单位共同管理或者使用的建筑物，还应当检查明确各方的消防安全责任，管理共用疏散通道、安全出口、建筑消防设施协议。检查消防安全重点单位的消防安全管理人员的确定情况，主要检查单位的消防安全管理人员是否明确，是否履行消防安全管理工作的职责，消防行业特有工种人员是否持有消防行业特有工种职业资格证书。

（2）灭火和应急疏散预案。检查灭火和应急疏散预案是否有组织机构、火情报告和处置程序、应急疏散的组织程序和措施、扑救初起火灾的程序和措施、通信联络、安全防护救护的程序和措施等内容，查看单位组织消防演练记录；随机设定火情，要求单位组织灭火和应急疏散演练，检查预案组织的实施情况，承担灭火和组织疏散任务的人员对预案熟悉情况。

（3）防火检查、巡查情况。对单位组织防火检查情况的检查，主要检查单位防火检查记录，看检查时间、内容和整改火灾隐患情况是否符合有关规定；对消防安全重点单位开展防火巡查情况的检查，主要检查每日防火巡查记录，看巡查的人员、内容、部位、频次是否符合有关规定。公众聚集场所在营业期间是否每2小时开展一次防火巡查，医院、养老院、寄宿制学校、托儿所、幼儿园是否开展夜间巡查。电气线路、燃气管路是否定期维护保养、检测。

（4）消防安全教育培训。检查消防控制室的操作人员是否具备岗位资格；检查消防安全培训记录，自动消防系统操作人员是否持证上岗，员工是否经过岗前消防安全培训。

职工岗前消防安全培训和定期组织消防安全培训记录；随机抽问员工，检查员工是否掌握了本岗位火灾隐患、扑救初起火灾、引导人员疏散逃生的知识和技能。

11.2 安全检查表法应用实例

下面是运用安全检查表法对××综合教学楼火灾风险进行的评估报告实例。

11.2.1 评估的目的与内容

（1）评估目的。××综合教学楼火灾风险评估的目的，是通过对该教学楼的火灾风险评估，使建设方、使用者和消防管理部门能够较为准确地了解其火灾危险性，掌握评估对象的主动、被动防火能力以及外部灭火救援能力。根据不同风险因素的风险等级，提出有针对性的消防安全对策措施，为消防决策提供参考依据，最大限度地消除和降低日常使用中存在的各项风险。

（2）评估内容。××综合教学楼火灾风险评估主要根据所掌握的资料和信息，结合教学楼火灾历史和以往消防工作的经验，对各种风险因素进行分析，根据分析的结果确定风险等级，并提出有针对性的控制措施和对策建议。

评估的具体内容包括综合教学楼的火灾危险源辨识、建筑现状分析、内部消防管理水平评估、消防保卫力量评估等方面，最后对综合教学楼的整体火灾风险进行综合评估。

11.2.2 评估的主要依据

评估依据包括：

第一，《中华人民共和国消防法》；

第二，《消防监督检查规定》（公安部令第 120 号）；

第三，《建筑设计防火规范》（GB 50016 – 2014），本书中"建筑火灾风险评估案例分析"部分除特殊注明外，其余所引用的《建筑设计防火规范》条文均为 GB 50016 – 2006 版，后文简称《建规》；

第四，《自动喷水灭火系统设计规范》（GB 50084 – 2001）（2005 年版）；

第五，《火灾自动报警系统设计规范》（GB 50116 – 2013）；

第六，《建筑内部装修设计防火规范》（GB 50222 – 1995）（2012 年修订版）；

第七，《建筑灭火器配置设计规范》（GB 50140 – 2005）；

第八，《消防给水及消火栓系统技术规范》（GB50974 – 2014）。

11.2.3 建筑概况

（1）地理位置。××综合教学楼为某学院主要教学楼，占地 7496m^2，东面为印刷厂，东南面为加油站，东北侧为 C 区，正北面为仓库，北侧围墙外为自然公园森林，西侧和南侧为学生宿舍楼。

（2）功能、形式与布局。××综合教学楼为主教学楼，具有为各专业提供上课、上机实践、综合演练、会议室等多种功能。该建筑主体五层，局部六层，层高 24.95m，属低多层建筑，建筑面积 29986m^2，耐火等级二级。整栋建筑分为 A、B、C、D 四个区，形成 A、C 区位于东西两侧，B、D 区位于中间的品字形平面布局，其中，A 区与 B、D 区，C 区与 B、D 区分别采用天桥连通，B、D 区之间相互连通。

A、C 区结构布局对称一致，内部为普通上课使用的教室。建筑共五层，其中一层至三层设有中庭，使一层至三层连通，设有两部疏散楼梯。B 区共六层，其中在东西两侧分别设有一个中庭，中庭四周设有防火卷帘，B 区教室主要为计算机机房。D 区整体五层，中部只设有综合演练大厅和报告厅，两侧为教室。

11.2.4 火灾风险因素识别

（1）火灾危险源。

①电气火灾。电气设备引发的火灾在火灾统计中一直居于各类火灾原因的首位，根据以往对电气火灾成因的分析，电气火灾原因主要有以下几种：

第一，接触不良导致电阻增大，发热起火；

第二，油浸变压器的油温过高导致火灾；

第三，熔断器熔体熔化时产生火花，引燃周围可燃物；

第四，使用电加热装置时，引燃可燃物；

第五，机械撞击损坏电气线路导致漏电火灾；

第六，设备过载导致线路升温过高，电缆起火或引燃周围可燃物；

第七，照明灯具的内部漏电，发热引起燃烧或引燃周围可燃物。

××综合教学楼内照明、风扇、空调、多媒体设备、机房电脑等用电设备繁多，线路相对复杂，存在引发电气火灾的可能性。

根据经验，电气设备火灾的发生与电气设备运行的时间长短有关。××综合教学楼2007年投入使用，使用时间6年，时间相对较短，发生电气线路老化、短路、过载等可能性较小；不存在油浸变压器等；该建筑电气线路敷设规范，采用暗敷穿管方式，机械撞击损坏的可能性较小；即便线路发生过载、接触电阻增大等故障引起发热起火，由于装有空气自动保护开关，且周围不存在可燃物，也不会引发较大火灾。

因此，××综合教学楼发生电气火灾的风险较小。

②易燃易爆危险品。××综合教学楼内不存在易爆易燃危险品。

③周边环境。教学楼东侧为学院加油站，加油站一旦发生火灾，将对教学楼构成一定威胁，但二者之间的防火间距符合规范，威胁较小。

教学楼东北侧，C区正后方为仓库，属于丙类危险仓库，二者之间防火间距不足，仓库一旦发生火灾将会对教学楼构成较大威胁。

教学楼后面围墙外为自然森林公园，一旦发生火灾，将会威胁到教学楼，其热辐射或飞火会通过窗户对教学楼的内部设施造成威胁。

④气象因素。

第一，雷电。该地区雷雨天气较多，存在雷电导致电气线路或设备故障、燃烧、爆炸而引发火灾的可能性，但××综合教学楼防雷设施完善，因此，雷击引起火灾的概率较低。

第二，大风。该地区春冬季节大风日数量较多，大风导致火灾主要有两个原因：一是由于大风吹倒建筑物、刮倒电线杆或者吹断电线；二是作为火的媒介，将某处飞火吹落到别处，导致火场扩大，产生新火源，造成异地火灾。对××综合教学楼而言，前者导致火灾的威胁不存在，后者可能会在自然森林公园发生火灾时具有一定的引发教学楼火灾的可能性。

⑤用火不慎。不存在。

⑥放火致灾。不存在。

⑦吸烟不慎。教学楼内常常会有人员随便乱扔烟头、忘记熄灭烟头等不良吸烟行为，如果燃着的烟蒂被扔进垃圾桶，不但能引起垃圾桶内的垃圾自燃，而且有可能直接引燃垃圾箱，从而引起火灾。但是，火灾燃烧范围有限，不会引发太大后果。

（2）建筑防火。

①建筑特性主要包括以下几个方面：

第一，火灾荷载。建筑内部火灾荷载主要是桌椅和计算机。

第二，人员荷载。如果教学楼内所有教室、报告厅全部正常使用，最多可容纳 6880 人，总建筑面积 29986m²，此时人员密度为 0.23 人/m²，人员荷载较大，具有一定的危险性。

第三，建筑高度。建筑高 23.95m，属多层建筑，且疏散楼梯较多，因此建筑高度对人员疏散无太大影响。

第四，建筑面积。总建筑面积 29986m²，虽面积较大，但分为 A、B、C、D 四个区，且各区之间防火分隔较好，同时消防设施配备较齐全，不会因此增大火灾危险性。

第五，内部装修。由于是教学场所，除窗帘外，易燃、可燃装修很少，装修的火灾危险性不大。

②被动防火。被动防火措施在建筑防火性能评估单元中所占的比重为 0.3196（利用层次分析法计算得到），包括防火间距、耐火等级、防火分区、扑救条件、防火分隔和疏散通道六个部分。

第一，防火间距。教学楼东北角 C 区与被装库间的距离为 7m，不符合《建规》第 3.5.2 条的要求。

第二，耐火等级。教学楼耐火等级为二级，符合规范要求。

第三，防火分区。教学楼内各防火分区建筑面积均不大于 5000m²，符合规范要求。

第四，扑救条件。消防车道满足规范要求。由于不是高层建筑，故不需要考虑消防扑救面。

第五，防火分隔。B 区东西两侧中庭周围防火卷帘设置不合理，不符合《建规》第 6.5.1 条规定；B 区三层南侧与二层大厅防火分隔处采用可燃塑料板和电子屏幕，不符合《建规》第 6.5.2 条要求；A、C 区玻璃幕墙与楼板结合处封堵材料不符合《建规》第 6.5.3 条规定；A 区与 D 区，C 区与 D 区之间连廊上防火门跨越变形缝，不符合《建规》第 7.5.2 条要求。

防火分隔设施存在较大的火灾隐患，大大增加了火灾风险。

第六，疏散通道。安全出口个数和宽度、疏散距离符合规范要求。

③主动防火。主动防火措施在建筑防火性能评估单元中所占比重为0.5584，包括消防给水、防排烟系统（实际评估中未考虑）、火灾自动报警系统、自动灭火系统、灭火器材配置、疏散诱导系统等六个方面。

第一，消防给水。室外部分消火栓布置间距过大，超过120m，不符合《消防给水及消火栓系统技术规范》第7.2.5条规定；部分消火栓箱内缺少水带，不符合《消防给水及消火栓系统技术规范》第7.4.2条的要求；屋顶水箱无水。消防给水设施的设置和维修保养存在较大问题，火灾时自动喷水灭火系统和消火栓无法发挥正常的灭火作用，增大了教学楼的火灾风险性。

第二，火灾自动报警系统。感烟探测器能正常报警，但无法与防火卷帘联动。

第三，自动灭火系统。自动喷水灭火系统的消防水泵缺少备用电源，不符合《自动喷水灭火系统设计规范》第10.2.2条的规定。

第四，灭火器材配置。灭火器配置良好。

第五，疏散诱导系统。教学楼B区内走道部分的疏散指示标志采用蓄光标志代替灯光标志，且设置高度过高，不符合《建规》第10.3.2条要求；水泵房内未设置应急照明灯，不符合《建规》第10.3.3条规定。

（3）内部消防安全管理。内部消防安全管理包括消防设施维护、消防安全责任制、消防应急预案、消防培训与演练、隐患整改落实（实际评估中未考虑）、消防组织管理六个部分。

①消防设施维护。××综合教学楼管理者并未定时对消防设施进行检查维护，检查中发现许多隐患一直存在而未得到解决。

②消防安全责任制。消防安全责任制制定完备。

③消防应急预案。制定有消防应急预案。

④消防培训与演练。对消防控制室的值班人员未进行消防培训，不符合国家有关法规规定。

⑤消防组织管理。

（4）消防保卫力量。消防保卫力量充足。

11.2.5　安全检查表法评估

经过实地检查，记录消防安全检查表，如表11.1所示。

建筑火灾风险评估方法与应用

表 11.1 安全检查表

建筑物名称	××综合教学楼	检查人员	××	检查时间	××
建筑面积（m²）	34523	建筑高度（m）	23.95m	建筑层数	6

检查项目			检查内容和方法	要求	检查情况
建筑防火	被动防火措施	防火间距	消防设计文件中有要求的防火间距	符合消防技术标准和消防设计文件要求	被装库与教学楼C区间距约为7m，该处防火间距不符合规范要求
		耐火等级	根据建筑物建筑构建的耐火极限判定耐火等级	符合相应建筑类别的耐火等级要求	符合
		防火分区	查看设置形式及完整性	符合消防技术标准和消防设计文件要求	符合
		防烟分区	查看设置形式及完整性	符合消防技术标准和消防设计文件要求	符合
		消防扑救面	查看设置形式	符合消防技术标准和消防设计文件要求，且严禁擅自改变用途或被占用，应便于使用	符合
		消防车道	查看设置形式		
		防火分隔设施 防火墙	查看设置位置	符合消防技术标准和消防设计文件要求	B区三层南侧与二层大厅防火分隔采用可燃塑料板和电子屏幕
			查看墙体材料	不燃材料	
			查看防火封堵严密性和完整性	使用不燃或难燃材料封堵严密	
		防火门	查看设置类型、位置	符合消防技术标准和消防设计文件要求	A区与D区，C区与D区之间的连廊上防火门的设置跨越变形缝
			查看首层开启方向	向疏散方向开启	
			查看闭门设施	能正常使用	
		防火卷帘	查看设置类型、位置	符合标准要求，能起到隔断作用，底部未堆放杂物	B区西侧中庭周围防火卷帘设置不合理
			测试手动、自动控制功能	能正常降下和升起，自动控制正常	

（续表）

建筑物名称	××综合教学楼	检查人员	××	检查时间	××
建筑面积（m²）	34523	建筑高度（m）	23.95m	建筑层数	6

检查项目				检查内容和方法	要求	检查情况
建筑防火	主动防火措施	灭火器材	型号	核对型号与火灾类别匹配情况	与火灾类别相匹配	符合
			布置	检查布置情况	符合相关标准布置要求	符合
			压力	检查压力及是否完整有效	压力正常，瓶体和软管完好	符合
		消防给水	天然水源	查看水质、水量	符合消防技术标准和消防设计文件要求	／
				查看消防车吸水高度		
				查看取水设施		
			消防水池	设置位置	符合消防技术标准和消防设计文件要求	符合
				查看容量		
			市政供水	查看供水管径、数量和供水能力	符合消防技术标准和消防设计文件要求	符合
			消防水箱	查看设置位置	符合消防技术标准和消防设计文件要求	屋顶消防水箱无水
				查看水量及容量		
		水灭火系统	系统设置	查看设置形式	所设置灭火系统形式符合相关技术规范要求	符合
			消防水泵	查看规格、型号和数量	符合消防技术标准和消防设计文件要求	缺少备用电源
				主、备泵启动、故障切换		
				吸水、出水管及泄压阀、信号阀等的规格、型号		
				主、备电源切换		
				吸水方式		
			室外消火栓	位置是否符合要求	符合消防技术标准和消防设计文件要求	室外部分消火栓布置间距过大，超过120m，不符合规定
				设置形式、标记		
			室内消火栓	查看设置位置	符合消防技术标准要求	教学楼内部分消火栓箱内缺少水带
				查看标记及配件	标记明显、配件齐全	

（续表）

建筑物名称	××综合教学楼	检查人员	××	检查时间	××
建筑面积（m²）	34523	建筑高度（m）	23.95m	建筑层数	6

检查项目			检查内容和方法	要求	检查情况
建筑防火	主动防火措施	水灭火系统 自动喷水灭火系统报警阀组	查看设置位置及组件	位置正确，组件齐全	符合
			打开放水阀，实测流量和压力	符合消防技术标准和消防设计文件要求	
			实测水力警铃喷嘴压力及警铃声强	分别不小于0.05 MPa，70dB	
			打开手动阀或电磁阀，雨淋阀动作	动作应可靠	
			控制阀状态	应锁定在常开位置	
			压力开关动作后，查看消防水泵及联动设备是否启动，有无信号反馈	能正常启动，且有信号反馈至消防控制室	
		防排烟系统 自然排烟	查看开启方式	符合相关规范要求	A区、C区阳面教室自然排烟的可开启外窗面积过小，明显小于5m²
			查看开窗面积	不小于规范规定最小值	
		机械排烟口	查看设置位置和设置形式	电动常闭型，能与风机联动，距离同一防烟分区最远距离不大于30m	
		防排烟风机	查看设置位置和数量	符合防排烟设计和规范要求	
			查看种类、规格、型号	风量、型号、风压符合规范要求	
			消防电源	有主、备电源，自动切换正常	
			功能	启停控制正常，有信号反馈	

（续表）

建筑物名称	××综合教学楼	检查人员	××	检查时间	××
建筑面积（m²）	34523	建筑高度（m）	23.95m	建筑层数	6

检查项目				检查内容和方法	要求	检查情况
建筑防火	主动防火措施	防排烟系统	系统功能	报警联动，查看风机启停	正常启停，并有信号反馈	╱
				报警联动，查看排烟口和阀动作	动作正确	
				报警联动，查看风口气流方向，实测风速	符合消防技术标准和消防设计文件要求	
		安全疏散措施	安全出口	查看设置位置、核对设置数量	符合消防技术标准和消防设计文件要求	符合
				测量疏散宽度		
				测量疏散距离		
				查看安全出口门设置形式	不应设置转门、侧拉门、移门、卷帘门等	
				查看疏散门开启方向	向疏散方向开启	符合
				逃生门锁装置	符合消防设计文件，即推即开且能报警	
			疏散楼梯	查看设置形式	符合相关技术标准	
				查看设置位置、数量	符合相关技术标准	符合
				管道穿越情况	甲、乙类管道不应穿越	
				测量宽度	符合相关技术标准	
			前室	围护结构完整性	除设通向疏散走道的门外不应设其他门，甲、乙类管道不应穿越等	符合
				测量面积	符合消防技术标准和消防设计文件要求	
			避难层	查看设置位置、形式	符合消防技术标准和消防设计文件要求	╱
				实测面积		
				查看消防设施设置		

建筑火灾风险评估方法与应用

（续表）

建筑物名称	××综合教学楼	检查人员	××	检查时间	××
建筑面积（m²）	34523	建筑高度（m）	23.95m	建筑层数	6

检查项目			检查内容和方法	要求	检查情况
建筑防火	主动防火措施	安全疏散措施	消防电梯 — 查看设置位置、数量	符合消防技术标准和消防设计文件要求	符合
			查看电梯井底排水		
			消防电梯手动控制、通信设施		
			消防电梯的速度和载重		
			轿厢内装修材料	不燃材料	
			应急照明和疏散指示标志 — 查看设置位置、数量、形式	符合消防技术标准和消防设计文件要求	水泵房内未设置应急照明
			抽测其应急功能，切断主电源后能利用备用电源正常工作		
		火灾自动报警系统	火灾报警探测器 — 测试其报警功能	能正常报警	符合
			查看规格、选型	选型符合规范要求	
			火灾报警控制器及联动设备 — 查看设备选型、规格	符合消防技术标准和消防设计文件要求	设备无法打印
			查看设备布置		
			查看设备的打印、显示、声报警、光报警功能	应具备	
			查看对相关设备联动控制功能	符合消防技术标准和消防设计文件要求	
			消防电源及主、备电源切换	负荷等级、安装符合消防设计文件要求，自动切换	

· 380 ·

（续表）

建筑物名称	××综合教学楼	检查人员	××	检查时间	××
建筑面积（m²）	34523	建筑高度（m）	23.95m	建筑层数	6

检查项目			检查内容和方法	要求	检查情况
建筑防火	主动防火措施	火灾自动报警系统	报警故障	显示位置准确，有声、光报警并打印	
			系统功能		
			探测器报警、手动报警，联动设备控制	显示位置准确，有声、光报警并打印，启动相关联动设备，有反馈信号；联动逻辑关系和联动执行情况符合消防技术标准和消防设计文件要求	符合
消防安全管理			是否建立消防安全制度		是
			是否有灭火和应急疏散预案		是
			是否有消防安全管理人		是
			是否对消防设施定期组织维修保养		否
			是否举行过灭火和疏散演练		否
			是否按规定进行防火检查		是
			是否对管理人员及员工进行消防安全培训		否

11.2.6 结论及建议

（1）评估结论。该教学楼的消防设施基本上是符合规定的，但也存在一些不足之处，主要有以下几个方面：

防火间距：被装库与教学楼C区的间距约为7m，该处防火间距不符合规范要求。

防火卷帘：B区西侧中庭周围的防火卷帘设置不合理。

消防水箱：屋顶消防水箱无水。

室外消火栓：室外部分消火栓布置间距过大，超过120m，不符合规定。

室内消火栓：教学楼内部分消火栓箱内缺少水带。

自然排烟：A区、C区阳面教室自然排烟的可开启外窗面积过小，明显小于5m²。

应急照明：水泵房内未设置应急照明。

（2）对策、措施及建议。

①加强消防安全管理。加强对综合教学楼的消防安全管理，对中控室的值班人员进行专业的消防安全培训，使其持证上岗。

②及时完善防火措施。及时整改检查中所发现的火灾隐患，对于防火分隔物设置的不正确和破损的问题，如防火门损坏、设置跨越变形缝、防火卷帘上方存在空隙、二层大厅上方电子屏幕后缺少防火墙等严重问题必须及时整改。

对于消火栓内缺少水带、疏散指示标志设置不符合要求、屋顶水箱无水等问题要及时整改。

③对吸烟火灾风险进行控制。

第十二章　大型体育场馆消防
性能化评估案例分析

　　随着我国经济的发展和对体育事业的重视，我国承接和举办了大量重要的体育赛事，如 2008 年北京奥运会、2010 年广州亚运会、2011 年世界大学生夏季运动会、2014 年第二届夏季青年奥林匹克运动会等。这些赛事的举办对我国体育事业的发展起到至关重要的推动作用，同时也大大刺激了我国体育建筑的发展。近年来，我国体育场馆建设的数量和体量都在不断加大，形式也在不断创新。根据国家体育总局 2014 年 12 月 26 日公布的"第六次全国体育场地普查数据公报"显示，截止到 2013 年 12 月 31 日，全国共有室内体育场地 16.91 万个，场地面积 0.62 亿 m^2。对比第五次全国体育场地普查（截至 2003 年 12 月 31 日）的结果，全国体育场馆的建筑面积增加了 1.84 亿 m^2。

　　体育场馆规模的增大和形式的创新也带来了新的问题，我国现有的防火设计规范对很多新建大型体育场馆的消防设计无明确规定，需要应用火灾工程学原理对这些场馆的火灾危险及火灾后果进行定性和定量分析，确保其使用的安全性。

12.1　大型体育场馆火灾危险性分析

　　近年来，大型体育场馆在建设和使用的过程中火灾频发，造成了巨大的经济损失和极坏的社会影响。2006 年 8 月，黑龙江双鸭山市体育馆因违章电焊发生火灾；2007 年 7 月，北京奥运会乒乓球比赛场馆——北京大学体育馆因违章施工操作引发火灾，过火面积达 1000 m^2；2007 年 8 月，上海黄浦体育馆因违章施工发生火灾；2008 年 7 月和 11 月，济南奥体中心体育馆因违章作业，先后两次发生火灾，过火面积分别达 3000 m^2、1284 m^2；2010 年 12 月 31 日，正在举行浙江卫视跨年晚会的浙江黄龙体育馆由于空调过热引发电器着火，所幸无人员伤亡；2013 年 8 月 6 日，北京顺义区体育馆突然发生火灾，大火导致体育馆外墙的铝扣材料大面积烧毁，所幸无人员伤亡。通过对这些火灾案例分析可以看出大型体育场馆的火灾危险性有以下几点：

12.1.1 火灾荷载大，诱发因素多

大型体育场馆空间大、顶棚高，其顶部空间通常设有大量的电线电缆、声光设备、照明、通风空调设备等；同时，由于其功能完善，所以在其内部空间通常会设置各种辅助构件、布景以及活动使用道具、临时电气线路等，火灾荷载大。电气设备的老化、电线电缆的短路、采用可燃材料进行布场、违规吸烟乱丢烟头等都是引发火灾的重要原因。

12.1.2 人员密集，不易疏散

大型体育场馆内容纳人数众多，少则数千，多则数万，且其内部人员一般对建筑布局了解不多，对疏散线路不甚熟悉。当发生火灾时，大量人员涌向出口，导致疏散出口堵塞；火场的高温、烟气易加剧人员的恐慌，容易造成人员踩踏等伤亡事故。

12.1.3 结构特殊，建筑物易垮塌

体育馆空间开阔，当发生火灾时，火势凭借良好的通风条件，会迅速蔓延扩大，如果在 5~10min 之内不能控制火势，火灾就有可能达到发展阶段，形成大的灾害。且体育馆一般采用大跨度空间结构形式，其顶部带有闷顶的钢屋架、屋盖、吊顶一旦被烧穿后，很快就会塌落，造成人员伤害。

12.2 大型体育场馆的消防设计难点

随着体育场馆的大型化，也带来了很多新的消防问题。其中最主要的是防火分区划分和人员疏散的问题。

12.2.1 防火分区面积过大

根据《建规》第5.1.7条的规定，民用建筑的耐火等级、最多允许层数和防火分区最大允许建筑面积应符合表12.1的规定。从中可以看出，对于一、二级耐火等级的建筑，防火分区的最大允许建筑面积为2500m²，当建筑内设置有自动灭火系统时，防火分区的最大允许建筑面积为5000m²。虽然规范中对体育馆内的观众厅防火分区的面积适当放宽，但目前很多新建体育场馆的体量非常庞大，因此其防火分区的面积远远超过规范的规定。由于体育场馆观众厅的特殊视听要求，也不宜再将其观众厅部分划分为多个防火分区。因此，大型体育场馆观众厅防火分区面积超规的安全性需要科学论证。

表12.1　民用建筑的耐火等级、最多允许层数和防火分区最大允许建筑面积

耐火等级	最多允许层数	防火分区的最大允许建筑面积（m²）	备注
一、二级	按《建规》第1.0.2条规定	2500	1. 体育馆、剧院的观众厅，展览建筑的展厅，其防火分区最大允许建筑面积可适当放宽。 2. 托儿所、幼儿园的儿童用房和儿童游乐厅等儿童活动场所不应超过3层或设置在四层及四层以上楼层或地下、半地下建筑（室）内。
三级	5层	1200	1. 托儿所、幼儿园的儿童用房和儿童游乐厅等儿童活动场所、老年人建筑和医院、疗养院的住院部分不应超过2层或设置在三层及三层以上楼层或地下、半地下建筑（室）内。 2. 商店、学校、电影院、剧院、礼堂、食堂、菜市场不应超过2层或设置在三层及三层以上楼层。
四级	2层	600	学校、食堂、菜市场、托儿所、幼儿园、老年人建筑、医院等不应设置在二层。
地下、半地下建筑（室）	-	500	-

注1：建筑内设置自动灭火系统时，该防火分区的最大允许建筑面积可按本表的规定增加1.0倍。局部设置时，增加面积可按该局部面积的1.0倍计算。

注2：当住宅建筑构件的耐火极限和燃烧性能符合现行国家标准《住宅建筑规范》（GB 50368－2005）的规定时，其最多允许层数执行该标准的规定。

12.2.2　安全疏散问题

现行《体育建筑设计规范》（JGJ 31－2003）以及《建规》中对体育场馆人员疏散方面的规定是：体育馆容纳人数不应超过2万人，一、二级耐火等级体育馆观众厅内的人员疏散出观众厅的疏散时间应控制在3～4min；体育场的人员疏散时间应控制在6～8min。目前，新建体育场馆的规模大小以及容纳人数已经远远超过以往的体育建筑，所以现行规范对于安全疏散时间以及容纳人数的规定已经不能适应体育建筑的发展趋势。同时，由于新建体育馆体量庞大，防火分区面积过大，这样也容易产生疏散距离超规的问题。

12.2.3　排烟系统设计

现行《体育建筑设计规范》（JGJ 31－2003）以及《建规》中对于体育

建筑排烟系统设计的规定相对笼统，并没有明确规定。在实际工程中，对于体育场馆比赛大厅排烟量的确定，设计人员主要参考规范中对于中庭排烟量的要求来进行确定，但按照这种方法计算得到的排烟量往往非常大，这给设计及施工都带来了极大的难度，所以如何合理地确定体育场馆中的排烟量是非常重要的。

12.2.4 结构防火问题

体育场馆由于空间跨度大，一般屋顶结构形式多采用钢质网架结构体系，这就需要对其屋顶承重结构进行防火保护。在选取钢结构保护材料时应对屋顶承重结构进行具体分析，否则有可能会影响建筑美观、造成资源浪费或是安全性不足。

12.3 消防难点解决思路

12.3.1 采取避免火灾扩大蔓延的消防措施

防火分区面积的扩大会增大火灾大面积蔓延的可能性，同时也会增大人员疏散的危险性。因此，针对防火分区面积增加的问题，可以采取如设置防火隔离带、划分防火单元、提高体育场馆内固定装修耐火等级等方法来控制火灾规模和防止火灾蔓延，以确保人员疏散的安全性。

12.3.2 优化疏散设计

在设计体育场馆时，进行专门的人员疏散分析。由于体育场馆内人员众多，且交通流线比较复杂，因此可以采取如合理布置安全出口的位置及数量、增加疏散宽度、优化疏散路径、加强疏散指示标志的引导性、设置疏散的准安全区等方法来加强人员疏散的安全性。同时，可以采用计算机数值模拟的方法，对可能出现的火灾场景中的人员疏散情况进行模拟，找到影响人员疏散安全性的问题并加以解决，确保人员疏散的安全性。

12.3.3 优化防排烟设计

防排烟设计时，应充分考虑体育场馆的火灾规模、烟气层高度以及排烟量等参数，以确保在人员疏散过程中提供相对安全的区域，保证人员疏散的安全性。体育馆内火灾主要发生在比赛场地内和观众看台上，其中比赛场地内的火灾主要是来自于临时搭建的舞台等附属设施，而观众席火灾一般来自装饰物、仪器设备和座椅等。在设计时要充分考虑体育场馆内可能出现的各种火灾情况。体育场馆内的看台一般是沿着一定的斜面进行布置的，所以观众所在位置的高度也是不一样的。在排烟设计中应保证最高的看台位置 2.0m

以下的高度不会受到烟气层的危害。排烟量的设计应根据火灾规模及设计烟气层的高度进行计算，同时应进行计算机数值模拟来验证排烟效果，并进一步优化设计方案。

12.3.4　钢结构保护的优化设计方案

在对体育场馆的钢结构体系进行防火设计时，应对其进行假定火灾的整体结构温度分布计算，以判定该钢结构体系是否需要进行防火保护，整体结构中哪些部位需要防火保护以及保护的措施是什么。在计算中，应根据火源位置和火灾规模对所有可能会受到火灾影响的结构特别是结构杆件的最大受力点、结构薄弱点等关键部位进行评估，以便提出既安全又经济的防火保护方案。

12.4　案例分析

12.4.1　研究对象概况

研究对象为一体育中心建筑群内部的一栋新建体育场馆。该体育馆总建筑面积 76877.56m²，建筑耐火等级为一级。该体育馆基本形状及外立面如图 12.1、图 12.2 所示。

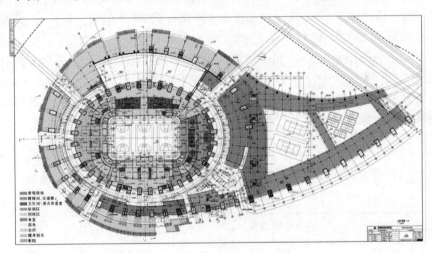

图 12.1　体育馆基本形状示意图

图 12.2　体育馆外立面图

该体育馆地上四层，地下两层，以二层（6.000m 标高）为界。一层及地下一、二层主要为体育功能区域，包括正式比赛场地、综合训练馆、运动员用房、赛事管理用房、场地运营用房、新闻媒体用房、贵宾接待用房、设备机房、地下车库兼人防等；二、三、四层主要为观众集散区域及服务区域，包括观众厅、观众集散大厅及平台、其他附属服务设施等。

体育馆看台共设座席 11304 席，其中固定座席 9045 席（包括主席台座席 94 席），活动座席 1760 席，包厢座席 444 席（共 37 个包厢，均为 12 人间），残疾人座席 25 席，裁判座席 30 席。看台为单层，周边设置 20 个安全疏散口，每个通道净宽 2.5m，每个疏散口的疏散人数约为 568 人，疏散通道总宽度为 50m；集散大厅设有 15 个对外出口通往室外，对外出口总宽度为 48m；体育馆首层设有 6 个疏散通道通往相邻的防火分区，再由相邻的防火分区疏散至室外。环道对外出口总宽度为 45m。

12.4.2　研究对象的消防设计难点

（1）部分防火分区面积超规。本工程防火分区划分如表 12.2 所示。

表 12.2　防火分区面积统计

防火分区编号	防火分区面积（m^2）	规范允许面积（m^2）	备注
防火分区 01	757.53	1000	加喷淋
防火分区 02	479.77	500	－
防火分区 03	1717.55	1000	需经消防论证
防火分区 04	1887.08	1000	需经消防论证

（续表）

防火分区编号	防火分区面积（m²）		规范允许面积（m²）	备注
防火分区 05	978.50		1000	加喷淋
防火分区 06	1031.41		1000	加喷淋
防火分区 07	979.48		1000	加喷淋
防火分区 08	986.33		1000	加喷淋
防火分区 09	572.26		1000	加喷淋
防火分区 10	1036.12		1000	加喷淋
防火分区 11	1031.62		1000	加喷淋
防火分区 12	2528.19		4000	加喷淋
防火分区 13	2752.95		4000	加喷淋
防火分区 14	705.79		2500	－
防火分区 15	1157.78		2500	－
防火分区 16	±0.000m 标高　891.28 6.000m 标高　1197.92 13.520m 标高　1309.75	3398.95	5000	加喷淋
防火分区 17	4916.08		5000	加喷淋
防火分区 18	4896.87		5000	加喷淋
防火分区 19	±0.000m 标高　362.2 6.000m 标高　10643.74 18.320m 标高　2219.13	13225.07	5000	需经消防论证
防火分区 20	1563.96		2500	－
防火分区 21	6.000m 标高　8045.68 13.520m 标高　2354.07	10399.75	5000	需经消防论证
防火分区 22	1784.70		2500	－
防火分区 23	2018.45		2500	－
防火分区 24	2012.21		2500	－

从表 12.2 中可以看出以下防火分区面积超规：

①地下二层（-9.000m 标高）综合训练馆分为两个防火分区（防火分区 03、04），面积分别为 1717.55m²、1887.08m²，设有消防水炮系统，超出《建规》第 5.1.7 条防火分区允许最大面积 1000m² 的规定，如图 12.3 所示。

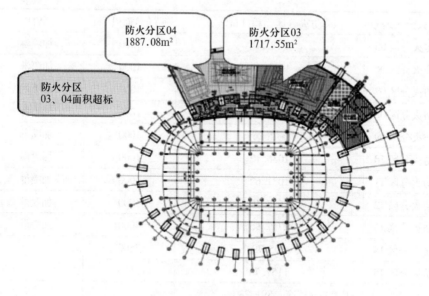

图 12.3　地下二层防火分区

②地上观众厅及比赛场地（防火分区 19）面积约 13225.07m²，超出《建规》第 5.1.7 条防火分区允许最大面积 5000m² 的规定，如图 12.4 所示。

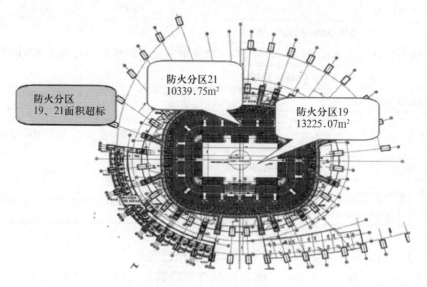

图 12.4　三层防火分区

③防火分区 21 为观众集散大厅、休息平台及包厢，从地上二层贯穿到顶

层，总面积约 10339.75m²，超出《建规》第 5.1.7 条防火分区允许最大面积 5000m² 的规定，如图 12.4 所示。

（2）内环路作为亚安全区的保证性。体育馆零层内环路宽度大于 4m，上方设有 2500m² 的排烟口，设有 6 个开口与外部道路及广场相连。需要论证内环路作为室外空间、人员安全疏散的亚安全区使用的可行性。

12.4.3 解决方案

针对体育馆上述防火分区面积超出规范规定的问题，通过设计最不利的火灾场景，模拟起火后烟气蔓延运动的情况和计算人员安全疏散需要的时间，考察在现有的防火分区划分条件下，人员能否安全撤离，如果人员不能够安全离开，则需要更改设计。

对于排烟设计方案，通过建立模型，模拟在设计排烟方案条件下，建筑内烟气蔓延和沉降的情况，若不满足人员安全疏散要求，就要更改设计方案。综合考虑安全和经济两种因素，通过对比不同的方案，最终给出合理的排烟设计方案。

12.4.4 人员疏散可利用时间的确定

（1）设定火灾场景。该工程确定了 10 个典型火灾场景，如表 12.3 所示。

表 12.3 该体育馆火灾场景分析表

火灾场景	火源位置	火灾增长系数/(kW/s²)	火源功率/MW	排烟量/m³·h⁻¹	补风量/m³·h⁻¹	排烟口尺寸/m×m	排烟口数量	补风口尺寸/m×m	补风口数量
1	A	0.04689	8	0	0	0	0	0	0
2	A	0.04689	8	90000	66000	1.5×1.2	2	1.5×1.2	8
3	A	0.04689	6	90000	66000	1.5×1.2	2	1.5×1.2	8
4	B	0.04689		450000	225000	0.6×3	10	0.3×3	20
5	B	0.04689		600000	300000	0.6×3.7	10	0.3×3.7	20
6	B	0.04689	6	450000	300000	0.6×3.7	10	0.3×3.7	20
7	C	0.04689	2	450000	225000	0.6×3	10	0.3×3	20
8	D	0.04689	1.5	450000	225000	0.6×3	10	0.3×3	20
9	D	0.04689	6	450000	225000	0.6×3	10	0.3×3	20
10	E	0.04689	2.5	250000	自然补风	2×1.2	8	0	0

其中部分参数设计考虑以下因素：

①火源位置的确定。考虑体育馆的使用特点，根据该工程实际情况，确定火源位于以下位置，如图 12.5 ~ 图 12.9 所示。

A 位于防火分区 03 中央；

B 位于比赛馆防火分区 19 中央；

C 位于比赛馆三层防火分区 19 内西侧座椅较高处；

D 位于比赛馆三层防火分区 19 某包厢内；

E 位于防火分区 21 入口大厅中央。

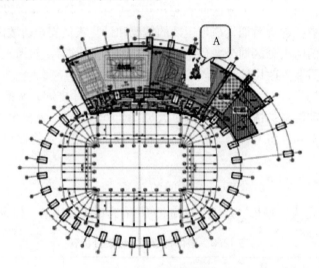

图 12.5　起火位置 A

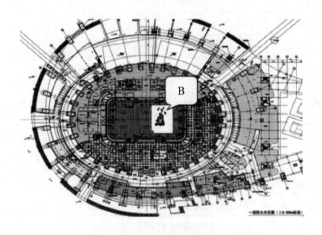

图 12.6　起火位置 B

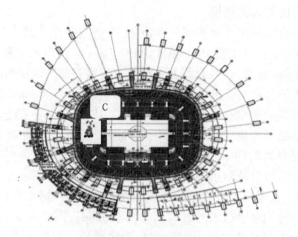

图 12.7 起火位置 C

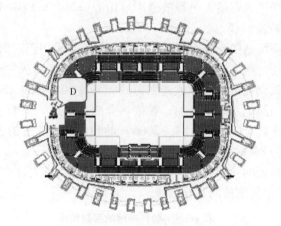

图 12.8 起火位置 D

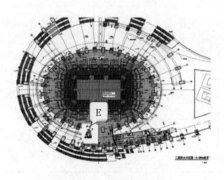

图 12.9 起火位置 E

②该体育馆的火灾规模。

第一，综合训练馆。地下部分共设 13 个防火分区，其中防火分区 03 面积约 1717.55m²，防火分区 04 面积约 1887.08m²，两者的主要功能为综合训练馆（–9.000m 标高），各自设有两个可直通室外的防烟楼梯间。

根据美国消防协会标准 NFPA 204M Standard of Smoke and Heat Venting 以及上海市《建筑防排烟技术规程》（DGJ 08 – 88 – 2006）的建议，将综合训练馆作为公共场所考虑，可燃物为场地内各类设施，自动喷水系统失效时，最大热释放速率为 8MW，保守考虑按 t^2 快速火发展。

综合训练馆设有消防水炮系统，如果自动喷水灭火系统正常启动，根据《固定消防炮灭火系统设计规范》（GB 50338 – 2003）第 4.1.6 条的规定：水炮系统从启动至炮口喷射水的时间不应大于 5min；同时设置双波段火灾探测器和光截面火灾探测器进行火灾探测和图像监控，假设火灾探测需要 1min，本评估假定固定消防炮系统在 6min 时起到控火作用，此时火灾热释放速率不再增长，则该场景火灾最大热释放速率可用 $Q = at^2 = 0.04689 \times 360^2 = 6MW$ 进行计算，结果为 6MW。

第二，比赛场地中心的火灾规模。比赛场地也采用固定消防炮系统保护，同样假定固定消防炮系统在 6min 时起到控火作用，此时火灾热释放速率不再增长，则该场景火灾最大热释放速率为 $Q = at^2 = 0.04689 \times 360^2 = 6MW$。

假定固定消防炮系统未启动，导致热释放速率进一步增大，根据《建筑防排烟技术规程》（DGJ 08 – 88 – 2006）的建议，无喷淋的公共场所火灾最大热释放速率为 8MW。

第三，座椅区的火灾规模。座位将会采用简单的塑料椅成排放置方式。表 12.4 给出了塑料座椅的实验结果。

表 12.4　塑料座椅的实验结果

火灾测试	最大热释放速率/kW	火灾蔓延速度/kWS⁻²	注解	参考
单块聚丙烯材质椅，没有衬垫或垫层，单椅	200	0.00087	额外 600s 阴燃期	Sardqvist, 1993
如上，1 排 5 个椅子	750	0.0083	额外 1200s 阴燃期。释热率达到高峰后迅速下降	Sardqvist, 1993
如上，2 排 8 个椅子	1300	0.0056	额外 1200s 阴燃期。释热率达到高峰后迅速下降	Sardqvist, 1993
单椅，一件成型的玻璃纤维，没有衬垫或垫层	40	Not t² growth	很快升至 40kW，释热率保持 2min，然后减弱	Lawson et al., 1983

如上所示，最不利情况下的蔓延速度会在标准的 t^2 中降至缓慢和中等蔓延速度之间。

上述分析表明，对于将要安装的座椅，可能发生的火灾不会太大。尽管火在座椅间蔓延是可能的，但随着火势蔓延，最初的燃烧物会烧尽。这一点可由火灾测试中高峰释热率保持时间非常短中看出。因此，建议的火灾分析是中等蔓延速度（0.0117）至1MW。一旦火情达到1MW，释热率会稳定并一直保持在这个水平至评估结束。

本评估中保守地将座椅区火灾规模确定为2MW，并按快速火发展，这样的设计是趋于保守的。

第四，包厢的火灾规模。由于功能需要，包厢内部会设有沙发、桌椅等家具，因此包厢内部设有自动报警系统及自动喷水灭火系统，但不设置独立排烟系统。在面向观众休息厅（即走廊一侧）设置了防火隔墙、防火门阻止火灾烟气蔓延，面向比赛大厅一侧采用普通玻璃隔断将包厢与场地隔开，当包厢内发生火灾时，玻璃一侧将首先受热破裂，火灾烟气将会由包厢蔓延至比赛场地。

预测普通喷淋系统启动时间可以采用 DETACT–QS 工具。火灾增长类型为快速，$\alpha = 0.04689\mathrm{kW/s}^2$，结果如表12.5所示。

表12.5　水喷淋启动时间及火灾规模

T 平方火	快速
建筑层高（m）	3.3
喷头水平间距（m）	2.5
环境温度（℃）	20
喷头动作温度（℃）	68
RTI	50
喷头动作时间（s）	131.6
火灾功率（kW）	812

依据上海市《民用建筑防排烟技术规程》中所给出的各类场所火灾模型，设有喷淋的办公室火灾规模最大为1.5MW，选取1.5MW的火灾规模，比喷淋控制火保守一些，安全因子为1.8。据此评估包厢发生火灾时烟气溢出包厢之外的火灾安全性。

依据上海市《民用建筑防排烟技术规程》，无喷淋的办公室、客房火灾规模最大为6MW。因而选取6MW作为喷淋未正常启动时包厢火灾场景的火灾规模。

第五，集散平台的火灾规模。体育馆二层（6.000m 标高）为观众主要出入口，设置了环形集散平台。赛时在二层环形集散平台设安检围栏及售票检票口。集散大厅内设小卖部、餐饮、临时医疗点、问询及失物招领处等商业服务设施。集散平台顶部设置有自动喷水灭火系统。根据上海市《民用建筑防排烟技术规程》，设有喷淋的公共场所最大热释放速率为 2.5MW，因而选取 2.5MW 作为集散平台的火灾规模。

体育馆三层（13.520m 标高）在看台顶端设置环形走道（标高为13.520m），环形走道通过"连桥"与外围斜柱状结构体内的楼梯相连，并可通过南、北两侧的室外集散平台沿台阶、坡道、楼梯到达 6.000m 标高平台。此标高环形走道不作为商业使用，可燃物很少，因而不设置火源。

③排烟参数设计。

第一，综合训练馆发生火灾时所需排烟量。综合训练馆防火分区 03 设计排烟量 90000 m^3/h，设排烟口 2 个，补风量为其排烟量的 50%。

第二，比赛大厅发生火灾时所需排烟量。烟层应保持的清晰高度设定为距看台区最高点 2m 处，即 13.6m 处。初步设计排烟量为 450000m^3/h，排烟口 10 个，补风量为排烟量的 50%。

第三，包厢发生火灾时所需排烟量。包厢发生火灾时，溢出到比赛大厅的烟气借用比赛大厅顶部排烟口排出，初步设计排烟量为 450000m^3/h。

第四，集散平台发生火灾时所需排烟量。集散平台防火分区 21 设计排烟量 250000 m^3/h，设排烟口 8 个，采用自然补风方式。

（2）人员疏散可利用时间。运用火灾动力学模拟软件 FDS 对该体育馆工程的火灾烟气扩散情况进行模拟计算。从 FDS 模拟结果可以看出，在火灾场景 1 中，距地面 2.8m 处的温度在 500s 时达到了 60℃，出现危险状况，对人员安全疏散产生威胁。其他火灾场景中在模拟时间内，距地面 2.8m 的各处均未出现危险状况。这主要因为体育馆体量巨大，可以极大地稀释烟气的浓度和温度。此外，当消防设施有效时，排烟口布置及排烟量设计比较合理，能够及时有效地排出大量烟气及其产生的热量；充足的补风有效地稀释了烟气的浓度、温度，并且阻挡住了烟气的下降；消防水炮系统可以起到冷却和稀释的作用。

通过火灾烟气运动模拟计算分析，得到 10 个设定火灾场景下的人员可用疏散时间 T_{ASET}，汇总结果如表 12.6 所示。

表 12.6　模拟结果汇总表

设定火灾场景	危险高度处温度到达60℃的时间（s）	危险高度处能见度下降到10m的时间（s）	可用疏散时间（s）
1	500	523	500
2	1200	1200	1200
3	1200	1200	1200
4	1200	1200	1200
5	1200	1200	1200
6	1200	1200	1200
7	1200	1200	1200
8	1200	1200	1200
9	1200	1200	1200
10	1200	1200	1200

12.4.5　人员疏散必需时间的确定

（1）疏散场景的设计。根据火灾场景设计，选择分区 03、19、21 以及体育馆首层进行疏散模拟计算，共建立 7 个疏散场景，如表 12.7 所示。

表 12.7　疏散场景汇总表

疏散场景	位置	疏散人数	疏散通道状况
1	分区 19、21	11765	无出口被封闭
2			看台出口 D18 被封闭
3			对外出口 S11 被封闭
4	分区 03	150	无出口被封闭
5			S4 号楼梯被封闭
6	体育馆首层	1000	无出口被封闭
7			出口 D3 被封闭

（2）人员疏散必需时间。采用精细网格疏散软件 BuildingEXODUS 进行人员疏散模拟计算。考虑到体育馆为公共场所，体育馆内全面设置火灾报警系统，且其内部人员一般为处于清醒状态的具有自主行动能力者，所以假设探测时间约为 60s，人员疏散准备时间为 120s。那么，人员疏散必需时间如表 12.8 所示。

表 12.8　人员疏散必需时间

疏散场景	疏散人数	探测报警时间（s）	疏散准备时间（s）	疏散行动时间（s）	必需疏散时间（s）
1	11765	60	120	355	713
2	11765	60	120	384	756
3	11765	60	120	494	921
4	150	60	120	191	467
5	150	60	120	230	525

12.4.6　结果分析

通过对人员的疏散模拟分析，并与火灾烟气模拟计算结果进行比较，可以得到以下结论：

（1）体育馆地下二层防火分区 03 设置了 3 个火灾场景，火源均位于防火分区中央且设置为快速增长 t^2 火，火灾规模分别为 8MW、8MW 以及 6MW。其中，火灾场景 1 中的消防水炮系统、机械排烟系统以及补风系统均失效；火灾场景 2 中的消防水炮系统失效，机械排烟及补风系统正常启动，排烟量为 90000m³/h，补风量为 45000m³/h；火灾场景 3 中的消防水炮系统、机械排烟系统以及补风系统均正常启动，排烟量为 90000m³/h，补风量为 45000m³/h。

对于火灾场景 1～3，结果表明，在火灾场景 1 中消防水炮、机械排烟系统及补风系统均未启动，在 500s 时达到了疏散极限值，威胁到人员安全疏散。在火灾场景 2、3 中，在必需疏散时间内，火灾烟气温度、能见度和 CO 浓度大大低于疏散极限值。根据对模拟结果的进一步分析，认为体育馆地下二层防火分区 03 采用机械排烟方式，排烟量按照 90000m³/h 计，补风量不小于排烟量 50% 的条件下，烟气在建筑内的蔓延和沉降能够得到有效抑制，满足人员安全疏散要求。

（2）体育馆防火分区 19 设置了 6 个火灾场景，分别研究比赛馆中央火灾、座椅区火灾以及包厢区火灾的发展蔓延情况。其中，火灾场景 4 中，火源位于比赛馆防火分区 19 中央，火灾规模为 8MW，消防水炮系统失效，机械排烟和补风系统正常启动，排烟量为 450000m³/h，补风量为 225000m³/h；火灾场景 5 中，火源位于比赛馆防火分区 19 中央，火灾规模为 8MW，消防水炮系统失效，机械排烟和补风系统正常启动，排烟量为 600000m³/h，补风量为 300000m³/h；火灾场景 6 中，火源位于比赛馆防火分区 19 中央，火灾规模为6MW，消防水炮系统、机械排烟和补风系统均正常启动，排烟量为600000m³/h，补风量为300000m³/h；火灾场景7中，火源位于比赛馆三层防火分区19内西侧座椅较高处，火灾规模为2MW，消防水炮系统失效，机械排烟和补风系统正常启动，排烟量为450000m³/h，补风量为225000m³/h；火灾场景8中，位于比赛馆三层防火分区19某包厢内，火灾规模为1.5MW，自动喷水灭火系统、机械排烟及补风系统均正常启动，排烟量为450000m³/h，补风量为225000m³/h；火灾场景9中，位于比赛馆三层防火分区19某包厢内，火灾规模为6MW，自动喷水灭火系统失效，机械排烟及补风系统均正常启动，排烟量为450000m³/h，补风量为225000m³/h。

对于火灾场景4~9，结果表明，对于比赛场地中央火灾、座椅区火灾以及包厢区域火灾这三种火灾场景，在必需疏散时间内，火灾烟气温度、能见度和CO浓度大大低于疏散极限值。根据对模拟结果的进一步分析，认为体育馆防火分区19采用机械排烟方式，排烟量按照450000m³/h计，补风量不小于排烟量50%的条件下，烟气在建筑内的蔓延和沉降能够得到有效抑制。消防水炮的正常启动，对降低烟气浓度、温度起到一定积极作用，满足人员安全疏散的要求。

（3）体育馆防火分区21为观众集散大厅。在二层（6.000m标高）环形集散平台处设置2.5MW火源，自动喷水灭火系统及机械排烟系统正常启动，排烟量为250000m³/h，并采用自然补风的方式。

对于火灾场景10，结果表明，在必需疏散时间内，火灾烟气温度、能见度和CO浓度大大低于疏散极限值。根据对模拟结果的进一步分析，认为体育馆观众集散大厅采用机械排烟方式，排烟量按照250000m³/h计，在自然补风的条件下，烟气在建筑内的蔓延和沉降能够得到有效抑制。自动喷水灭火系统的正常启动，对降低烟气浓度、温度起到一定积极作用，满足人员安全疏散的要求。另外，烟气由二层蔓延至三层（13.520m标高），由模拟结果得出，烟气情况未达到疏散极限值，未对三层的人员疏散造成威胁。

（4）体育馆为大空间建筑，顶棚的蓄烟作用大大地延迟了火灾危险状态的来临时间，为人员疏散争取了宝贵时间。此外，消防水炮及自动喷水灭火系统对降低火灾中烟气的浓度、温度起到了重要作用。

（5）体育馆的零层内环路宽度为7m，高度大于4m，满足《建规》第6.0.9条规定。上方设有2500m²排烟口，设有6个开口与外部道路及广场相连，依据本项目中体育馆的模拟结果，可认为满足人员疏散时作为亚安全区使用的要求。

第十三章　大型家居建材广场消防性能化评估案例分析

近几年，随着我国经济的快速发展以及城市化进程的加剧，居民大量涌进城市，小城镇发展也日渐繁荣，居民的生活条件逐渐改善，住房大量搬迁，从而带动了我国房地产行业的迅猛发展，小城镇住宅产业也有了较快发展。随着住宅产业的发展，家居建材行业方兴未艾。一时间，各类建材市场以及家具商场、家具销售中心不断涌现，而且体量也在不断加大。由于家居建材广场的大型化，及其在火灾荷载和人员疏散中的一些特点，可能无法完全按照当前的防火设计规范进行设计，采用性能化防火设计方法成为有效的解决方案。

13.1　大型家居建材广场的火灾危险性

近年来，大型家居建材广场火灾频发，造成了严重的人员伤亡和财产损失。1988 年 5 月，北京市玉泉营环岛家具城发生特大火灾，两万平方米的家具城及展销家具均化为一片灰烬，所幸的是火灾发生在非营业时间，虽无人员伤亡，但直接经济损失达 2087 余万元。1998 年 10 月 27 日，北京"居然之家"家具城发生火灾，造成 2 人死亡，经济损失 380 万元。2009 年 5 月，重庆市永川区购物中心家具商场发生火灾，火灾历时 5 小时才被扑灭，商场化为一片废墟，火灾发生在凌晨，无人员伤亡。2008 年 7 月，河北曲阳县家具城发生火灾，虽扑救及时，但因处于营业时间，造成 9 死 1 伤。通过对这些火灾案例分析可以看出，大型家居建材广场的火灾危险性主要有以下几点：

13.1.1　建筑布局复杂，人员疏散难度大

家居建材广场一般体量较大，占地面积大，导致其内部店铺数量多，内部隔间分布、走道设计复杂，疏散路线及疏散出口位置不明显。加之顾客对商场内部情况的熟悉程度低，一旦发生火灾，在烟气及紧张心理的影响下，很难及时找到疏散出口，人员疏散难度较大。

13.1.2　火灾荷载大，烟气毒性大

家居建材广场内商品众多，且高度集中。这些家具、家居用品及建材等，大多都是可燃、易燃物，加之摊位分隔、内部装修采用的各类材料，与其他大型商业场所相比，家居建材广场内的单位面积火灾荷载更大。同时，其商品多为木质、棉毛化纤产品、塑料产品、化工产品等，一旦燃烧，将产生大量有毒有害气体，危及现场人员的生命安全。

13.1.3　照明设备多，火灾可能性大

家居建材广场体量较大，仅靠自然采光不能达到照明要求，因此大量采用人工照明。为了满足内部照明的需要，灯具数量往往比较大。同时，商家为了体现商品的效果，也会增加对商品的投光设备。一旦这些灯具过热起火，火星将引燃商场内部的可燃、易燃商品，引发火灾。

13.1.4　可燃物特殊，火势蔓延迅速

为了便于展示商品，家居建材广场内很多商家会将家居用品悬挂进行展示，有的甚至会悬挂在商铺之外，这使得这些可燃物的表面积大于其他类型场所，一旦发生火灾，这些可燃物会迅速燃烧，火势和烟气沿走道和吊顶向水平方向迅速蔓延，容易在起火楼层形成全面燃烧。

13.1.5　扑救难度大，危害程度大

家居建材广场体量大，内部空间布局复杂，灭火救援展开困难；火灾发生后蔓延迅速，火势猛，燃烧面积大，灭火工作难以深入内部进行。一旦大量家具、建材达到全面燃烧，将无法扑救，造成巨大的财产损失和极恶劣的社会影响。

13.2　大型家居建材广场的消防设计难点

13.2.1　疏散宽度不足

根据《建规》第5.3.17的规定，学校、商店、办公楼、候车（船）室、民航候机厅、展览厅、歌舞娱乐放映游艺场所等民用建筑中的疏散走道、安全出口、疏散楼梯以及房间疏散门的各自总宽度，应按下列规定经计算确定：每层疏散走道、安全出口、疏散楼梯以及房间疏散门的每100人净宽度不应小于表13.1的规定；商店的疏散人数应按每层营业厅建筑面积乘以面积折算值和疏散人数换算系数计算。地上商店的面积折算值宜为50%~70%，地下商店的面积折算值不应小于70%。疏散人数的换算系数可按表13.2确定。

表 13.1 疏散走道、安全出口、疏散楼梯和房间疏散门每 100 人的净宽度 （m）

楼层位置	耐火等级		
	一、二级	三级	四级
地上一、二层	0.65	0.75	1
地上三层	0.75	1	–
地上四层及四层以上各层	1	1.25	–
与地面出入口地面的高差不超过 10m 的地下建筑	0.75	–	–
与地面出入口地面的高差超过 10m 的地下建筑	1	–	–

表 13.2 商店营业厅内的疏散人数换算系数 （人/m²）

楼层位置	地下二层	地下一层，地上第一、二层	地上第三层	地上第四层及四层以上各层
换算系数	0.80	0.85	0.77	0.60

如果按照现行规范对于商店疏散宽度的计算方式，很多大型家居建材广场都会存在疏散宽度不足的问题，需要对其安全性进行论证。

13.2.2 疏散距离超规

根据《建规》第 5.3.13 的规定，民用建筑的安全疏散距离应符合下列规定：直接通向疏散走道的房间疏散门至最近安全出口的距离应符合表 13.3 的规定。由于这些新建的家居建材广场体量巨大，很容易出现首层楼梯间无直通室外的安全出口以及上部楼层的中部区域疏散距离超规等问题。

表 13.3 直接通向疏散走道的房间疏散门至最近安全出口的最大距离 （m）

名称	位于两个安全出口之间的疏散门			位于袋形走道两侧或尽端的疏散门		
	耐火等级			耐火等级		
	一、二级	三级	四级	一、二级	三级	四级
托儿所、幼儿园	25	20	–	20	15	–
医院、疗养院	35	30	–	20	15	–
学校	35	30	–	22	20	–
其他民用建筑	40	35	25	22	20	15

注1：一、二级耐火等级的建筑物内的观众厅、多功能厅、餐厅、营业厅和阅览室等，基室内任何一点至最近安全出口的直线距离不大于 30m。

注2：敞开式外廊建筑的房间疏散门至安全出口的最大距离可按本表增加 5m。

注3：建筑物内全部设置自动喷水灭火系统时，其安全疏散距离可按本表规定增加 25%。

注4：房间内任一点到该房间直接通向疏散走道的疏散门的距离计算：住宅应为最远房间内任一点到户门的距离，跃层式住宅内的户内楼梯的距离可按其梯段总长度的水平投影尺寸计算。

13.3　消防难点解决思路

13.3.1　合理的人员荷载

合理的人员疏散安全评估应建立在较准确的人员荷载统计基础之上，性能化评估使用的人员荷载应参照现行规范，根据不同建筑的使用功能按建筑面积折算。家居建材广场内大量存放大型家具、展品、建材等，内部人员数量与其他类型商业建筑相比要少许多。如果按照现行规范的规定对其内部人数进行计算，明显不符合实际情况。中国人民武装警察部队学院安全评估中心对北京和香河的部分家居商城进行了客流量的实地调查，香河某家居商城典型位置人流情况如图13.1所示，调查结果如表13.4所示。此外，国内也有很多学者针对家居建材商场内的人员数量进行了大量的调查研究，综合这些调查观测数据，根据我国《建筑设计防火规范》（GB 50016－2014）第5.5.21中第七条的规定，商店的疏散人数应按每层营业厅的建筑面积乘以表13.5规定的人员密度计算。对于建材商店、家具和灯饰展示建筑，其人员密度可按表13.5规定值的30%确定。按照这种计算方法，可以大大减少家居建材广场内的人员荷载数量，更加贴合此类建筑的实际情况。

图13.1　香河某家居商城客流

表 13.4　家居商城客流量调查结果

城市	家具商场	建筑面积（万 m²）	客流量（人/天）		人员荷载密度（人/m²）
香河	红星美凯龙	18.1	平时	500	0.003
			双休日	1000	0.006
			节假日	1500	0.008
	金钥匙家居	16.0	双休日	1000	0.006
			节假日	2000	0.012
北京	居然之家	9.3	2011 年五一长假日均	8000	0.086
	集美家居	22.0	2011 年五一当日	23000	0.105

注：人员荷载密度 = 客流量/建筑面积，计算偏于保守。

表 13.5　商店营业厅内人员密度（人/m²）

楼层位置	地下第二层	地下第一层	地上第一、二层	地上第三层	地上第四层及以上各层
人员密度	0.65	0.60	0.43 ~ 0.60	0.39 ~ 0.54	0.30 ~ 0.42

13.3.2　采用消防局部加强措施保障人员疏散安全

针对新建大型家居建材广场出现的首层楼梯间无直通室外的安全出口以及上部楼层的中部区域疏散距离超规等问题，可以采用消防局部加强措施，如设置人员疏散"亚安全区"、增加相邻防火分区疏散门等方法确保人员疏散的安全性。

（1）设置人员疏散的"亚安全区"。在大型家具建材广场内部的适当位置，如防火分区分隔处或是中庭的位置，设置"亚安全区"。该区域的建筑构件及装修材料应为非燃材料，且不得放置任何可燃物；设置特级防火卷帘与周边商铺进行分隔，在进入"亚安全区"处的开口处设甲级防火门；"亚安全区"内设置火灾自动报警系统、自动喷水灭火系统、机械防排烟系统；强化"亚安全区"的火灾应急照明及疏散指示标志，避免恐慌对人员疏散的影响。

（2）在相邻防火分区之间增设安全疏散连通门，以加快火灾区域的人员疏散速度。

13.4　案例分析

13.4.1　研究对象概况

某家居广场总建筑面积 63481.9m²，占地面积 13053.76m²，地上一层至五层均为家居商业卖场，主要经营家具和建材。其中一层面积13062m²，二层至五层各层面积均为12419m²，建筑高度23.5m，为二级耐火等级建筑。

13.4.2　研究对象的消防设计难点

（1）疏散宽度不足。按照现行规范面积折减系数50%计算，并根据每层的各个防火分区的面积、百人宽度指标和疏散人数换算系数，计算得出规范要求的疏散宽度。然后，经过图纸计算得出实际的疏散宽度。规范要求疏散宽度和实际疏散宽度统计如表13.6所示。

表13.6　规范要求疏散宽度与实际疏散宽度统计

层数	防火分区	面积（m²）	系数	系数	百人宽度指标	疏散宽度（m）	实际疏散宽度（m）	实际疏散宽度（m）	满足率
一	1	4677	0.5×0.85	0.425	0.65	12.9	12.6	2+2+6.8+1.8	0.98
	2	2892	0.5×0.85	0.425	0.65	8.0	10.8	3.6+7.2	1.35
	3	4677	0.5×0.85	0.425	0.65	12.9	13.40	2.8+2+6.8+1.8	1.04
二	1	4744	0.5×0.85	0.425	0.65	13.1	10.86	1.76+3.6+5.5	0.82
	2	2931	0.5×0.85	0.425	0.65	8.1	10.56	3.52+7.04	1.30
	3	4744	0.5×0.85	0.425	0.65	13.1	8.16	2.8+3.6+1.76	0.62
三	1	4744	0.5×0.77	0.385	0.75	13.7	10.86	5.5+3.6+1.76	0.79
	2	2931	0.5×0.77	0.385	0.75	8.5	10.56	3.52+7.04	1.25
	3	4744	0.5×0.77	0.385	0.75	13.7	8.16	2.8+3.6+1.76	0.60
四	1	4744	0.5×0.6	0.3	1	14.2	10.86	1.76+3.6+5.5	0.74
	2	2931	0.5×0.6	0.3	1	8.8	10.56	3.52+7.04	1.20
	3	4744	0.5×0.6	0.3	1	14.2	8.16	2.8+3.6+1.76	0.57
五	1	4744	0.5×0.6	0.3	1	14.2	10.86	1.76+3.6+5.5	0.74
	2	2931	0.5×0.6	0.3	1	8.8	10.56	3.52+7.04	1.20
	3	4744	0.5×0.6	0.3	1	14.2	8.16	2.8+3.6+1.76	0.57

如表13.6所示，首层防火分区1的疏散宽度是12.9m，实际疏散宽度为12.6m，与规范要求相差0.3m。二层防火分区1和防火分区3的疏散宽度不足，防火分区1的疏散宽度为13.1m，实际疏散宽度为10.86m，与规范要求相差2.24m；防火分区3的疏散宽度为13.1m，实际疏散宽度为8.16m，与规范相差4.94m。三层防火分区1和防火分区3的疏散宽度不

足，防火分区 1 的疏散宽度为 13.7m，实际疏散宽度为 10.86m，与规范相差 2.84m；防火分区 3 的疏散宽度为 13.7m，实际疏散宽度为 8.16m，与规范相差 5.54m。四层防火分区 1 和防火分区 3 的疏散宽度不足，防火分区 1 的疏散宽度为 14.2m，实际疏散宽度为 10.86m，与规范相差 3.34m；防火分区 3 的疏散宽度为 14.2m，实际疏散宽度为 8.16m，与规范相差 6.04m。五层防火分区 1 和防火分区 3 的疏散宽度不足，防火分区 1 的疏散宽度为 14.2m，实际疏散宽度为 10.86m，与规范相差 3.34m；防火分区 3 的疏散宽度为 14.2m，实际疏散宽度为 8.16m，与规范相差 6.04m。以上均不能满足现行规范设计要求。

（2）疏散距离超规。首层楼梯有 4 部不能直通室外，最远疏散距离是 67m；A 栋、B 栋首层的中间部分，A 栋 1 – 10 轴至 1 – 24 轴交 1 – F 轴至 1 – L 轴，B 栋 2 – 9 轴至 2 – 20 轴交 2 – F 轴至 2 – L 轴，直通室外的疏散距离超过了规范要求的 37.5m，最远达 69m。A 栋二层至四层的中间部分，1 – 13 轴至 1 – 17 轴交 1 – K 轴至 1 – E 轴，直通楼梯的疏散距离超过了 37.5m。

13.4.3　解决方案

（1）疏散宽度不足的解决方案。针对该工程设计中存在的消防问题，结合具体情况，将从保障人员安全疏散方面提出性能化设计解决方案与措施。疏散宽度不足的解决方案如下：

①采取借用相邻防火分区进行疏散，并将相邻防火分区之间的疏散连通门改设为甲级防火门，如图 13.2 所示。相邻防火分区之间的疏散连通门有 20 个，分别为一层纵向定位轴线 M – N 轴之间与横向定位轴线 2 – 3 交叉处和纵向定位轴 M – N 轴之间与横向定位轴 10 – 11 交叉处，纵向定位轴 H – G 轴之间与横向定位轴 2 – 3 交叉处和纵向定位轴 H – G 轴之间与横向定位轴 10 – 11 交叉处；二层纵向定位轴 M – L 轴之间与横向定位轴 2 – 3 交叉处和纵向定位轴 M – L 轴之间与横向定位轴 10 – 11 交叉处，纵向定位轴 H – J 轴之间与横向定位轴 2 – 3 交叉处和纵向定位轴 H – J 轴之间与横向定位轴 10 – 11 交叉处，二层、三层、四层和五层的疏散门位于相同的位置。甲级防火门的设置在火灾发生时对阻止火势的蔓延和防止烟气进入相邻防火分区或楼梯间起到一定的作用，使疏散人员进入疏散楼梯间或相邻非着火的防火分区时即认为是进入了相对安全的区域，对保障人员的生命安全起着关键性作用。

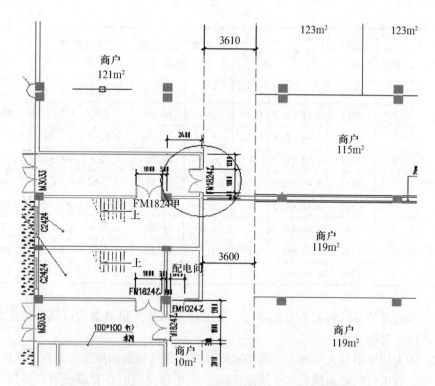

图 13.2　相邻防火分区之间的疏散连通门改设为甲级防火门

②根据家居卖场的特点，采用《建规》第 5.5.21 中第七条的规定，进行疏散人数的确定和疏散宽度的计算，结果显示在此情况下一层至五层能够满足疏散宽度的需要，如表 13.7 所示。

表 13.7　新规范计算的疏散宽度和实际疏散宽度

层数	防火分区	面积（m²）	系数	百人宽度指标	疏散宽度（m）	实际疏散宽度（m）	实际疏散宽度（m）	满足率
一	1	4677	0.6×0.3	0.65	5.5	12.6	2+2+6.8+1.8	2.30
	2	2892	0.6×0.3	0.65	3.4	10.8	3.6+7.2	3.19
	3	4677	0.6×0.3	0.65	5.5	13.40	2.8+2+6.8+1.8	2.45
二	1	4744	0.6×0.3	0.65	5.6	10.86	1.76+3.6+5.5	1.95
	2	2931	0.6×0.3	0.65	3.4	10.56	3.52+7.04	3.08
	3	4744	0.6×0.3	0.65	5.6	8.16	2.8+3.6+1.76	1.47

（续表）

层数	防火分区	面积（m²）	系数	百人宽度指标	疏散宽度（m）	实际疏散宽度（m）	实际疏散宽度（m）	满足率
三	1	4744	0.54×0.3	0.75	5.8	10.86	5.5 + 3.6 + 1.76	1.88
	2	2931	0.54×0.3	0.75	3.6	10.56	3.52 + 7.04	2.97
	3	4744	0.54×0.3	0.75	5.8	8.16	2.8 + 3.6 + 1.76	1.42
四	1	4744	0.42×0.3	1	6.0	10.86	1.76 + 3.6 + 5.5	1.77
	2	2931	0.42×0.3	1	3.7	10.56	3.52 + 7.04	2.86
	3	4744	0.42×0.3	1	6.0	8.16	2.8 + 3.6 + 1.76	1.37
五	1	4744	0.42×0.3	1	6.0	10.86	1.76 + 3.6 + 5.5	1.77
	2	2931	0.42×0.3	1	3.7	10.56	3.52 + 7.04	2.86
	3	4744	0.42×0.3	1	6.0	8.16	2.8 + 3.6 + 1.76	1.37

③通道公共区内禁止布置摊位、展示台等阻碍人员疏散的设施，禁止放置任何可燃物品。

④为快速引导人员疏散，将中庭区域疏散走道地面的照度提高到 5.0 Lx，其他疏散走道的地面最低水平照度不低于 1.0 Lx；同时在首层设智能疏散指示系统。

（2）疏散距离超规的解决方案。设置人员疏散的亚安全区以保证人员疏散的安全。为了使"人员疏散亚安全区"的设计理念成立，需采取以下消防措施：

①将 A、B 栋首层东西及南北四个中庭四周均以钢化玻璃分隔，形成亚安全区，如图 13.3 所示，B 栋与 A 栋类似。在商铺内侧设自动喷水灭火系统保护钢化玻璃，系统设计参数为：喷头采用 $RTI = 50$（m·s）$^{1/2}$ 的快速响应喷头，动作温度为 68℃，喷水强度不小于 0.5L/s·m，持续喷水时间不小于 3.0h 计算。

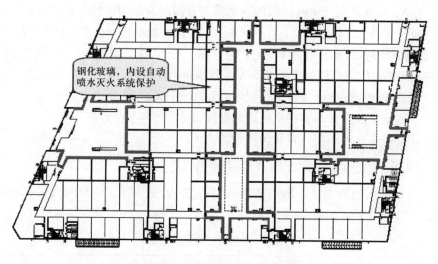

图 13.3　A 栋亚安全区设置示意图

②A、B 栋首层内部四个疏散楼梯通向亚安全区疏散时所经过的商铺采用钢化玻璃加自动喷水灭火系统保护，系统设计参数同中庭四周钢化玻璃保护喷头的设计参数，如图 13.4 所示；内部四个疏散楼梯通向亚安全区疏散时，走道两侧墙体确保耐火极限不低于 2h。

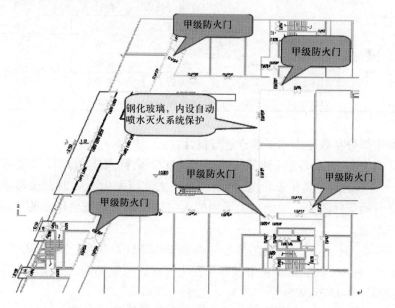

图 13.4　内部楼梯与亚安全区走道设置示意图

③A、B栋首层与中庭相邻的商铺需要开门时，采用带断电释放电磁门吸的双向弹簧钢化玻璃门，使其在火灾时自动关闭并启动自动喷水灭火系统保护。二层至四层设置防火卷帘将中庭与店铺分隔；A、B栋首层与中庭相连的走道，采用甲级防火门，具体设置位置以A栋西侧的中庭为例，如图13.4所示。

④设置的亚安全区安装火焰探测器和固定自动消防炮。

⑤亚安全区设置独立的机械排烟系统。

⑥亚安全区内不应放置任何可燃物。

13.4.4 人员疏散可利用时间的确定

（1）火灾场景设计。选择家具城中两组10个具有代表性的设定火灾场景进行计算分析，如表13.8所示。

表13.8 家具城火灾场景分析表

火源编号	火源位置	火灾场景	火灾增长系数（kW/s^2）	自动喷水灭火系统	机械排烟系统（m^3/h）	最大火灾热释放速率（MW）
A	二楼防火分区2	A1	0.1875	有效	有效	4.0
		A2		有效	失效	2.0
		A3		失效	有效	20
		A4		失效	失效	20
		A5		快速响应喷头	有效	2.0
B	三楼防火分区1	B1	0.04689	有效	有效	2.6
		B2		有效	失效	2.6
		B3		失效	有效	20
		B4		失效	失效	20
		B5		快速响应喷头	有效	1.4

其中部分参数考虑如下因素进行设计：

①火灾类型。该项目建筑层高为4.05m，商铺及走道加设吊顶后净高3.0m，局部走道净高3.2m，卖场面积比较大。当发生火灾时，火势不会因通风条件而受到限制。因此，卖场内的火灾可以认为是按照稳定的燃料控制型火灾发展。

②火灾增长速率。根据美国消防协会标准NFPA 204M Standard of Smoke and Heat Venting 的规定，窗帘区如果发生火灾，火灾类型为超快速火，火灾增长速率为0.1876kW/s^2。

中国人民武装警察部队学院科研部在火灾荷载调查的基础上，对软垫家具进行了燃烧性能实验，图13.5为实验设计的燃料包及摆放方式示意图。实验过程如图 13.6 所示。两组不同通风情况下的火灾增长速率是介于快速火和中速火之间的，如图 13.7 所示，偏向快速火。此外，美国 NIST 进行的三人沙发实验结果发现，沙发等家具发生火灾时的火灾初期发展规律类似于 t^2 快速火。所以，软体家具区按 t^2 快速火考虑。

图 13.5　燃料包的构成及摆放方式

图 13.6　实验过程图

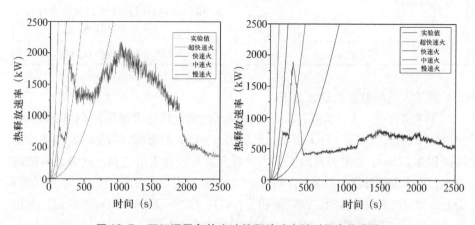

图 13.7　两组通风条件实验热释放速率随时间变化曲线

（2）人员疏散可利用时间。通过对上述设定火灾场景的火灾烟气运动模拟计算分析，得到 10 个设定火灾场景下的人员疏散可利用时间 T_{ASET}，汇总结果如表 13.9 所示。

表 13.9　模拟结果汇总表

火源编号	火源位置	火灾场景	能见度至 10m 的时间（s）	温度达到 60℃ 的时间（s）	CO 浓度达到 500ppm 的时间（s）	T_{ASET}（s）
A	二楼防火分区 2	A1	594.7	>1800	>1800	594.7
		A2	373	>1800	>1800	373
		A3	308.2	371.2	812.7	308.2
		A4	277.5	328	670.4	277.5
		A5	1384	>1800	>1800	1384
B	三楼防火分区 1	B1	967.7	>1800	>1800	967.7
		B2	468.5	>1800	>1800	468.5
		B3	421.7	445.1	>1800	421.7
		B4	356.8	367.6	974.9	356.8
		B5	>1800	>1800	>1800	>1800

13.4.5　人员疏散必需时间的确定

（1）疏散场景的设计。根据设定的火灾场景，设置了相对应的两个设定疏散场景，如表 13.10 所示。

表 13.10　设定疏散场景汇总表

疏散场景	火灾发生位置	疏散人数	疏散通道情况
A	二楼防火分区 2	9702	LT3、LT4、LT5、LT6 二楼防火分区 2 的出口封堵
B	三楼防火分区 1	9702	LT8 三楼西侧出口封堵

其中人员疏散参数设计如下：

①人员荷载。人员荷载计算方法参照《建筑设计防火规范》（GB 50016 - 2014），疏散人数如表 13.11 所示。五层防火分区 3 的面积为 4744m²，其中小吃城面积为 275m²，小吃城疏散人数为就餐人员与经营人员之和，就餐人员按固定座位的 1.1 倍计算；办公面积为 293m²，疏散人数按固定座位的 1.1 倍计算；商业部分疏散人数计算时，商业面积为：4744 - 275 - 293 = 4176m²。所以，五层防火分区 3 的疏散人数为：4176 × 0.3 × 0.42 + 80 × 1.1 + 22 + 75 × 1.1 = 719 人。

表 13.11 各场景疏散人数统计

层数	防火分区	建筑面积（m²）	计算方法	人数
一层	1	4677	0.3×0.6	842
	2	2892	0.3×0.6	521
	3	4677	0.3×0.6	842
二层	1	4744	0.3×0.6	854
	2	2931	0.3×0.6	528
	3	4744	0.3×0.6	854
三层	1	4744	0.3×0.54	769
	2	2931	0.3×0.54	475
	3	4744	0.3×0.54	769
四层	1	4744	0.3×0.42	598
	2	2931	0.3×0.42	369
	3	4744	0.3×0.42	598
五层	1	4744	0.3×0.42	598
	2	2931	0.3×0.42	369
	3	4744	－	719
总计	－	61922	－	9705

②疏散参数。本建筑各区域的人员密度均小于 2.0 人/m²，考虑到家居城的使用性质，人员疏散参数的选取如表 13.12 所示。

表 13.12 人员疏散参数

人员类型	行走速度（m/s）		所占比例（%）
	楼梯下行速度	水平行走速度	
中青年	0.6	1.1	70
老年	0.5	1.0	30

（2）人员疏散必需时间的确定。采用疏散软件 BuildingEXODUS 进行人员疏散模拟分析，得到人员疏散行动时间。人员疏散行动时间加上探测报警时间及疏散准备时间即为人员疏散的必需时间。考虑到家具城为公共场所，其内部全面设置火灾自动报警系统，且其内部人员一般为处于清醒状态的自主行动能力者，因此假设探测时间约为 60s；考虑到商业区域面积较大，视

线容易被遮挡，人员需要寻找疏散出口和疏散标志，因此将人员的疏散准备时间确定为120s。人员疏散必需时间如表13.13所示。

表13.13　人员疏散必需时间汇总表

疏散场景	疏散场所	报警时间 T_A（s）	响应时间 T_R（s）	行动时间 T_M（s）	必需疏散时间 T_{RSET}（s）
A	二楼防火分区2	60	120	112	348
B	三楼防火分区1	60	120	118	357

注：$T_{RSET} = T_A + T_R + 1.5 \times T_M$。

13.4.6　结果分析

对比可利用疏散时间和人员疏散必需时间可以发现：

（1）在设定的火源位置A处，在自动喷水灭火系统有效、机械排烟系统失效的情况下，二楼防火分区2的可用疏散时间为373s，必需疏散时间为348s，可用疏散时间大于必需疏散时间，但安全裕量较小；在自动喷水灭火系统失效的情况下，不论其排烟系统是否起效，二楼防火分区2的可用疏散时间均小于必需疏散时间，即在自动喷水灭火系统失效的情况下，人员均无法安全疏散。

（2）在设定的火源位置B处，在自动喷水灭火系统和机械排烟系统均失效的情况下，三楼防火分区1的可用疏散时间为356.8s，必需疏散时间为357s，可用疏散时间小于必需疏散时间，在此火灾场景下，人员无法安全疏散；而在自动喷水灭火系统有效、机械排烟系统失效的情况下，人员能够安全疏散。

可以看出，在消防设施有效的情况下，该家居广场的内部人员在火灾发生后可以安全疏散。为保证此论证具有实际指导意义，特提出以下几点要求：

①商场管理部门应切实落实消防安全管理职责，确保消防安全防护措施的有效运行。

②应严格控制悬挂可燃宣传品；疏散走道严禁堆放可燃物；家居广场内应严禁吸烟，禁止明火作业，当必须明火作业时，必须向消防部门申报并聘请有资质人员施工；严格按照确定的家具和建材商业业态进行经营。

③相关实验研究表明，快速响应喷头的响应时间快，能减少火灾损失20%，将最大热释放率降低45%，环境温度降低25%；火灾模拟结果显示，采用了快速响应喷头后，可以大大增加可用疏散时间，故建议该建筑各层营业场所均采用快速响应喷头。

第十四章　大型商业综合体消防性能化评估案例分析

大型商业综合体为近年来我国发展的新型商业建筑形式。所谓的"商业综合体",是将城市中商业、办公、居住、旅店、展览、餐饮、会议、文娱等城市生活空间的三项以上功能进行组合,并在各部分间建立一种相互依存、相互裨益的能动关系,从而形成一个多功能、高效率、复杂而统一的综合体。大型商业综合体与传统的百货商场相比,具有占地面积大、涵盖业态多、购物环境优美舒适、消费群体分布范围广的特点,不仅为人们提供了方便、全面、快捷的购物环境,而且成为了城市的商业中心,拉动了周边区域经济的发展。目前,大型商业综合体在大、中型城市快速发展,如万达广场、上海新天地等。

14.1　大型商业综合体消防设计难点

与传统商业建筑相比,大型商业综合体建筑设计理念较为新颖,往往采用室内步行街的形式,通过中庭以及回廊来组织空间。这样的设计可以使多种业态有机结合,但会形成较大的建筑体量,以至于无法满足现行的《建筑设计防火规范》和《高层民用建筑设计防火规范》的相关规定。根据对国内诸多大型商业综合体的实际调查,在建筑防火设计方面,大型商业综合体容易存在以下设计难点:

14.1.1　防火分区面积难以满足现行规范要求

大型商业综合体体量庞大,同时为了满足多种业态的经营需要以及形成优美舒适的购物环境,大型商业综合体往往采用室内步行街的形式来组织空间,步行街两侧的商铺一般使用玻璃隔墙的形式与步行街进行分隔,步行街内部分布贯穿多个楼层的大小中庭。这种空间组织方式使得其内部的防火分区难以满足现行规范对其面积的要求。如果按照现行规范的要求增设防火卷帘等防火分隔物,势必严重影响步行街的商业业态。

14.1.2 疏散宽度难以满足现行规范要求

传统的商业建筑在设计时，首先根据面积来计算其内部的人员荷载，再根据规范中的百人宽度指标计算出必需的疏散宽度。但对于大型商业综合体这种新的商业形式来说，原有规范中对商店建筑疏散人数的计算方法已经不能适用。此外，由于此类大型商业综合体的商业价值高，开发商为了追求商业利益的最大化，在设计上往往会减少楼梯的数量。这样就会造成疏散宽度难以满足现行规范要求的问题，需要通过性能化设计来设计科学合理的疏散宽度。

14.1.3 疏散距离难以满足规范要求

大型商业综合体体量庞大，容易出现建筑内部部分区域距离安全出口的疏散距离超过规范要求或者部分楼梯在首层不能直通室外的情况。

14.1.4 防排烟设计复杂

现行规范仅对一般的中庭排烟进行了规定，相对于一般中庭，室内步行街的中庭四周没有防火卷帘的分隔，室内步行街与中庭形成多层贯通的敞通空间。此种空间形式的防排烟设计如何确保人员疏散的安全性，需要根据实际工程进行分析计算。

14.2 消防难点解决思路

14.2.1 带中庭的步行街公共区域作为"亚安全区"

对于室内步行街而言，公共走道两侧的店铺火灾荷载大，用电设备多，是发生火灾的主要区域。这些店铺的面积一般较小，店铺和店铺之间有隔墙分隔，各店铺分属不同的业户，独立经营。如果按传统设计方法，店铺与公共走道的开口处采用防火卷帘进行防火分隔，随着沿街店铺长度的增长，形状的不规则性增大，防火卷帘的使用逐渐暴露出可靠性较低的问题。

结合此类商业综合体室内步行街两侧店铺的建筑特点，采用在自动喷水灭火系统保护下防火玻璃将商铺与商铺之间分隔为相互独立的"防火单元"，同时在商铺内设置火灾自动报警系统、自动喷水灭火系统和机械排烟系统，加强商铺的隔火能力。此外，室内步行街采用燃烧性能等级为 A 级的材料进行装修，在使用过程中，禁止摆放任何可燃物。采用以上措施，当火灾发生时，步行街内部相对安全性增加，可以为人员逃生提供一个相对安全的通道。

14.2.2 借用相邻防火分区或室内步行街进行疏散

由于相邻的两个防火分区同时着火的可能性较小，当疏散宽度不足时，可向相邻防火分区或室内步行街开设甲级防火门作为辅助安全出口。

14.2.3　优化排烟系统的设计

针对室内步行街这种贯通多层大空间的排烟系统设计，采用"商铺—步行街—中庭"三级排烟的方式或者"商铺—中庭"二级排烟的方式，优化室内步行街的排烟效力，保证人员疏散的安全。

14.3　案例分析

14.3.1　研究对象概况

某商业综合体地上五层、地下一层（包括两座室外商铺、室内商业街商铺及商场区域），主体建筑高度为 23.75m，总建筑面积为 126438.64m^2（地上建筑面积为 94174.34m^2、地下建筑面积为 32264.3m^2），效果图如图 14.1 所示。其中地下一层为Ⅰ类汽车库及超市，地上一层至五层商业部分包含百货商场及商铺，地上四层、五层部分区域设置餐厅、营业性健身场所及放映场所。

图 14.1　某商业综合体建设工程效果图

建设工程为钢筋混凝土框架结构，地下建筑耐火等级为一级，地上建筑耐火等级为二级，其消防系统包括室内外消防给水系统、自动喷淋灭火系统、防排烟系统、火灾自动报警及消防联动控制系统等。

14.3.2 研究对象的消防设计难点

该商业综合体工程主要存在的消防设计难点如下：

(1) 室内步行街防火分区划分。根据《建规》第5.1.7条的规定："一、二级耐火等级的民用建筑，当设有自动灭火系统时，地上部分防火分区的允许最大建筑面积为5000㎡。"本工程 A、B 楼间围合而成室内步行街，步行街各层之间通过楼板分隔，楼板的不同部位设有开口，故形成了若干个建筑面积不同的贯穿一层至三层的小中庭，步行街公共区域各层建筑面积如表14.1 所示。

表14.1 室内步行街公共区域建筑面积统计

项目	层数	建筑面积（㎡）	合计（㎡）
室内步行街	步行街 1F	3398	7821
	步行街 2F	2276	
	步行街 3F	2147	

如果按照现行的国家相关防火规范，目前步行街部分防火分区面积超过规范要求，需要用防火卷帘将各层的开口与回廊进行分隔，但此种做法无疑会破坏整体的建筑设计效果。另外，在应用中，由于中庭的面积越来越大，形状也越来越不规则，在防火卷帘的使用中逐渐暴露出可靠性较低的问题。据调查，60%~70%的防火卷帘安装质量难以保证，数量众多的大跨度卷帘在火灾时及时下落率较低。此外，防火卷帘需要定期进行检修，后期维护费用较高。结合商业广场的建筑特点，如果中庭四周全面采用防火卷帘进行防火分隔，则需要采用大量大跨度的防火卷帘，消防安全水平难以保证，且不能满足建筑的使用功能需要，因此不建议在该工程中采用此种分隔形式。但若不分隔，在现有步行街设计方案中，步行街公共区域建筑面积达到了7821㎡，不能满足《建规》第5.1.7条的规定。

(2) 主力店及步行街安全出口设计。《建规》第5.3.13条第3项规定："楼梯间的首层应设置直通室外的安全出口或在首层采用扩大封闭楼梯间。当层数不超过4层时，可将直通室外的安全出口设置在离楼梯间小于等于15m处。"本商场内设置的部分封闭楼梯间（LT-2、LT-3、LT-6）未设置直通室外的安全出口；商业街内设置的部分封闭楼梯间（LT-1、LT-4、LT-5、LT-9、LT-10）其首层设置的安全出口距楼梯间的距离超过15m，最大距离达56.55m，不符合《建规》第5.3.13条第3项的规定，如图14.2和图14.3所示。

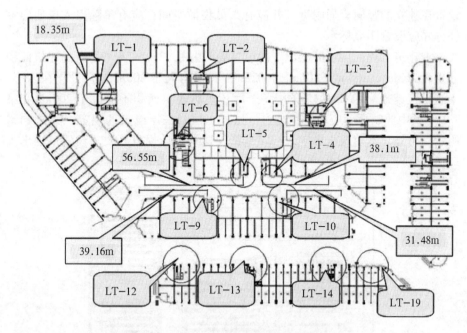

图 14.2　原设计中封闭楼梯间位置示意图

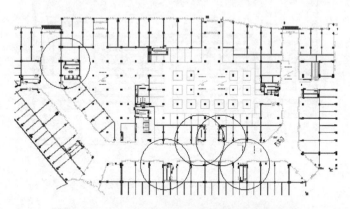

图 14.3　部分封闭楼梯间疏散距离超规示意图

（3）放映厅的设置。《建规》第 5.1.15 条中规定放映厅的"一个厅、室的建筑面积不应大于 $200m^2$，并应采用耐火极限不低于 2.00h 的不燃烧体隔墙和不低于 1.00h 的不燃烧体楼板与其他部位隔开，厅、室的疏散门应设置乙级防火门"。《建规》第 5.1.7 条规定："商店、学校、电影院、剧院、礼堂、食堂、菜市场不应超过二层或设置在三层及三层以上。"《电影院建筑设计规范》（JGJ 58 - 2008）第 3.2.7 条规定："综合建筑内设置的电影院应设置在独立的竖向交通附近，并应有人员集散空间；应有单独出入口通向室外，并应设置明显标示。"

本建筑工程四层、五层设置的放映场所中 1、2、5、6 号厅室的建筑面积分别为 263m²、268m²、206m²、402m²，面积均大于 200m²，且设置在四层。不满足《建规》第 4.1.15 条中一个厅、室的建筑面积不应大于 200m² 和第 5.1.7 条中放映厅不应设置在超过二层或三层及三层以上的规定，如图 14.4 所示。另外，本建筑电影院未按《电影院建筑设计规范》要求设置单独出入口通向室外。

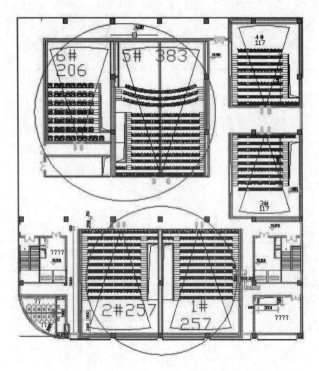

图 14.4　超过规范面积规定的放映厅

（4）部分防火分区疏散宽度不足。《建规》第 5.3.17 条中对"学校、商店、办公楼、候车（船）室、民航候机厅、展览厅、歌舞娱乐放映游艺场所等民用建筑中的疏散走道、安全出口、疏散楼梯以及房间疏散门的各自总宽度"的计算方法有明确的规定，按照此规定方法参照现有设计方提供的设计资料及图纸，对该商业综合体进行疏散宽度的校核。该建设工程一层至五层的各主力店所在防火分区的安全出口宽度如表 14.2 所示，部分防火分区的疏散宽度不满足《建规》第 5.3.17 条的规定。

表 14.2　各防火分区疏散宽度统计

层数	使用功能	防火分区	营业厅面积（m²）	人数计算方法	每100人疏散宽度（m）	规范要求宽度（m）	设计宽度（m）	满足率
一层	运动城电器城	1	2951	0.5×0.85	0.65	8.151	9.62	1.18
	百货商场	2	3900	0.5×0.85	0.65	10.77	19.71	1.83
二层	运动城电器城	1	3711	0.5×0.85	0.65	10.25	10.0	0.98
	百货商场	2	4752	0.5×0.85	0.65	13.1	13.6	1.04
	商铺	3	3715	0.5×0.85	0.65	10.26	11.4	1.11
	商铺	4	2671	0.5×0.85	0.65	7.23	7.6	1.05
	商铺	5	2916	0.5×0.85	0.65	8.05	8.35	1.04
	商铺	6	2259	0.5×0.85	0.65	6.24	7.0	1.12
三层	儿童商品	1	3753	0.5×0.77	0.75	10.84	10.0	0.93
	百货商场	2	4835	0.5×0.77	0.75	13.96	13.6	0.97
	餐饮	3	4026	940	0.75	7.05	10.8	1.53
	餐饮	4	2831	812	0.75	6.09	6.9	1.13
	餐饮	5	2476	628	0.75	4.71	4.85	1.03
	餐饮	6	2032	518	0.75	3.89	6.5	1.67
四层	餐饮	1	3509	796	1	7.96	8.0	1.01
	百货商场	2	4764	0.5×0.6	1	14.29	13.9	0.97
	办公	3	1005	100	1	1.0	3.8	3.8
	电影城	4	4091	962	1	9.62	8.05	0.84
	健身房	5	2616	300	1	3.0	7.0	2.33
五层	餐饮	1	3671	772	1	7.72	7.9	1.02
	百货商场	2	4927	0.5×0.6	1	14.8	13.5	0.91

注：三层防火分区3、4、5、6和四层防火分区1、五层防火分区1的使用性质为餐饮，人数计算方法为就餐人员和服务人员之和，就餐人员等于设计卡座数的1.2倍，服务人员保守设定100人。

14.3.3 解决方案

针对本商业综合体存在的消防问题，提出的调整方案如下：

（1）带中庭的步行街公共区域作为"亚安全区"。通过设置"防火单元"的方式将火灾尽量控制在店铺内，使火灾造成的影响局部化，可起到与防火分区一样的限制火灾蔓延的效果。这样可使步行街公共区域成为疏散的"亚安全区"。具体措施如下：

①步行街两侧的商铺应分隔为以精品店为主的小商铺。步行街内非餐饮类的商铺面积宜控制在300m² 以内。对于餐饮类商铺，单层建筑面积不大于500m²，其中使用燃气等明火的厨房和备餐区与营业区之间的区域应采用耐火极限不低于2h 的墙体和乙级防火门进行分隔。

②步行街内商铺与商铺之间用耐火极限不低于2h 的防火隔墙进行分隔，隔墙砌至楼板底部。

③室内步行街商铺与步行街之间的防火分隔物的耐火时间不应低于2h，商铺通向室内步行街的疏散门应为甲级防火门，且在火灾情况下应处于关闭状态。

④步行街单侧多个商铺的总建筑面积大于2000m² 时，为了控制火灾和烟气蔓延，每隔2000m² 需要采用耐火极限不低于3h 的防火墙进行分隔，防火墙两侧门窗洞口的水平距离不小于2m。防火墙上的通风排烟系统需设置防火阀。

⑤步行街内部的商铺、辅助用房等开向室内步行街公共区的门应为甲级防火门，其开启角度不应小于90°，且在火灾时应能自动关闭。

⑥步行街内，通向疏散楼梯间或安全出口的通道两侧的墙应采用实体墙。墙体上开设的门建议采用乙级防火门。

⑦步行街内设置的楼梯间应采用防烟楼梯间，具体做法参照《高层民用建筑设计防火规范》的相关条款执行。

⑧地下一层与步行街应尽量减少连通。地下一层中设置的必须与步行街连通的自动扶梯周围应采用耐火极限不低于3h 的防火墙＋甲级防火门进行封闭；地下一层中设置的必须与步行街连通的楼梯应采用防烟楼梯间。

⑨步行街商铺内均应设置火灾自动报警系统和自动喷水灭火系统以及机械排烟系统，其自动喷水灭火系统采用快速响应喷头。

⑩步行街室内装修材料应采用燃烧性能等级为 A 级的材料。

⑪室内步行街公共区内不应布置摊位、展示台等阻碍人员疏散的设施或可燃物品。室内步行街走道上不应放置任何固定可燃物。

⑫为防止一些移动可燃物，如给店铺上货的推车、节日的装饰、顾客的

行李等发生火灾，建议在所有步行街中庭开口处设置大空间自动扫描定位喷水灭火系统。

⑬针对地上步行街区域，现提出"二级排烟"的建议，即步行街两侧店铺内排烟和步行街顶部排烟：第一，地上步行街两侧各店铺内设置机械排烟设施，按不大于 500m² 划分防烟分区，排烟量按 60m³/（h·m²）计算确定，以确保商铺内发生火灾时，及时排出烟气，避免影响步行街公共区域。步行街两侧店铺间采用耐火极限不低于 3h 的防火墙时，其上的通风及排烟系统需要设置防火阀。第二，步行街内中庭顶部应设机械排烟系统，排烟量按照规范规定的 6 次/h 计算确定。排烟口的布置应满足规范要求，并宜在首层步行街公共区设置机械补风系统，其补风量不小于排烟量的 50%。为增加蓄烟容积及排烟效率，步行街顶棚高出两侧商铺屋面最高处的距离不应小于 1.5m，且应设有可开启或便于破拆的侧窗，并有明显标志。

⑭步行街公共区及其商铺内均应设置火灾探测器，净空高度大于 12m 的空间，宜采用红外光束感烟探测器或吸气式感烟探测器；净空高度小于 12m 的空间，宜设置点型光电感烟探测器。

⑮步行街内每隔 50m 设置 DN65 的室内消火栓，并应配备消防软管卷盘。

⑯步行街内应设置消防应急照明、疏散指示标志和消防应急广播系统。疏散指示标志建议采用具有火灾时能优化疏散路径功能的智能消防应急照明疏散指示系统。

⑰主力店、百货商场等其他大型商业空间与步行街连通的部位，应设置防烟前室将两侧隔开，门为甲级防火门，如图 14.5~图 14.7 所示。

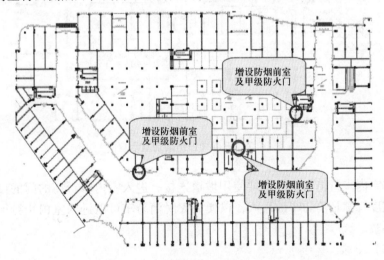

图 14.5 一层增设防烟前室示意图

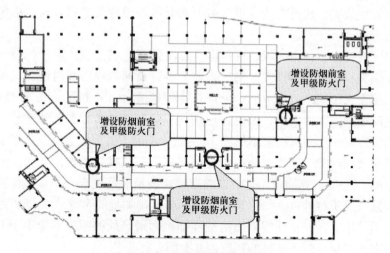

图 14.6　二层增设防烟前室示意图

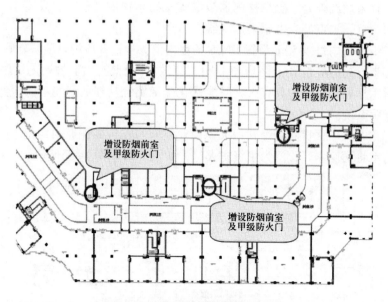

图 14.7　三层增设防烟前室示意图

⑱室内步行街与室外地坪使用坡道连接，进入室内步行街的门的设计高度和宽度宜满足消防车的进入，以便火灾时消防车可以进入室内步行街进行火灾扑救。

（2）影城。

①建议将各影厅采用防火墙和甲级防火门划分为独立的防火单元，整个

影城划分为一个防火分区。

②影厅的净高近8m，常规自动喷水灭火系统的效果较差，建议各影厅和影厅大堂采用快速响应喷头或大空间自动扫描定位喷水灭火系统。

③影城区域内所有疏散走道中不得堆放任何可燃物，并采用不燃烧或难燃烧的材料装修。

④原设计中，影院部分无独立竖向交通，根据《电影院设计规范》（JGJ 58－2008）第3.2.7条的规定：综合建筑内设置的电影院应设置在独立的竖向交通附近，并应有人员集散空间；应有单独出入口通向室外，并应设置明显标示。为保证该影城内部人员疏散的安全性，在设计中应确保其有独立的竖向交通，故LT－14剪刀梯中的一个疏散出口应直通一层室外安全出口，如图14.8所示。

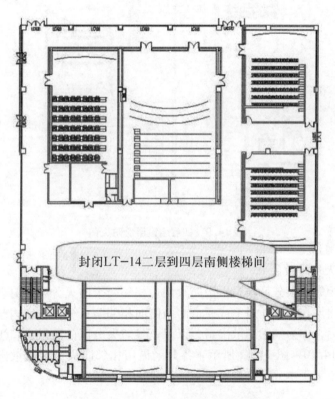

图14.8　LT－14南侧楼梯间封闭

⑤影城的走道内有部分开向三层的屋顶露台的疏散出口，为保证夜间疏散的需要，三层屋顶露台上应该加设夜间紧急照明，轴37/38—轴C/F间楼梯宜能直通楼顶露台。楼梯间出口处设夜间应急照明，并考虑防滑措施。

⑥各影厅及候影厅的排烟量按照规范规定的要求进行设计。

⑦观众厅内幕布和窗帘应采用经阻燃处理的织物。

⑧影城部分与其他防火分区通道连通处应设置甲级防火门，如图14.9所示。

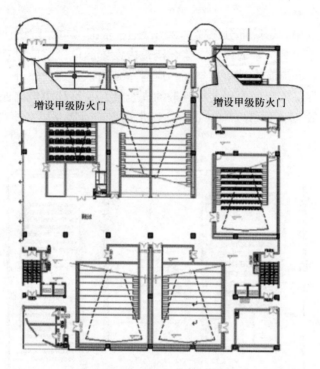

图14.9　四层增设甲级防火门

（3）人员疏散。

①向相邻防火分区增设甲级防火门。相邻两个防火分区同时着火的可能性较小，建议在人流通道上或通道的两侧向相邻防火分区或室内步行街开设甲级防火门，作为辅助疏散出口，以保证各防火分区的疏散出口满足规范要求，如图14.10～图14.12所示。各分区借用相邻防火分区疏散出口的宽度经核算应不大于本分区按规范要求总疏散宽度的30%。

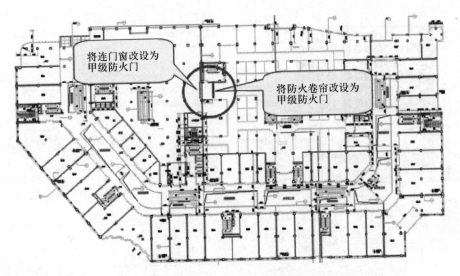

图 14.10 二、三层 1、2 防火分区间增设甲级防火门

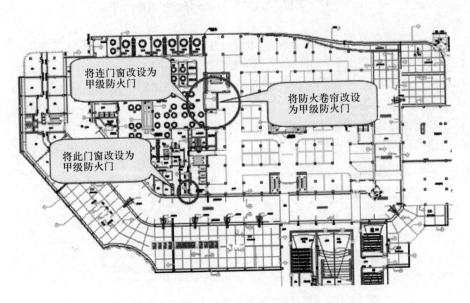

图 14.11 四层 1、2 防火分区间增设甲级防火门

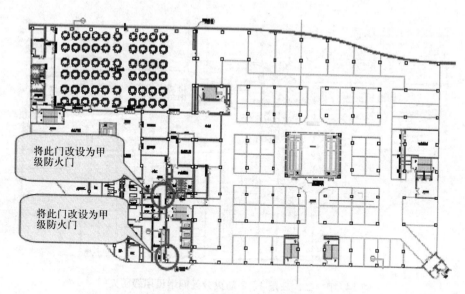

图 14.12　五层 1、2 防火分区间增设甲级防火门

②增设楼梯以保证疏散宽度。原设计中，影院部分无独立竖向交通，根据《电影院设计规范》中的规定，本文提出"LT - 14 剪刀梯中的一个疏散出口应直通一层室外安全出口"的要求，这将导致二层平面中防火分区 5 的疏散宽度不足。建议 LT - 12 在二层设计开口，此外，原来供商铺单独使用的 LT - 19 改为公共楼梯，楼梯宽度应满足规范要求，如图 14.13 所示。此外，疏散楼梯间不应开在商铺内。

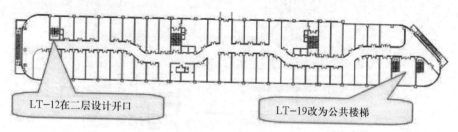

图 14.13　LT - 12 二层开口及 LT - 19 改为公共楼梯

③加强疏散诱导设施的设计。本研究提出的设计方案采用了"借用开向相邻防火分区的甲级防火门作为疏散出口"的概念，以达到主力店各防火分区疏散宽度满足规范要求的目的；步行街内的疏散距离相对偏长。为提高疏散出口的利用效率，快速引导人员疏散。建议在本建筑商业区内设智能疏散

指示系统，并在主要疏散路线、需要借用相邻防火分区疏散的路线、步行街首层设置疏散导流标志。此外，本建筑需要疏散的人员较多，所需疏散时间偏长，考虑到后期救援的需要，建议应急照明的照度取 5.0Lx，并能保证持续供电时间不小于 60min。

14.3.4　人员疏散可利用时间确定

（1）设定火灾场景。该工程确定了 7 组 22 个典型火灾场景，如表 14.3 所示。

表 14.3　火灾场景分析汇总表

火源编号	火源位置	火灾场景	火灾增长系数（kW/s²）	自动喷水灭火系统	机械排烟系统（m³/h）	最大火灾热释放速率（MW）
A	一楼步行街中庭	A1	0.04689	有效	失效	2.2
		A2		失效	失效	6.0
		A3		失效	31.4×104	6.0
B	一楼商铺	B1	0.04689	有效	失效	2.7
		B2		有效	失效	1.5
		B3		失效	31.4×104	16.9
		B4		失效	失效	16.9
C	三楼精品店	C1	0.04689	有效	失效	2.4
		C2		失效	31.4×104	16.9
		C3		失效	失效	16.9
D	三楼餐饮店	D1	0.04689	有效	失效	3.0
		D2		失效	31.4×104	16.9
		D3		失效	失效	16.9
E	5 号影厅	E1	0.0244	有效	失效	4.3
		E2		失效	1.77×104	8.8
		E3		失效	失效	8.8
F	6 号影厅	F1	0.0244	有效	失效	4.0
		F2		失效	1.22×104	8.8
		F3		失效	失效	8.8
G	商业	G1	0.04689	有效	失效	1.24
		G2	0.04689	失效	有效	16.9
		G3	0.04689	失效	失效	16.9

（2）人员疏散可利用时间的确定。利用 FDS 对设定火灾场景下的烟气运动规律进行模拟计算，可以得到所确定火灾场景下的人员疏散可利用时间，

如表 14.4 所示。

表 14.4　各设定火灾场景下烟气流动的模拟计算结果

火源编号	区域		火灾场景	能见度至10m 的时间（s）	温度达到60℃的时间（s）	CO 浓度达到 500ppm的时间（s）	T_{ASET}（s）
A	步行街	三层	A1（自喷有效，排烟失效）	>1800	>1800	>1800	>1800
	步行街	二层		>1800	>1800	>1800	>1800
		一层		>1800	>1800	>1800	>1800
	步行街	三层	A2（自喷失效，排烟失效）	1244.5	664.8	>1800	664.8
	步行街	二层		1388.6	>1800	>1800	1388.6
		一层		1514.7	>1800	>1800	1514.7
	步行街	三层	A3（自喷失效，排烟有效）	>1800	>1800	>1800	>1800
	步行街	二层		>1800	>1800	>1800	>1800
		一层		>1800	>1800	>1800	>1800
B	步行街	三层	B1（自喷有效，排烟失效）	>1800	>1800	>1800	>1800
	步行街	二层		>1800	>1800	>1800	>1800
		一层		>1800	>1800	>1800	>1800
	步行街	三层	B2（自喷有效，排烟失效）	>1800	>1800	>1800	>1800
	步行街	二层		>1800	>1800	>1800	>1800
		一层		>1800	>1800	>1800	>1800
	步行街	三层	B3（自喷失效，排烟有效）	908.4	>1800	>1800	908.4
	步行街	二层		1547.2	>1800	>1800	1547.2
		一层		>1800	>1800	>1800	>1800
	步行街	三层	B4（自喷失效，排烟失效）	633.6	622.8	>1800	622.8
	步行街	二层		796.8	>1800	>1800	796.8
		一层		924.1	>1800	>1800	924.1
C	步行街	三层	C1（自喷有效，排烟失效）	1187.8	>1800	>1800	1187.8
	步行街	二层		>1800	>1800	>1800	>1800
		一层		>1800	>1800	>1800	>1800
	步行街	三层	C2（自喷失效，排烟有效）	982.5	>1800	>1800	982.5
	步行街	二层		>1800	>1800	>1800	>1800
		一层		>1800	>1800	>1800	>1800
	步行街	三层	C3（自喷失效，排烟失效）	512.4	580.8	>1800	512.4
	步行街	二层		987.7	>1800	>1800	987.7
		一层		1403	>1800	>1800	1403

（续表）

火源编号	区域		火灾场景	能见度至10m的时间（s）	温度达到60℃的时间（s）	CO浓度达到500ppm的时间（s）	T_{ASET}（s）
D	步行街	三层	D1（自喷有效，排烟失效）	1213.9	>1800	>1800	1213.9
		二层		>1800	>1800	>1800	>1800
		一层		>1800	>1800	>1800	>1800
	步行街	三层	D2（自喷失效，排烟有效）	744	>1800	>1800	744
		二层		>1800	>1800	>1800	>1800
		一层		>1800	>1800	>1800	>1800
	步行街	三层	D3（自喷失效，排烟失效）	712.8	792	>1800	712.8
		二层		1156.8	>1800	>1800	1156.8
		一层		>1800	>1800	>1800	>1800
E	电影院		E1（自喷有效，排烟失效）	372.4	367.6	>1800	367.6
	电影院		E2（自喷失效，排烟有效）	443.2	424	>1800	424
	电影院		E3（自喷失效，排烟失效）	372.4	364	708.7	364
F	电影院		F1（自喷有效，排烟失效）	384	272.4	792	272.4
	电影院		F2（自喷失效，排烟有效）	327.6	292.8	637.2	292.8
	电影院		F3（自喷失效，排烟失效）	296.4	268.8	589.2	268.8
G	商业		G1（自喷有效，排烟失效）	>1800	>1800	>1800	>1800
	商业		G2（自喷失效，排烟有效）	492.3	468.8	>1800	468.8
	商业		G3（自喷失效，排烟失效）	445.4	367.9	>1800	367.9

14.3.5　人员疏散必需时间的确定

（1）疏散场景的设计。对应设定的火灾场景，设置以下疏散场景，如表14.5所示。

表 14.5　设定疏散场景汇总表

疏散场景	火灾发生位置	疏散人数	疏散通道情况
A	首层步行街靠近 LT-5 首层出口处	23384	LT-4、LT-5 首层靠近步行街出口封堵，步行街在附近禁止人员经过
B	LT-9 首层出口商铺	23384	LT-9 首层两个出口封堵，步行街中部禁止人员经过
C	LT-5 三层左侧商铺	23384	三层 LT-5 靠近步行街一侧封堵，步行街在火源处附近禁止人员经过
D	LT-8 三层左侧餐饮店	23384	三层 LT-8 两个门封堵，步行街在火源处附近禁止人员经过
E	四楼影院 5#厅	23384	四楼影院 5#厅火源位置处禁止人员经过
F	四楼影院 6#厅	23384	四楼影院 6#厅火源位置处禁止人员经过
G	五层商业右侧出口 LT-3	23384	三层 LT-3 两个门封堵，火源处附近禁止人员经过

（2）人员疏散必需时间。采用人员疏散模拟软件 BuildingEXODUS 对上述疏散场景进行计算分析，得到了各疏散场景下人员必需疏散的时间，如表 14.6 所示。

表 14.6　疏散计算汇总表

疏散场景	疏散场所	报警时间 T_A（s）	响应时间 T_R（s）	行动时间 T_M（s）	疏散时间 T_{RSET}（s）
A	室内步行街	60	60	330	615
		60	60	427	760.5
		60	60	637	1075.5
B	室内步行街	60	60	378	687
		60	60	544	936
		60	60	905	1477.5
C	室内步行街	60	60	340	630
		60	60	307	580.5
		60	60	844	1386
D	室内步行街	60	60	386	699
		60	60	318	597
		60	60	840	1380
E	四楼影院 5#厅	60	60	74	231
F	四楼影院 6#厅	60	60	56	204
G	五层商业	60	60	273	529.5

注：$T_{RSET} = T_A + T_R + 1.5 \times T_M$。

14.3.6　结果分析

对比可利用疏散时间和人员疏散必需时间可以发现：

（1）在设定的火源位置 A 处，在自动喷水灭火系统和机械排烟系统均失效的情况下，步行街三层区域内的第三层的可用疏散时间为 664.8s，必需疏散时间为 615s，虽然可用疏散时间大于必需疏散时间，但安全裕量较小。

（2）在设定的火源位置 B 处，在自动喷水灭火系统和机械排烟系统均失效的情况下，步行街三层区域内每一层的可用疏散时间均小于必需疏散时间，在此火灾场景下，步行街内人员无法安全疏散。

（3）在设定的火源位置 C 处，在自动喷水灭火系统和机械排烟系统均失效的情况下，步行街三层区域内的第三层的可用疏散时间为 512.4s，必需疏散时间为 630s，可用疏散时间小于必需疏散时间，在此火灾场景下，步行街内人员无法安全疏散。

（4）在设定的火源位置 D 处，在自动喷水灭火系统和机械排烟系统均失效的情况下，步行街三层区域内的第三层的可用疏散时间为 712.8s，必需疏散时间为 699s，虽然可用疏散时间大于必需疏散时间，但安全裕量较小。

（5）影厅内设计火灾场景中人员疏散的可利用疏散时间均大于人员疏散必需时间，人员可以安全疏散。在影厅设计的火灾场景中，在自动喷水灭火系统和机械排烟系统均失效的情况下，模拟计算得到的人员疏散可用时间与在自动喷水灭火系统有效、机械排烟系统失效的情况下得到的人员疏散可用时间相差不大，这是因为在模拟过程中，采用的是水喷淋系统，影厅属于高大空间，水喷淋系统在高大空间中效果不好。因此，建议影厅内部设置快速响应喷头或大空间自动扫描定位喷水灭火系统。

（6）在设定的火源位置 G 处，在自动喷水灭火系统失效的情况下，五层商业分区的可用疏散时间为 468.8s，必需疏散时间为 529.5s，可用疏散时间小于必需疏散时间，在此火灾场景下，五层商业分区人员无法安全疏散。

（7）模拟结果显示，当自动喷水灭火系统和机械排烟系统中任何一种系统起效时，都能有效地延长人员可利用疏散时间，因此，应加强对消防系统的维护保养，以保证火灾时消防设施能有效启动。

可以看出，在对原有方案进行一定的修改后，在消防设施有效的情况下，步行街两侧商铺成为防火单元，火灾发生时，可大大降低其对步行街的影响，带中庭的步行街公共区域作为"亚安全区"方案可行；主力店以及影院内人员在火灾发生后也可以安全疏散。

第十五章　大型民用机场航站楼性能化设计案例分析

大型民用机场航站楼是一种重要的交通枢纽建筑，其功能和运营特点与一般公共建筑和商业建筑不同：功能多样化、面积巨大、空间互通、旅客吞吐量大、人员组成国际化、进出港大厅等处人员密度高，对于公共安全的要求尤其突出，对于连续运营的要求高，一旦发生运营中断会产生较大的经济和政治影响；为保证旅客人流顺畅，办票、候机等区域往往设计成高大的无分隔空间。目前国内还没有关于机场建筑的专门设计规范，因此，各大型民用机场航站楼在建设过程中多采用专家论证和性能化防火设计相结合的方法。本章以某民用机场航站楼为例，介绍其性能化设计过程。

15.1　机场航站楼火灾危险性分析

随着航空业的迅猛发展，机场航站楼已从过去的单一功能（如办票、候机、登机），逐步发展成为功能多样、超大空间的建筑集合体。一般机场航站楼建筑包括以下功能区域：

（1）旅客办票区、离港区、到达区、迎客区、人流集散区、旅客候机及登机区；

（2）与航空相关的商务设施，如航空公司办公区、餐饮区和零售商店等；

（3）行李交运、行李传输处理、行李提取等；

（4）与建筑运营管理相关的设备用房等；

（5）航站楼内部还设置有现代化的内部交通，外围区域设置有大规模停车场。

现代化的机场航站楼建筑多采用单一大屋顶结构形式。这种结构形式的建筑通常表现为空间巨大，主入口靠近一侧，大空间区域难以分隔为不同的小空间，几层空间相互连通等特点。机场航站楼建筑的使用功能和建筑特点决定了其人员组成复杂，进出港大厅出入口等处人员密度高，人员一般对建筑疏散出口、路径及其他消防设施不熟悉。在国际机场，往往有众多不同国籍和不同语言的人员，这些问题更加突出。

一般认为，机场航站楼建筑火灾荷载相对较低，管理水平相对较高，火灾较少发生。但是，由于机场建筑体量大、周边长，限制了火灾救援的扑救面；不可分割的巨大空间易造成火灾和烟气的迅速蔓延；人员疏散距离大，疏散宽度相对较小。此外，航站楼建筑与装满油料的飞机相贴邻，墙体及玻璃区域以及其他建筑部分可能受到飞机气流影响，存在较大的火灾风险。

1996 年 4 月 11 日，德国 Dusseldorf 机场航站楼发生火灾，造成 17 人死亡，62 人受伤，并使机场关闭了三天半。这场火灾使人们深刻地认识到，机场航站楼火灾的后果及其对人员生命的危害程度是非常严重的。

15.2　消防设计难点

机场航站楼在消防设计方面存在以下的困难：

（1）大面积、无墙体分隔的出发/到达走廊、行李提取大厅、值机大厅、行李处理大厅等，若采用传统的防火分隔方法，将会阻碍旅客自由流动或影响行李处理操作；

（2）航站楼内存在数量众多的贯穿多层的共享空间，采用防火卷帘进行分隔存在困难；

（3）值机大厅、候机长廊等大空间区域如按照现行规范进行排烟设计，排烟量将十分巨大，且规范对采用自然排烟的空间有高度限制；

（4）值机大厅、行李提取大厅和候机长廊等区域的面积和进深都较大，或长度较长，造成部分区域的疏散距离超长，设置过多楼梯又会影响功能运作，长廊区域仅采用疏散楼梯无法满足疏散要求。

15.3　消防设计难点解决思路

大型民用机场航站楼建筑内部大部分区域为公共交通空间，其平均火灾荷载较小，可燃物主要集中在零售商铺、办公区、餐厅及厨房等场所，因此可以运用防火舱、燃料岛、防火隔离带等设计概念进行防火分隔设计。

15.3.1　防火舱

所谓"舱"，是指由坚实的、有足够耐火极限的顶棚构成，覆盖在整个火灾荷载相对较高的区域之上，如零售区和办公区。顶棚下安装自动喷淋和机械排烟装置。这样，既可快速抑制火灾，又可防止烟雾蔓延到大空间。

大空间通过防火舱的概念指导消防设计，可以将局部自动探测报警系统、自动喷淋系统、机械排烟系统与局部防火分隔结合起来，将消防措施集中于火灾概率较大的区域，如商业和办公区域，确保将火灾影响限制在局部范围内，最大限度地避免危及生命安全、财产安全和运营安全的事故发生。这样，就无须为限制火灾和烟气的蔓延对大空间进行物理防火分区，从而保证人员的自由流通和运营的连续性。防火舱概念已经在全球多个大型国际机场、车站得到成功应用。

防火舱有开放舱及封闭舱两种形式。

（1）开放舱设置特点。对于开放舱，要求在顶部设置排烟罩，四周不要求设置防火隔墙。当开放舱应用于零售区域时，比较常见的形式是店铺之间有隔墙，其他几面敞开。其防火设计概念是：

①主要设置在火灾荷载较集中、人员流动较多的区域，如零售商店、办票岛等；

②顶棚内设置储烟舱（储烟舱厚度一般不小于1.0m），四周采用固定或自动下降的挡烟垂壁/垂帘，顶棚应具备1h的耐火极限；

③正常情况下，舱的四周开放，正面开向大空间，且无遮挡物；

④设置火灾自动探测报警系统，用来启动排烟风机；

⑤设置自动喷淋系统，用来控制火灾规模。

开放舱虽然开敞，但在喷淋系统、排烟系统的保护下，火灾也能最大限度地被控制。开放舱内部及附近的人员一般会在短时间内迅速离开该区域。另外，由于开放舱主要运用于大空间区域，空间开敞，疏散具有多向性，所以开放舱发生火灾对人员的辐射影响也较小。

（2）封闭舱设置特点。封闭舱的四周是全封闭的或有一边敞开，敞开的一边在探测到火警时防火卷帘自动关闭。封闭舱应用于关键区域内的零售商店，以有效防止火灾可能通过辐射导致蔓延，避免可能对机场的运营连续性造成严重影响。其防火设计概念是：

①主要设置在火灾荷载较高且较敏感的区域（即容易引起火灾辐射蔓延的区域）；

②四周采用封闭的固定隔墙及防火门，或有一边敞开，敞开的一边在探测到火警时防火卷帘自动下降形成封闭空间；

③顶棚、隔墙及围护结构应具备1h耐火极限，隔墙上的门窗为乙级防火门窗；

④穿越封闭舱的管道应设置防火阀；

⑤当不设置防火门时，其防火卷帘应分两步下降，以保证舱内人员疏散；

⑥设置火灾自动探测报警系统、自动喷水灭火系统、排烟系统；

（3）防火舱设置要求。每个防火舱面积一般控制在300m² 以内。对于小于100m² 的封闭式防火舱，其内可不设置机械排烟系统。

15.3.2　防火隔离带

防火隔离带是在不同的功能大厅之间设置一定宽度的空白区域。该区域内严格禁止设置任何可燃物，并通过辐射模型来计算隔离带需要的有效宽度，以保证火灾时一侧的火焰不会辐射蔓延至另外一侧。在高大空间内设置防火隔离带，可以避免按照规范设置防火墙等物理措施，而后者严重影响建筑的功能和效果。这种防火分隔方式虽然没有使用物理的防火分隔物，但仍然能够达到防火分区划分的目的。

防火隔离带区域只能用于人员流通，严格禁止放置任何固定可燃物。机场管理部门在实际运营中必须严格管理作为防火隔离带功能的人流区域，保证其中无固定可燃物，尤其不能设置任何商业设施。

防火隔离带主要应用于机场航站楼内通过防火卷帘分隔将严重影响旅客通行的区域。设置防火隔离带的目的是为了替代传统的防火墙、防火卷帘。为了达到这种安全可靠度，必须对防火隔离带的设计提出明确的要求，其要点如下：

对于室内大空间场所内部的防火隔离带，应满足空间净高大于 4.0m 的要求（即对于大空间场所，建议清晰高度不小于 3.0m，考虑到排烟系统的有效运作需要有一个合理的烟气层厚度以及为有效防止烟气蔓延，储烟空间应不小于 1.0m）。计算防火隔离带的宽度时应考虑火源辐射和烟气辐射。保守考虑喷淋系统失效后的商场火灾，火灾规模一般为 20MW。根据计算，防火隔离带的最小宽度应大于 8.0m。

为了防止烟气或火焰越过防火隔离带蔓延，对于设置机械排烟系统的区域，防火隔离带两侧应设置挡烟垂壁，挡烟垂壁下降到设计高度。隔离带内需要设置独立的喷淋灭火系统和排烟系统，其中喷淋系统从湿式报警阀后独立设置，排烟系统需要设置独立的排烟风机。

15.3.3　燃料岛

在大空间场所内，可能会设置若干移动的或固定的售货亭和商务办公区。当这些区域无法用防火舱概念进行保护时就需要采用燃料岛的概念来保护，即把这些区域当成一个个孤立的燃料区。

当直接面向大空间的火灾荷载燃烧时，由于烟气和近 2/3 的热量通过羽流向顶棚对流蔓延，因此可燃物之间的火灾蔓延主要靠火源的热辐射作用。大空间内火源热辐射引燃的有效半径通常可按有关公式计算。

火源的热辐射强度随着距离的增加和火源热释放率的减小而急剧下降。因此，只要限制可燃物的火灾荷载，在可燃物之间保持足够的距离，即使没有喷淋系统的保护，火灾蔓延也通常不会发生。这样可燃物就形成了一个个

"燃料岛"。

燃料岛的火灾荷载的控制和保护是必要的,其设置要求是:

燃料岛的装修材料应尽量选用不燃或难燃材料,杜绝危险品存放。以避免发生较大规模的火灾。

根据燃料岛的辐射引燃条件,在控制每个燃料岛面积为9.0m²、火灾规模为4.5MW的情况下,若要保证任何一个零售亭着火并充分燃烧后,火灾不会通过辐射向周围零售亭蔓延。经过计算,在各燃料岛之间至少应保证3.5m的防火间距。由于燃料岛的实施需要结合较好的管理和指导,为避免出现"燃料岛"失效的情况发生,建议集中布置的燃料岛群不得超过100m²。超过100m²时,燃料岛群的间距应参考防火隔离带的要求,间距不得小于8.0m。

15.3.4 独立防火单元

针对航站楼内集中设置的办公用房、机电用房、附属用房等空间,尽管没有独立安全出口,但可通过防火分隔墙、防火门等分隔措施将其与公共空间进行有效防火分隔,因此可以作为独立防火单元进行消防设计。防火单元的提出为设计提供了灵活性,又能使大空间防火保护有的放矢、层次分明。独立防火单元应采用耐火极限不小于2h的隔墙、1.5h的楼板和甲级防火门窗与周围其他空间进行有效防火分隔,防火单元面积应控制在2000m²以内。

15.3.5 疏散设计策略

航站楼建筑有别于其他建筑,在疏散策略、疏散人员数量的确定、疏散距离和疏散出口宽度的具体限定上都有其特殊之处。

(1)分阶段疏散。必要时首先疏散受火灾等紧急事件直接影响的区域而不对整个建筑实施疏散;只有在极端失控事件发生时才根据事先制定的应对措施,有序地疏散整个建筑的人员。这种疏散策略称为分阶段疏散策略。

由于大型航站楼项目面积巨大,火灾等紧急事件对灾害区域外的人员所产生的威胁通常并不是直接的和迫切的,没有必要对整个机场枢纽进行疏散。为了防止运营混乱和安全起见,一般采用分阶段疏散策略,仅在极端失控事件发生时才疏散整个机场。

在确定分阶段疏散区域时,需要充分考虑以下因素:

①建筑的平面布局和各区域的功能联系;
②防火分区和烟气控制区域的划分;
③消防设施联动的能力,如报警、排烟、疏散广播等系统的联动能力;
④机场陆侧和空侧人员的疏散。

大型民用机场航站楼的疏散策略以分阶段疏散为主,同时也具有整体疏散的能力以应对突发的极端失控事件，自始至终保障人员的安全。

（2）人流量法。建筑物内疏散人员数量的确定是消防性能化分析中非常重要的环节，应结合不同区域特点采用多种方法综合确定建筑人数。

机场航站楼建筑主要的设计功能是运输航空旅客，旅客在航站楼内形成动态的"人流"是这种功能的表现。如果按照传统的面积系数法来确定航站楼内值机大厅、到达大厅、指廊等区域待疏散人员的数量，通常会得到一个很大的、超乎常理的数值。这是因为机场为了获得舒适的建筑效果，一些功能区往往被设计得很开敞，即面积很大。

人流量法的表达式如下：确定待疏散区域人员数量的两个关键参数，即该区域的设计人流量和人员在该区域的停留时间，而这两个参数又主要由航班的数量及密集程度决定。航班的数量及密集程度本质上由航站楼的设计旅客吞吐量决定。采用人流量法所得出的机场主要公共区域的人员数量更加符合交通枢纽运营的实际情况。人员数量的检索公式如下：

人员数量 = 人流量（人/h）×逗留时间（min）/60

（3）准安全区。通常认为人员离开建筑到达室外安全区域才算完成疏散，但对于大型交通枢纽建筑，由于建筑体量和面积较大，人员不可能在短时间内完成疏散，到达最终的室外安全地点。针对这种情况，准安全区的引入就较好地缓解了人员疏散时所面临的压力。这些准安全区域相对着火区域安全得多，火灾和烟气在一段时间内不会蔓延至此威胁人员的生命安全；同时，准安全区也是人员休息和等待救援的场所。

对于大型枢纽建筑，通常可认为到达相邻的疏散分区（该疏散分区与着火区域采用防火隔离带、防火墙、防火卷帘或楼板分隔），即认为人员离开了火灾的直接威胁，到达了准安全区。

（4）疏散距离。设计大型枢纽建筑时，由于建筑功能布局的需要，如候机大厅布置、安检限制等因素以及空间需要宽敞舒适的要求，可能会导致楼梯和出口不能被布置在适当的位置，这样会导致疏散距离过长的问题。

①美国 NFPA101 规定，在装有自动喷水灭火系统的建筑里，最远的疏散距离可以达到 60m。该 60m 的最大疏散距离的限制对于多种建筑都适用，包括那些层高很低且疏散路线复杂的建筑。

②NFPA130 规定站台的疏散距离，可以达到 91.4m。

③NFPA5000 指出，对于车站等人员汇集场所疏散行走距离可以达到 76m。

④英国 DD9999 提出，由于在高大空间中，相对较低空间具有更大的储烟能力，烟气下降时间长，火场环境不会迅速恶化，可提供人员更多疏散时间，所以大空间可相应地延长疏散距离或减小楼梯宽度。

考虑到机场航站楼通常开敞通透，疏散线路和出口明确，并有显著诱导标志。因此，对于大型民用机场航站楼，建议将疏散直线距离控制在 60m。

（5）疏散出口宽度。疏散出口的宽度应尽量满足相关规范的要求。对于疏散宽度不能满足相关规范要求的场所，应采用性能化的方法分析其疏散的安全性，比较 ASET（Available Safety Escape Time，可用安全疏散时间）与 RSET（Required Safety Escape Time，必需安全疏散时间）的大小，最终确定出口宽度的合理性。

预测 RSET 时，应充分估计待疏散人员的数量，同时考虑残障人士和小孩等影响疏散的负面因素，以确保预测的时间是保守安全的，必要时采用计算机辅助软件予以模拟。预测 ASET 时，有定量和定性两种方法。对于采用定性分析难以确定 ASET 及一些关键场所时，应采用定量的火灾场景分析方法，如利用区域或场模拟火灾软件等。

（6）使用登机桥疏散。机场航站楼候机区域到达通道旁设有众多斜坡式登机桥，其内的疏散楼梯可供走廊人员疏散使用。使用登机桥内的疏散楼梯可以缓解长廊的疏散压力，为安全疏散提供有力的保障。

登机桥的出口应设置与火灾自动报警系统自动联动的门禁系统，在紧急事件时应自动打开，机场管理方应制定一套疏散措施来保障登机桥的切实可用。为了防止登机桥的门开启时影响走道人员疏散，要求平推门开启方向与疏散方向一致。对于所有将人员疏散到空侧停机坪区域的路径，出于安全的原因，都有必要对疏散人员进行指导。在火灾确认后，门禁将由消防控制室打开，并有专门的工作人员管理，该工作人员同时也负责指导疏散到停机坪上的人员。

（7）使用敞开楼梯疏散。航站楼候机区域采用大空间设计，具有较强的储烟纳热能力。不同于传统的小空间场所，火灾烟气对楼梯间的影响较小，即使是敞开式楼梯也能在较长的时间内提供安全的疏散环境。因此，建议大空间内布置的一些敞开式楼梯也可用于人员疏散。敞开楼梯的安全性将通过烟气控制模拟加以论证。

15.4　大型机场航站楼性能化设计案例分析

15.4.1　研究对象概况

某民用机场工程由某市机场铁路建设办公室投资建设，中国民航机场建设集团公司设计的一个大型公共建筑，耐火等级二级，建筑总高度 35.5m，按照航站楼的使用性质和功能划分为 5 个防火分区，其中一层划分为 4 个防火分区，二层及一层夹层划分为1个防火分区。

15.4.2　研究对象的消防设计难点

（1）规范要求。

①防火分区面积。《建规》第5.1.7条规定：民用建筑的耐火等级、最多允许层数和防火分区最大允许建筑面积应符合表5.1.7的规定。

②疏散距离。根据《建规》第5.3.13的规定，民用建筑的安全疏散距离应符合下列规定：

第一，直接通向疏散走道的房间疏散门至最近安全出口的距离应符合表5.3.13的规定。

第二，直接通向疏散走道的房间疏散门至最近非封闭楼梯间的距离，当房间位于两个楼梯之间时，应按表5.3.13的规定减少5m；当房间位于袋形走道两侧或尽端时，应按表5.3.13的规定减少2m。

第三，楼梯间的首层应设置直通室外的安全出口或在首层采用扩大封闭楼梯间。当层数不超过4层时，可将直通室外的安全出口设置在离楼梯间小于等于15m处。

第四，房间内任一点到该房间直接通向疏散走道的疏散门的距离，不应大于表5.3.13中规定的袋形走道两侧或尽端的疏散门至安全出口的最大距离。

③疏散宽度。《建规》第5.3.17规定：学校、商店、办公楼、候车（船）室、民航候机厅、展览厅、歌舞娱乐放映游艺场所等民用建筑中的疏散走道、安全出口、疏散楼梯以及房间疏散门的各自总宽度，应按下列规定经计算确定：

第一，每层疏散走道、安全出口、疏散楼梯以及房间疏散门的每100人净宽度不应小于表5.3.17-1的规定；当每层人数不等时，疏散楼梯的总宽度可分层计算，地上建筑中下层楼梯的总宽度应按其上层人数最多一层的人数计算；地下建筑中上层楼梯的总宽度应按其下层人数最多的一层的人数计算。

第二，当人员密集的厅、室以及歌舞娱乐放映游艺场所设置在地下或半地下时，其疏散走道、安全出口、疏散楼梯以及房间疏散门的各自总宽度，应按其通过人数每100人不小于1.0m计算确定。

第三，首层外门的总宽度应按该层或该层以上人数最多的·层人数计算确定，不供楼上人员疏散的外门，可按本层人数计算确定。

第四，录像厅、放映厅的疏散人数应按该场所的建筑面积1人/m^2计算确定；其他歌舞娱乐放映游艺场所的疏散人数应按该场所的建筑面积0.5人/

m^2 计算确定。

第五，商店的疏散人数应按每层营业厅的建筑面积乘以面积折算值和疏散人数换算系数计算。地上商店的面积折算值宜为 50% ~ 70% ，地下商店的面积折算值不应小于 70% 。疏散人数的换算系数可按表 5. 3. 17 - 2 确定。

《高层民用建筑设计防火规范》第 6. 1. 9 条规定：高层建筑内走道的净宽，应按通过人数每 100 人不小于 1. 00m 计算；高层建筑首层疏散外门的总宽度，应按人数最多一层每 100 人不小于 1. 00m 计算。首层疏散外门和走道的净宽不应小于表 6. 1. 9 的规定，如表 15. 1 所示。

表 15. 1　首层疏散外门和走道的净宽（m）

高层建筑	每个外门的净宽	走道净宽	
		单面布房	双面布房
医院	1. 30	1. 40	1. 50
居住建筑	1. 10	1. 20	1. 30
其他	1. 20	1. 30	1. 40

（2）存在的主要消防问题。

①防火分区面积超规。航站楼各分区功能及面积如表 15. 2 所示。航站楼共 5 个防火分区，其中防火分区 3、5 的面积超出规范要求，因此，其消防设计是否满足防火要求需要进行消防性能化评估分析。

表 15. 2　航站楼各防火分区面积情况

防火分区名称	所在位置	合计	备注
防火分区 1	一层办公区	3605m²	－
防火分区 2	一层行李分拣厅	2731.6m²	－
防火分区 3	一层行李提取厅、迎客厅	5708m²	超过《建规》表 5. 1. 7 二级建筑防火分区面积 5000m² 的规定。
防火分区 4	一层贵宾区、远机位候机厅、办公区	3873m²	－
防火分区 5	夹层到达廊、二层候机厅、送客厅	16605m²	超过《建规》表 5. 1. 7 二级建筑防火分区面积 5000m² 的规定。

②疏散宽度不足。如图 15. 1 所示 D1、D2、D3、D4、D5、D6 为航站楼二楼直通室外的出口，出口宽度均为 1. 0m，另外用红色圆圈圈住的部分为二层通向一层的封闭楼梯间，封闭楼梯口宽度为 1. 5m，因此二层的疏散宽度为 9. 0m。

《建规》表 5. 3. 17 - 1 规定的二级耐火等级的建筑，地上一、二层疏散

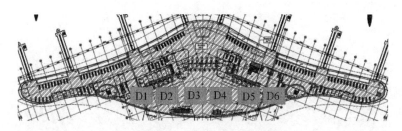

图 15.1　二层疏散出口示意图

走道、安全出口、疏散楼梯和房间疏散门的每 100 人的净宽度为 0.65m。根据机场的人员密度及航站楼二层的使用功能，经过分析认定二层的人员为 1700 人，根据规范所确定的疏散宽度为 11.05m。因此，该防火分区二层的疏散宽度不满足规范要求。

防火分区 3 中，南侧 6 个疏散外门的宽度仅为 1.0m；防火分区 4 中，南侧贵宾出入口的宽度也为 1.0m。虽然《建规》中对于首层疏散外门的净宽度没有具体的规定，但鉴于航站楼性质重要，建议遵从《高层民用建筑设计防火规范》表 6.1.9 的要求，将首层疏散外门的净宽度扩大至不小于 1.2m。

③疏散距离超规。依据《建规》表 5.3.13 的规定，一、二级耐火等级的建筑物内的观众厅、展览厅、多功能厅、餐厅、营业厅和阅览室等，其室内任何一点至最近安全出口的直线距离不宜大于 30m。将防火分区 2、3、5 按照室内的多功能厅、餐厅、营业厅考虑，按规范规定其室内任何一点至最近的疏散出口的直线距离，不宜超过 30m。

防火分区 2、3、5 的疏散距离超规情况如图 15.2~图 15.4 所示。图中灰色圆的直径为 30m。未重叠区域疏散距离超规。

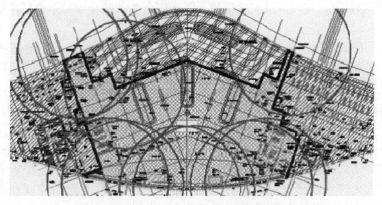

图 15.2　防火分区 2 疏散距离超规示意图

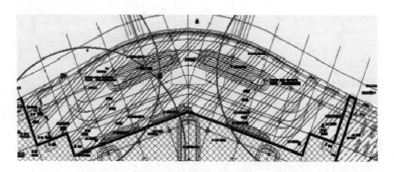

图 15.3　防火分区 3 疏散距离超规示意图

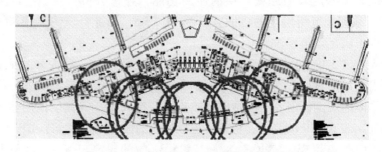

图 15.4　防火分区 5 疏散距离超规示意图

15.4.3　初步解决方案

由于建筑功能和结构的需求，针对该机场航站楼防火分区 3 和防火分区 5 的超规问题，拟采取防火单元设计、"燃料岛"概念设计、不燃材料装修、大空间极早期空气采样火灾探测系统、大空间自动射流灭火装置、电动自然排烟窗、应急照明、采用登机廊桥作为疏散出口等强化技术措施，以期强化后的消防设计能够达到火灾时人员安全疏散、财产安全和航站楼连续运营的消防安全目标。

（1）防火单元。机场航站楼内有很多的高大空间场所，如果按照规范的一般要求设置防火墙或者防火卷帘进行防火分区的划分，将严重影响建筑的风格和使用功能，同时实施起来比较困难，有时也难以有效发挥作用。为了防止火灾蔓延，针对火灾危险性大的区域，可以根据其可燃物的性质、数量，采用一定耐火极限的防火分隔墙、防火卷帘和防火门等措施与其他区域分隔开，形成独立的"防火单元"。防火单元内设置相应的火灾探测报警和自动灭火系统；防火单元的建筑面积应严格控制在规范要求的防火分区最大允许建筑面积之内；防火单元主要用于火灾蔓延的控制和重点区域的保护，与一些重要的设备机房的保护方式类似，通常不要求设置独立的安全出口，但应保证必需的疏散通道。

对于航站楼内办公用房、设备机房、商业用房等连接成片的区域，可以使用"防火单元"的概念进行设计，从而将这些区域从整个防火分区中独立出来，以降低火灾蔓延的可能性。

（2）燃料岛。通常可以通过设置一定宽度的通道，将办票柜台、商铺、贵宾厅等火灾荷载较集中的区域分割成若干独立的"燃料岛"，以防止火灾的大范围蔓延，这些"燃料岛"如果同时受到自动喷水灭火系统或者自动消防水炮等自动灭火系统的保护，其安全性则会大大提高。

（3）不燃材料装修。大空间内装修应满足《建筑内部装修设计防火规范》的要求，尽量采用不燃材料，降低火灾危险性。座椅和家具尽量选用不燃或难燃材料。

（4）大空间极早期空气采样火灾探测系统。高度超过12m的高大空间设置大空间极早期空气采样火灾探测系统，能够迅速发现火灾，火灾早期就能开启灭火系统灭火或人为灭火，将火灾规模控制在最小范围内。同时，能够减少人员反应时间，有利于保证人员的安全疏散。

（5）大空间自动射流灭火装置。二层局部净高超过12m，采用自动射流灭火装置进行保护。该装置的设置能够有效地保证大空间火灾的及时扑救和人员、财产安全。

（6）电动自然排烟窗。航站楼大空间内设置电动自然排烟窗，排烟设施满足规范要求。其中一层夹层与局部二层上下连通，总面积为16605m²，按地面面积的3%设置自然排烟，总面积为498m²，电动排烟窗尺寸为1.3m×1.2m，开启角度为70°。排烟窗兼作自然通风窗使用。

排烟窗控制与航站楼消防控制联动，当有火警发生时，无论是手动报警信号还是自动消防信号均能触发排烟系统执行紧急开窗排烟。

（7）应急照明。楼梯间、公共走廊、候机厅等人员相对密集的场所设疏散用应急照明和疏散标志灯，各出入口设安全出口指示灯。消防控制中心、空调机房等部位设置备用照明。疏散用应急照明、疏散标志灯、安全出口灯均配置续航时间为60~180min的后备电池。由于航站楼属于人员密集的公共场所，为保证发生火灾及紧急事件时旅客的疏散及逃生安全，照明供电将疏散指示照明、应急照明及公共大厅的反光照明设计为一级负荷供电，双路电源引自动力中心不同的低压母线，并在变电站内另设置柴油发电机组作为后备电源使用。应急照明灯和疏散标志灯设玻璃或其他不燃材料制作的保护罩。

（8）利用登机廊桥作为疏散出口。航站楼在日常运营中，登机廊桥有门禁设置。登机桥的门应与火灾自动报警系统联动，确保火灾情况下能够打开。在火灾等紧急疏散情况下，把登机口作为安全疏散出口，可以使航站楼内的疏散宽度和疏散距离满足有关规范的要求，有利于保证全部人员在设定的火灾场景下安全撤离。登机廊桥作为疏散出口使用时，需要做好配套的安全管理工作，以确保登机廊桥在火灾发生后能迅速用于人员疏散。

15.4.4 火灾场景设计

通过对火源位置、火灾增长速率、消防设施情况的分析，最终确定18个具有代表性的场景，如表15.3所示。由于该市地处西北，场景18考虑了室外风对自然排烟的影响。

表15.3 乌兰察布机场航站楼火灾场景分析表

场景编号	火源位置	排烟方式	自动灭火系统	火灾增长系数	设计火灾（MW）	对应评估范围
1	A 一层行李提取区	无排烟	无	0.04689	3	防火分区3
2	B 一层服务柜台		无	0.01127	4	
3	C 一层行李寄存区		无	0.04689	10	
4	D 一层行李提取区		无	0.04689	3	
5	A 一层行李提取区	机械排烟（排烟口 6 个，面积1.6m^2，排烟量 16m^3/s，机械补风口 2 个，面积1.7m^2，排烟速率7m/s）	有	0.04689	0.96	
6	B 一层服务柜台		有	0.04689	1.57	
7	E 二层中间商业开敞	自然排烟	无	0.04689	16.88	防火分区5
8	E 二层中间商业开敞		有	0.04689	6	
9	F 二层左侧商业		无	0.04689	16.88	
10	F 二层左侧商业		有	0.04689	1.96	
11	G 二层右侧商业		无	0.04689	5	
12	H 二层办票柜台		无	0.04689	4	
13	I 二层头等舱		无	0.04689	8	
14	J 二层候机厅		无	0.04689	3	
15	K 二层行李打包处		无	0.04689	4.5	
16	I 二层头等舱		有	0.04689	0.874	
17	E 二层中间商业开敞	无排烟	无	0.04689	16.88	
18	E 二层中间商业开敞	自然排烟（10m/s的室外风）	无	0.04689	16.88	

15.4.5 烟气控制分析

通过对上述设定火灾场景的火灾烟气运动模拟计算分析，得到 18 个设定火灾场景下，火灾产生的烟气温度、CO 浓度和环境能见度等因素达到影响人员安全疏散的时间，即可用疏散时间 T_{ASET} ，汇总结果如表 15.4 所示。

表 15.4 模拟结果汇总表

设定火灾场景	临界高度处温度到达 60℃ 的时间（s）	临界高度处能见度下降到 10m 的时间（s）	临界高度处 CO 浓度下降到 500ppm 的时间（s）	可用疏散时间（s）
1	1200	1200	1200	1200
2	1200	1200	1200	1200
3	1200	980	1200	980
4	1200	1200	1200	1200
5	1200	1200	1200	1200
6	1200	1200	1200	1200
7	1200	1200	1200	1200
8	1200	1200	1200	1200
9	1200	1200	1200	1200
10	1200	1200	1200	1200
11	1200	1200	1200	1200
12	1200	1200	1200	1200
13	1200	1200	1200	1200
14	1200	1200	1200	1200
15	1200	1200	1200	1200
16	1200	1200	1200	1200
17	1200	1200	1200	1200
18	1200	1200	1200	1200

15.4.6 人员安全疏散分析

（1）机场航站楼的疏散设计。该机场航站楼共包括五个防火分区，这里仅分析需要进行性能化评估的防火分区 3 和防火分区 5。防火分区 3 为一层迎客厅和行李提取厅，建筑面积5708m²，设置直接对外安全出口9个，原设计中疏散总宽度为9m，如图15.5所示。

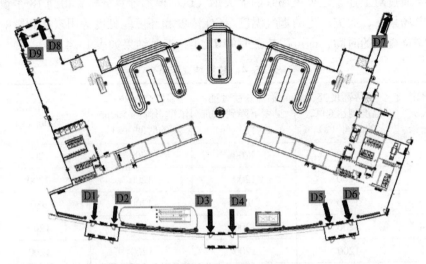

图15.5 防火分区3疏散路径示意图

防火分区5为送客厅、二层候机厅和夹层到达廊，建筑面积16605m²，设置直接对外安全出口6个，疏散宽度为6m；再借助8个登机桥进行疏散。防火分区5的疏散总宽度为14m，如图15.6所示。

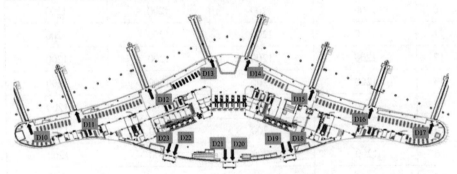

图15.6 防火分区5疏散路径示意图

（2）防火分区3和防火分区5的疏散策略。航站楼空间巨大，人流密集，功能复杂。因此，按照设计方案及具体情况，在疏散时应遵循以下原则：

①火灾发生时，登机口作为疏散口使用；

②疏散时，原则上陆侧的逃生口不能通往空侧，而空侧的逃生口可到陆侧。

本航站楼中，防火分区 3 可利用 9 个直通室外的安全出口进行疏散。防火分区 5 在使用 6 个直通室外的安全出口进行疏散的同时，将 8 个登机廊桥也作为疏散出口。此外，防火分区 5 中有两部通向一楼楼内的楼梯，但考虑到其设置位置较隐蔽，在火灾中的疏散功能较弱，计算时保守地将两部楼梯均不纳入安全出口范围内。

（3）必需疏散时间的确定。

①疏散开始时间。航站楼为公共场所，防火分区 3、5 内设置火灾报警系统和大空间极早期空气采样火灾探测系统，如果发生火灾，航站楼内的工作人员、乘客会发现火灾并由工作人员及时向消防控制中心报警。综合考虑，取探测报警时间约为 60s，即：

$$T_{ALARM} = 60\text{s}$$

本航站楼中消防系统采用消防控制中心形式，设有独立可靠的应急广播系统。消防控制总机确认火灾发生时，广播系统即时发送疏散指示。根据国家现行防火规范，报警系统类型应为 W1 类型。根据建筑的用途及特性，其人员的响应时间均小于 2min。航站楼内的候机、迎送人员及工作人员，均能保持清醒状态，能直接通过消防广播系统和自身感官判断，对发生的火灾迅速做出反应，并较快撤离现场。而且候机人员一般均已将行李等随身物品托运，其响应时间非常快。因此，人员的疏散预动作时间保守取值为 90s，即：

$$T_{PRE} = 90\text{s}$$

②人员疏散行动时间。

一是疏散参数设定。

第一，疏散模型中的疏散人数。合理的人员疏散研究建立在较准确的人员荷载统计基础之上，性能化分析中使用的人员荷载应参照现行规范，根据不同建筑的使用功能，分别按密度或按照建筑设计容量进行选取。航站楼主要分为工作区和旅客区，两部分的人员荷载不尽相同，需要分别考虑。

旅客区的人数确定建立在长期统计数据的基础上，通常以高峰时每小时的人数来表示。这类建筑的旅客疏散人数可采用高峰流量法进行计算，即：

人数 = 高峰小时流量 × 人员停留时间

在本项目中，规划旅客高峰小时流量为 1500 人，包括进出港旅客及迎送客人员。根据机场航站楼服务参数，旅客办理值机手续等候时间为 8 ~ 12min，团体旅客最长等候时间为 25 ~ 30min，旅客安检等候时间为 10 ~ 12min。根据上述数据可知，旅客在出发大厅停留时间约为 18 ~ 42min，平均时间为 30min，考虑到部分人员购物、就餐等停留时间，保守考虑取旅客在迎送大厅的平均停留时间为 60min。再考虑到航班晚点等不确定因素，取候机厅疏散旅客人员的停留时间为90min。因此，疏散旅客人数为1500×1.5 = 2250人。

以上疏散旅客人数包括部分去往远机位登机的旅客数，这部分旅客在防火分区4内，不在需要评估区域内，考虑保守计算，没有将这部分人员从疏散旅客人数中扣除。

而工作及服务人员数量的确定按旅客高峰小时流量的20%计算，即300人。本项目中，工作人员主要分布在工作区和商业区内，不都在需要评估区域内。为保守计算，将300人全部计入评估区域需要疏散人数中。

综合以上分析，可得评估区域内的总人数为2550人。根据两分区的功能及疏散出口的宽度，将防火分区5和防火分区3的人员数量比例确定为2:1，得各评估区域疏散人数如表15.5所示。

表15.5　各分析区域需要疏散总人数

区域	旅客及迎送人员（人）	工作人员（人）	总人数（人）
防火分区3	750	100	850
防火分区5	1500	200	1700
合计	2250	300	2550

第二，疏散模型中人员疏散参数。人员疏散参数的确定与人员的性别、年龄、人员密度与建筑环境状况有关。国内外针对人员疏散进行了大量的调查研究和数据观测。综合这些调查观测数据、实验结果以及研究成果，本研究人员疏散参数选取如表15.6所示。

表15.6　人员疏散参数

人群	比例（%）	行走速度（m/s）
成年男子	60	1.3
成年女子	30	1.1
儿童	5	0.9
老人	5	0.8

第三，疏散通道的有效宽度。有效宽度是出口、走道或楼梯间的净宽度减去边界层宽度。根据消防工程学关于人员疏散的分析原理，认为在对大量人流进行疏散的过程中，靠近障碍物的人员为避免伤害，通常倾向于与障碍物之间留有一定空隙，称之为边界层。本案例边界层的宽度参考

SFPEHandbook 中的建议值，具体设置如表 15.7 所示。

表 15.7 疏散通道边界层宽度表

疏散通道	边界层宽度（cm）
楼梯墙壁间	15
扶手中线间	9
走廊、坡道	20
障碍物	46
出入口	15

二是疏散行动时间计算。

第一，疏散场景的确定。依据 15.4.4 确定的火灾场景，选择防火分区 3 和防火分区 5 进行疏散模拟计算，考虑不利情况下人员疏散状况，同时考虑雨雪、大雾天气旅客滞留时的不利疏散状况，共建立了 13 个疏散场景，其中疏散场景 4、13 的疏散人数分别为正常情况的 1.5 倍，如表 15.8 所示。

表 15.8 疏散场景汇总表

疏散场景	火灾场景	位置	疏散人数（人）	疏散出口状况
1	2、6	防火分区 3	850	无出口封闭
2	3		850	D5、D6 封闭
3	1、4、5		850	D7 封闭
4	–		1275	无出口封闭
5	–	防火分区 5	1700	无出口封闭
6	7、8、17、18		1700	D13、D14 封闭
7	9、10		1700	D12 封闭
8	11		1700	D16 封闭
9	12		1700	D18、D19 封闭
10	13、16		1700	D15 封闭
11	14		1700	D17 封闭
12	15		1700	D20、D21 封闭
13	–		2550	无出口封闭

第二，疏散行动时间模拟计算。采用精细网格疏散软件 BuildingEXODUS 进行模拟计算。

各场景的疏散行动时间如表 15.9 所示。

表 15.9　各疏散场景疏散行动时间表

疏散场景	位置	疏散人数（人）	疏散通道状况	疏散行动时间（s）
1	防火分区 3	850	无出口封闭	148
2		850	D5、D6 封闭	235
3		850	D7 封闭	213
4		1275	无出口封闭	249
5	防火分区 5	1700	无出口封闭	448
6		1700	D13、D14 封闭	451
7		1700	D12 封闭	451
8		1700	D16 封闭	446
9		1700	D18、D19 封闭	454
10		1700	D15 封闭	453
11		1700	D17 封闭	320
12		1700	D20、D21 封闭	447
13		2550	无出口封闭	473

根据探测报警时间和疏散准备时间，以及通过 BuildingEXODUS 计算所得的疏散行动时间，可以求得人员必需疏散时间，如表 15.10 所示。

表 15.10　人员疏散必需时间

疏散场景	疏散人数（人）	探测报警时间（s）	疏散准备时间（s）	疏散行动时间（s）	1.5 倍的疏散行动时间（s）	必需疏散时间（s）
1	850	60	90	148	222	372
2	850	60	90	235	352.5	502.5
3	850	60	90	213	319.5	469.5
4	1500	60	90	249	373.5	523.5
5	1700	60	90	448	672	822
6	1700	60	90	451	676.5	826.5
7	1700	60	90	451	676.5	826.5
8	1700	60	90	446	669	819
9	1700	60	90	454	681	831
10	1700	60	90	453	679.5	829.5
11	1700	60	90	320	480	630
12	1700	60	90	447	670.5	820.5
13	2500	60	90	473	709.5	859.5

15.4.7　结论

根据航站楼的主要火灾安全目标（保证人员安全疏散）以及次要火灾安全目标（保证财产安全和机场的连续运营），对 18 个不同的火灾场景进行烟气运动的模拟计算，并对人员疏散进行模拟计算，得到可用安全疏散时间（ T_{ASET} ）和必需安全疏散时间（ T_{RSET} ），如表 15.11 所示。

表 15.11　烟气运动和人员疏散计算结果汇总

火灾场景	灭火系统	排烟系统	疏散场景	必需疏散时间 T_{RSET} (s)	可用疏散时间 T_{ASET} (s)	疏散安全性判定
1	失效	失效	3	469.5	>1200	安全
2	失效	失效	1	372	>1200	安全
3	失效	失效	2	502.5	>980	安全
4	失效	失效	3	469.5	>1200	安全
5	正常	机械	3	469.5	>1200	安全
6	正常	机械	1	372	>1200	安全
7	失效	自然	6	826.5	>1200	安全
8	正常	自然	6	826.5	>1200	安全
9	失效	自然	7	826.5	>1200	安全
10	正常	自然	7	826.5	>1200	安全
11	失效	自然	8	819	>1200	安全
12	失效	自然	9	831	>1200	安全
13	失效	自然	10	829.5	>1200	安全
14	失效	自然	11	630	>1200	安全
15	失效	自然	12	820.5	>1200	安全
16	正常	自然	10	829.5	>1200	安全
17	失效	自然	6	826.5	>1200	安全
18	失效	失效	6	826.5	>1200	安全

通过对航站楼内危险源辨别、火灾危害性、人员疏散特性、探测灭火系统、排烟系统的研究，以及 18 个火灾场景烟气流动模拟结果和人员疏散模拟结果的分析，得到以下结论：

（1）防火分区划分。

一层行李提取大厅和迎客大厅（防火分区3）在设置自动灭火系统保护、机械排烟系统（两套排烟系统，单套排烟系统排烟量不小于171240m³/h，排烟口数量不小于6个）的前提下，可以满足人员安全疏散的要求。

二层候机厅（防火分区5）在对办票岛、商业、餐饮、头等舱候机、办公区等火灾危险源设置自动灭火系统保护，以及在顶棚设置不小于地面面积3%的有效自然排烟面积的前提下，现行防火分区可以满足人员安全疏散的要求。

（2）疏散距离。现行疏散距离的设置可以保证人员疏散的安全性。

（3）以登机桥作为疏散设施。在火灾时紧急疏散情况下，把登机廊桥作为安全疏散出口，可以保证航站楼内的疏散宽度和疏散距离满足规范的要求，可以保证全部人员在设定的火灾场景下安全疏散。但由于登机走廊上的门禁设置以及疏散楼梯比较狭窄，需要做好配套的安全管理工作，以确保登机走廊和安检口在火灾发生后能迅速用于人员疏散。针对登机桥作为安全疏散出口的具体措施包括：第一，登机桥疏散出口门应采用丙级防火门，平时不得使用机械锁具将其锁闭，火灾时应联动开启。第二，登机桥固定连接桥处设置光电感烟探测器。第三，登机桥固定连接桥不安装喷淋系统。第四，登机桥疏散钢梯宽度不小于1.2m。

（4）大空间房中房。

①应采用自动喷水灭火系统对二层候机厅、送客厅等区域内的办票岛、商业、餐饮、商务贵宾候机厅等房中房进行保护。

②房中房吊顶应采用不燃烧体，耐火极限保证达到0.5h。

（5）烟控系统。

①二层候机厅、送客厅应设置高侧窗进行自然排烟。排烟口的有效排烟面积不小于大厅地面面积的3%，高侧窗开启角度应达到70°，与火灾自动报警系统联动开启。

②夹层到达廊道通过二层楼板上的开洞进行自然排烟，由上层大空间顶棚的自然排烟口排烟。

③一层行李提取大厅和迎客大厅设置两套独立的机械排烟系统，每套排烟系统的排烟量不小于171240m³/h，排烟口不小于3个并均匀布置。机械排烟口与火灾自动报警系统联动开启。同时设置机械补风系统，补风量不小于171240m³/h。

④二层办票大厅、候机厅内的商铺、餐饮、头等舱候机、办公区超过20m内走道可采用在顶棚上开过烟孔的自然排烟方式将火灾烟气排放到大厅内，由大厅的高位自然排烟窗排出室外，过烟孔开孔面积不小于起火房间地面面积的5%，且应均匀布置。

参考文献

［1］范维澄，孙金华，陆守香，等．火灾风险评估方法学［M］．北京：科学出版社，2004.

［2］余明高，郑立刚．火灾风险评估［M］．北京：机械工业出版社，2013.

［3］杜兰萍．火灾风险评估方法与应用案例［M］．北京：中国人民公安大学出版社，2011.

［4］田玉敏，蔡晶菁，姜宏梁，等．建筑物火灾风险评估指南［M］．北京：化学工业出版社，2014.

［5］孙金华，褚冠全，刘小勇．火灾风险与保险［M］．北京：科学出版社，2008.

［6］张靖岩，肖泽南．既有建筑火灾风险评估与消防改造［M］．北京：化学工业出版社，2014.

［7］任波．建筑火灾风险评估方法研究［D］．西安：西安科技大学，2006.

［8］吴宗之，高进东，张兴凯．工业危险辨识与评价［M］．北京：气象出版社，2000.

［9］阚强，倪照鹏．建筑防火中的火灾危险源辨识与控制技术［J］．安全，2004，25（2）：4-6.

［10］谭跃进，陈英武，罗鹏程，等．系统工程原理［M］，北京：科学出版社，2010.

［11］汪应洛．系统工程（第4版）［M］．北京：机械工业出版社，2011.

［12］赵伟．应用古斯塔夫法评估城中村火灾风险［J］．消防科学与技术，2012，31（3）：306-309.

［13］孙晓乾，赵华亮．FRAME在大型地下商业建筑中的应用［J］．消防科学与技术，2013，32（1）：93-97.

［14］赵华亮，孙晓乾．建筑整体火灾风险分析方法FRAME介绍［J］．消防科学与技术，2014，33（4）：441-444.

［15］陈国良，胡锐，卫广昭．北京市火灾风险综合评估指标体系研究［J］．中国安全科学学报，2007，17（4）：199－204.

［16］伍爱友，肖国清，蔡康旭．建筑物火灾危险性的模糊评价［J］．火灾科学，2004，1（2）：99－106.

［17］胡宝清，刘敏，卢兆明．高层建筑火灾安全模糊评价［M］．武汉大学学报，2004，37（5）：67－72.

［18］许树柏．层次分析法原理：实用决策方法［M］．天津：天津大学出版社，1988.

［19］田玉敏，刘茂．高层建筑火灾风险的概率模糊综合评价方法［J］．中国安全科学学报，2004，14（9）：99－104.

［20］褚冠全．基于火灾动力学与统计理论耦合的风险评估方法研究［D］．安徽：中国科学技术大学火灾科学国家重点实验室，2007.

［21］连旦军，董希琳，吴立志．城市区域火灾风险评估综述［J］．消防科学与技术，2004，23（3）：240－242.

［22］付强，张和平，王辉，谢启源．公共建筑火灾风险评价方法研究［J］．火灾科学，2007，16（3）：137－142.

［23］霍然，胡源，李元洲．建筑火灾安全工程导论［M］．合肥：中国科学技术大学出版社，2009.

［24］GB 10000－1988．中国成年人人体尺寸［S］．

［25］杨立中．建筑内人员运动规律与疏散动力学［M］．北京：科学出版社，2012.

［26］迟菲，胡成，李凤．密集人群流动规律与模拟技术［M］．北京：化学工业出版社，2012.

［27］GB 50067－1997．汽车库、修车库停车场防火规范［S］．

［28］徐志胜，姜学鹏．防排烟工程［M］．北京：机械工业出版社，2011.

［29］陆耀庆．实用供热空调设计手册（第二版）［M］．北京：中国建筑工业出版社，2007.

［30］建筑防排烟系统技术规范（送审稿）［S］，2014.

［31］GB 50116－2013．火灾自动报警系统设计规范［S］．

［32］赵国凌．防排烟工程［M］．天津：天津科技翻译出版公司，1991.

［33］魏东．灭火技术及工程［M］．北京：机械工业出版社，2013.

［34］张和平，亓延军，等．可燃物表面积和厚度对建筑物内火灾载荷

的影响［J］．火灾科学，2003，12（2）：90 - 94.

［35］廖曙江．大空间建筑内活动火灾荷载火灾发展及蔓延特性研究［D］．重庆：重庆大学，2002.

［36］蔡芸，李亚斌．兰州住宅建筑火灾荷载的统计与分析［C］//2007消防科技与工程学术会议．北京：中国石化出版社，2007：234 - 237.

［37］蔡芸，李铁．天津地区宾馆类建筑火灾荷载统计与分析［J］．消防技术与产品信息，2008（4）：24 - 27.

［38］陈淮，葛素娟，李静斌，等．中原地区住宅建筑结构活荷载调查与统计分析［J］．土木工程学报，2006，39（5）：29 - 35.

［39］李天，张猛，薛亚辉．中原地区住宅卧室活动火灾荷载调查与统计分析［J］．自然灾害学报，2009，18（2）：39 - 43.

［40］姜立平．商业建筑火灾场景设计研究［D］．北京：中国人民武装警察部队学院，2009.

［41］徐丰煜．宾馆建筑火灾场景设计研究［D］．北京：中国人民武装警察部队学院，2011.

［42］张和平，王蔚，杨昀，徐亮，朱五八．室内沙发热释放速率全尺寸实验研究［J］．工程热物理学报，2005，26（1）：177 - 179.

［43］朱五八．不同通风状况下典型软垫家具火灾特性研究［D］．合肥：中国科学技术大学，2007.

［44］黄雄义．以 FDS 预测 ISO 9705 房间试验火场情景之可行性研究［D］．高雄：国立高雄第一科技大学，2005.

［45］杨晓菡．基于 ISO 9705 房间木垛火试验的 FDS 模拟预测研究［J］．消防科学与技术，2009，28（3）：151 - 155.

［46］夏令操，朱江，刘文利．大型民用机场航站楼建筑消防设计理念与实践［J］．建筑科学，2010，26（11）：95 - 99.

［47］袁宝平，吴涛，刘苏，申宝珍，刘文利．机场航站楼建筑防火设计与人员疏散安全［J］．消防科学与技术，2005，24（4）：440 - 442.

［48］孙宇，王海鸥，柳季．龙家堡机场航站楼性能化消防安全设计的应用［J］．消防科学与技术，2003，22（2）：103 - 106.

［49］朱蕾．大型航站楼的消防设计探讨［J］．消防科学与技术，2008，27（11）：807 - 809.

［50］李华，万杰，段海英，等．咸阳国际机场 T3A 航站楼防火分区性能化设计［J］．消防科学与技术，2011，30（8）：689 - 691.

［51］王守江，张麓，杨帆，等．某国际机场航站楼离港层大空间的复

合排烟方案［J］.火灾科学，2008（1）：30-33.

［52］宋伟宏.昌北机场扩建工程新航站楼项目消防性能化研究［D］.江西：南昌大学，2011.

［53］马辛，王荣辉，李元洲，等.某机场航站楼自然排烟系统有效性的热烟实验研究［C］.2011年中国消防协会科学技术年会论文集.

［54］季瑛波.大型家具城消防设计探讨［J］.山东商业职业技术学院学报，2003，3（4）：78-79.

［55］卞建峰，朱红静.某家具城火灾危险性研究［J］.武警学院学报，2009，25（10）：57-59.

［56］北京市玉泉营环岛家具城特大火灾事故［EB/OL］.安全文化网，2005-02-02.

［57］中国新闻网.河北曲阳县家具城火灾致9死1伤［EB/OL］.新浪网，2008-07-14.

［58］GB 50016-2006.建筑设计防火规范［S］.北京：中国计划出版社，2006.

［59］GB 50016-2014.建筑设计防火规范［S］.北京：中国计划出版社，2015.

［60］百度百科.商业综合体［EB/OL］.百度网，2014-02-01.

［61］JGJ 58-2008.电影院建筑设计规范［S］.北京：中国建筑工业出版社，2008.

［62］曾坚，陈岚，陈志宏.现代商业建筑的规划与设计［M］.天津：天津大学出版社，2002.

［63］李钰.大型商业建筑性能化防火设计研究［D］.西安：西安建筑科技大学，2005.

［64］夏智.寒地大型商业建筑防火性能化设计研究［D］.哈尔滨：哈尔滨工业大学，2009.

［65］闫金花.大型商业建筑安全防火系统分析［D］.西安：西安建筑科技大学，2005.

［66］李辛夷.大空间建筑火灾数值模拟研究［D］.重庆：重庆大学，2003.

［67］王学谦.建筑防火安全技术［M］.北京：化学工业出版社，2006.

［68］张吉光，史自强，崔红社.高层建筑和地下建筑通风与防排烟［M］.北京：中国建筑工业出版社，2005.

［69］杨玲，张靖岩，肖泽南. 建筑消防安全与性能化设计［M］. 北京：化学工业出版社，2009.

［70］丁顺利. 大空间建筑火灾中烟气流动规律的研究［D］. 郑州：华北水利水电学院，2007.

［71］韦明学. 高层建筑烟气蔓延规律及防范设计［J］. 广西民族大学学报（自然科学版），2009（S1），84－86.

［72］孙才正，付强. 现代建筑排烟［M］. 天津：天津科学技术出版社，1997.

［73］胡浩. 大空间展览建筑热障效应对自然排烟的影响模拟［J］. 消防科学与技术，2010，29（9），760－764.

［74］张晨杰. 高大空间建筑自然排烟可行性分析［J］. 消防科学与技术，2010（4），291－294.

［75］吴凤. 大型地下商场火灾安全疏散性能化设计研究［D］. 西安：西安科技大学，2005.

［76］胡波. 大型商业建筑防火分隔措施的探讨［J］. 消防科学与技术，2007，8（26）增刊，59－61.

［77］邹鹤. 地下商业建筑性能化设计评估关键技术研究［D］. 重庆：重庆大学，2007.

［78］朱兴飞. 基于性能化的大型商场火灾下人员安全疏散研究［D］. 沈阳：沈阳航空工业学院，2010.

［79］张树平. 建筑火灾中人的行为反应研究［D］. 西安：西安建筑科技大学，2004.

［80］张洁. 人员密集公共建筑安全设计体系建设初探［D］. 重庆：重庆大学，2006.

［81］梅秀娟，陆守香，兰彬，张泽江. 巴拉圭超市大火对我国大型超市消防安全的启示［J］. 消防技术与产品信息，2004（12），30－33.

［82］张元祥. 扑救大型商场火灾指挥员应树立五种意识［J］. 消防技术与产品信息，2004（10），40－43.

［83］D. Rasbash，G. Ramachandran，B. Kandola，etc. Evaluation of Fire Safety［M］. Hoboken：John Wiley，2004.

［84］A. M. Hasofer，V. R. Beck，I. D. Bennetts. Risk Analysis in Building Fire Safety Engineering［M］. Butterworth－Heinemann，2005.

［85］David Yung. Principles of Fire Risk Assessment In Buildings［M］. Hoboken：John Wiley，2008.

［86］ NFPA 551：Guide for the Evaluation of Fire Risk Assessments ［S］, 2006.

［87］ CR – 6850 Supplement 1, Fire Probabilistic Risk Assessment Methods Enhancements ［R］, 2010.

［88］ PAS 79, Fire risk assessment – Guidance and a recommended methodology, 2007.

［89］ G. V. Hadjisophocleous, N. Bénichou, A. S. Tamin. Literature review of performance – based codes and design environment ［J］. Journal of Fire Protection Engineering, 1998, 9 (1)：12 –40.

［90］ SFPE Engineering Guide to Performance – Based Fire Protection Analysis and Design of Buildings ［Z］, Society of Fire Protection Engineers and National Fire Protection Association, 2000.

［91］ British Standards Draft to Development DD 240, Fire safety engineering in buildings, Part 1 ［S］, Guide to the application of fire safety engineering principles, British Standards Institution, London, 1997.

［92］ CIBSE Guide E, Fire engineering ［Z］, The Chartered Institution of Building Services Engineers, 1997.

［93］ Kumar S, Rao CVSK. Fire load in residential buildings ［J］. Building and Environment 1995, 30 (2)：299 –305.

［94］ Thomas P. H. 1986. Design Guide：Structure Fire Safety CIB W14 workshop report. Fire Safety Journal, Vol. 10, No. 2, pp. 77 – 137.

［95］ Andrew H. Buchanan, Andrew B. King. Fire performance of gusset connections in glue – laminated timber. Fire and Materials, Vol. 15 No. 3, pp. 137 – 143.

［96］ Narayanan P. 1994. Fire Severities for Structural Fire Engineering Design. Study Report No. 67, Building Technology Ltd, BRANZ, Porirua, New Zealand.

［97］ Barnett C. R. 1984. Pilot Fire Load Survey carried out for the New Zealand Fire Protection Association. MacDonald Barnett Partners, Auckland.

［98］ Bush B. , Anno G. , McCoy R. , Gaj R. and Small R. D. 1991. Fuel Loads in U. S. . Cities. Fire Technology. Vol. 27, No. 1, pp. 5 – 32.

［99］ Kumar S. , Rao C. V. S. K. 1995. Fire Load in Residential Buildings. Building and Environment, Vol. 30, No. 2, pp. 299 – 305.

［100］ Kumar S. , Rao C. V. S. K. 1997. Fire loads in office buildings. Journal of Structural Engineering, Vol. 123, No. 3, pp. 365 – 368.

[101] Charles G. Culver. Characteristics of fire loads in office buildings. Fire Technology, Volume 14, Number 1, 1978. 2: 51 – 60.

[102] Alex C. Bwalya. nterflam 2004, 10th International Fire Science and Engineering Conference, Edinburgh, Scotland, July5 – 7, 2004, pp. 1 – 6.

[103] M. F. Green, Hackner. A survey of fire loads in hackney hospital, Fire Technology, Volume 13, Number 1, 1977. 2: 42 – 52.

[104] Antonio M. Claret. Fire Load Survey of Historic Buildings: A Case Study, Journal of Fire Protection Engineering, Vol. 17, No. 2, 2007, 103 – 112.

[105] Zalok Ehab, Hadjisophocleous G V, Mehaffey J R. Fire loads in commercial premises [J]. Fire and Materials, 2009, 33 (2): 63 – 78.

[106] Hadjisophocleous, G., and Zalok, E. 2003. A Survey of Fire Loads in Commercial Premises, 4th International Seminar on Fire and Explosion Hazards, Northern Ireland.

[107] Hadjisophocleous, G., and Zalok, E. 2004. Development of Design Fires for Commercial Buildings. Fire Safety Engineering: Issues and Solutions FSE 2004, Sydney, Austrilia.

[108] Hadjisophocleous, G., and Zalok, E. 2004. Fire Loads and Design Fires for Commercial Buildings. Interflam 2004, Scotland, UK.

[109] Chow W. K. 1995. Zone Model Simulation of Fires in Chinese Restaurants in Hong Kong. Journal of Fire Sciences, Vol. 13, No. 3, pp. 235 – 253.

[110] Lougheed G D. Investigation of atrium smoke exhaust effectiveness [J]. ASHRAE Transactions. 1997, 103 (2), 519 – 533.

[111] Klote J H. New Development in atrium smoke management [J]. ASHRAE Transactions. 2000, 106 (1), 620 – 626.

[112] William A. Webb. Development of smoke management systems [J]. ASHRAE Journal. 1995, 8, 36 – 40.